Mathématiques et Applications

Volume 87

Le but de cette collection, créée par la Société de Mathématiques Appliquées et Industrielles (SMAI), est d'éditer des cours avancés de Master et d'école doctorale ou de dernière année d'école d'ingénieurs. Les lecteurs concernés sont donc des étudiants, mais également des chercheurs et ingénieurs qui veulent s'initier aux méthodes et aux résultats des mathématiques appliquées. Certains ouvrages auront ainsi une vocation purement pédagogique alors que d'autres pourront constituer des textes de référence. La principale source des manuscrits réside dans les très nombreux cours qui sont enseignés en France, compte tenu de la variété des diplômes de fin d'études ou des options de mathématiques appliquées dans les écoles d'ingénieurs. Mais ce n'est pas l'unique source: certains textes pourront avoir une autre origine.

This series was founded by the "Société de Mathématiques Appliquées et Industrielles" (SMAI) with the purpose of publishing graduate-level textbooks in applied mathematics. It is mainly addressed to graduate students, but researchers and engineers will often find here advanced introductions to current research and to recent results in various branches of applied mathematics. The books arise, in the main, from the numerous graduate courses given in French universities and engineering schools ("grandes écoles d'ingénieurs"). While some are simple textbooks, others can also serve as references.

More information about this series at https://link.springer.com/bookseries/2966

Mathieu Lewin

Théorie spectrale et mécanique quantique

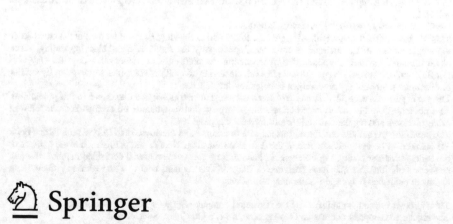

Springer

Mathieu Lewin (iD)
CNRS & Université Paris-Dauphine
Université PSL
Paris, France

ISSN 1154-483X   ISSN 2198-3275   (electronic)
Mathématiques et Applications
ISBN 978-3-030-93435-4   ISBN 978-3-030-93436-1   (eBook)
https://doi.org/10.1007/978-3-030-93436-1

Mathematics Subject Classification: 81Q10, 47-01

This Springer imprint is published by the registered company Springer Nature Switzerland AG
The registered company address is: Gewerbestrasse 11, 6330 Cham, Switzerland

Préface

Petite introduction historique

À l'automne 1926, John von Neumann arrive à Göttingen en Allemagne pour travailler avec David Hilbert, le mathématicien le plus éminent de son époque. À seulement 22 ans, le jeune prodige von Neumann venait de terminer une thèse de mathématiques sur la théorie des ensembles à Budapest et avait également obtenu en parallèle un diplôme d'ingénieur en chimie à l'École Polytechnique de Zürich.

Il trouve à Göttingen une atmosphère survoltée. Les physiciens étaient en pleine invention de la mécanique quantique, qui décrit la matière à l'échelle microscopique. Werner Heisenberg, un jeune assistant de Max Born à Göttingen, avait proposé en 1925 sa théorie basée sur des sortes de matrices infinies [Hei25], formalisée ensuite avec Born et Pascual Jordan [BJ25, BHJ26]. D'un autre côté, l'autrichien Erwin Schrödinger avait plaidé l'année suivante pour une toute autre formulation, basée sur l'équation qui porte maintenant son nom [Sch26] et que Heisenberg aurait qualifiée de "dégoûtante" [Mac92]. Le britannique Paul Dirac avait lui tenté de réconcilier les deux visions dans sa "théorie des transformations" [Dir27], développée simultanément par Jordan [Jor27]. Celle-ci utilise des sortes de matrices à paramètres continus que l'on appellerait maintenant des noyaux intégraux. Pour la matrice identité, Dirac avait dû introduire une étrange "fonction" notée δ, valant 0 partout sauf à l'origine où elle est infinie, de sorte que son intégrale sur tout $\mathbb{R}$ soit égale à 1.

À près de 65 ans, Hilbert travaillait depuis de nombreuses années sur les problèmes spectraux. C'est lui qui avait d'ailleurs introduit le terme "spectre", en référence probablement aux fréquences de vibration des objets comme une corde ou un tambour. Sous l'influence des travaux de Fredholm aux alentours de 1900, il s'était fortement intéressé aux équations linéaires intégrales, c'est-à-dire faisant intervenir un noyau ressemblant aux matrices à paramètres continus de Dirac et Jordan. Dans un célèbre article de 1906 [Hil06], Hilbert avait proposé d'adopter une approche plus abstraite pour ce type d'équations, qu'il avait reformulées pour les coefficients de Fourier dans l'espace $\ell^2(\mathbb{C})$ des suites complexes de carré sommable.

Les opérations linéaires étaient alors justement vues comme des "matrices infinies". Dans le même article, Hilbert avait aussi découvert que le spectre d'une telle "matrice" ne contenait pas nécessairement que des valeurs propres, et avait appelé le complémentaire "spectre continu".

Born connaissait parfaitement les travaux de Hilbert car il avait été son étudiant en mathématique et était même devenu son assistant en 1904. Il s'en était fortement inspiré dans ses recherches avec Heisenberg et Jordan. Selon Heisenberg, "Hilbert a indirectement exercé une très forte influence sur le développement de la mécanique quantique", qui ne "peut être complètement reconnue que par ceux qui ont étudié à Göttingen" [Rei70, p. 182].

Pour Hilbert, les mathématiques devaient jouer un rôle majeur dans ces développements. Lors de son allocution célèbre au congrès international de mathématiques à Paris en 1900, il avait en effet proposé comme sixième problème l'axiomatisation de la physique [Hil02]. Il s'était déjà lui-même fortement investi dans cette direction, en particulier pour la théorie cinétique des gaz et la relativité générale. Depuis 1912, il employait à plein temps un assistant personnel physicien, chargé de lui apprendre les dernières théories, qu'il reformulait à sa façon et enseignait ensuite immédiatement à ses élèves mathématiciens [SM09, Rei70, Sch19]. Lothar Nordheim était cet assistant depuis 1922 et il fut donc chargé, avec von Neumann, d'éclaircir la situation concernant la "nouvelle mécanique quantique".

Von Neumann et Nordheim se penchent d'abord sur la théorie des transformations [HvN27] mais la fonction delta de Dirac les décourage vite. Pour les mathématiciens de l'époque, un tel objet ne pouvait clairement pas faire sens. C'est von Neumann qui comprend soudainement comment formuler la mécanique quantique en utilisant les notions abstraites d'espace de Hilbert et d'opérateurs auto-adjoints, qu'il introduit à cette occasion. En quelques mois, von Neumann produit ainsi une dizaine de travaux fondateurs sur ce sujet, qui révolutionneront à la fois l'analyse fonctionnelle et la physique mathématique.

Au début du vingtième siècle commençait seulement à émerger l'idée que les structures mathématiques abstraites pouvaient être utiles pour résoudre de façon plus efficace des problèmes concrets [Die81]. Fréchet avait introduit la notion d'espace métrique complet dans sa thèse en 1906, Riesz et Fischer avaient montré l'année suivante que l'espace des fonctions de carré intégrable au sens de Lebesgue était complet, puis introduit et étudié les espaces L^p en 1910. Hahn et Banach avaient ensuite développé la théorie abstraite des espaces normés complets au début des années 1920.

Von Neumann se place immédiatement dans cette mouvance. Après avoir expliqué sa formulation de la mécanique quantique dans trois articles fondateurs [von27a, von27c, von27b] en 1927, il s'attèle à développer la théorie mathématique correspondante. Dans un article [von29a] de 1929, il introduit la notion d'espace de Hilbert abstrait telle qu'on l'apprend encore aujourd'hui, puis étudie de façon approfondie la théorie des opérateurs sur ces espaces, en se concentrant sur ceux qui doivent nécessairement être définis sur un sous-espace strict de l'espace total, que l'on appelle "non bornés". Son but est de discuter les opérateurs différentiels qui jouent un rôle central en mécanique quantique. Il comprend l'importance de distinguer la notion de symétrie de celle d'auto-adjonction et, en 1930, parvient à montrer le théorème spectral [von30] sur la diagonalisation des opérateurs auto-adjoints, en s'inspirant de travaux précédents [Rie13] de Frigyes Riesz sur les opérateurs bornés. Un résultat similaire est obtenu de façon indépendante par l'américain Marshall Stone [Sto29, Sto30, Sto32].

La théorie spectrale des opérateurs auto-adjoints non bornés résulte donc d'une atmosphère extrêmement propice, où questionnements physiques et raisonnements mathématiques se sont mutuellement influencés. Un siècle après son invention, la théorie de von Neumann joue toujours un rôle central dans de nombreuses branches des mathématiques. C'est un outil important qui sera utile à tout·e mathématicien·ne appliqué·e. L'opérateur Laplacien $\Delta = \sum_{j=1}^{d} \partial_{x_j}^2$ est bien évidemment un objet phare de cette théorie, qui intervient dans de nombreuses situations pratiques qu'il serait impossible d'énumérer ici.

Pourtant, la théorie de von Neumann est loin d'être intuitive et il est bon de prendre le temps d'étudier ses subtilités en détail. L'élément le plus dérangeant est sans doute le concept même d'opérateur auto-adjoint, qui est souvent source de confusions, même chez les mathématiciens professionnels. Par exemple, l'opérateur de dérivation $f \mapsto i f'$ a une seule réalisation auto-adjointe possible sur $\mathbb{R}$, plusieurs sur l'intervalle $]0, 1[$, mais aucune sur $]0, +\infty[$. La théorie implique aussi que les "matrices infinies" prônées par Hilbert et ses collègues ne sont vraiment pas adaptées aux opérateurs non bornés. Deux opérateurs auto-adjoints peuvent très bien avoir les mêmes coefficients $\langle e_n, A e_m \rangle$ dans une base hilbertienne (e_n) et pourtant être très différents, par exemple avoir des spectres complètement disjoints. Cette pathologie n'a d'ailleurs pas tellement été du goût de Hilbert...

Contenu du livre

Cet ouvrage propose une présentation intégrée de la théorie spectrale et de la mécanique quantique, proche de l'esprit dans lequel ces théories ont émergé. En plus des résultats abstraits, nous présenterons de multiples exemples concrets et tenterons d'expliquer le contexte physique. Aucune connaissance préalable en physique quantique n'est toutefois requise pour lire ces pages.

Le chapitre 1 est une rapide introduction mathématique à la mécanique quantique, qui devrait convenir à la fois à ceux qui n'ont pas du tout de notion dans ce domaine, et à ceux qui ont déjà de bonnes bases en physique quantique mais qui désirent en savoir plus sur ses aspects rigoureux.

Aux chapitres 2–5 nous développons la théorie spectrale selon les idées de von Neumann. Nous expliquons ce qu'est un opérateur auto-adjoint et comment on peut montrer en pratique qu'un opérateur particulier satisfait cette propriété. Puis nous discutons de sa diagonalisation et nous terminons par développer divers outils permettant d'étudier son spectre. Ces chapitres constituent évidemment le cœur du livre.

Les deux derniers chapitres sont des ouvertures vers des sujets plus avancés. Nous y énonçons des résultats de recherche plus récente sans toujours fournir toutes les preuves. Deux systèmes quantiques particuliers sont considérés. Le chapitre 6 est dédié aux électrons au sein d'un atome ou d'une molécule. C'est le système favori des chimistes quantiques, qui cherchent à comprendre les configurations spatiales de molécules ainsi que les réactions chimiques pouvant avoir lieu entre elles. Au chapitre 7 nous examinons les systèmes infinis périodiques qui interviennent dans la théorie de la matière condensée, par exemple lorsqu'on désire optimiser les propriétés de conduction des matériaux utilisés dans les composants électroniques. Ce sont deux sujets très importants du point de vue des applications, mais dont nous effleurerons seulement quelques aspects théoriques.

Finalement, l'appendice A est un résumé des propriétés des espaces de Sobolev qui jouent un rôle central dans tout le livre, et l'appendice B contient des problèmes détaillés sur des questions qui ont été passées sous silence dans le corps du texte mais méritent toutefois l'attention du lecteur.

Les **sections marquées d'une étoile*** sont des compléments que le lecteur pressé pourra sauter dans un premier temps.

Le texte est principalement issu d'un cours donné au département de mathématiques de l'École Polytechnique à partir de 2018, mais il a largement bénéficié de précédentes notes [Lew10, Lew17] écrites à diverses occasions.

Prérequis

Le texte suppose que le lecteur a de bonnes connaissances préalables sur

- la théorie élémentaire des espaces de Hilbert (bases hilbertiennes, projections, orthogonal d'un sous-espace, représentation de Riesz, etc),
- l'analyse fonctionnelle (complétude, graphe fermé, dualité, topologies faibles, opérateurs compacts, etc),
- la théorie de la mesure et des espaces de Lebesgue L^p,
- la théorie des distributions,
- les espaces de Sobolev.

Pour le lecteur ayant des lacunes ou souhaitant approfondir ses connaissances sur ces sujets, nous conseillons vivement l'ouvrage [LL01] d'Elliott H. Lieb et Michael Loss qui est devenu un standard en analyse. On pourra également consulter le livre de Haïm Brezis en français [Bre94] ou en anglais [Bre11].

Les **espaces de Sobolev** sont probablement les moins susceptibles d'avoir été appris auparavant. L'appendice A contient tout ce qui est nécessaire, avec les preuves des propriétés les plus importantes. Ces espaces interviennent dès le chapitre 1 mais commencent à jouer un rôle central à partir du chapitre 2, lorsqu'il est démontré que les opérateurs différentiels usuels sont fermés uniquement sur ces espaces. Nous conseillons au novice de lire l'appendice A après le chapitre 1 et de s'y référer aussi souvent que nécessaire.

Paris, France   Mathieu Lewin
Octobre 2021

Table des matières

Chapitre 1
Introduction à la mécanique quantique : l'atome d'hydrogène

Nous introduisons dans ce chapitre les concepts de base de la mécanique quantique et le lien avec la théorie spectrale des opérateurs en dimension infinie. Nous insistons particulièrement sur le système physique le plus simple, l'atome d'hydrogène, qui a joué un rôle historique extrêmement important dans le développement de la mécanique quantique au début du vingtième siècle. Nous commençons par rappeler le modèle classique et ses défauts, avant d'introduire le modèle quantique. Des exposés similaires peuvent être lus dans [Lie76, Lie90, LS10b].

1.1 Mécanique classique

1.1.1 Un système Hamiltonien

Considérons une particule classique dans $\mathbb{R}^d$ (avec $d \geq 1$ quelconque), qui est soumise à un potentiel extérieur $V : \mathbb{R}^d \to \mathbb{R}$. La fonction V doit être pensée comme décrivant un paysage dans lequel la particule évolue. Les endroits où V est grand sont plus difficilement accessibles car gravir la pente pour les atteindre coûte de l'énergie à la particule. On supposera ici que V est suffisamment régulière.

Mathématiquement, la particule est décrite par le vecteur (x, p) dans l'espace des phases $\mathbb{R}^d \times \mathbb{R}^d$ où x désigne sa position et $p = mv$ sa quantité de mouvement, aussi appelée impulsion (m est la masse et v la vitesse). La dynamique de ce système est modélisée par un *système Hamiltonien* basé sur l'énergie

$$E(x, p) = \frac{|p|^2}{2m} + V(x) \tag{1.1}$$

© The Author(s), under exclusive license to Springer Nature Switzerland AG 2022
M. Lewin, *Théorie spectrale et mécanique quantique*, Mathématiques
et Applications 87, https://doi.org/10.1007/978-3-030-93436-1_1

qui est la somme de l'énergie cinétique et de l'énergie potentielle. Cela signifie qu'on doit résoudre les équations canoniques de Hamilton

$$\begin{cases} \dot{x}(t) = \nabla_p E\big(x(t), p(t)\big) = \dfrac{p(t)}{m}, \\ \dot{p}(t) = -\nabla_x E\big(x(t), p(t)\big) = -\nabla V(x(t)), \end{cases} \qquad (1.2)$$

qui fournissent l'équation de Newton

$$m\,\ddot{x}(t) = -\nabla V(x(t)).$$

L'énergie est conservée le long du flot

$$\frac{\mathrm{d}}{\mathrm{d}t} E(x(t), p(t)) = 0,$$

de sorte que les trajectoires sont incluses dans les lignes de niveau de E dans $\mathbb{R}^d \times \mathbb{R}^d$.

Un *point stationnaire* est une solution de (1.2) indépendante du temps,

$$\begin{cases} x(t) = x_0, \\ p(t) = p_0, \end{cases}$$

ce qui est équivalent à $p_0 = 0$ (la vitesse est nulle) et $\nabla V(x_0) = 0$. Les points stationnaires du système sont donc tous les couples $(x_0, 0)$ où x_0 est un point critique du potentiel V. Parmi ces points critiques, les minima locaux de V jouent un rôle particulier, car ce sont des points stables du système. En effet, si on suppose que la Hessienne de V est non dégénérée (définie positive) en un tel point x_0, les lignes de niveau de E sont alors au voisinage de $(x_0, 0)$ des déformations d'ellipsoïdes dans l'espace des phases, de sorte que les trajectoires restent proches de ce point en tout temps. Au voisinage d'un maximum (ou d'un point selle en dimension $d \geq 2$), les lignes de niveau sont au contraire des déformations d'hyperboloïdes et le point stationnaire est instable. Voir un exemple à la figure 1.1.

Les valeurs critiques de V sont donc spéciales pour l'énergie du système Hamiltonien. On aime imaginer que le système passe la plupart de son temps au voisinage des points stationnaires, avec une forte préférence pour ceux d'énergie minimale. Pour décrire ce phénomène précisément, il faut faire interagir notre particule avec le monde extérieur afin qu'elle puisse échanger de l'énergie, et il y a de nombreuses façons de modéliser ce comportement. La plus simple est probablement d'ajouter un petit terme de friction (frottement) dans (1.2) :

$$\begin{cases} \dot{x}(t) = \dfrac{p(t)}{m}, \\ \dot{p}(t) = -\nabla V(x(t)) - \varepsilon\, p(t), \end{cases} \qquad (1.3)$$

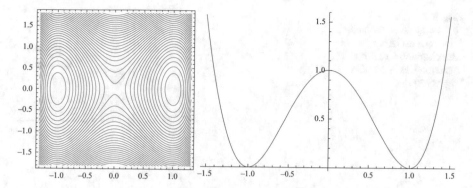

Fig. 1.1 Lignes de niveau de $E(x, p) = |p|^2/2 + V(x)$ dans l'espace des phases $\mathbb{R} \times \mathbb{R}$ (gauche) pour le potentiel $V(x) = (x^2 - 1)^2$ en forme de chapeau mexicain (droite). Dans l'espace des phases, les points $(\pm 1, 0)$ sont stables alors que le point $(0, 0)$ est instable.

avec $\varepsilon > 0$. Ce système n'est plus hamiltonien mais il a exactement les mêmes points stationnaires et maintenant l'énergie est strictement décroissante le long des trajectoires :

$$\frac{\mathrm{d}}{\mathrm{d}t} E(x(t), p(t)) = -\varepsilon |p(t)|^2$$

où $|p|$ désigne la norme euclidienne du vecteur $p \in \mathbb{R}^d$, pour tout $\varepsilon > 0$ (sauf bien sûr pour celles qui partent d'un point stationnaire).

1.1.2 Cas de l'atome d'hydrogène

Considérons maintenant le cas particulier de l'atome d'hydrogène classique. Ce dernier est composé d'un proton de charge $+e$ et d'un électron de charge $-e$ qui interagissent par le potentiel de Coulomb dans $\mathbb{R}^3$. Le proton est bien plus lourd que l'électron (d'un facteur 1836) et nous supposerons que c'est une particule classique ponctuelle immobile, placée en $0 \in \mathbb{R}^3$ comme à la figure 1.2. C'est *l'approximation de Born-Oppenheimer* [BO27] qui consiste à se concentrer, au moins dans un premier temps, sur la dynamique rapide dans le système, qui est celle de l'électron.

Rappelons que deux particules chargées interagissent avec le potentiel de Coulomb

$$\frac{q_1 q_2}{4\pi \varepsilon_0 |x_1 - x_2|} \tag{1.4}$$

Fig. 1.2 L'atome d'hydrogène en mécanique classique est décrit par les deux variables x, $p \in \mathbb{R}^3$. © Mathieu Lewin 2021.

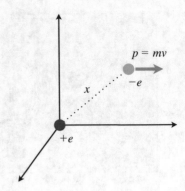

où les q_i et $x_i \in \mathbb{R}^3$ sont, respectivement, la charge et la position des particules en question et ε_0 est la constante diélectrique du vide. La force exercée par la particule n° 2 sur la particule n° 1 est donc

$$F_{2\to 1} = -\nabla_{x_1} \frac{q_1 q_2}{4\pi\varepsilon_0 |x_1 - x_2|} = \frac{q_1 q_2}{4\pi\varepsilon_0} \frac{x_1 - x_2}{|x_1 - x_2|^3}.$$

Le potentiel de Coulomb (1.4) a deux propriétés notables. Tout d'abord il est singulier lorsque $x_1 - x_2 \to 0$, ce qui décrit le fait que deux particules ayant des charges de signe opposé s'attirent énormément quand elles sont proches. Comme nous l'expliquons dans cette section, cette divergence à l'origine est la raison première de l'instabilité de l'atome d'hydrogène classique. Mais la décroissance à l'infini du potentiel est aussi un problème important, puisque la fonction $x \mapsto 1/|x|$ tend lentement vers 0 et n'est pas intégrable. Ainsi, chaque particule n'interagit pas seulement avec ses plus proches voisines, mais également avec celles qui peuvent être très lointaines. Ceci génère typiquement des difficultés dans l'analyse mathématique des systèmes comprenant beaucoup de particules.

L'énergie de l'électron dans l'atome d'hydrogène est donc donnée par la formule précédente (1.1) où V est maintenant son énergie potentielle d'interaction avec le proton situé à l'origine $0 \in \mathbb{R}^3$:

$$E(x, p) := \frac{|p|^2}{2m} - \frac{e^2}{4\pi\varepsilon_0 |x|}. \tag{1.5}$$

Nous voyons que le système Hamiltonien associé est instable. L'énergie n'est pas minorée, puisqu'on peut faire tendre x vers 0 indépendamment de p qui peut lui rester fixé :

$$\inf_{\substack{x\in\mathbb{R}^3 \\ p\in\mathbb{R}^3}} E(x, p) = -\infty. \tag{1.6}$$

Fig. 1.3 Spectre de raies observé lors d'une expérience de spectroscopie (série de Balmer). © Mathieu Lewin 2021.

La propriété que E n'est pas minorée signifie physiquement que notre atome est une sorte de réservoir infini d'énergie, qu'il peut échanger avec le monde extérieur. Par ailleurs, le système Hamiltonien correspondant n'admet aucun point stationnaire car

$$|\nabla V(x)| = \frac{e^2}{4\pi\varepsilon_0|x|^2}$$

ne s'annule jamais. Les solutions des équations de Hamilton (1.2) sont des coniques, comme la lune qui tourne autour de la terre. Une petite perturbation du type (1.3) peut faire tomber l'électron sur le noyau, avec $E(x(t), p(t)) \to -\infty$.

Cette instabilité a été un problème théorique majeur en physique à la fin du XIXe siècle. Mais, en plus de ces difficultés mathématiques, le modèle classique ne décrit pas non plus convenablement les résultats expérimentaux. En effet, si on réalise une expérience de spectroscopie et que l'on observe la lumière émise par un gaz d'hydrogène excité, on trouve un spectre de raies comme à la figure 1.3, ce qui traduit l'existence d'énergies particulières (quantifiées) entre lesquelles l'électron navigue par des procédés d'excitation / désexcitation. Un tel phénomène pourrait éventuellement être décrit par un potentiel $V(x)$ ayant des points critiques à certaines énergies spéciales, mais certainement pas avec notre potentiel de Coulomb qui n'a aucun point critique.

La non minoration de l'énergie de l'atome d'hydrogène classique suit de la possibilité de faire tendre x vers 0 indépendamment de p qui peut rester fixe. S'il y avait un lien entre x et p de sorte que $|p| \to +\infty$ quand $|x| \to 0$, l'énergie cinétique pourrait compenser la divergence de l'énergie potentielle et rendre l'énergie totale E minorée. C'est ce qui est réalisé par le formalisme quantique.

1.2 Mécanique quantique

1.2.1 Un formalisme probabiliste

La mécanique quantique est basée sur deux procédés mathématiques principaux, que nous présentons dans $\mathbb{R}^d$ pour une particule soumise à un potentiel V quelconque :

(i) **Le recours à une modélisation probabiliste**. Ainsi on doit décrire le système par deux mesures de probabilité, disons μ qui donne la probabilité que la particule soit en $x \in \mathbb{R}^d$ et ν qui fournit celle qu'elle ait une quantité de mouvement $p \in \mathbb{R}^d$. L'énergie (moyenne) est alors bien sûr donnée par

$$\frac{1}{2m} \int_{\mathbb{R}^d} |p|^2 \mathrm{d}\nu(p) + \int_{\mathbb{R}^d} V(x) \, \mathrm{d}\mu(x). \tag{1.7}$$

(ii) **L'instauration d'un lien explicite entre les deux probabilités μ et ν**, qui soit tel que $\int_{\mathbb{R}^d} |p|^2 \, \mathrm{d}\nu(p)$ diverge lorsque μ est trop concentrée en un point, afin de stabiliser le système.

L'étape (i) seule ne résout rien du tout, puisqu'on peut toujours prendre $\mu = \delta_x$ et $\nu = \delta_p$, ce qui nous ramène au modèle classique précédent. Le lien (ii) entre μ et ν est par définition donné par la *fonction d'onde*. En l'absence de spin (pour simplifier l'exposé), c'est une fonction

$$\psi \in L^2(\mathbb{R}^d, \mathbb{C}) \qquad \text{telle que} \qquad \int_{\mathbb{R}^d} |\psi(x)|^2 \, \mathrm{d}x = 1.$$

Il est alors postulé que

- $\mu(x) = |\psi(x)|^2$ est la densité de probabilité que la particule soit en $x \in \mathbb{R}^d$;
- $\nu(p) = \hbar^{-d} |\widehat{\psi}(p/\hbar)|^2$ est la densité de probabilité qu'elle ait une quantité de mouvement $p \in \mathbb{R}^d$.

Ici $\widehat{\psi}$ est la transformée de Fourier de ψ qui, dans tout cet ouvrage, est définie par[1]

$$\boxed{\widehat{\psi}(p) := \frac{1}{(2\pi)^{d/2}} \int_{\mathbb{R}^d} \psi(x) e^{-ix \cdot p} \, \mathrm{d}x,} \tag{1.8}$$

et $\hbar > 0$ est la *constante de Planck* qui doit être déterminée expérimentalement. La définition (1.8) est choisie de sorte que la transformée de Fourier soit une isométrie de $L^2(\mathbb{R}^d, \mathbb{C})$, afin que ν soit une probabilité :

$$\int_{\mathbb{R}^d} \mathrm{d}\nu(p) = \hbar^{-d} \int_{\mathbb{R}^d} |\widehat{\psi}(p/\hbar)|^2 \, \mathrm{d}p = \int_{\mathbb{R}^d} |\widehat{\psi}(p)|^2 \, \mathrm{d}p$$

$$= \int_{\mathbb{R}^d} |\psi(x)|^2 \, \mathrm{d}x = \int_{\mathbb{R}^d} \mathrm{d}\mu(x) = 1.$$

---

[1] Rappelons que la formule est valable pour $\psi \in L^1(\mathbb{R}^d, \mathbb{C}) \cap L^2(\mathbb{R}^d, \mathbb{C})$ et la transformée de Fourier est ensuite prolongée par continuité en une isométrie sur tout $L^2(\mathbb{R}^d, \mathbb{C})$.

Les deux variables classiques (x, p) dans l'espace $\mathbb{R}^d \times \mathbb{R}^d$ de dimension $2d$ ont donc été remplacées par une seule variable ψ dans l'espace $L^2(\mathbb{R}^d, \mathbb{C})$ de dimension infinie.

Rappelons qu'une fonction très concentrée en espace a une transformée de Fourier très étalée. Ceci implique que si μ est très localisée au voisinage d'un point x_0 (on connaît très bien la position de la particule), alors ν est nécessairement très étalée (on connaît mal sa vitesse). C'est le *principe d'incertitude de Heisenberg*, fondement de la mécanique quantique, qui stipule que position et vitesse ne peuvent être parfaitement connues simultanément. Ce principe est en pratique réalisé par la transformée de Fourier, dilatée du facteur $\hbar$.

Afin de clarifier le rôle de la constante de Planck $\hbar$, fixons $(x_0, p_0) \in \mathbb{R}^d \times \mathbb{R}^d$ et considérons la fonction

$$\psi_\varepsilon(x) = \varepsilon^{-\frac{d}{2}} \varphi\left(\frac{x - x_0}{\varepsilon}\right) e^{i\frac{p_0 \cdot x}{\hbar}}$$

où φ est fixe et normalisée dans $L^2(\mathbb{R}^d, \mathbb{C})$, par exemple à support compact. Le facteur $\varepsilon^{-d/2}$ a été choisi pour que ψ_ε soit aussi normalisée dans $L^2(\mathbb{R}^d, \mathbb{C})$, comme il se doit. La position de la particule vaut x_0 à une précision d'ordre ε et, à la limite $\varepsilon \to 0$, on a la convergence

$$\mu_\varepsilon = |\psi_\varepsilon|^2 \rightharpoonup \delta_{x_0},$$

au sens des mesures. Après calcul, on trouve que la transformée de Fourier de ψ_ε, dilatée du facteur $\hbar$, est donnée par

$$\hbar^{-\frac{d}{2}} \widehat{\psi_\varepsilon}\left(\frac{p}{\hbar}\right) = \left(\frac{\varepsilon}{\hbar}\right)^{\frac{d}{2}} \widehat{\varphi}\left(\frac{\varepsilon}{\hbar}(p - p_0)\right) e^{-i\frac{x_0 \cdot (p - p_0)}{\hbar}}.$$

La probabilité correspondante $\nu_\varepsilon(p) = \hbar^{-d}|\widehat{\psi_\varepsilon}(p/\hbar)|^2$ est très étalée lorsque $\varepsilon \to 0$, d'un facteur $\hbar/\varepsilon \to +\infty$. On perd donc toute information sur la vitesse en cherchant à augmenter notre connaissance sur la position. Le mieux qu'on puisse faire est de choisir $\varepsilon = \sqrt{\hbar}$, ce qui concentre μ et ν à la même échelle $\sqrt{\hbar}$ au voisinage de x_0 et p_0, respectivement. Comme $\hbar$ est une constante physique fixe, c'est la résolution maximale autorisée par la théorie, lorsqu'on désire connaître la position et la vitesse simultanément. Dans la limite (non physique) $\hbar \to 0$, le lien entre position et vitesse disparaît et les deux mesures μ et ν peuvent toutes les deux converger vers une delta.

En mécanique quantique, les particules sont donc des objets complètement probabilistes. Ils n'ont jamais de position et de vitesse bien déterminées à cause de l'impossibilité de concentrer μ et ν simultanément. On peut éventuellement les imaginer comme des objets diffus qui sont un peu partout à la fois, comme une onde. Toutefois, la théorie précise que ce comportement de type "ondulatoire" n'est valable que si on les laisse évoluer librement. Les particules doivent nécessairement se matérialiser en un point avec une certaine vitesse lorsqu'on les observe, la position et l'impulsion étant tirées au hasard selon les probabilités μ et ν. Le monde quantique est donc bien différent de notre monde habituel. Le hasard y joue un rôle central, mais il ne semble se dévoiler que sous l'action d'un observateur. Ce comportement étrange a fait couler beaucoup d'encre, mais il a été confirmé par toutes les expériences réalisées en laboratoire [Lal19]. Par exemple, si on offre à un électron la possibilité de passer par deux fentes, il passe sans aucun problème par les deux à la fois, ce qui génère des figures d'interférence typiques des ondes sur un écran placé de l'autre côté [TEM+89]. Par contre, si on cherche à savoir par quelle fente il est passé, il change complètement de comportement et passe par l'une des deux seulement, en la choisissant au hasard [FGP10].

Examinons maintenant les propriétés mathématiques de l'énergie moyenne (1.7) du système. Il est commode d'exprimer cette énergie à l'aide de notre nouvelle variable ψ, ce qui mène à l'expression

$$\mathcal{E}(\psi) = \frac{\hbar^2}{2m} \int_{\mathbb{R}^d} |p|^2 |\widehat{\psi}(p)|^2 \mathrm{d}p + \int_{\mathbb{R}^d} V(x) |\psi(x)|^2 \, \mathrm{d}x, \tag{1.9}$$

après changement de variable en p. En utilisant le fait que $p\widehat{\psi}(p) = -i\widehat{\nabla\psi}(p)$ et le théorème de Plancherel $\|\psi\|_{L^2} = \|\widehat{\psi}\|_{L^2}$, nous obtenons une expression faisant uniquement intervenir $\psi(x)$:

$$\mathcal{E}(\psi) = \frac{\hbar^2}{2m} \int_{\mathbb{R}^d} |\nabla\psi(x)|^2 \, \mathrm{d}x + \int_{\mathbb{R}^d} V(x) |\psi(x)|^2 \, \mathrm{d}x. \tag{1.10}$$

Quitte à multiplier $\mathcal{E}$ par la constante $2m/\hbar^2$ et à changer la définition de V, on peut supprimer la constante $\hbar^2/(2m)$, ce qui fournit la forme plus simple

$$\boxed{\mathcal{E}(\psi) = \int_{\mathbb{R}^d} |\nabla\psi(x)|^2 \, \mathrm{d}x + \int_{\mathbb{R}^d} V(x) |\psi(x)|^2 \, \mathrm{d}x.} \tag{1.11}$$

Maintenant que nous avons déterminé l'énergie de notre particule quantique en fonction de ψ, plusieurs questions naturelles se posent. La première est celle de la stabilité du système. Quelles hypothèses sur le potentiel extérieur V permettent-elles d'assurer que l'énergie soit minorée lorsqu'on ajoute la contrainte $\|\psi\|_{L^2(\mathbb{R}^d, \mathbb{C})} = 1$? Si V est elle-même minorée, $V(x) \geq -C$, alors nous avons bien sûr

$$\mathcal{E}(\psi) \geq -C \int_{\mathbb{R}^d} |\psi(x)|^2 \, \mathrm{d}x = -C.$$

Mais peut-on autoriser des potentiels V qui divergent vers $-\infty$ en certains points, comme le potentiel de Coulomb ? Nous étudierons longuement cette question dans les sections suivantes.

Une autre question importante est de déterminer les points critiques de la fonction $\mathcal{E}$ car ils doivent correspondre aux états stationnaires du système. Cette question nous amènera très naturellement à la théorie spectrale, comme nous allons le voir à la section suivante. Finalement, nous expliquerons que la dynamique du système est encore décrite par un système Hamiltonien, comme dans le cas classique mais en dimension infinie.

Avant de passer à l'étude rigoureuse de la stabilité, nous continuons de décrire le formalisme quantique de façon informelle.

1.2.2 Vers la théorie spectrale

En supposant que ψ est suffisamment régulière, on peut intégrer par parties l'intégrale faisant intervenir le gradient, ce qui permet d'exprimer $\mathcal{E}$ sous la forme

$$\mathcal{E}(\psi) = \left\langle \psi, \left(-\Delta + V(x) \right)\psi \right\rangle \tag{1.12}$$

où $\langle \cdot, \cdot \rangle$ est le produit scalaire usuel de $L^2(\mathbb{R}^d, \mathbb{C})$ (linéaire à droite),

$$\langle f, g \rangle := \int_{\mathbb{R}^d} \overline{f(x)} g(x) \, \mathrm{d}x,$$

et où $\Delta = \sum_{i=1}^{d} \partial_{x_i}^2$ est le Laplacien. Ainsi, nous voyons que $\mathcal{E}$ est la forme quadratique associée à l'opérateur linéaire

$$H = -\Delta + V(x)$$

où nous notons simplement $V(x)$ l'opérateur $\psi \mapsto V\psi$ de multiplication par la fonction V. Remarquons que l'on peut trouver l'opérateur H directement à partir de l'énergie classique $E(x, p) = |p|^2/2m + V(x)$ en remplaçant p par $-i\hbar\nabla$, un procédé appelé (première) quantification et qui est ici réalisé par la transformée de Fourier. Nous y reviendrons un peu plus tard à la section 1.5.5. On appelle H *l'opérateur Hamiltonien*.

Nous souhaitons maintenant déterminer les points stationnaires du système, qui sont les points où la dérivée de l'énergie $\mathcal{E}$ s'annule. À cause de la formule (1.12), la dérivée est (au moins formellement) donnée par $2H\psi$. Cependant, rappelons que ψ doit toujours appartenir à la sphère unité de $L^2(\mathbb{R}^d, \mathbb{C})$, ce qui fait que $\mathcal{E}$ est en fait une fonction définie sur une variété. On doit déterminer ses points critiques sur cette variété et non dans tout l'espace. Ceci revient à demander que la projection du gradient sur l'espace tangent soit nulle ce qui, dans notre cas, signifie simplement que $H\psi$ est colinéaire à ψ (figure 1.4) :

$$\boxed{H\psi = \lambda\psi.} \tag{1.13}$$

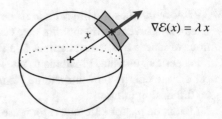

Fig. 1.4 Un point critique x d'une fonctionnelle $\mathcal{E}$ sur la sphère unité est tel que le gradient $\nabla\mathcal{E}(x)$ soit orthogonal au plan tangent, c'est-à-dire, parallèle à x.

$$\nabla\mathcal{E}(x) = \lambda\,x$$

C'est *l'équation de Schrödinger* déterminant les points d'équilibre du système. Les points critiques ψ de $\mathcal{E}$ sur la sphère unité sont les fonctions propres de H et les valeurs critiques $\lambda = \mathcal{E}(\psi)$ sont les valeurs propres de H.

Cette interprétation est la même en dimension finie, lorsqu'on considère une matrice hermitienne A de taille $n \times n$ et la forme quadratique $x \in \mathbb{C}^n \mapsto \langle x, Ax \rangle = x^*Ax$, restreinte à la sphère unité de $\mathbb{C}^n$. Dans notre cas, on voit après deux intégrations par parties que l'opérateur H vérifie la même propriété que les matrices hermitiennes en dimension finie :

$$\langle \psi_1, H\psi_2 \rangle = \langle H\psi_1, \psi_2 \rangle$$

pour toutes fonctions ψ_1, ψ_2 assez régulières. On s'attend donc à ce que son spectre soit réel et que H soit diagonalisable dans une base orthonormée, de sorte que les énergies des états stationnaires soient réelles, comme elles doivent l'être d'un point de vue physique.

Comme H est un opérateur en dimension infinie, la théorie correspondante est en fait bien plus subtile qu'il n'y paraît au premier abord. L'objectif de cet ouvrage est précisément de développer la théorie spectrale des opérateurs du même type que $H = -\Delta + V(x)$. Nous verrons que le *spectre* de H n'est pas toujours composé uniquement de valeurs propres. À cause des possibles pertes de compacité en dimension infinie, il est tout à fait envisageable qu'il existe une suite (ψ_n) de fonctions normalisées dans $L^2(\mathbb{R}^d, \mathbb{C})$ telle que $(H - \lambda)\psi_n \to 0$ fortement pour un certain λ, sans que l'équation $(H - \lambda)\psi = 0$ n'admette de solution non triviale. De telles "quasi valeurs propres" λ formeront ce que nous appellerons le *spectre continu*. Ce sont des sortes de "quasi valeurs critiques" de l'énergie $\mathcal{E}$. La présence d'un tel spectre nous suggère immédiatement que la diagonalisation de H ne sera pas une tâche aisée.

Nous montrerons au chapitre 5 que le spectre a la forme typique donnée à la figure 1.5, lorsque V tend vers 0 à l'infini. La valeur propre la plus basse est appelée *énergie fondamentale* car elle correspond à minimiser l'énergie $\mathcal{E}(\psi)$ sous la contrainte $\|\psi\|_{L^2} = 1$. Rappelons en effet que l'on peut caractériser la première valeur propre d'une matrice hermitienne A sous la forme

$$\lambda_1(A) = \min_{\|x\|=1} \langle x, Ax \rangle;$$

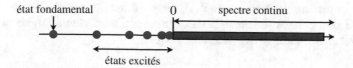

la même propriété aura lieu en dimension infinie. Une fonction propre correspondante ψ s'appelle un *état fondamental*. Les valeurs propres supérieures s'appellent *énergies excitées* et elles correspondent à des états stationnaires instables du système, entre lesquels la particule peut naviguer lorsqu'elle interagit avec le monde extérieur. Se faisant, elle émet de la lumière avec une longueur d'onde correspondant aux différences entre les valeurs propres, ce qui explique le spectre de raies obtenu dans les expériences de spectroscopie. Souvent, il n'y a pas du tout de valeurs propres positives, le spectre n'étant constitué que de spectre continu dans $\mathbb{R}^+$. L'aspect "quantifié" de la mécanique quantique réside donc dans la partie négative du spectre, composée de valeurs propres formant un ensemble discret.

1.2.3 Un système Hamiltonien

À ce stade nous avons défini l'énergie d'une particule quantique dans $\mathbb{R}^d$ ainsi que ses points stationnaires sur la sphère unité de $L^2(\mathbb{R}^d, \mathbb{C})$. Pour que l'image soit complète, il nous faut introduire la dynamique du système, qui prend à nouveau la forme d'un système Hamiltonien, cette fois en dimension infinie.

Pour avoir une structure Hamiltonienne nous devons avoir deux variables et une forme symplectique. Il se trouve que nous avons bien deux variables car la fonction d'onde ψ est à valeurs complexes. En écrivant $\psi = \psi_1 + i\psi_2$ on trouve simplement

$$\mathcal{E}(\psi) = \mathcal{E}(\psi_1) + \mathcal{E}(\psi_2)$$

car V est une fonction réelle. Nous pouvons donc obtenir un système Hamiltonien en croisant les dérivées de $\mathcal{E}$ par rapport à ψ_1, ψ_2 comme suit

$$\begin{cases} \dfrac{\partial \psi_1}{\partial t} = \dfrac{\partial \mathcal{E}}{\partial \psi_2}(\psi) = 2H\psi_2 \\ \dfrac{\partial \psi_2}{\partial t} = -\dfrac{\partial \mathcal{E}}{\partial \psi_1}(\psi) = -2H\psi_1, \end{cases}$$

que l'on peut réécrire en une seule équation sous la forme

$$i\frac{\partial \psi}{\partial t} = 2H\psi.$$

Dans ce formalisme, la forme symplectique est donc donnée par la multiplication par i. On peut enlever le facteur 2 en changeant d'unité de temps, ce qui fournit *l'équation de Schrödinger dépendant du temps*

$$\boxed{i\frac{\partial \psi}{\partial t} = H\psi.}$$ (1.14)

Un calcul formel montre que la norme L^2 et l'énergie de toute solution est conservée au cours du temps:

$$\frac{\mathrm{d}}{\mathrm{d}t}\mathcal{E}(\psi(t)) = \frac{\mathrm{d}}{\mathrm{d}t}\int_{\mathbb{R}^d}|\psi(t,x)|^2\,\mathrm{d}x = 0.$$

La conservation de la norme L^2 est évidemment cruciale pour que notre interprétation probabiliste de $|\psi|^2$ et $|\widehat{\psi}|^2$ persiste pour tout temps le long des trajectoires. Nous étudierons l'équation de Schrödinger rigoureusement à la section 4.7.1 du chapitre 4.

On peut se demander s'il existe un lien entre les équations de Hamilton (1.2) et l'équation de Schrödinger (1.14). À cause de l'interprétation probabiliste de $|\psi|^2$ et $|\widehat{\psi}|^2$, la position moyenne de la particule est donnée par

$$\langle X\rangle_t := \int_{\mathbb{R}^d} x\,|\psi(t,x)|^2\,\mathrm{d}x$$

et son impulsion moyenne vaut

$$\langle P\rangle_t := \int_{\mathbb{R}^d} p\,|\widehat{\psi}(t,p)|^2\,\mathrm{d}p = -i\int_{\mathbb{R}^d}\overline{\psi(t,x)}\,\nabla_x\psi(t,x)\,\mathrm{d}x.$$

Nous avons ici utilisé la notation abrégée $\langle A\rangle_t = \langle\psi(t), A\psi(t)\rangle$ pour la valeur moyenne d'un opérateur A dans l'état $\psi(t,x)$, ainsi que $P := -i\nabla_x$ et $(X\psi)(x) := x\psi(x)$. Un calcul (formel) montre alors que

$$\begin{cases} \dfrac{\mathrm{d}}{\mathrm{d}t}\langle X\rangle_t = \langle P\rangle_t, \\[2mm] \dfrac{\mathrm{d}}{\mathrm{d}t}\langle P\rangle_t = -\langle\nabla V(X)\rangle_t, \end{cases}$$ (1.15)

des équations qui sont habituellement appelées *relations d'Ehrenfest* [Ehr27]. Nous voyons donc que les équations de Hamilton restent d'une certaine manière vraies *en moyenne*, à condition de bien remarquer que, en général,

$$\langle\nabla V(X)\rangle_t \neq \nabla V\big(\langle X\rangle_t\big)$$

sinon on retrouverait exactement les équations classiques (1.2). Nous invitons le lecteur à vérifier (1.15), en supposant l'existence d'une solution $\psi(t)$ lisse et qui décroît suffisamment rapidement pour que tout fasse sens.

Nous terminons cette section par une remarque concernant le lien entre les fonctions propres de l'opérateur H et l'équation dépendant du temps (1.14). Le terme "état stationnaire" est peut-être source de confusion, car si on suppose que ψ est indépendant du temps, on trouve l'équation $H\psi = 0$ et non $H\psi = \lambda\psi$. La raison est que notre modèle est invariant par les "changements de phase", c'est-à-dire par la multiplication par un complexe de module 1 sous la forme $\psi \mapsto e^{i\theta}\psi$. Toutes les quantités physiques calculées à partir de ψ sont invariantes par cette action du groupe $\mathbb{S}^1$, comme nous l'expliquerons plus longuement à la section 1.5. Nous devrions donc plutôt travailler *modulo* les phases, c'est-à-dire dans le quotient de la sphère de $L^2(\mathbb{R}^d, \mathbb{C})$ par la relation d'équivalence

$$\psi_1 \sim \psi_2 \quad \Longleftrightarrow \quad \exists\theta \in \mathbb{R} : \psi_2 = e^{i\theta}\psi_1.$$

Ainsi, lorsque nous disons que ψ est indépendante du temps, nous devons toujours penser "modulo une phase". Ceci revient alors à considérer des fonctions sous la forme $e^{i\theta(t)}\psi(x)$ où ψ ne dépend pas du temps et θ ne dépend pas de x. En injectant dans l'équation (1.14) on trouve $H\psi = -\theta'(t)\psi$ pour tout t. Comme ψ ne peut pas être une fonction propre associée à plusieurs valeurs propres différentes, on en déduit que $\theta'(t) = -\lambda$ est constant. Ainsi les solutions stationnaires sont précisément celles sous la forme

$$\psi(t) = e^{-i\lambda t}\psi_0, \qquad \text{avec} \quad H\psi_0 = \lambda\psi_0. \tag{1.16}$$

Ce sont bien les points critiques de $\mathcal{E}$ sur la sphère unité, discutés à la section 1.2.2. La phase dépend linéairement du temps, mais ceci ne joue aucun rôle dans notre modélisation, toutes les quantités importantes calculées à partir de ψ seront bien indépendantes du temps.

Nous avons terminé notre description informelle du formalisme quantique, qui prend la forme d'un système Hamiltonien en dimension infinie. Nous n'avons pas expliqué le cheminement historique sinueux qui a conduit les physiciens aux postulats introduits ci-dessus. Il existe en fait plusieurs présentations équivalentes de la même théorie. Au lieu de centrer le propos sur la fonction d'onde, Heisenberg [Hei25] était plutôt parti de l'axiome que, en dimension $d = 1$, la position et l'impulsion sont décrits par deux opérateurs auto-adjoints X et P satisfaisant la relation de commutation

$$[X, P] = i\hbar.$$

De tels opérateurs n'existent pas en dimension finie (pour le voir, prendre la trace) et c'est ce qui l'avait conduit aux "matrices infinies". Stone et von Neumann ont montré plus tard que, à isomorphisme près, la seule possibilité est de prendre X égal à l'opérateur de multiplication par x et $P = -i\hbar d/dx$ comme dans notre présentation (voir [RS72, Thm. VIII.14] et [RS79, Thm. XI.84]). Schrödinger [Sch26] avait lui introduit l'équation (1.14) basée sur la fonction d'onde ψ mais il n'avait pas identifié l'interprétation probabiliste de $|\psi|^2$ et $|\widehat{\psi}|^2$, qui est elle due à Born [Bor26].

Dans les deux sections suivantes nous étudions la stabilité de notre modèle quantique et l'existence d'un état fondamental, en commençant par l'atome d'hydrogène avant de nous tourner vers le cas général.

1.3   L'atome d'hydrogène quantique

Après cette description du formalisme quantique, revenons au cas de l'électron quantique dans l'atome d'hydrogène, dont l'énergie s'écrit avec les constantes physiques

$$\mathcal{E}(\psi) = \frac{\hbar^2}{2m} \int_{\mathbb{R}^3} |\nabla \psi(x)|^2 \, dx - \frac{e^2}{4\pi\varepsilon_0} \int_{\mathbb{R}^3} \frac{|\psi(x)|^2}{|x|} \, dx. \tag{1.17}$$

Pour étudier la stabilité de ce système il est plus commode de se placer dans le système des *unités atomiques*. Nous faisons le changement de variable

$$x = \frac{4\pi\varepsilon_0\hbar^2}{me^2} x', \qquad \mathcal{E} = \frac{m}{\hbar^2} \left(\frac{e^2}{4\pi\varepsilon_0} \right)^2 \mathcal{E}'$$

(ce qui change également la fonction ψ) et obtenons l'énergie suivante, notée encore $\mathcal{E}$ pour simplifier:

$$\mathcal{E}(\psi) = \frac{1}{2} \int_{\mathbb{R}^3} |\nabla \psi(x)|^2 \, dx - \int_{\mathbb{R}^3} \frac{|\psi(x)|^2}{|x|} \, dx. \tag{1.18}$$

Nous avons donc, d'une certaine manière, $e^2/4\pi\varepsilon_0 = \hbar^2/m = 1$. Il est possible de remplacer le facteur $1/2$ devant la première intégrale par 1, mais nous préférons le conserver dans cette section pour une meilleure adéquation avec la littérature physique.

La disparition totale des paramètres physiques est possible car les deux termes de l'énergie ont des homogénéités différentes. Le terme $\int_{\mathbb{R}^3} |\nabla\psi|^2$ est l'inverse du carré d'une distance[2] alors que l'énergie potentielle est l'inverse d'une distance. Si on remplace $1/|x|$ par $1/|x|^2$ (ou le Laplacien par un opérateur différentiel d'ordre un) on ne peut faire totalement disparaître les constantes physiques.

---

[2] Comme $\int_{\mathbb{R}^3} |\psi(x)|^2 \, dx = 1$, $|\psi(x)|^2$ se comporte comme l'inverse du cube d'une distance pour compenser le dx.

Pour avoir une énergie cinétique finie, il semble naturel de travailler dans l'espace de Sobolev

$$H^1(\mathbb{R}^3, \mathbb{C}) := \left\{ \psi \in L^2(\mathbb{R}^3, \mathbb{C}) \ : \ \nabla \psi \in L^2(\mathbb{R}^3, \mathbb{C})^3 \right\}$$

où nous rappelons que $\nabla \psi$ est ici compris au sens des distributions. Nous renvoyons à l'appendice A, qui contient un rappel des propriétés les plus importantes des espaces de Sobolev. Dans toute la suite, nous utiliserons fréquemment la notation $L^2(\mathbb{R}^d)$, $H^1(\mathbb{R}^d)$, etc, sans préciser que les fonctions sont à valeurs complexes, ce que nous supposerons toujours. Lorsque le contexte est clair, nous écrirons même parfois L^2, H^1, etc. Nous écrirons $L^2(\mathbb{R}^d, \mathbb{R})$, $H^1(\mathbb{R}^d, \mathbb{R})$, etc, si les fonctions sont supposées à valeurs réelles.

1.3.1 Stabilité

Nous allons maintenant prouver que l'atome d'hydrogène est stable en mécanique quantique, en utilisant des inégalités fonctionnelles classiques.

Proposition 1.1 (Stabilité de l'atome d'hydrogène classique) *La fonctionnelle $\mathcal{E}$ en (1.18) est bien définie et continue sur $H^1(\mathbb{R}^3)$. Il existe une constante universelle $C < 0$ telle que*

$$\mathcal{E}(\psi) \geq C$$

pour tout $\psi \in H^1(\mathbb{R}^3)$ tel que $\displaystyle\int_{\mathbb{R}^3} |\psi(x)|^2 \, \mathrm{d}x = 1$.

Il existe de nombreuses preuves possibles de la proposition 1.1. Plus loin au théorème 1.3 nous en donnerons une extrêmement simple qui permet même d'identifier précisément la valeur de l'infimum et du minimiseur correspondant, mais qui ne fonctionne que pour le potentiel $1/|x|$. Ici nous fournissons une preuve plus générale qui s'adapte à de multiples situations, par exemple lorsque V n'est pas exactement égal à $1/|x|$. Nous utiliserons *l'inégalité de Sobolev* suivante, rappelée et démontrée au théorème A.13 de l'appendice A.

Théorème 1.2 (Inégalité de Sobolev en dimension $d = 3$) *Soit $\psi \in L^1_{\mathrm{loc}}(\mathbb{R}^3)$ telle que $\nabla \psi \in L^2(\mathbb{R}^3)$ et telle que l'ensemble $\{x \in \mathbb{R}^3 \ : \ |\psi(x)| \geq M\}$ soit de mesure finie pour tout $M > 0$. Alors $\psi \in L^6(\mathbb{R}^3)$ et on a*

$$\left(\int_{\mathbb{R}^3} |\psi(x)|^6 \, \mathrm{d}x \right)^{\frac{1}{3}} \leq S_3 \int_{\mathbb{R}^3} |\nabla \psi(x)|^2 \, \mathrm{d}x \tag{1.19}$$

où $S_3 = (4/3) 2^{-\frac{2}{3}} \pi^{-\frac{4}{3}}$ est la meilleure constante possible dans cette inégalité.

Nous avons énoncé l'inégalité de Sobolev avec des hypothèses très faibles sur ψ car il n'est pas très naturel de supposer que $\psi \in L^2(\mathbb{R}^3)$, puisque la norme $L^2(\mathbb{R}^3)$ n'apparait pas dans (1.19). Pour $\psi \in L^2(\mathbb{R}^3)$ comme c'est notre cas, les ensembles $\{|\psi| \geq M\}$ sont de mesure finie puisque

$$\left|\{|\psi| \geq M\}\right| = \int_{\{|\psi| \geq M\}} \mathrm{d}x \leq \frac{1}{M^2} \int_{\mathbb{R}^3} |\psi(x)|^2 \, \mathrm{d}x < \infty.$$

La norme $L^6(\mathbb{R}^3)$ est très naturelle dans (1.19), car elle a la même homogénéité que l'énergie cinétique (lorsqu'elle est mise à la puissance 1/3). Pour le voir on peut insérer une fonction dilatée $\psi(x/\varepsilon)$ et vérifier que les deux termes se comportent en ε. De façon équivalente, on peut juste compter les unités de longueur (les "$\mathrm{d}x$") dans chaque terme de l'inégalité. Comme $\mathrm{d}x \sim L^3$ et $\nabla \sim L^{-1}$, le terme de droite se comporte en $|\psi|^2 L$ et celui de gauche en $(|\psi|^6 L^3)^{1/3} = |\psi|^2 L$. En fait une inégalité comme (1.19) ne pourrait être vraie pour une autre puissance $p \neq 6$ car on arriverait à une contradiction en dilatant la fonction ψ.

L'inégalité de Sobolev (1.19) permet d'expliciter comment l'énergie cinétique explose lorsque la fonction d'onde se concentre en espace. C'est donc une *forme quantitative du principe d'incertitude de Heisenberg*. En effet, si $\psi \in H^1(\mathbb{R}^d)$ a son support dans un ensemble $\Omega \subset \mathbb{R}^3$ et est normalisée dans $L^2(\mathbb{R}^3)$, nous avons par l'inégalité de Hölder

$$1 = \int_\Omega |\psi(x)|^2 \, \mathrm{d}x \leq |\Omega|^{\frac{2}{3}} \left(\int_{\mathbb{R}^3} |\psi(x)|^6 \, \mathrm{d}x \right)^{\frac{1}{3}}.$$

Nous obtenons ainsi une inégalité due à Poincaré :

$$\int_{\mathbb{R}^3} |\nabla \psi(x)|^2 \, \mathrm{d}x \geq \frac{1}{S_3 |\Omega|^{\frac{2}{3}}}. \tag{1.20}$$

Si Ω est petit, l'énergie cinétique doit donc être grande.

La littérature physique met souvent en exergue une autre version quantitative du principe d'incertitude, appelée *inégalité de Heisenberg*, qui stipule que

$$\left(\int_{\mathbb{R}^3} |\nabla \psi(x)|^2 \, \mathrm{d}x \right)^{\frac{1}{2}} \left(\int_{\mathbb{R}^3} |x|^2 |\psi(x)|^2 \, \mathrm{d}x \right)^{\frac{1}{2}} \geq \frac{3}{2} \int_{\mathbb{R}^3} |\psi(x)|^2 \, \mathrm{d}x \tag{1.21}$$

(ou une version similaire avec la variance). Malheureusement, il ne semble pas exister de preuve mathématique de la stabilité de l'atome d'hydrogène, qui soit uniquement basée sur cette inégalité.

Revenons maintenant à la preuve de la stabilité de l'atome d'hydrogène basée sur l'inégalité de Sobolev.

Preuve (de la proposition 1.1 avec l'inégalité de Sobolev (1.19)*)* L'idée est de traiter à part la singularité à l'origine en coupant l'intégrale de la façon suivante, pour $r > 0$:

$$\int_{\mathbb{R}^3} \frac{|\psi(x)|^2}{|x|} \, \mathrm{d}x = \int_{|x| \le r} \frac{|\psi(x)|^2}{|x|} \, \mathrm{d}x + \int_{|x| > r} \frac{|\psi(x)|^2}{|x|} \, \mathrm{d}x.$$

En dehors de la boule de rayon r, nous estimons simplement $1/|x|$ par $1/r$ comme suit :

$$\int_{|x| > r} \frac{|\psi(x)|^2}{|x|} \, \mathrm{d}x \le r^{-1} \int_{|x| > r} |\psi(x)|^2 \, \mathrm{d}x \le r^{-1} \int_{\mathbb{R}^3} |\psi(x)|^2 \, \mathrm{d}x.$$

On borne ensuite l'énergie potentielle à l'intérieur de la boule en utilisant l'inégalité de Hölder (nous prenons $1/|x|$ à la puissance $3/2$ et $|\psi|^2$ à la puissance 3 pour faire apparaître la norme L^6) :

$$\begin{aligned}
\int_{|x| \le r} \frac{|\psi(x)|^2}{|x|} \, \mathrm{d}x &\le \left(\int_{|x| \le r} \frac{\mathrm{d}x}{|x|^{\frac{3}{2}}} \right)^{\frac{2}{3}} \left(\int_{|x| \le r} |\psi(x)|^6 \, \mathrm{d}x \right)^{\frac{1}{3}} \\
&\le \left(4\pi \int_0^r \sqrt{s} \, \mathrm{d}s \right)^{\frac{2}{3}} \left(\int_{\mathbb{R}^3} |\psi(x)|^6 \, \mathrm{d}x \right)^{\frac{1}{3}} \\
&\le \left(\frac{8\pi}{3} \right)^{\frac{2}{3}} S_3 \, r \int_{\mathbb{R}^3} |\nabla\psi(x)|^2 \, \mathrm{d}x.
\end{aligned}$$

À la dernière ligne nous avons utilisé l'inégalité de Sobolev (1.19). En conclusion nous avons montré que

$$\int_{\mathbb{R}^3} \frac{|\psi(x)|^2}{|x|} \, \mathrm{d}x \le \kappa r \int_{\mathbb{R}^3} |\nabla\psi(x)|^2 \, \mathrm{d}x + r^{-1} \int_{\mathbb{R}^3} |\psi(x)|^2 \, \mathrm{d}x \tag{1.22}$$

avec $\kappa := (8\pi/3)^{2/3} S_3 \simeq 0.753$. Ceci prouve en particulier que $|x|^{-1/2}\psi$ appartient à $L^2(\mathbb{R}^3)$ lorsque ψ est dans $H^1(\mathbb{R}^3)$. Maintenant nous prenons $r = 1/(2\kappa)$ et obtenons

$$\int_{\mathbb{R}^3} \frac{|\psi(x)|^2}{|x|} \, \mathrm{d}x \le \frac{1}{2} \int_{\mathbb{R}^3} |\nabla\psi(x)|^2 \, \mathrm{d}x + 2\kappa \int_{\mathbb{R}^3} |\psi(x)|^2 \, \mathrm{d}x. \tag{1.23}$$

L'estimée (1.23) montre que l'application linéaire $\psi \in H^1(\mathbb{R}^3) \mapsto \psi|x|^{-1/2} \in L^2(\mathbb{R}^3)$ est bornée, donc continue. Ainsi, l'énergie $\mathcal{E}$ est continue sur $H^1(\mathbb{R}^3)$ et

$$\mathcal{E}(\psi) \geq -2\kappa \int_{\mathbb{R}^3} |\psi(x)|^2 \, dx \simeq -1.506 \quad \text{pour} \quad \int_{\mathbb{R}^3} |\psi(x)|^2 \, dx = 1,$$

ce qui conclut la preuve de la proposition 1.1.   □

1.3.2 État fondamental

Nous avons vu que l'énergie de l'électron quantique dans l'atome d'hydrogène était minorée (pour des fonctions d'onde ψ normalisées dans L^2). L'étape suivante est l'étude de l'existence d'un minimiseur, appelé *état fondamental*. Le théorème suivant fournit la valeur exacte du minimum de $\mathcal{E}$ ainsi que l'unicité du minimiseur associé. Nous obtenons également l'information que la fonction correspondante est une fonction propre de l'opérateur $H = -\Delta/2 - 1/|x|$, comme annoncé à la section 1.2.2.

Théorème 1.3 (État fondamental de l'atome d'hydrogène) *L'infimum de $\mathcal{E}$ sur la sphère de $L^2(\mathbb{R}^3)$ est un minimum, qui vaut*

$$\min_{\substack{\psi \in H^1(\mathbb{R}^3) \\ \int_{\mathbb{R}^3} |\psi|^2 = 1}} \mathcal{E}(\psi) = -\frac{1}{2}. \tag{1.24}$$

Les minimiseurs correspondants sont tous sous la forme

$$\psi(x) = \frac{e^{i\theta}}{\sqrt{\pi}} e^{-|x|}, \qquad \theta \in \mathbb{R}. \tag{1.25}$$

On a donc unicité à phase près. Ces minimiseurs appartiennent à $H^2(\mathbb{R}^3)$ et résolvent l'équation de Schrödinger

$$\left(-\frac{\Delta}{2} - \frac{1}{|x|}\right)\psi = -\frac{1}{2}\psi \tag{1.26}$$

où chaque terme est dans $L^2(\mathbb{R}^3)$.

La démonstration qui suit est basée sur une astuce inspirée de la preuve de l'inégalité de Hardy (étudiée au problème B.1 de l'appendice B).

Preuve Pour $\psi \in C_c^\infty(\mathbb{R}^3)$ nous calculons

$$\int_{\mathbb{R}^3} \left| \nabla\psi(x) + \frac{x}{|x|}\psi(x) \right|^2 dx$$

$$= \int_{\mathbb{R}^3} |\nabla\psi(x)|^2\, dx + 2\Re \int_{\mathbb{R}^3} \overline{\psi(x)}\frac{x}{|x|} \cdot \nabla\psi(x)\, dx + \int_{\mathbb{R}^3} |\psi(x)|^2\, dx.$$

En utilisant que $\nabla|\psi|^2 = 2\Re\overline{\psi}\nabla\psi$ et en intégrant par parties, nous trouvons

$$2\Re \int_{\mathbb{R}^3} \overline{\psi(x)}\frac{x}{|x|} \cdot \nabla\psi(x)\, dx = \int_{\mathbb{R}^3} \frac{x}{|x|} \cdot \nabla|\psi|^2(x)\, dx$$

$$= -\sum_{k=1}^{3} \int_{\mathbb{R}^3} |\psi(x)|^2 \partial_{x_k}\left(\frac{x_k}{|x|}\right) dx = -2\int_{\mathbb{R}^3} \frac{|\psi(x)|^2}{|x|}\, dx.$$

Ainsi, nous avons montré que

$$0 \le \frac{1}{2}\int_{\mathbb{R}^3} \left| \nabla\psi(x) + \frac{x}{|x|}\psi(x) \right|^2 dx$$

$$= \frac{1}{2}\int_{\mathbb{R}^3} |\nabla\psi(x)|^2\, dx - \int_{\mathbb{R}^3} \frac{|\psi(x)|^2}{|x|}\, dx + \frac{1}{2}\int_{\mathbb{R}^3} |\psi(x)|^2\, dx. \qquad (1.27)$$

Comme $C_c^\infty(\mathbb{R}^3)$ est dense dans $H^1(\mathbb{R}^3)$ (théorème A.8), la relation (1.27) reste valide dans $H^1(\mathbb{R}^3)$. Nous pouvons réécrire (1.27) de la façon suivante :

$$\mathcal{E}(\psi) = \frac{1}{2}\int_{\mathbb{R}^3} \left| \nabla\psi(x) + \frac{x}{|x|}\psi(x) \right|^2 dx - \frac{1}{2}\int_{\mathbb{R}^3} |\psi(x)|^2\, dx. \qquad (1.28)$$

Ceci montre que l'infimum de $\mathcal{E}$ (avec la contrainte de normalisation sur ψ) est au moins égal à $-1/2$. Nous pouvons rendre $\mathcal{E}(\psi)$ égal à $-1/2$ en annulant le premier terme, c'est-à-dire en déterminant toutes les fonctions $\psi \in H^1(\mathbb{R}^3)$ telles que

$$\nabla\psi(x) = -\frac{x}{|x|}\psi(x) \qquad (1.29)$$

pour presque tout $x \in \mathbb{R}^3$. Il est facile de voir que $\psi(x) = \pi^{-1/2}e^{-|x|}$ vérifie cette propriété et appartient à $H^2(\mathbb{R}^3)$ (donc à $H^1(\mathbb{R}^3)$). Par ailleurs, la constante $\pi^{-1/2}$ a précisément été choisie pour qu'elle soit normalisée dans $L^2(\mathbb{R}^3)$. Nous concluons donc que l'infimum est un minimum et qu'il vaut exactement $-1/2$. On peut finalement vérifier par le calcul que $\psi = \pi^{-1/2}e^{-|x|}$ est solution de l'équation de Schrödinger (1.26).

Pour l'unicité, on utilise que si $\psi \in H^1(\mathbb{R}^3)$ vérifie (1.29), alors la fonction $\eta(x) := e^{|x|}\psi(x)$ appartient à $H^1_{\mathrm{loc}}(\mathbb{R}^3)$ (elle n'est pas forcément de carré intégrable à l'infini) et vérifie $\nabla \eta(x) = 0$ presque partout, donc au sens des distributions. Les seules solutions de cette équation sur $\mathbb{R}^3$ sont les solutions constantes, $\eta(x) = c$, ce qui démontre bien que les solutions de (1.29) dans $H^1(\mathbb{R}^3)$ sont toutes sous la forme $ce^{-|x|}$. Comme nous considérons uniquement des fonctions normalisées dans $L^2(\mathbb{R}^3)$, on doit avoir $|c| = \pi^{-1/2}$, c'est-à-dire $c = \pi^{-1/2}e^{i\theta}$.   □

Nous pouvons transformer notre information sur la valeur de l'énergie fondamentale de l'atome d'hydrogène en une inégalité, en suivant les idées de Kato [Kat51].

Corollaire 1.4 (Inégalité de Kato) *Nous avons l'inégalité*

$$\int_{\mathbb{R}^3} \frac{|\psi(x)|^2}{|x - R|}\, dx \le \eta \int_{\mathbb{R}^3} |\nabla \psi(x)|^2\, dx + \frac{1}{4\eta} \int_{\mathbb{R}^3} |\psi(x)|^2\, dx, \qquad (1.30)$$

pour tout $\psi \in H^1(\mathbb{R}^3)$, tout $R \in \mathbb{R}^3$ et tout $\eta > 0$.

Preuve Pour $R = 0$ et $\eta = 1/2$, c'est exactement notre inégalité sur l'énergie fondamentale de l'atome d'hydrogène

$$\frac{1}{2} \int_{\mathbb{R}^3} |\nabla \psi(x)|^2\, dx - \int_{\mathbb{R}^3} \frac{|\psi(x)|^2}{|x|}\, dx \ge -\frac{1}{2} \int_{\mathbb{R}^3} |\psi(x)|^2\, dx.$$

Nous pouvons obtenir (1.30) pour tout $\eta > 0$ et tout $R \in \mathbb{R}^3$ en appliquant cette inégalité à la fonction dilatée et translatée $(2\eta)^{3/2}\psi(2\eta x + R)$. Il suffit alors d'effectuer les changements de variables appropriés.   □

1.3.3 Spectre

Comme discuté à la section 1.2.2, les fonctions propres de l'opérateur $H = -\Delta/2 - 1/|x|$ jouent un rôle fondamental dans notre théorie car elles correspondent aux états stationnaires du système. Le résultat est le suivant.

Théorème 1.5 (Spectre de l'atome d'hydrogène) *Les solutions non nulles $\psi \in H^1(\mathbb{R}^3)$ de l'équation*

$$\left(-\frac{\Delta}{2} - \frac{1}{|x|}\right) \psi = \lambda \psi \qquad (1.31)$$

au sens des distributions sur $\mathbb{R}^3$, sont toutes dans $H^2(\mathbb{R}^3)$ et existent si et seulement si

$$\lambda = -\frac{1}{2n^2}, \qquad n \in \mathbb{N}^*. \qquad (1.32)$$

Nous retrouvons ici le célèbre spectre de l'atome d'hydrogène. Les énergies négatives très spéciales, quantifiées, correspondent aux états stationnaires entre lesquels l'électron peut naviguer en fonction de l'énergie qu'il échange avec le monde extérieur.

Nous ne fournirons pas une preuve complète du théorème 1.5 dans cet ouvrage. La théorie spectrale que nous allons développer dans les chapitres suivants permet de prouver que les $\lambda < 0$ possibles forment un ensemble dénombrable et tendent vers 0 (c'est le théorème 5.43 au chapitre 5). Par contre, pour montrer la formule (1.32) il faut calculer ces valeurs propres explicitement, ce qui est un peu fastidieux. Le calcul détaillé peut être lu dans [Tes09, Hal13]. Il est basé sur l'invariance du modèle par les rotations autour de l'origine $0 \in \mathbb{R}^3$, qui permet de se ramener à travailler dans les sous-espaces propres du moment angulaire (section 4.8.3). À la fin, on se ramène à une équation différentielle ordinaire pour la partie radiale f de ψ, sous la forme

$$-\frac{1}{2} f''(r) - \frac{1}{r} f'(r) + \frac{\ell(\ell + 1)}{2r^2} f(r) - \frac{1}{r} f(r) = \lambda f(r)$$

où $\ell \in \mathbb{N}$, équation qu'il faut ensuite résoudre explicitement. Il faut ici déterminer les valeurs possibles de $f(0)$ ou $f'(0)$ de sorte que l'unique solution, donnée par le théorème de Cauchy-Lipschitz, tende vers 0 à l'infini pour que la fonction correspondante soit dans $L^2(\mathbb{R}^3)$. Les solutions s'expriment à l'aide des polynômes de Laguerre [Tes09, Hal13].

Le fait qu'il ne puisse pas y avoir de valeur propre positive ou nulle suit de *l'identité du Viriel*[3] qui stipule que toute solution $H^1(\mathbb{R}^3)$ de l'équation (1.31) doit nécessairement satisfaire

$$\int_{\mathbb{R}^3} |\nabla \psi(x)|^2 \, \mathrm{d}x = \int_{\mathbb{R}^3} \frac{|\psi(x)|^2}{|x|} \, \mathrm{d}x, \qquad (1.33)$$

ce qui implique immédiatement

$$\lambda = \frac{1}{2} \int_{\mathbb{R}^3} |\nabla \psi(x)|^2 \, \mathrm{d}x - \int_{\mathbb{R}^3} \frac{|\psi(x)|^2}{|x|} \, \mathrm{d}x = -\frac{1}{2} \int_{\mathbb{R}^3} |\nabla \psi(x)|^2 \, \mathrm{d}x < 0.$$

Il ne peut donc pas y avoir de valeur propre positive ou nulle. L'identité du Viriel (1.33) peut s'obtenir en multipliant l'équation (1.31) par $(3/2)\overline{\psi(x)} + x \cdot \nabla \overline{\psi(x)}$ et en intégrant par parties. Ceci requiert de vérifier que tout les termes font sens dans $H^1(\mathbb{R}^3)$, ce que nous discuterons plus tard à la section 4.8.4.

Exercice 1.6 (Spectre continu) Comme nous l'avons mentionné à la section 1.2.2, le spectre de H contient aussi du "spectre continu" sur tout l'intervalle $[0, +\infty[$,

---

[3] aussi appelée *identité de Pohožaev*, du nom de celui qui semble avoir été l'un des premiers à l'utiliser pour étudier des équations non linéaires [Poh65].

typique de la dimension infinie, qui correspond à des "quasi valeurs propres". L'existence de ce spectre sera démontrée au corollaire 5.35 du chapitre 5. Pour tout $\lambda \geq 0$, nous construisons ici une suite ψ_n normalisée dans $L^2(\mathbb{R}^3)$ telle que $(H - \lambda)\psi_n \to 0$. Soit $\chi \in C_c^\infty(\mathbb{R}^3)$ telle que $\int_{\mathbb{R}^3} |\chi|^2 = 1$. On considère la suite de fonctions $\psi_n(x) = e^{ik \cdot x} n^{-3/2} \chi(x/n)$. Montrer que

$$\left(-\frac{\Delta}{2} - \frac{1}{|x|} - \frac{|k|^2}{2} \right) \psi_n \to 0$$

fortement dans $L^2(\mathbb{R}^3)$ et que $\psi_n \rightharpoonup 0$ faiblement dans $H^2(\mathbb{R}^3)$.

1.4   Une particule dans $\mathbb{R}^d$ soumise à un potentiel quelconque

Après avoir étudié en détail l'atome d'hydrogène, nous discutons maintenant du cas plus général d'une particule quantique dans $\mathbb{R}^d$ (avec $d \geq 1$), soumise à un potentiel extérieur V quelconque, satisfaisant la condition qu'il tend d'une certaine manière vers 0 à l'infini. C'est-à-dire, nous considérons la fonctionnelle

$$\mathcal{E}(\psi) = \int_{\mathbb{R}^d} |\nabla \psi(x)|^2 \, dx + \int_{\mathbb{R}^d} V(x) |\psi(x)|^2 \, dx.$$

L'étude réalisée dans cette section est dans le même esprit que [LL01, Chap. 11].

1.4.1   Espaces $L^p(\mathbb{R}^d) + L^q(\mathbb{R}^d)$

Nous désirons travailler avec des conditions sur le potentiel V qui soient suffisamment générales sans être non plus trop compliquées. Elles doivent autoriser que V explose localement en certains points de $\mathbb{R}^d$, comme le potentiel de Coulomb en dimension $d = 3$ qui diverge à l'origine. Un cadre naturel serait de travailler avec les espaces $L^p(\mathbb{R}^d)$, car ceux-ci se marient bien avec les injections de Sobolev. Toutefois, il n'est pas très raisonnable physiquement de supposer que V appartient à un unique espace $L^p(\mathbb{R}^d)$. En effet, les divergences locales n'ont rien à voir avec la vitesse de convergence vers 0 à l'infini et le même espace peut ne pas couvrir ces deux régions. Par exemple, le potentiel de Coulomb $V(x) = -1/|x|$ n'est dans aucun $L^p(\mathbb{R}^3)$; sa puissance p est intégrable au voisinage de l'origine pour $p < 3$ et à l'infini pour $p > 3$. Pour cette raison, nous allons plutôt travailler avec des *sommes d'espaces* L^p, qui modélisent convenablement des comportements sur différentes régions de l'espace. Nous commençons donc par rappeler la définition et les propriétés élémentaires de ces espaces.

Définition 1.7 (Sommes d'espaces de Lebesgue) Soient $1 \leq p, q \leq \infty$. On appelle $L^p(\mathbb{R}^d) + L^q(\mathbb{R}^d)$ l'espace vectoriel composé des fonctions $f \in L^1_{\text{loc}}(\mathbb{R}^d)$ qui peuvent s'écrire $f = f_p + f_q$ avec $f_p \in L^p(\mathbb{R}^d)$ et $f_q \in L^q(\mathbb{R}^d)$.

Il est important de se souvenir que la décomposition $f = f_p + f_q$ n'est *pas unique*, ce qui complique un peu les choses. L'espace $L^p(\mathbb{R}^d) + L^q(\mathbb{R}^d)$ est un espace de Banach lorsqu'il est muni de la norme

$$\|f\|_{L^p(\mathbb{R}^d) + L^q(\mathbb{R}^d)} = \inf \left\{ \|f_p\|_{L^p(\mathbb{R}^d)} + \|f_q\|_{L^q(\mathbb{R}^d)} : f = f_p + f_q \right\} \quad (1.34)$$

mais nous utiliserons rarement cette norme car V sera souvent donné une fois pour toute. Voir à ce sujet l'exercice 1.25. Pour comprendre la non-unicité de la décomposition, on commence par remarquer que tout $g \in L^p(\mathbb{R}^d)$ peut s'écrire

$$g = \underbrace{g \, \mathbb{1}(|g| \geq M)}_{\in L^1(\mathbb{R}^d) \cap L^p(\mathbb{R}^d)} + \underbrace{g \, \mathbb{1}(|g| < M)}_{\in L^p(\mathbb{R}^d) \cap L^\infty(\mathbb{R}^d)} . \quad (1.35)$$

La seconde fonction est majorée en module par $|g| \in L^p(\mathbb{R}^d)$ et par M, donc appartient à l'intersection mentionnée. Pour la première fonction, on note que

$$\int_{|g(x)| \geq M} |g(x)| \, \mathrm{d}x \leq M^{1-p} \int_{\mathbb{R}^d} |g(x)|^p \, \mathrm{d}x,$$

de sorte que $g \, \mathbb{1}(|g| \geq M)$ appartient bien à $L^1(\mathbb{R}^d)$. Ainsi, toute fonction $g \in L^p(\mathbb{R}^d)$ peut se décomposer sous la forme $g = g_\leq + g_\geq$ où $g_\leq$ appartient à tous les espaces $L^r(\mathbb{R}^d)$ avec $1 \leq r \leq p$ et $g_\geq$ à tous ceux avec $p \leq r \leq +\infty$. Si $f = f_p + f_q \in L^p(\mathbb{R}^d) + L^q(\mathbb{R}^d)$ avec par exemple $p \leq q$, on peut appliquer cette décomposition à f_p et ajouter $f_p \mathbb{1}(|f_p| \leq M) \in L^q(\mathbb{R}^d)$ à f_q, ou alors l'appliquer à f_q et ajouter $f_q \mathbb{1}(|f_q| \geq M) \in L^p(\mathbb{R}^d)$ à f_p, d'où le caractère non unique de la décomposition. Le même argument permet aussi de voir que

- $L^r(\mathbb{R}^d) \subset L^p(\mathbb{R}^d) + L^q(\mathbb{R}^d)$ pour tout $p \leq r \leq q$;
- $L^{p_1}(\mathbb{R}^d) + L^{q_1}(\mathbb{R}^d) \subset L^{p_2}(\mathbb{R}^d) + L^{q_2}(\mathbb{R}^d)$ pour tout $p_2 \leq p_1 \leq q_1 \leq q_2$, c'est-à-dire que l'espace augmente lorsqu'on diminue le plus petit indice et qu'on augmente le plus grand ;
- il est inutile de considérer des sommes de plus de deux espaces car

$$L^{p_1}(\mathbb{R}^d) + L^{p_2}(\mathbb{R}^d) + L^{p_3}(\mathbb{R}^d) = L^{\min(p_1, p_2, p_3)}(\mathbb{R}^d) + L^{\max(p_1, p_2, p_3)}(\mathbb{R}^d).$$

Nous travaillerons toujours avec l'hypothèse que V appartient à un espace de la forme $L^p(\mathbb{R}^d) + L^q(\mathbb{R}^d)$, où p est l'exposant *minimal* autorisé par notre théorie (qui contrôle les singularités locales) et q est l'exposant *maximal* (qui sera généralement $q = +\infty$), de façon à travailler avec les hypothèses les plus générales.

Souvent, nous aurons besoin de supposer en plus que le potentiel V devient négligeable à l'infini, afin que notre particule quantique soit libre loin de l'origine.

Nous pourrions travailler avec l'hypothèse la plus simple que $V \to 0$ à l'infini, comme c'est le cas pour le potentiel de Coulomb, mais nous allons plutôt utiliser un point de vue plus général, qui ne compliquera aucunement les preuves.

Comme $C_c^\infty(\mathbb{R}^d)$ est dense dans $L^p(\mathbb{R}^d)$ pour tout $1 \leq p < +\infty$ (mais pas pour $p = +\infty$), on en déduit que $C_c^\infty(\mathbb{R}^d)$ est dense dans $L^p(\mathbb{R}^d) + L^q(\mathbb{R}^d)$ pour la norme (1.34), à condition que p et q soient tous les deux finis. Une question naturelle consiste alors à se demander quelle est la fermeture de $C_c^\infty(\mathbb{R}^d)$ dans $L^p(\mathbb{R}^d) + L^\infty(\mathbb{R}^d)$ pour la norme (1.34), lorsque $p < +\infty$. C'est l'espace introduit dans la définition suivante.

Définition 1.8 (Fonctions négligeables à l'infini)   Soit $1 \leq p < +\infty$. On appelle

$$L^p(\mathbb{R}^d) + L_\varepsilon^\infty(\mathbb{R}^d) \tag{1.36}$$

l'espace des fonctions $f \in L^p(\mathbb{R}^d) + L^\infty(\mathbb{R}^d)$ telles que pour tout $\varepsilon > 0$ il existe $f_p \in L^p(\mathbb{R}^d)$ et $f_\infty \in L^\infty(\mathbb{R}^d)$ avec $f = f_p + f_\infty$ et $\|f_\infty\|_{L^\infty(\mathbb{R}^d)} \leq \varepsilon$. Cet espace est la fermeture de $C_c^\infty(\mathbb{R}^d)$ dans $L^p(\mathbb{R}^d) + L^\infty(\mathbb{R}^d)$ pour la norme (1.34). Nous dirons que ses éléments sont *négligeables à l'infini*.

La notation avec le ε en indice a été introduite dans [RS72]. Elle a l'avantage d'être courte et efficace, mais le désavantage d'être parfois peu visible. Nous encourageons le lecteur à être attentif à la présence ou non de cet indice dans les énoncés. Pour l'assertion concernant la fermeture de $C_c^\infty(\mathbb{R}^d)$, voir l'exercice 1.25.

On peut montrer que $f \in L^p(\mathbb{R}^d) + L^\infty(\mathbb{R}^d)$ appartient à $L^p(\mathbb{R}^d) + L_\varepsilon^\infty(\mathbb{R}^d)$ si et seulement si

$$\lim_{R \to \infty} \left\| \mathbb{1}_{\mathbb{R}^d \setminus B_R} f \right\|_{L^p(\mathbb{R}^d) + L^\infty(\mathbb{R}^d)} = 0$$

pour la norme introduite dans (1.34) (voir à nouveau l'exercice 1.25). C'est en ce sens que f est négligeable à l'infini. En écrivant

$$f = f \mathbb{1}(|f| \geq \varepsilon) + f \mathbb{1}(|f| < \varepsilon)$$

nous voyons que les fonctions de $L^r(\mathbb{R}^d)$ sont toutes négligeables à l'infini lorsque $r < \infty$:

$$L^r(\mathbb{R}^d) \subset L^p(\mathbb{R}^d) + L_\varepsilon^\infty(\mathbb{R}^d) \qquad \text{pour tout } p \leq r < \infty.$$

On peut aussi utiliser que

$$\lim_{R \to \infty} \int_{|x| \geq R} |f(x)|^r \, dx = 0,$$

par convergence dominée. Par contre la fonction constante $f \equiv 1$ n'appartient pas à $L^p(\mathbb{R}^d) + L_\varepsilon^\infty(\mathbb{R}^d)$, de sorte que

$$L^\infty(\mathbb{R}^d) \nsubseteq L^p(\mathbb{R}^d) + L_\varepsilon^\infty(\mathbb{R}^d).$$

Remarque 1.9 Si $f = f_p + f_\infty \in L^p(\mathbb{R}^d) + L^\infty(\mathbb{R}^d)$ avec $1 \leq p < \infty$, on peut écrire

$$f_p = f_p \mathbb{1}(|f_p| \geq M) + f_p \mathbb{1}(|f_p| < M)$$

où le second terme est dans $L^\infty(\mathbb{R}^d)$ et peut être ajouté à f_∞, alors que le premier est aussi petit que l'on veut dans $L^p(\mathbb{R}^d)$, puisque par convergence dominée

$$\lim_{M \to \infty} \int_{|f_p| \geq M} |f_p(x)|^p \, \mathrm{d}x = 0.$$

Ainsi, les fonctions de $f \in L^p(\mathbb{R}^d) + L^\infty(\mathbb{R}^d)$ avec $1 \leq p < \infty$ peuvent toujours s'écrire $f = \tilde{f}_p + \tilde{f}_\infty$ avec $\tilde{f}_p$ aussi petite que l'on veut dans $L^p(\mathbb{R}^d)$.

1.4.2   Stabilité

Dans la suite de ce chapitre, nous allons travailler avec l'hypothèse que $V \in L^p(\mathbb{R}^d, \mathbb{R}) + L^\infty(\mathbb{R}^d, \mathbb{R})$ est une fonction à valeurs réelles, avec

$$\begin{cases} p = 1 & \text{si } d = 1, \\ p > 1 & \text{si } d = 2, \\ p = \frac{d}{2} & \text{si } d \geq 3, \end{cases} \tag{1.37}$$

et nous rajouterons l'hypothèse supplémentaire que $V \in L^p(\mathbb{R}^d, \mathbb{R}) + L_\varepsilon^\infty(\mathbb{R}^d, \mathbb{R})$ lorsque nécessaire. Ces conditions sur p sont reliées aux injections de Sobolev rappelées ci-dessous (voir aussi le théorème A.15 de l'appendice A). Le lemme suivant contient les propriétés les plus importantes du terme faisant intervenir le potentiel V.

Lemme 1.10 (Énergie potentielle) *Soit $d \geq 1$ et*

$$V \in L^p(\mathbb{R}^d, \mathbb{R}) + L^\infty(\mathbb{R}^d, \mathbb{R})$$

avec p vérifiant (1.37). *Alors* $|V(x)|^{1/2}\psi$ *appartient à* $L^2(\mathbb{R}^d)$ *pour tout* $\psi \in H^1(\mathbb{R}^d)$. *Pour tout* $\varepsilon > 0$, *il existe une constante* C_ε *telle que*

$$\left| \int_{\mathbb{R}^d} V(x)|\psi(x)|^2 \, dx \right| \le \int_{\mathbb{R}^d} |V(x)| \, |\psi(x)|^2 \, dx$$

$$\le \varepsilon \int_{\mathbb{R}^d} |\nabla\psi(x)|^2 \, dx + C_\varepsilon \int_{\mathbb{R}^d} |\psi(x)|^2 \, dx \qquad (1.38)$$

pour tout $\psi \in H^1(\mathbb{R}^d)$. *L'application*

$$\psi \in H^1(\mathbb{R}^d) \mapsto \int_{\mathbb{R}^d} V(x)|\psi(x)|^2 \, dx \in \mathbb{R} \qquad (1.39)$$

est donc fortement continue. *Si de plus*

$$V \in L^p(\mathbb{R}^d, \mathbb{R}) + L_\varepsilon^\infty(\mathbb{R}^d, \mathbb{R}),$$

alors l'application (1.39) *est aussi* faiblement continue. *C'est-à-dire, si* $\psi_n \rightharpoonup \psi$ *faiblement dans* $H^1(\mathbb{R}^d)$, *alors on a*

$$\lim_{n\to\infty} \int_{\mathbb{R}^d} V(x)|\psi_n(x)|^2 \, dx = \int_{\mathbb{R}^d} V(x)|\psi(x)|^2 \, dx.$$

Remarque 1.11 L'énergie potentielle n'est en général pas faiblement continue si V n'est pas négligeable à l'infini. Par exemple pour $V = 1$ on trouve simplement le carré de la norme $\int_{\mathbb{R}^d} |\psi(x)|^2 \, dx$ qui n'est pas faiblement continu.

Preuve Nous pouvons directement majorer $\int_{\mathbb{R}^d} |V| \, |\psi|^2$. L'idée est bien sûr d'écrire $V = V_p + V_\infty$ avec $V_p \in L^p(\mathbb{R}^d)$ et $V_\infty \in L^\infty(\mathbb{R}^d)$, puis d'estimer les deux termes séparément. Cependant, le lecteur averti aura remarqué que l'exposant choisi pour p va nous amener à faire intervenir l'exposant critique de l'injection de Sobolev en dimensions $d \ge 3$, ce qui risque de ne pas permettre d'obtenir l'estimée (1.38) avec un ε aussi petit que l'on veut. Nous suivons alors la remarque 1.9 et commençons par écrire

$$V_p = V_p \, \mathbb{1}(|V_p| \ge M) + V_p \, \mathbb{1}(|V_p| < M)$$

où le premier terme est petit dans $L^p(\mathbb{R}^d)$, par convergence dominée. Nous obtenons

$$\int_{\mathbb{R}^d} |V(x)| \, |\psi(x)|^2 \, dx$$

$$\le \int_{|V_p|\ge M} |V_p(x)| \, |\psi(x)|^2 \, dx + \left(M + \|V_\infty\|_{L^\infty(\mathbb{R}^d)} \right) \int_{\mathbb{R}^d} |\psi(x)|^2 \, dx$$

$$\le \left\| V_p \mathbb{1}(|V_p| \ge M) \right\|_{L^p(\mathbb{R}^d)} \|\psi\|^2_{L^{2p'}(\mathbb{R}^d)} + \left(M + \|V_\infty\|_{L^\infty(\mathbb{R}^d)} \right) \int_{\mathbb{R}^d} |\psi(x)|^2 \, dx,$$

où $p' = p/(p-1)$ est l'exposant conjugué de p. En dimension $d \geq 3$, on trouve $2p' = 2d/(d-2)$ qui est l'exposant critique de Sobolev, pour lequel on a l'inégalité similaire à (1.19)

$$\|\psi\|^2_{L^{\frac{2d}{d-2}}(\mathbb{R}^d)} \leq S_d \int_{\mathbb{R}^d} |\nabla \psi(x)|^2 \, \mathrm{d}x \tag{1.40}$$

(voir le théorème A.13 à l'appendice A). On a donc prouvé, comme voulu, que

$$\int_{\mathbb{R}^d} |V(x)| \, |\psi(x)|^2 \, \mathrm{d}x \leq S_d \left\| V_p \mathbb{1}(|V_p| \geq M) \right\|_{L^p(\mathbb{R}^d)} \int_{\mathbb{R}^d} |\nabla \psi(x)|^2 \, \mathrm{d}x$$
$$+ \left(M + \|V_\infty\|_{L^\infty(\mathbb{R}^d)} \right) \int_{\mathbb{R}^d} |\psi(x)|^2 \, \mathrm{d}x.$$

La constante devant le gradient peut être choisie aussi petite que l'on veut en prenant M très grand, ce qui fait diverger celle devant la norme L^2.

En dimension $d = 2$, la contrainte $p > 1$ implique que $2p' < \infty$ et on peut alors utiliser l'inégalité sous-critique

$$\|\psi\|_{L^{2p'}(\mathbb{R}^2)} \leq C \, \|\nabla \psi\|^{\frac{1}{p}}_{L^2(\mathbb{R}^2)} \, \|\psi\|^{\frac{1}{p'}}_{L^2(\mathbb{R}^2)} \leq C \, \|\psi\|_{H^1(\mathbb{R}^2)}$$

rappelée au théorème A.15 de l'appendice A. En dimension $d = 1$ on a $p = 1$ de sorte que $2p' = \infty$ et on a l'inégalité

$$\|\psi\|_{L^\infty(\mathbb{R})} \leq \sqrt{2} \, \|\psi'\|^{\frac{1}{2}}_{L^2(\mathbb{R})} \, \|\psi\|^{\frac{1}{2}}_{L^2(\mathbb{R})} \leq \|\psi\|_{H^1(\mathbb{R})} \, ,$$

par la même preuve que celle de (A.5) dans l'appendice A. On trouve donc dans ces deux cas

$$\int_{\mathbb{R}^d} |V(x)| \, |\psi(x)|^2 \, \mathrm{d}x \leq C \left\| V_p \mathbb{1}(|V_p| \geq M) \right\|_{L^p(\mathbb{R}^d)} \int_{\mathbb{R}^d} |\nabla \psi(x)|^2 \, \mathrm{d}x$$
$$+ \left(M + \|V_\infty\|_{L^\infty(\mathbb{R}^d)} + C \left\| V_p \mathbb{1}(|V_p| \geq M) \right\|_{L^p(\mathbb{R}^d)} \right) \int_{\mathbb{R}^d} |\psi(x)|^2 \, \mathrm{d}x,$$

pour une constante C dépendant de la dimension, ce qui permet de conclure de la même façon.

Il reste à prouver la continuité faible lorsque $V \in L^p(\mathbb{R}^d) + L_\varepsilon^\infty(\mathbb{R}^d)$ est négligeable à l'infini. Soit $\psi_n \rightharpoonup \psi$ une suite qui converge faiblement dans $H^1(\mathbb{R}^d)$. On se donne un $\varepsilon > 0$ et on écrit cette fois $V = V_1 + V_2 \in L^p(\mathbb{R}^d) + L^\infty(\mathbb{R}^d)$ avec $\|V_2\|_{L^\infty} \leq \varepsilon$. Nous affirmons que l'énergie potentielle associée à V_1 est faiblement continue :

$$\lim_{n \to \infty} \int_{\mathbb{R}^d} V_1(x) |\psi_n(x)|^2 \, \mathrm{d}x = \int_{\mathbb{R}^d} V_1(x) |\psi(x)|^2 \, \mathrm{d}x. \tag{1.41}$$

Cette affirmation suit immédiatement du fait que

$$|\psi_n|^2 \rightharpoonup |\psi|^2 \qquad \text{faiblement dans } L^{p'}(\mathbb{R}^d). \qquad (1.42)$$

Par les injections de Sobolev, nous savons que (ψ_n) est bornée dans $L^{2p'}(\mathbb{R}^d)$ et donc que $(|\psi_n|^2)$ est bornée dans $L^{p'}(\mathbb{R}^d)$. En général, il est *faux* que la limite faible d'un carré est le carré de la limite faible. Mais c'est vrai pour une suite qui converge faiblement dans un espace de type Sobolev ! En effet, le théorème A.18 de Rellich-Kondrachov rappelé à l'appendice A implique la convergence forte *locale* de ψ_n vers ψ dans $L^2(\mathbb{R}^d)$. Ceci signifie que $\psi_n \to \psi$ fortement dans $L^q(B_R)$ pour tous $2 \le q < 2p'$ et tout $R > 0$, et donc que $|\psi_n|^2 \to |\psi|^2$ fortement dans $L^r(B_R)$ pour tous $1 \le r < p'$ et tout $R > 0$. En dimensions $d = 1, 2 \, r = p'$ est même inclus car l'exposant est sous-critique. Comme par ailleurs $(|\psi_n|^2)$ est bornée dans $L^{p'}(\mathbb{R}^d)$, donc admet des sous-suites faiblement convergentes, nous déduisons, après avoir par exemple testé contre des fonctions de $C_c^\infty(\mathbb{R}^d)$, que la limite faible (1.42) est vraie, et donc que (1.41) a lieu. Pour conclure, on utilise $|V_2| \le \varepsilon$ pour en déduire que

$$\left| \int_{\mathbb{R}^d} V(x)|\psi_n(x)|^2 \, dx - \int_{\mathbb{R}^d} V(x)|\psi(x)|^2 \, dx \right|$$

$$\le \left| \int_{\mathbb{R}^d} V_1(x)|\psi_n(x)|^2 \, dx - \int_{\mathbb{R}^d} V_1(x)|\psi(x)|^2 \, dx \right| + 2C\varepsilon$$

pour n assez grand, où

$$\|\psi\|_{L^2(\mathbb{R}^d)}^2 \le C := \limsup_{n \to \infty} \|\psi_n\|_{L^2(\mathbb{R}^d)}^2 < \infty.$$

Le raisonnement précédent montre donc que

$$\limsup_{n \to \infty} \left| \int_{\mathbb{R}^d} V(x)|\psi_n(x)|^2 \, dx - \int_{\mathbb{R}^d} V(x)|\psi(x)|^2 \, dx \right| \le 2C\varepsilon$$

et en prenant $\varepsilon \to 0$ on a bien démontré la limite voulue. $\square$

En prenant $\varepsilon = 1/2$ dans l'inégalité (1.38), nous trouvons que le modèle est stable.

Corollaire 1.12 (Stabilité) *Soit $d \ge 1$ et $V \in L^p(\mathbb{R}^d, \mathbb{R}) + L^\infty(\mathbb{R}^d, \mathbb{R})$ avec p vérifiant* (1.37). *L'énergie*

$$\mathcal{E}(\psi) = \int_{\mathbb{R}^d} |\nabla \psi(x)|^2 \, dx + \int_{\mathbb{R}^d} V(x)|\psi(x)|^2 \, dx. \qquad (1.43)$$

est bien définie et continue sur $H^1(\mathbb{R}^d)$, avec l'estimée

$$\mathcal{E}(\psi) \geq \frac{1}{2} \int_{\mathbb{R}^d} |\nabla \psi(x)|^2 \, dx - C \int_{\mathbb{R}^d} |\psi(x)|^2 \, dx \qquad (1.44)$$

où $C = C_{1/2}$ correspond à $\varepsilon = 1/2$ dans (1.38).

1.4.3 Existence d'un état fondamental

Lorsque $V \in L^p(\mathbb{R}^d, \mathbb{R}) + L^\infty(\mathbb{R}^d, \mathbb{R})$ avec p comme en (1.37), le corollaire 1.12 nous permet de poser

$$I := \inf_{\substack{\psi \in H^1(\mathbb{R}^d) \\ \int_{\mathbb{R}^d} |\psi|^2 = 1}} \mathcal{E}(\psi). \qquad (1.45)$$

où $\mathcal{E}$ est donnée par (1.43). Nous étudions maintenant quand I est un minimum, lorsque V est négligeable à l'infini.

L'inégalité (1.44) signifie que $\mathcal{E}$ est *coercive* pour la norme de $H^1(\mathbb{R}^d)$ sur la sphère de $L^2(\mathbb{R}^d)$, c'est-à-dire que les ensembles $\{\psi \in H^1(\mathbb{R}^d) : \|\psi\|_{L^2(\mathbb{R}^d)} = 1, \ \mathcal{E}(\psi) \leq C\}$ sont bornés dans $H^1(\mathbb{R}^d)$. Par ailleurs, le lemme 1.10 implique que $\mathcal{E}$ est faiblement semi-continue inférieurement (*sci*) lorsque V est négligeable à l'infini (la preuve est fournie plus bas). Une fonctionnelle coercive faiblement *sci* atteint toujours son minimum sur un ensemble faiblement fermé. Malheureusement, l'ensemble $\{\psi \in H^1(\mathbb{R}^d) : \|\psi\|_{L^2(\mathbb{R}^d)} = 1\}$ sur lequel $\mathcal{E}$ est minimisé n'est *pas* faiblement fermé à cause de la contrainte $\|\psi\|_{L^2(\mathbb{R}^d)} = 1$ qui ne passe pas à la limite faible. L'existence d'un minimum n'est donc pas toujours garantie pour I. En fait, si par exemple $V \equiv 0$ il est clair que $I = 0$ et n'est pas atteint. Le théorème suivant montre que l'infimum de $\mathcal{E}$ est toujours atteint lorsque $I < 0$.

Théorème 1.13 (Une particule quantique : existence) *Soit $d \geq 1$ et $V \in L^p(\mathbb{R}^d, \mathbb{R}) + L^\infty_\varepsilon(\mathbb{R}^d, \mathbb{R})$ négligeable à l'infini, avec p vérifiant (1.37). Alors on a toujours $I \leq 0$.*

- *Si $I = 0$, il existe une suite minimisante $(\psi_n) \subset H^1(\mathbb{R}^d)$ telle que $\|\psi_n\|_{L^2(\mathbb{R}^d)} = 1$ et $\psi_n \rightharpoonup 0$ faiblement. L'infimum peut être ou ne pas être atteint.*
- *Si $I < 0$, alors toutes les suites minimisantes admettent une sous-suite qui converge fortement dans $H^1(\mathbb{R}^d)$. En particulier, l'infimum est un minimum et il existe toujours au moins un minimiseur.*

La condition $I < 0$ est physiquement très naturelle. Une particule qui s'en va à l'infini ne voit plus le potentiel V et son énergie minimale est alors nulle, car il ne reste que l'énergie cinétique. L'hypothèse $I < 0$ permet donc d'éviter la perte de compacité à l'infini en la rendant non favorable du point de vue énergétique.

Remarque 1.14 (Existence si $I = 0$) Il est tout à fait possible que I s'annule et soit atteint. C'est par exemple le cas pour $V(x) = d(2 - d)(1 + |x|^2)^{-2}$ en dimensions $d \geq 5$, avec le minimiseur $\psi_0(x) = c(1 + |x|^2)^{\frac{2-d}{2}}$.

Preuve Soit χ une fonction quelconque de $C_c^\infty(\mathbb{R}^d)$ telle que $\int_{\mathbb{R}^d} |\chi|^2 = 1$. Considérons la suite de fonctions dilatées $\chi_n(x) = n^{-d/2}\chi(x/n)$. Alors on a $\chi_n \to 0$ uniformément et, comme

$$\int_{\mathbb{R}^d} |\nabla \chi_n(x)|^2 \, dx = \frac{1}{n^2} \int_{\mathbb{R}^d} |\nabla \chi(x)|^2 \, dx, \qquad \int_{\mathbb{R}^d} |\chi_n(x)|^2 \, dx = \int_{\mathbb{R}^d} |\chi(x)|^2 \, dx,$$

la suite (χ_n) est bornée dans $H^1(\mathbb{R}^d)$. On doit donc avoir $\chi_n \rightharpoonup 0$ faiblement dans $H^1(\mathbb{R}^d)$. Comme V est négligeable à l'infini, on en déduit d'après le lemme 1.10 que

$$\lim_{n \to \infty} \int_{\mathbb{R}^d} V(x)|\chi_n(x)|^2 \, dx = 0$$

et donc que $\mathcal{E}(\chi_n) \to 0$. Par définition de l'infimum ceci montre que $I \leq 0$. Si $I = 0$, cette suite convient pour satisfaire les propriétés de l'énoncé.

Supposons maintenant que $I < 0$ et considérons une suite minimisante (ψ_n). Nous commençons par remarquer que (ψ_n) est bornée dans $H^1(\mathbb{R}^d)$ puisque $\|\psi_n\|_{L^2} = 1$ et d'après l'inégalité (1.44). Donc, quitte à extraire une sous-suite on peut supposer que $\psi_n \rightharpoonup \psi$ faiblement dans $H^1(\mathbb{R}^d)$. D'après le lemme 1.10 nous obtenons

$$\lim_{n \to \infty} \int_{\mathbb{R}^d} V(x)|\psi_n(x)|^2 \, dx = \int_{\mathbb{R}^d} V(x)|\psi(x)|^2 \, dx.$$

En particulier

$$\mathcal{E}(\psi_n) = \int_{\mathbb{R}^d} |\nabla \psi_n(x)|^2 \, dx + \int_{\mathbb{R}^d} V(x)|\psi(x)|^2 \, dx + o(1)_{n \to \infty}$$

et puisque $\mathcal{E}(\psi_n)$ tend vers I, la norme du gradient $\int_{\mathbb{R}^d} |\nabla \psi_n(x)|^2 \, dx$ converge. À cause de la convergence faible on a toujours

$$\liminf_{n \to \infty} \int_{\mathbb{R}^d} |\nabla \psi_n(x)|^2 \, dx = \lim_{n \to \infty} \int_{\mathbb{R}^d} |\nabla \psi_n(x)|^2 \, dx \geq \int_{\mathbb{R}^d} |\nabla \psi(x)|^2 \, dx,$$

et

$$1 = \liminf_{n \to \infty} \int_{\mathbb{R}^d} |\psi_n(x)|^2 \, dx \geq \int_{\mathbb{R}^d} |\psi(x)|^2 \, dx.$$

L'inégalité sur la limite du gradient fournit

$$I = \lim_{n \to \infty} \mathcal{E}(\psi_n) \geq \int_{\mathbb{R}^d} |\nabla \psi(x)|^2 \, \mathrm{d}x + \int_{\mathbb{R}^d} V(x)|\psi(x)|^2 \, \mathrm{d}x = \mathcal{E}(\psi).$$

C'est le caractère faiblement *sci* de $\mathcal{E}$ mentionné plus haut. Nous pouvons tout de suite remarquer que la limite faible ψ de la suite (ψ_n) ne peut être nulle car sinon on aurait $I \geq 0$, qui contredit l'hypothèse que $I < 0$. Puisque $\psi \neq 0$ et que $\mathcal{E}$ est quadratique, nous pouvons alors écrire

$$0 > I \geq \mathcal{E}(\psi) = \|\psi\|_{L^2(\mathbb{R}^d)}^2 \, \mathcal{E}\left(\frac{\psi}{\|\psi\|_{L^2(\mathbb{R}^d)}}\right) \geq \|\psi\|_{L^2(\mathbb{R}^d)}^2 \, I.$$

Comme $\|\psi\|_{L^2(\mathbb{R}^d)} \leq 1$ et $I < 0$ ceci montre que $\|\psi\|_{L^2(\mathbb{R}^d)} = 1$, donc que $\psi_n \to \psi$ fortement dans $L^2(\mathbb{R}^d)$, avec $\mathcal{E}(\psi) = I$. La limite ψ est donc un minimiseur. En revenant aux limites ci-dessus, on trouve aussi que

$$\lim_{n \to \infty} \int_{\mathbb{R}^d} |\nabla \psi_n(x)|^2 \, \mathrm{d}x = \int_{\mathbb{R}^d} |\nabla \psi(x)|^2 \, \mathrm{d}x,$$

qui implique la convergence forte dans $H^1(\mathbb{R}^d)$. Pour résumer, nous avons bien montré que, dans le cas où $I < 0$, toute suite minimisante possède une sous-suite qui converge fortement dans $H^1(\mathbb{R}^d)$, et que sa limite est un minimiseur. □

La proposition suivante fournit une condition relativement simple avec laquelle on peut démontrer que $I < 0$, et qui s'applique par ailleurs à l'atome d'hydrogène.

Proposition 1.15 (Existence si V décroît lentement à l'infini) *Si la fonction $V \in L^p(\mathbb{R}^d, \mathbb{R}) + L_\varepsilon^\infty(\mathbb{R}^d, \mathbb{R})$ vérifie*

$$V(x) \leq -\frac{c}{|x|^\alpha}, \qquad pour \ |x| \geq R$$

avec $c, R > 0$ et $0 < \alpha < 2$, alors $I < 0$ et on a donc existence d'un minimum.

Preuve Soit $\chi \in C_c^\infty(B_2 \setminus B_1)$ à support dans la couronne située entre les boules de rayons 1 et 2, et telle que $\int_{\mathbb{R}^d} |\chi|^2 = 1$. Nous dilatons χ comme précédemment en définissant $\chi_n(x) = n^{-d/2}\chi(x/n)$. Après changement de variables nous obtenons

$$\mathcal{E}(\chi_n) = \frac{1}{n^2} \int_{\mathbb{R}^d} |\nabla \chi(x)|^2 \, \mathrm{d}x + \int_{B_2 \setminus B_1} V(nx)|\chi(x)|^2 \, \mathrm{d}x$$

$$\leq \frac{1}{n^2} \int_{\mathbb{R}^d} |\nabla \chi(x)|^2 \, \mathrm{d}x - \frac{c}{n^\alpha} \int_{B_2 \setminus B_1} \frac{|\chi(x)|^2}{|x|^\alpha} \, \mathrm{d}x$$

qui est négatif pour n assez grand, puisque $0 < \alpha < 2$ donc le terme en $n^{-\alpha}$ est dominant.   □

La condition que $\alpha < 2$ est optimale. Si le potentiel décroît plus vite que $1/|x|^2$ à l'infini, il est possible d'avoir $I = 0$. En fait, il suffit juste que V soit assez petit dans $L^{d/2}(\mathbb{R}^d)$, en dimension $d \geq 3$.

Proposition 1.16 (Non-existence si V est petit dans $L^{d/2}(\mathbb{R}^d)$) *En dimension $d \geq 3$, si*

$$\|V\|_{L^{d/2}(\mathbb{R}^d)} < (S_d)^{-1}$$

où S_d est la meilleure constante de Sobolev apparaissant dans (1.40), alors on a $I = 0$ et l'infimum n'est pas atteint.

Preuve Comme précédemment, on utilise les inégalités de Hölder et de Sobolev (1.40) pour estimer

$$\mathcal{E}(\psi) \geq \int_{\mathbb{R}^d} |\nabla\psi(x)|^2 \, \mathrm{d}x - \|V\|_{L^{d/2}(\mathbb{R}^d)} \|\psi\|^2_{L^{\frac{2d}{d-2}}(\mathbb{R}^d)}$$

$$\geq \left(1 - \|V\|_{L^{d/2}(\mathbb{R}^d)} S_d\right) \int_{\mathbb{R}^d} |\nabla\psi(x)|^2 \, \mathrm{d}x.$$

Ceci montre que $\mathcal{E} \geq 0$ donc $I = 0$. Si $\mathcal{E}(\psi) = 0$, alors on doit avoir par l'inégalité précédente $\nabla\psi = 0$ donc $\psi = 0$, qui contredit la contrainte $\int_{\mathbb{R}^d} |\psi|^2 = 1$. Il n'y a donc pas de minimiseur.   □

La situation est plus compliquée en dimensions $d = 1, 2$ où le minimum est toujours atteint si par exemple $V < 0$ partout, quelle que soit sa décroissance à l'infini [RS78, Thm. XIII.11].

1.4.4 Unicité de l'état fondamental

Le résultat suivant fournit l'unicité du minimiseur, lorsqu'il existe.

Théorème 1.17 (Une particule quantique : unicité) *Soit $d \geq 1$ et $V \in L^p(\mathbb{R}^d, \mathbb{R}) + L^\infty(\mathbb{R}^d, \mathbb{R})$ avec p vérifiant (1.37). Si I est atteint, alors les minimiseurs sont uniques à une phase près. Ils s'écrivent tous sous la forme $e^{i\theta}\psi$ avec $\theta \in \mathbb{R}$ et $\psi \in H^1(\mathbb{R}^d)$ une fonction strictement positive sur $\mathbb{R}^d$, qui est solution de l'équation*

$$\left(-\Delta + V(x)\right)\psi(x) = I\,\psi(x) \tag{1.46}$$

au sens des distributions et dans $H^{-1}(\mathbb{R}^d)$.

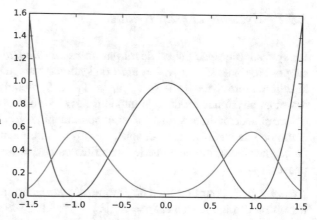

Fig. 1.6 Calcul numérique de la première fonction propre ψ du théorème 1.17 (en vert sur la figure) dans le cas où $d = 1$ et le potentiel vaut $V(x) = (x^2 - 1)^2$ (représenté en bleu sur la figure). La particule est localisée dans les deux puits à la fois. © Mathieu Lewin 2021.

Le théorème et sa preuve peuvent être trouvés dans [RS78, Sec. XIII]. Une démonstration différente avec des hypothèses supplémentaires sur V peut être lue à la section 1.6.

L'unicité du minimiseur dans le cas quantique est à mettre en parallèle avec le cas classique, pour lequel il n'y a pas unicité en général. En effet, si une fonction V atteint son minimum global en plusieurs points, la fonction $E(x, p) = |p|^2 + V(x)$ possède alors plusieurs minima distincts. Le modèle quantique fournit un minimiseur ψ unique, mais qui est typiquement localisé dans tous les puits à la fois. Voir la figure 1.6 pour un exemple numérique.

Dans cette section nous avons étudié une particule quantique dans $\mathbb{R}^d$, soumise à un potentiel extérieur V. Nous avons vu qu'il y avait toujours un minimiseur lorsque l'infimum de l'énergie I était négatif et que V était négligeable à l'infini (théorème 1.13). Le minimiseur est toujours unique, quand il existe (théorème 1.17).

Un système plus simple, et également important physiquement, est celui où la particule est *confinée*, ce qui revient à prendre cette fois V qui tend vers $+\infty$ à l'infini, par exemple $V(x) = |x|^2$. L'existence d'un minimiseur pour ce problème est toujours garantie car s'échapper à l'infini coûte maintenant une énergie infinie et devient donc impossible. Cette situation importante est étudiée plus en détail à l'exercice 1.26.

1.5 Formalisme Hilbertien de la mécanique quantique

Nous discutons dans cette section du formalisme abstrait de la mécanique quantique, dû à von Neumann [von27a, von27c, von27b, von32], sans entrer dans les détails techniques puisque la formulation rigoureuse des principes ci-dessous requiert justement les notions de théorie spectrale que nous allons développer dans la suite. Le lecteur pourra toujours penser au cas de la dimension finie $\mathfrak{H} = \mathbb{C}^d$ pour simplifier.

1.5.1 Système physique, états

Un *système physique* fini est décrit par un *espace de Hilbert complexe* $\mathfrak{H}$, que l'on suppose toujours séparable. Les *états* du système sont par définition les vecteurs de la sphère unité $S\mathfrak{H} = \{v \in \mathfrak{H} : \|v\| = 1\}$ de $\mathfrak{H}$, modulo les phases.[4] L'ensemble des états physiques est donc le quotient $S\mathfrak{H}/\sim$ de la sphère unité par la relation d'équivalence définie par $v \sim v'$ si et seulement si $v = e^{i\theta}v'$. Il est souvent plus commode de travailler dans la sphère $S\mathfrak{H}$ plutôt que dans le quotient, à condition de vérifier à tout moment que les quantités calculées sont bien indépendantes des phases.

Exemple 1.18 Pour l'électron de l'atome d'hydrogène, nous avons $\mathfrak{H} = L^2(\mathbb{R}^3, \mathbb{C})$ lorsqu'on néglige le spin et $\mathfrak{H} = L^2(\mathbb{R}^3 \times \{\uparrow, \downarrow\}, \mathbb{C}) \simeq L^2(\mathbb{R}^3, \mathbb{C}^2)$ si on en tient compte. Nous verrons d'autres exemples au chapitre 6.

1.5.2 Observables

Les *observables physiques* sont les quantités que l'on peut en principe mesurer expérimentalement : énergie, position, vitesse, etc. Dans le formalisme quantique, elles sont représentées par des *opérateurs auto-adjoints*. La plupart des exemples importants sont des *opérateurs non bornés*, ce qui complique grandement la définition mathématique de l'auto-adjonction. Nous en parlerons longuement au chapitre suivant.

Exemple 1.19 Pour une particule quantique évoluant dans $\mathbb{R}^d$, l'observable "position" est l'opérateur $X : f \mapsto xf$, qui est en fait un vecteur contenant d opérateurs distincts $X_j : f \mapsto x_j f$ correspondant aux d axes de $\mathbb{R}^d$ dans le repère choisi. De la même façon, l'observable "quantité de mouvement" ou "impulsion" est la collection $P = (P_1, \ldots, P_d)$ des d opérateurs $P_j : f \mapsto -i\partial_{x_j} f$. Enfin, nous avons vu que l'observable "énergie" est l'opérateur $H = -\Delta + V(x)$ lorsque la particule est soumise à un potentiel extérieur V.

Pour une observable décrite par l'opérateur auto-adjoint A, la valeur moyenne de cette quantité lorsque le système est dans l'état $v \in S\mathfrak{H}$ est par définition $\langle v, Av \rangle$ (le vecteur v doit satisfaire des conditions appropriées pour que ce produit scalaire fasse sens). Ceci n'est que la valeur moyenne. Les quantités que l'on peut obtenir par l'expérience sont en fait aléatoires, données par une mesure de probabilité $\mu_{A,v}$

---

[4] Notre définition correspond aux états "purs" qui ne sont pas forcément adaptés à toutes les situations pratiques. Un *état mixte* est par définition une collection (n_i, v_i) avec v_i une base hilbertienne de $\mathfrak{H}$, $n_i \geq 0$ et $\sum_i n_i = 1$ qui forme une sorte de probabilité sur les états purs. Les états mixtes sont fréquemment représentés par l'opérateur Γ, défini par $\Gamma f = \sum n_i \langle v_i, f \rangle v_i$ et appelé "matrice densité". De plus, nous n'étudions ici que les systèmes comprenant un nombre fini de particules ; les systèmes infinis sont plutôt décrits par des algèbres d'opérateurs [BR02a, BR02b].

sur $\mathbb{R}$ (dépendant de A et de l'état v), appelée *mesure spectrale*. Elle est bien sûr telle que la valeur moyenne soit donnée par

$$\langle v, Av \rangle = \int_{\mathbb{R}} a \, d\mu_{A,v}(a).$$

La probabilité $\mu_{A,v}$ est toujours concentrée sur le *spectre de A* et sa définition rigoureuse est un peu subtile, nous la verrons au chapitre 4.

Pour simplifier, expliquons la définition de $\mu_{A,v}$ en dimension finie $\mathfrak{H} = \mathbb{C}^d$, auquel cas A est juste une matrice hermitienne $d \times d$. La matrice A peut être diagonalisée dans une base orthonormée $v_1, \ldots, v_d$ de $\mathbb{C}^d$, avec des valeurs propres $\lambda_1, \ldots, \lambda_d$ (certains λ_j peuvent coïncider en cas de dégénérescence). La mesure $\mu_{A,v}$ est dans ce cas définie sur $\{\lambda_1, \ldots, \lambda_d\} \subset \mathbb{R}$ par les probabilités $p_j = |\langle v, v_j \rangle|^2$, c'est-à-dire

$$\mu_{A,v} = \sum_{j=1}^{d} |\langle v, v_j \rangle|^2 \delta_{\lambda_j}.$$

Comme les v_j forment une base orthonormée, on a bien sûr

$$\int_{\mathbb{R}} d\mu_{A,v}(a) = \sum_{j=1}^{d} p_j = \sum_{j=1}^{d} |\langle v, v_j \rangle|^2 = \|v\|^2 = 1.$$

Les mesures expérimentales ne peuvent donc donner que les valeurs $\lambda_1, \ldots, \lambda_d$, avec des probabilités qui dépendent de l'état v du système. S'il s'avère que v est colinéaire à l'un des v_j, alors on devra nécessairement obtenir λ_j. Mais lorsque v parcourt la sphère unité on peut obtenir toutes les probabilités possibles sur $\{\lambda_1, \ldots, \lambda_d\}$.

Cette définition s'étend aisément au cas de la dimension infinie pour les opérateurs A qui sont diagonalisables dans une base orthonormée (par exemple les opérateurs auto-adjoints compacts rappelés plus loin à la section 5.3). Par contre, la définition pour un opérateur auto-adjoint général est plus difficile, à cause du spectre continu. Nous la verrons au chapitre 4.

Remarque 1.20 Un postulat important est celui qui exprime le devenir d'un système quantique après une mesure expérimentale (la "réduction du paquet d'onde"). Si cet axiome fait traditionnellement partie intégrante du formalisme quantique, nous avons choisi de le passer sous silence ici. Nous n'étudierons en effet que les systèmes quantiques isolés, dont le comportement n'est troublé par aucun observateur.

1.5.3 Évolution du système

La dynamique d'un système quantique isolé est décrite par l'équation de Schrödinger

$$\begin{cases} i\dfrac{\mathrm{d}}{\mathrm{d}t}v(t) = Hv(t) \\ v(0) = v_0. \end{cases}$$

où H est l'observable "énergie", appelé *Hamiltonien*. Éventuellement, l'opérateur H peut dépendre du temps, lorsque le système est soumis à des forces extérieures qui varient. Si H est indépendant du temps, on obtient un système Hamiltonien, comme nous l'avons expliqué à la section 1.2.3. En dimension finie, la solution de l'équation avec $v(0) = v_0$ est alors donnée par la formule

$$v(t) = e^{-itH}v_0 \tag{1.47}$$

où e^{-itH} est par définition la matrice unitaire dont les valeurs propres sont égales à $e^{-it\lambda_j}$ dans la base des v_j qui diagonalise H. L'énergie moyenne

$$\langle v(t), Hv(t)\rangle = \left\langle e^{-iHt}v_0, He^{-iHt}v_0\right\rangle = \left\langle v_0, e^{iHt}He^{-iHt}v_0\right\rangle = \langle v_0, Hv_0\rangle$$

est conservée au cours du temps. En fait, la mesure spectrale μ_{H,v_0} est invariante par la dynamique car

$$\left|\left\langle e^{-iHt}v_0, v_j\right\rangle\right|^2 = \left|\left\langle v_0, e^{iHt}v_j\right\rangle\right|^2 = \left|\left\langle v_0, e^{i\lambda_j t}v_j\right\rangle\right|^2 = \left|\langle v_0, v_j\rangle\right|^2$$

pour tout vecteur propre v_j de H. Par ailleurs, les états stationnaires (modulo phases) sont les vecteurs propres de H. Ces propriétés resteront vraies en dimension infinie pour tout opérateur auto-adjoint H.

1.5.4 Réunion de systèmes quantiques

Lorsqu'on met ensemble deux systèmes physiques représentés par les espaces $\mathfrak{H}_1$ et $\mathfrak{H}_2$ et, disons, des Hamiltoniens H_1 et H_2, la réunion des deux systèmes est toujours décrite par le produit tensoriel $\mathfrak{H} = \mathfrak{H}_1 \otimes \mathfrak{H}_2$. Le Hamiltonien du système total est souvent sous la forme

$$H = H_1 \otimes \mathbb{1} + \mathbb{1} \otimes H_2 + I_{12} \tag{1.48}$$

où $H_1 \otimes \mathbb{1}$ signifie que l'opérateur n'agit que sur la première partie du produit tensoriel et vaut l'identité sur l'autre partie : $(H_1 \otimes \mathbb{1})v_1 \otimes v_2 = (H_1 v_1) \otimes v_2$. L'opérateur I_{12} qui fait intervenir les deux composantes décrit alors l'interaction entre les deux systèmes.

Ainsi, un système comprenant N particules quantiques devra être décrit par un produit tensoriel de N espaces de Hilbert. Pour $\mathfrak{H} = L^2(\Omega)$ on obtient $\mathfrak{H}^{\otimes N} \simeq L^2(\Omega^N)$, ce qui engendre donc une croissance du nombre de variables des fonctions d'onde avec N. Ceci rend l'approximation numérique des solutions de l'équation de Schrödinger très difficile dès que N devient trop grand. On parle de "malédiction de la dimension". Nous y reviendrons lorsque nous étudierons les atomes et les molécules au chapitre 6.

Exemple 1.21 (Atome d'hydrogène complet) Si on décrit le proton de l'atome d'hydrogène comme une particule quantique, au lieu d'une particule classique fixe comme nous l'avons fait au début de ce chapitre, nous devons travailler dans

$$\mathfrak{H} = L^2(\mathbb{R}^3, \mathbb{C}) \otimes L^2(\mathbb{R}^3, \mathbb{C}) = L^2(\mathbb{R}^3 \times \mathbb{R}^3, \mathbb{C}).$$

Ici, le produit tensoriel signifie qu'on considère la fermeture de l'espace des combinaisons linéaires finies de fonctions sous la forme $f(x)g(y)$ avec $x, y \in \mathbb{R}^3$, ce qui fournit toutes les fonctions de carré intégrable sur $\mathbb{R}^3 \times \mathbb{R}^3$. Le Hamiltonien décrivant l'atome d'hydrogène complètement quantifié (nous avons à nouveau négligé le spin pour simplifier) est alors donné par

$$H = -\frac{\Delta_x}{2m} - \frac{\Delta_y}{2M} - \frac{e^2}{4\pi\varepsilon_0|x-y|}$$

qui est bien sous la forme (1.48). Les termes s'interprètent de gauche à droite comme l'énergie cinétique de l'électron (de masse m), celle du proton (de masse M) et l'interaction Coulombienne entre eux. L'état du système est représenté par des fonctions d'onde $\Psi(x, y) \in L^2(\mathbb{R}^3 \times \mathbb{R}^3, \mathbb{C})$, où $|\Psi(x, y)|^2$ est la densité de probabilité que l'électron soit en $x \in \mathbb{R}^3$ et que le proton soit en $y \in \mathbb{R}^3$, avec une interprétation similaire pour les impulsions avec la transformée de Fourier. L'énergie correspondante est, bien sûr,

$$\mathcal{E}(\Psi) = \frac{\hbar^2}{2m} \int_{\mathbb{R}^3} \int_{\mathbb{R}^3} |\nabla_x \Psi(x, y)|^2 \, dx \, dy + \frac{\hbar^2}{2M} \int_{\mathbb{R}^3} \int_{\mathbb{R}^3} |\nabla_y \Psi(x, y)|^2 \, dx \, dy$$

$$- \frac{e^2}{4\pi\varepsilon_0} \int_{\mathbb{R}^3} \int_{\mathbb{R}^3} \frac{|\Psi(x, y)|^2}{|x-y|} \, dx \, dy. \qquad (1.49)$$

L'approximation de Born-Oppenheimer (consistant à traiter le proton comme une particule classique) peut être justifiée à la limite $M \to \infty$.

Exercice 1.22 Montrer que l'infimum de l'énergie (1.49) dans l'ensemble $\{\Psi \in H^1(\mathbb{R}^6) \; : \; \|\Psi\|_{L^2(\mathbb{R}^6)} = 1\}$ est fini et déterminer sa valeur. Y a-t-il un minimiseur ? On pourra effectuer le changement de variable $u = (mx + My)/(m + M)$ et $v = x - y$.

1.5.5 Quantification*

Le formalisme abstrait présenté jusqu'à présent ne précise pas comment choisir l'espace $\mathfrak{H}$ et les observables importantes pour décrire un système particulier. Nous discutons ici rapidement de cette question.

On dispose souvent déjà d'une description *classique* du système physique étudié et il s'agit d'en déduire le modèle *quantique* correspondant, un procédé qui s'appelle *quantification*.[5] En principe, la règle est simple puisqu'il suffit de remplacer p par $-i\hbar\nabla$, ce qui transforme l'énergie classique E du système en un opérateur H. Toutefois, ce procédé n'est pas clairement défini pour tous les cas envisageables. Imaginons une fonction $a(x, p)$ définie sur l'espace des phases $\mathbb{R}^d \times \mathbb{R}^d$ d'une particule évoluant dans $\mathbb{R}^d$. On aimerait pouvoir associer à chaque telle fonction un opérateur $A = \mathrm{Op}_\hbar(a)$ sur $L^2(\mathbb{R}^d)$, de sorte que l'application

$$a \mapsto \mathrm{Op}_\hbar(a)$$

satisfasse de bonnes propriétés mathématiques. Par exemple il semble naturel de demander qu'elle soit un morphisme d'algèbre si on se restreint à un ensemble de fonctions a formant une algèbre. Plus précisément on peut demander

- que l'application soit linéaire ;
- que si $a(x, p) = f(x)$, $\mathrm{Op}_\hbar(a)$ soit l'opérateur $\psi(x) \mapsto f(x)\psi(x)$;
- que si $a(x, p) = g(p)$, $\mathrm{Op}_\hbar(a)$ soit l'opérateur $\psi \mapsto g(-i\hbar\nabla)\psi$ défini en Fourier par $\mathcal{F}\{g(-i\hbar\nabla)\psi\}(k) = g(\hbar k)\widehat{\psi}(k)$;
- que $\mathrm{Op}_\hbar\big(F(a)\big) = F\big(\mathrm{Op}_\hbar(a)\big)$ où le terme de droite est entendu au sens du calcul fonctionnel (voir la section 4.3) ;
- que si $a \geq 0$ presque partout sur $\mathbb{R}^d \times \mathbb{R}^d$, alors l'opérateur $\mathrm{Op}_\hbar(a)$ soit auto-adjoint et positif, au sens où $\langle v, \mathrm{Op}_\hbar(a)v \rangle \geq 0$ pour tout v ;
- que l'application conserve la norme :

$$\frac{1}{(2\pi\hbar)^d} \int_{\mathbb{R}^d} \int_{\mathbb{R}^d} a(x, p) \, \mathrm{d}x \, \mathrm{d}p = \mathrm{tr}\left(\mathrm{Op}_\hbar(a)\right)$$

où $\mathrm{tr}(A) = \sum_j \langle v_j, Av_j \rangle$ est la trace de A dans une base hibertienne.

---

[5] Évidemment, c'est le modèle quantique qui est fondamental. Le modèle classique doit en principe se déduire de ce dernier dans une limite appropriée, et pas l'inverse.

Malheureusement, il n'existe pas de processus de quantification qui satisfasse toutes ces propriétés naturelles. Il existe de nombreuses solutions possibles, chacune avec ses avantages et ses inconvénients, et vérifiant seulement une partie des propriétés ci-dessus. Elles sont toutes proches en un sens approprié à la limite $\hbar \to 0$.

Pour comprendre la difficulté du processus de quantification, considérons l'exemple d'une fonction sous la forme $a(x, p) = f(x)g(p)$. On peut penser définir sa quantification comme

$$A_1 := f(x)g(-i\hbar\nabla)$$

qui est l'opérateur défini sur $L^2(\mathbb{R}^d)$ par

$$\left(A_1\psi\right)(x) = (2\pi)^{d/2}\hbar^{-d} f(x) \int_{\mathbb{R}^d} \check{g}\left(\frac{x-y}{\hbar}\right) \psi(y)\, \mathrm{d}y,$$

où $\check{g}$ est la transformée de Fourier inverse de g. Celui défini dans l'autre sens

$$A_2 := g(-i\hbar\nabla)f(x)$$

est différent et agit comme

$$\left(A_2\psi\right)(x) = (2\pi)^{d/2}\hbar^{-d} \int_{\mathbb{R}^d} \check{g}\left(\frac{x-y}{\hbar}\right) f(y)\psi(y)\, \mathrm{d}y.$$

On peut démontrer que A_1 et A_2 sont bien définis et bornés lorsque par exemple $f, g \in L^p(\mathbb{R}^d)$ avec $2 \le p \le +\infty$ (voir à ce sujet la section 5.3). Une troisième possibilité, plus symétrique, s'écrit

$$A_3 = \frac{A_1 + A_2}{2},$$

c'est-à-dire

$$\left(A_3\psi\right)(x) = (2\pi)^{d/2}\hbar^{-d} \int_{\mathbb{R}^d} \check{g}\left(\frac{x-y}{\hbar}\right) \frac{f(x)+f(y)}{2}\psi(y)\, \mathrm{d}y.$$

L'opérateur A_3 est symétrique (si f et g sont à valeurs réelles), ce qui semble plus naturel étant donné qu'on doit normalement travailler avec des opérateurs auto-adjoints. Mais on peut également introduire l'opérateur défini par

$$\left(A_4\psi\right)(x) = (2\pi)^{d/2}\hbar^{-d} \int_{\mathbb{R}^d} \check{g}\left(\frac{x-y}{\hbar}\right) f\left(\frac{x+y}{2}\right) \psi(y)\, \mathrm{d}y \qquad (1.50)$$

qui s'appelle *quantification de Weyl* et est aussi symétrique. Comme

$$\hbar^{-d}\check{g}(\hbar^{-1}\cdot) \rightharpoonup \delta_0 \int_{\mathbb{R}^d} \check{g}(x)\,\mathrm{d}x = \frac{g(0)}{(2\pi)^{d/2}}\delta_0$$

au sens des distributions, les quatre solutions ont un comportement similaire quand $\hbar \to 0$.

En pratique, on rencontre assez peu de tels problèmes de quantification, car les Hamiltoniens classiques sont très souvent des sommes de fonctions de x et de fonctions de p, comme nous l'avons vu pour l'atome d'hydrogène. Il existe cependant quelques opérateurs importants qui mélangent x et p. Avoir conscience des limitations mathématiques du procédé de quantification est par ailleurs nécessaire à une bonne compréhension du formalisme quantique.

1.6   Preuve du théorème 1.17 *

Dans cette section nous écrivons la preuve du théorème 1.17 concernant l'unicité (à phase près) d'un minimiseur pour le problème de minimisation

$$I = \inf_{\substack{\psi \in H^1(\mathbb{R}^d) \\ \int_{\mathbb{R}^d} |\psi|^2 = 1}} \mathcal{E}(\psi) \tag{1.51}$$

vu en (1.45), où

$$\mathcal{E}(\psi) = \int_{\mathbb{R}^d} |\nabla\psi(x)|^2\,\mathrm{d}x + \int_{\mathbb{R}^d} V(x)|\psi(x)|^2\,\mathrm{d}x,$$

en supposant qu'un tel minimiseur existe. Il existe deux méthodes classiques pour montrer le résultat. La première est une méthode spectrale basée sur une généralisation aux opérateurs auto-adjoints non bornés de la théorie de Perron-Frobenius pour les matrices, qui peut être lue dans [RS78, Sec. XIII] et dans le problème B.5 à l'appendice B. La seconde méthode utilise des outils plutôt issus de la théorie des équations aux dérivées partielles et c'est celle que nous présentons dans cette section. Le raisonnement suit les quatre étapes suivantes :

1. S'il y a des minimiseurs, il en existe un qui est positif ou nul.
2. Tout minimiseur résout l'équation

$$\big(-\Delta + V(x)\big)\psi(x) = I\,\psi(x) \tag{1.52}$$

au sens des distributions et dans $H^{-1}(\mathbb{R}^d)$.

3. Toute fonction positive ou nulle solution de l'équation (1.52) est en fait strictement positive.
4. Une fonction strictement positive solution de l'équation est nécessairement un
minimiseur et est unique à phase près.

Afin de simplifier au maximum la discussion et de nous concentrer sur les grandes
idées, nous écrirons la preuve uniquement dans le cas où le potentiel est borné
uniformément :

$$V \in L^{\infty}(\mathbb{R}^d, \mathbb{R}).$$

Notre démonstration est facilement généralisable à des potentiels plus singuliers,
comme nous l'indiquerons au cours de l'argument. Par contre, la preuve sous les
hypothèses exactes du théorème est plus ardue et nous nous contenterons de donner
les références bibliographiques correspondantes.

Étape 1 : Il existe un minimiseur positif ou nul Cette étape est basée sur le lemme
fondamental suivant, tiré de [LL01, Thm 6.17 & Thm. 7.8] et où le lecteur pourra
trouver la preuve détaillée.

Lemme 1.23 (Convexité des gradients) *Pour tout $F \in H^1(\mathbb{R}^d, \mathbb{C})$, on a $|F| \in H^1(\mathbb{R}^d, \mathbb{R})$ avec l'inégalité*

$$|\nabla |F|(x)|^2 \le |\nabla F(x)|^2 \tag{1.53}$$

presque partout. En particulier,

$$\int_{\mathbb{R}^d} |\nabla |F|(x)|^2 \, dx \le \int_{\mathbb{R}^d} |\nabla F(x)|^2 \, dx. \tag{1.54}$$

En introduisant les parties réelles et imaginaires, $F = f + ig$, l'inégalité (1.53)
peut aussi s'écrire sous la forme

$$\left| \nabla \sqrt{f^2 + g^2}(x) \right|^2 \le |\nabla f(x)|^2 + |\nabla g(x)|^2. \tag{1.55}$$

En posant $f = \sqrt{t\rho_1}$ et $g = \sqrt{(1-t)\rho_2}$ avec $t \in [0, 1]$, on trouve que la
fonctionnelle $0 \le \rho \mapsto \int_{\mathbb{R}^d} |\nabla \sqrt{\rho}|^2$ est convexe, d'où l'intitulé du lemme.

Si f et g sont suffisamment lisses et ne s'annulent pas, la preuve de (1.55) est
très simple. On écrit

$$\nabla \sqrt{f^2 + g^2}(x) = \frac{f(x)\nabla f(x) + g(x)\nabla g(x)}{\sqrt{f(x)^2 + g(x)^2}},$$

dont le carré s'estime par

$$\left| \nabla \sqrt{f^2 + g^2}(x) \right|^2 = \frac{|f(x)\nabla f(x) + g(x)\nabla g(x)|^2}{f(x)^2 + g(x)^2}$$

$$= |\nabla f(x)|^2 + |\nabla g(x)|^2 - \frac{|g(x)\nabla f(x) - f(x)\nabla g(x)|^2}{f(x)^2 + g(x)^2}$$

$$\leq |\nabla f(x)|^2 + |\nabla g(x)|^2.$$

La preuve du lemme dans $H^1(\mathbb{R}^d)$ s'effectue par régularisation et elle peut être lue dans [LL01]. Si $|F| = \sqrt{f^2 + g^2} > 0$ sur $\mathbb{R}^d$, on peut montrer qu'il y a égalité si et seulement si $g\nabla f = f\nabla g$, ce qui signifie que $f = cg$.

Comme l'énergie potentielle ne dépend que de $|\psi|$, le lemme 1.23 implique

$$\mathcal{E}(\psi) \geq \mathcal{E}(|\psi|).$$

Cette inégalité montre que si ψ est un minimiseur pour le problème I, alors $|\psi|$ aussi. Ainsi lorsque des minimiseurs existent on peut toujours en choisir un qui est positif ou nul, ce qu'il fallait démontrer à l'étape 1.

Étape 2 : tout minimiseur résout l'équation Soit $\psi_0 \in H^1(\mathbb{R}^d)$ avec $\|\psi_0\|_{L^2(\mathbb{R}^d)} = 1$ un minimiseur quelconque pour le problème I. Nous montrons dans cette étape que ψ_0 est solution de l'équation (1.52). C'est un argument très général qui consiste juste à dire que $\mathcal{E}$ doit être stationnaire en ψ_0 sur la sphère unité $\{\psi \in H^1(\mathbb{R}^d) : \|\psi\|_{L^2} = 1\}$. Pour cela il n'est pas nécessaire de parler de dérivée en dimension infinie, nous pouvons nous contenter de regarder la dérivée dans une direction arbitraire, ce qui revient à calculer une dérivée en dimension 1. Soit donc $0 \neq \chi \in H^1(\mathbb{R}^d)$ une fonction quelconque (la direction dans laquelle nous allons calculer la dérivée de l'énergie). Nous définissons alors

$$\psi_\varepsilon = \frac{\psi_0 + \varepsilon\chi}{\|\psi_0 + \varepsilon\chi\|_{L^2(\mathbb{R}^d)}}.$$

Comme $\chi \neq 0$, on a

$$\|\psi_0 + \varepsilon\chi\|^2_{L^2(\mathbb{R}^d)} = 1 + 2\varepsilon\Re \int_{\mathbb{R}^d} \overline{\psi_0(x)}\chi(x)\,dx + \varepsilon^2 \int_{\mathbb{R}^d} |\chi(x)|^2\,dx,$$

qui ne s'annule pas pour ε assez petit. Ainsi ψ_ε est une fonction bien définie dans $H^1(\mathbb{R}^d)$, normalisée dans $L^2(\mathbb{R}^d)$ comme il se doit. Maintenant, on écrit que la fonction $\varepsilon \mapsto \mathcal{E}(\psi_\varepsilon)$ atteint son minimum en $\varepsilon = 0$ et donc que sa dérivée s'annule en 0. Le résultat du calcul est :

$$\Re \left(\int_{\mathbb{R}^d} \nabla\overline{\psi_0(x)} \cdot \nabla\chi(x)\,dx + \int_{\mathbb{R}^d} V(x)\overline{\psi_0(x)}\chi(x)\,dx - I \int_{\mathbb{R}^d} \overline{\psi_0(x)}\chi(x)\,dx \right) = 0.$$

$$(1.56)$$

Comme l'équation est valable pour tout $\chi \in H^1(\mathbb{R}^d)$, nous pouvons remplacer χ par $i\chi$ et ainsi enlever la partie réelle :

$$\int_{\mathbb{R}^d} \nabla \overline{\psi_0(x)} \cdot \nabla \chi(x)\, \mathrm{d}x + \int_{\mathbb{R}^d} V(x)\, \overline{\psi_0(x)}\chi(x)\, \mathrm{d}x - I \int_{\mathbb{R}^d} \overline{\psi_0(x)}\chi(x)\, \mathrm{d}x = 0.$$

(1.57)

C'est le moment de rappeler que si $\psi_0 \in H^1(\mathbb{R}^d)$, alors $\Delta\psi_0$ est une distribution qui est également dans le dual $H^{-1}(\mathbb{R}^d)$ de l'espace $H^1(\mathbb{R}^d)$, via la formule de dualité

$$_{H^{-1}(\mathbb{R}^d)}\langle -\Delta\psi_0, \chi\rangle_{H^1(\mathbb{R}^d)} := \langle \nabla\psi_0, \nabla\chi\rangle_{L^2(\mathbb{R}^d)}.$$

De même, $V\psi_0$ appartient à $H^{-1}(\mathbb{R}^d)$ avec la relation

$$_{H^{-1}(\mathbb{R}^d)}\langle V\psi_0, \chi\rangle_{H^1(\mathbb{R}^d)} := \int_{\mathbb{R}^d} V(x)\, \overline{\psi_0(x)}\chi(x)\, \mathrm{d}x.$$

Rappelons que $|V|^{1/2}\psi$ appartient à $L^2(\mathbb{R}^d)$ lorsque $\psi \in H^1(\mathbb{R}^d)$ par le lemme 1.10. Ainsi, la formule (1.57) signifie exactement que ψ_0 résout (1.52) dans $H^{-1}(\mathbb{R}^d)$. Si on se restreint à $\chi \in C_c^\infty(\mathbb{R}^d)$, on retrouve exactement la définition de la validité de l'équation au sens des distributions.

La preuve fournie est valable avec les hypothèses générales du théorème 1.17. Dans notre cas où $V \in L^\infty(\mathbb{R}^d, \mathbb{R})$, nous savons que $V\psi_0 \in L^2(\mathbb{R}^d)$ et déduisons donc immédiatement de l'équation (1.52) que $\Delta\psi_0 \in L^2(\mathbb{R}^d)$, c'est-à-dire $\psi_0 \in H^2(\mathbb{R}^d)$, d'après le lemme A.6 de régularité elliptique à l'appendice A. Les termes de l'équation sont donc tous dans $L^2(\mathbb{R}^d)$.

Étape 3 : Toute solution positive ou nulle de l'équation est strictement positive
Avec les deux premières étapes nous savons qu'il existe un minimiseur $\psi_0 \in H^2(\mathbb{R}^d)$ positif ou nul, qui résout l'équation (1.52). Nous affirmons que ψ_0 est strictement positif, au sens où pour toute boule $B_R(x)$ de rayon R centrée en x, il existe une constante $c_{R,x} > 0$ (dépendant de la boule) telle que

$$\psi_0(y) \ge c_{R,x}, \qquad \text{pour presque tout } y \in B_R(x). \tag{1.58}$$

Cette étape est la plus délicate de la preuve et l'argument que nous allons utiliser repose fortement sur le fait que V est borné et que $\psi_0 \in H^2(\mathbb{R}^d)$.

Nous écrivons l'équation (1.52) sous la forme

$$(-\Delta + C)\psi_0 = (C + I - V)\psi_0 =: g \tag{1.59}$$

et choisissons C assez grand de sorte que g soit positive ou nulle. Comme V est borné, nous pouvons prendre par exemple $C = \|V\|_{L^\infty(\mathbb{R}^d)} + |I| + 1$ de sorte que $g \ge \psi_0 \ge 0$. Comme ψ_0 est non nulle on trouve également que $g \in L^2(\mathbb{R}^d)$ est non nulle. L'équation (1.59) peut être résolue explicitement. En passant en Fourier on trouve $(C + |k|^2)\widehat{\psi_0}(k) = \widehat{g}(k)$ et donc

$$\psi_0(x) = (2\pi)^{-\frac{d}{2}}\Phi * g(x) = (2\pi)^{-\frac{d}{2}}\int_{\mathbb{R}^d}\Phi(x - y)g(y)\,\mathrm{d}y \tag{1.60}$$

où Φ est la transformée de Fourier inverse de la fonction $k \mapsto (C + |k|^2)^{-1}$. En dimension $d = 3$ cette fonction est explicite,

$$\Phi(x) = \sqrt{\frac{\pi}{2}}\frac{e^{-\sqrt{C}|x|}}{|x|} > 0$$

et s'appelle le potentiel de Yukawa. En dimension $d = 1$ on a $\Phi(x) = \sqrt{\pi/2}\,e^{-\sqrt{C}|x|}$. Pour les autres dimensions on peut par exemple utiliser la formule intégrale

$$\frac{1}{C + |k|^2} = \int_0^\infty e^{-t(C+|k|^2)}\,\mathrm{d}t$$

et la transformée de Fourier des gaussiennes, pour en déduire après changement de variables que

$$\Phi(x) = \frac{2^{-d/2}}{|x|^{d-2}}\int_0^\infty e^{-sC|x|^2 - \frac{1}{4s}}\frac{\mathrm{d}s}{s^{\frac{d}{2}}}. \tag{1.61}$$

La fonction Φ est donc strictement positive partout et décroissante par rapport à $|x|$. En fait, Φ est même C^∞ sur $\mathbb{R}^d \setminus \{0\}$ et appartient à $L^1(\mathbb{R}^d, \mathbb{R})$.

Nous pouvons maintenant montrer (1.58) en utilisant (1.60). Puisque g est positive mais non identiquement nulle, nous pouvons choisir r de sorte que $\int_{B_r(0)} g > 0$. Pour toute boule $B_R(z) \subset \mathbb{R}^d$, nous minorons ensuite

$$\psi_0(x) \geq (2\pi)^{-\frac{d}{2}}\int_{B_r(0)}\Phi(x - y)g(y)\,\mathrm{d}y$$

$$\geq (2\pi)^{-\frac{d}{2}}\Phi(r + |z| + R)\int_{B_r(0)}g(y)\,\mathrm{d}y =: c_{R,z} > 0$$

pour tout $x \in B_R(z)$, puisque $|x - y| \leq |x - z| + |z| + |y| \leq R + |z| + r$ et que Φ est décroissante. Ceci conclut la preuve de (1.58), sous notre hypothèse que V est bornée.

Le lecteur pourra vérifier que la preuve précédente fonctionne sans encombre si on suppose que V est juste *bornée supérieurement* et que l'on remplace la condition (1.37) par l'hypothèse plus forte que $p = 2$ en dimension $d = 1$ et $p > d$ en dimension $d \geq 2$. Cette dernière condition sur p peut être encore améliorée en utilisant le théorème de Rellich-Kato que nous verrons au chapitre 3.

La preuve de la stricte positivité de ψ_0 est bien plus compliquée dans le cas général, en particulier lorsque V n'est pas majoré. La propriété (1.58) s'appelle le principe du maximum fort et elle a été prouvée par Trudinger [Tru73] en supposant cependant que $p > d/2$ si $d \geq 3$ (voir également [AS82] pour une approche probabiliste). Pour $p = d/2$ en dimension $d \geq 3$, on obtient malheureusement la conclusion plus faible que $\psi_0 > 0$ presque partout, c'est-à-dire que $\{\psi_0 = 0\}$ est de mesure de Lebesgue nulle [Tru77], ce qui complique la suite de la preuve.

Étape 4 : Toute solution strictement positive de l'équation est l'unique minimiseur à phase près Soit $\psi_0 \in H^2(\mathbb{R}^d)$ une fonction strictement positive au sens de (1.58), normalisée dans $L^2(\mathbb{R}^d)$, qui est solution de l'équation $(-\Delta + V)\psi_0 = \lambda \psi_0$, pour un $\lambda \in \mathbb{R}$ quelconque. Nous ne supposons pas a priori que ψ_0 est un minimiseur. Nous allons montrer que $\lambda = I$ et ψ_0 est l'unique minimiseur de I à phase près. Nous aurons alors prouvé plus que nécessaire puisque dans notre cas on sait déjà que $\lambda = I = \mathcal{E}(\psi_0)$. En prenant le produit scalaire contre ψ_0 on trouve déjà que $\lambda = \mathcal{E}(\psi_0)$.

Pour tout $\varphi \in C_c^\infty(\mathbb{R}^d)$, la fonction φ/ψ_0 appartient à $H^1(\mathbb{R}^d)$, car ψ_0 vérifie (1.58) et on a

$$\nabla \frac{\varphi}{\psi_0} = \frac{\nabla \varphi}{\psi_0} - \varphi \frac{\nabla \psi_0}{\psi_0^2}.$$

On calcule alors

$$
\begin{aligned}
\int_{\mathbb{R}^d} \psi_0(x)^2 \left| \nabla \frac{\varphi}{\psi_0}(x) \right|^2 dx &= \int_{\mathbb{R}^d} \left| \nabla \varphi(x) - \frac{\varphi(x)\nabla \psi_0(x)}{\psi_0(x)} \right|^2 dx \\
&= \int_{\mathbb{R}^d} |\nabla \varphi(x)|^2 dx + \int_{\mathbb{R}^d} |\varphi(x)|^2 \frac{|\nabla \psi_0(x)|^2}{\psi_0(x)^2} dx \\
&\quad - 2\Re \int_{\mathbb{R}^d} \varphi(x)\overline{\nabla \varphi(x)} \cdot \frac{\nabla \psi_0(x)}{\psi_0(x)} dx \\
&= \int_{\mathbb{R}^d} |\nabla \varphi(x)|^2 dx + \int_{\mathbb{R}^d} |\varphi(x)|^2 \frac{\Delta \psi_0(x)}{\psi_0(x)} dx.
\end{aligned}
$$

Nous avons ici intégré par parties le terme croisé en remarquant que $2\Re(\varphi\overline{\nabla \varphi}) = \nabla|\varphi|^2$. Nous insérons ensuite l'équation $\Delta \psi_0 = (V - \lambda)\psi_0$ avec $\lambda = \mathcal{E}(\psi_0)$ et obtenons finalement

$$\mathcal{E}(\varphi) = \int_{\mathbb{R}^d} \psi_0(x)^2 \left| \nabla \frac{\varphi}{\psi_0}(x) \right|^2 dx + \mathcal{E}(\psi_0) \int_{\mathbb{R}^d} |\varphi(x)|^2 dx. \tag{1.62}$$

C'est la généralisation à un potentiel V quelconque de la relation (1.28) que nous avions utilisée pour l'atome d'hydrogène. Comme le premier terme est positif ou nul, ceci démontre que $\mathcal{E}(\varphi) \geq \mathcal{E}(\psi_0) \int_{\mathbb{R}^d} |\varphi|^2$ pour tout $\varphi \in C_c^\infty(\mathbb{R}^d)$ donc, par densité, également pour tout $\varphi \in H^1(\mathbb{R}^d)$. En d'autres termes, ψ_0 est un minimiseur et ainsi $\mathcal{E}(\psi_0) = I = \lambda$. Le même argument de densité montre aussi que $\psi_0 \nabla(\varphi/\psi_0)$ appartient à $L^2(\mathbb{R}^d)$ pour tout $\varphi \in H^1(\mathbb{R}^d)$, avec la relation (1.62). Donc φ est un minimiseur si et seulement si le premier terme s'annule, c'est-à-dire

$$\nabla \frac{\varphi}{\psi_0}(x) = 0$$

presque partout sur $\mathbb{R}^d$. Ceci signifie que $\varphi = c\psi_0$, comme dans la preuve de l'unicité pour l'atome d'hydrogène au théorème 1.3. Ceci conclut la preuve du théorème 1.17 dans le cas où $V \in L^\infty(\mathbb{R}^d, \mathbb{R})$.   □

Remarque 1.24 Lorsque $p = d/2$ en dimensions $d \geq 3$ on sait seulement que $\psi_0 > 0$ presque partout d'après [Tru77]. Il faut plutôt développer

$$\int_{\mathbb{R}^d} (\psi_0(x) + \varepsilon)^2 \left| \nabla \frac{\varphi}{\psi_0 + \varepsilon}(x) \right|^2 \, dx$$

et passer à la limite $\varepsilon \to 0$ à la fin.

Exercices complémentaires

Exercice 1.25 (Espaces $L^p(\mathbb{R}^d) + L^q(\mathbb{R}^d)$)   Soient $1 \leq p, q \leq \infty$. On munit l'espace $L^p(\mathbb{R}^d) + L^q(\mathbb{R}^d)$ vu à la définition 1.7 de la norme (1.34).

1. Montrer que $L^p(\mathbb{R}^d) + L^q(\mathbb{R}^d)$ est un espace de Banach.
2. Montrer que pour $1 < p, q \leq \infty$, l'espace $L^p(\mathbb{R}^d) + L^q(\mathbb{R}^d)$ s'identifie au dual de $L^{p'}(\mathbb{R}^d) \cap L^{q'}(\mathbb{R}^d)$ que l'on munit de la norme $\|g\|_{L^{p'}(\mathbb{R}^d) \cap L^{q'}(\mathbb{R}^d)} := \|g\|_{L^{p'}(\mathbb{R}^d)} + \|g\|_{L^{q'}(\mathbb{R}^d)}$, avec $p' = p/(p-1)$ et $q' = q/(q-1)$.
3. Soit $1 \leq p < \infty$. On rappelle que $f \in L^p(\mathbb{R}^d) + L^\infty_\varepsilon(\mathbb{R}^d)$ (définition 1.8) lorsque pour tout $\varepsilon > 0$ il existe $g \in L^p(\mathbb{R}^d)$ et $h \in L^\infty(\mathbb{R}^d)$ tels que $f = g + h$ et $\|h\|_{L^\infty(\mathbb{R}^d)} \leq \varepsilon$. Soit $f \in L^p(\mathbb{R}^d) + L^\infty(\mathbb{R}^d)$. Montrer que les assertions suivantes sont équivalentes :

    (i) $f \in L^p(\mathbb{R}^d) + L^\infty_\varepsilon(\mathbb{R}^d)$,
    (ii) $\{|f| \geq \eta\}$ est de mesure finie pour tout $\eta > 0$,
    (iii) $\lim_{R \to \infty} \|\mathbb{1}_{\mathbb{R}^d \setminus B_R} f\|_{L^p(\mathbb{R}^d) + L^\infty(\mathbb{R}^d)} = 0$.

4. Soit $(h_n)_{n \geq 1}$ une suite de $L^\infty(\mathbb{R}^d)$ qui converge vers h. Montrer que si $|\{|h_n| \geq \eta\}| < \infty$ pour tout $\eta > 0$ et tout $n \geq 1$, alors la limite vérifie aussi $|\{|h| \geq \eta\}| < \infty$ pour tout $\eta > 0$.
5. Montrer que pour tout $1 \leq p < \infty$, $L^p(\mathbb{R}^d) + L^\infty_\varepsilon(\mathbb{R}^d)$ est un sous-espace fermé de $L^p(\mathbb{R}^d) + L^\infty(\mathbb{R}^d)$.
6. Montrer que la fermeture de $C^\infty_c(\mathbb{R}^d)$ dans $L^p(\mathbb{R}^d) + L^\infty(\mathbb{R}^d)$ est précisément $L^p(\mathbb{R}^d) + L^\infty_\varepsilon(\mathbb{R}^d)$.

Exercice 1.26 (Une particule confinée dans $\mathbb{R}^d$) Soit $V = V_+ - V_-$ où $V_\pm \geq 0$ sont des potentiels à valeurs réelles tels que $V_- \in L^p(\mathbb{R}^d, \mathbb{R}) + L^\infty(\mathbb{R}^d, \mathbb{R})$ où p satisfait (1.37) et $V_+ \in L^1_{\mathrm{loc}}(\mathbb{R}^d)$ avec $V_+(x) \to +\infty$ quand $|x| \to +\infty$. On considère l'énergie

$$\mathcal{E}(u) = \int_{\mathbb{R}^d} |\nabla u(x)|^2 \, \mathrm{d}x + \int_{\mathbb{R}^d} V(x)|u(x)|^2 \, \mathrm{d}x$$

et l'espace $\mathcal{V} := \left\{ u \in H^1(\mathbb{R}^d) \ : \ \sqrt{V_+} u \in L^2(\mathbb{R}^d) \right\}$ muni de la norme

$$\|u\|^2_{\mathcal{V}} = \|u\|^2_{H^1(\mathbb{R}^d)} + \int_{\mathbb{R}^d} V_+(x)|u(x)|^2 \, \mathrm{d}x.$$

1. Montrer que $\mathcal{V}$ est complet.
2. Montrer que $\mathcal{E}$ est bien définie et continue sur $\mathcal{V}$.
3. Montrer que $I = \inf \left\{ \mathcal{E}(u) \ : \ u \in \mathcal{V}, \ \int_{\mathbb{R}^d} |u|^2 = 1 \right\}$ est fini.
4. Montrer que $\mathcal{V}$ s'injecte de façon compacte dans $L^2(\mathbb{R}^d)$.
5. En déduire que I est atteint et écrire l'équation vérifiée par tout minimiseur.

Remarque : Il est possible de montrer l'unicité avec des arguments similaires à la section 1.6, car le principe du maximum est une propriété locale, voir [LL01].

Chapitre 2
Auto-adjonction

Une matrice carrée A de taille d à coefficients complexes est dite *auto-adjointe* ou *hermitienne* lorsque $A^* = A$ où A^* est par définition la matrice obtenue en appliquant la transposée et en prenant la conjugaison complexe de tous les coefficients. La propriété $A^* = A$ est équivalente à $\langle v, Aw \rangle_{\mathbb{C}^d} = \langle Av, w \rangle_{\mathbb{C}^d}$ où $\langle v, w \rangle_{\mathbb{C}^d} = v^* w$ est le produit scalaire de $\mathbb{C}^d$. Les matrices auto-adjointes sont toutes diagonalisables dans une base orthonormée et leurs valeurs propres sont réelles. La généralisation de ce résultat à la dimension infinie est assez laborieuse. Dans ce chapitre nous introduisons et étudions le concept d'auto-adjonction.

2.1 Opérateurs, graphe, extension

Soit $\mathfrak{H}$ un espace de Hilbert séparable quelconque sur le corps $\mathbb{C}$. Il est souvent nécessaire de considérer des applications linéaires A qui ne sont définies que sur un sous-espace $D(A)$ de $\mathfrak{H}$, appelé *domaine de A*.

Définition 2.1 (Opérateurs en dimension infinie) Un *opérateur sur $\mathfrak{H}$* est la donnée d'un sous-espace vectoriel dense $D(A) \subset \mathfrak{H}$ et d'une application linéaire $A : D(A) \to \mathfrak{H}$.

On peut travailler sans l'hypothèse que $D(A)$ est dense, mais l'ajouter simplifie grandement le cadre de l'étude. La densité jouera un rôle important au moment de définir l'adjoint de A à la section 2.4. En dimension finie, le seul sous-espace dense est l'espace tout entier. En dimension infinie, il est absolument nécessaire de toujours spécifier le domaine $D(A)$ sur lequel on travaille. Comme nous allons le voir sur des exemples, la résolution de l'équation aux valeurs propres $Av = \lambda v$ dépend fortement du domaine considéré.

© The Author(s), under exclusive license to Springer Nature Switzerland AG 2022
M. Lewin, *Théorie spectrale et mécanique quantique*, Mathématiques et Applications 87, https://doi.org/10.1007/978-3-030-93436-1_2

L'exemple le plus simple d'un opérateur A est celui d'une application linéaire définie sur tout l'espace $D(A) = \mathfrak{H}$, mais nous verrons de nombreux exemples d'opérateurs qui ne peuvent pas être définis sur tout $\mathfrak{H}$ et dont le domaine est nécessairement un sous-espace strict de $\mathfrak{H}$. Nous pensons particulièrement à la dérivation $f \mapsto f'$ qui est bien linéaire mais qui n'est pas définie sur $\mathfrak{H} = L^2(\mathbb{R})$ à valeurs dans ce même espace. On peut la définir sur $L^2(\mathbb{R})$ mais son image est alors une distribution qui n'appartient pas nécessairement à $L^2(\mathbb{R})$. L'opérateur de dérivation est par contre bien défini sur $C_c^\infty(\mathbb{R})$, par exemple, ou sur l'espace de Sobolev $H^1(\mathbb{R}) \subsetneq L^2(\mathbb{R})$.

Au lieu de se donner A et son domaine $D(A)$, il est parfois commode de travailler avec le *graphe de A*, qui contient à la fois l'opérateur et son domaine de définition.

Définition 2.2 (Graphe) On appelle *graphe d'un opérateur* $(A, D(A))$ le sous-espace vectoriel de $\mathfrak{H} \times \mathfrak{H}$

$$G(A) = \big\{(v, Av) \in D(A) \times \mathfrak{H}\big\}. \tag{2.1}$$

Réciproquement, il est légitime de se demander à quelle condition un sous-espace de $\mathfrak{H} \times \mathfrak{H}$ est le graphe d'un opérateur, ce qui est l'objet du lemme suivant.

Lemme 2.3 (Caractérisation des graphes) *Un ensemble $G \subset \mathfrak{H} \times \mathfrak{H}$ est le graphe d'un opérateur $(A, D(A))$ si et seulement si*

 (i) *G est un sous-espace vectoriel de $\mathfrak{H} \times \mathfrak{H}$;*
 (ii) *$(0, y) \in G$ implique $y = 0$;*
 (iii) *la projection $D = \{x \in \mathfrak{H} : \exists y \in \mathfrak{H}, (x, y) \in G\}$ est dense dans $\mathfrak{H}$.*

Preuve Les conditions *(i)–(iii)* sont clairement nécessaires. Réciproquement, *(ii)* sert à assurer que chaque point possède une unique image, puisque G est un sous-espace vectoriel d'après *(i)*. L'application A est alors bien définie et linéaire. La condition *(iii)* est la densité de son domaine.   □

Nous pouvons comparer différentes réalisations d'un même opérateur sur des domaines inclus les uns dans les autres en utilisant la notion d'extension et de restriction.

Définition 2.4 (Extension, restriction)   Soient A et B deux opérateurs définis respectivement sur $D(A)$ et $D(B)$. On dit que B est une *extension de A* et que A est une *restriction de B*, si $D(A) \subset D(B)$ et si B coïncide avec A sur $D(A)$, c'est-à-dire si $Bx = Ax$ pour tout $x \in D(A)$. Une définition équivalente consiste à demander que $G(A) \subset G(B)$ que l'on note simplement $A \subset B$.

Exemple 2.5 On peut définir l'opérateur de dérivation $f \mapsto f'$ dans $D(A_1) = C_c^\infty(\mathbb{R})$ ou dans $D(A_2) = H^1(\mathbb{R})$, et on a alors $A_1 \subset A_2$.

2.2 Spectre

Dans tout cet ouvrage nous utilisons la notation 1 pour désigner l'identité de l'espace de Hilbert ambiant $\mathfrak{H}$. Ainsi, $A - z$ est l'opérateur

$$A - z = A - z \operatorname{Id}_{\mathfrak{H}}.$$

On appelle spectre d'une matrice carrée l'ensemble des nombres complexes z tels que $\det(A - z) = 0$, c'est-à-dire tels que $A - z$ ne soit pas inversible. L'inversibilité est ici équivalente à l'injectivité ou à la surjectivité de $A - z$. Par ailleurs, l'inverse $(A - z)^{-1}$ est toujours une application continue car linéaire. En dimension infinie la situation est plus complexe car une application linéaire peut être injective sans être surjective, et réciproquement. De plus, l'inverse peut exister sans être continu. La définition du spectre est la suivante.

Définition 2.6 (Spectre) Soit A un opérateur défini sur $D(A) \subset \mathfrak{H}$. On appelle *ensemble résolvant de A* le sous-ensemble de $\mathbb{C}$

$$\rho(A) := \Big\{ z \in \mathbb{C} \text{ tels que } A - z : D(A) \to \mathfrak{H}$$

$$\text{est inversible, d'inverse } (A - z)^{-1} : \mathfrak{H} \to D(A) \subset \mathfrak{H} \text{ borné} \Big\}.$$

Le *spectre de A* est par définition l'ensemble $\sigma(A) = \mathbb{C} \setminus \rho(A)$.

L'hypothèse que $(A - z)^{-1}$ est borné signifie qu'il existe une constante C telle que $\|(A - z)^{-1} v\| \leq C \|v\|$ pour tout $v \in \mathfrak{H}$ ou, dit autrement, que $(A - z)^{-1}$ définit une application continue sur $\mathfrak{H}$ (mais qui prend ses valeurs dans $D(A) = \operatorname{Im}(A - z)$). Lorsque $z \in \rho(A)$, l'opérateur $(A - z)^{-1}$ est appelé *résolvante*. Remarquons que si $D(A) = \mathfrak{H}$ et A est borné, alors l'inversibilité de $A - z$ implique automatiquement que $(A - z)^{-1}$ est borné, par le théorème de l'application ouverte.

L'ensemble $\rho(A)$ contient tous les $z \in \mathbb{C}$ tels que l'équation $(A - z)v = w$ admet une unique solution $v \in D(A)$ pour tout $w \in \mathfrak{H}$ donné (c'est l'existence de l'inverse), cette solution v dépendant continûment de w dans $\mathfrak{H}$ (c'est le caractère borné de $(A - z)^{-1}$).

Nous voyons qu'un nombre complexe λ peut appartenir au spectre de A pour plusieurs raisons différentes. Par exemple $A - \lambda$ pourrait ne pas être injectif, et il existe alors un $v \neq 0$ tel que $Av = \lambda v$. Dans ce cas, λ est appelée une *valeur propre de A* et v est un *vecteur propre associé*. La *multiplicité* (géométrique) de λ est par définition la dimension de $\ker(A - \lambda)$ et elle peut être finie ou infinie. Mais il est également possible que $A - \lambda$ soit injectif sans être surjectif, ou même qu'il soit inversible mais que son inverse ne soit pas borné sur $\mathfrak{H}$.

Exemple 2.7 (Décalage) Sur $\mathfrak{H} = \ell^2(\mathbb{N})$ on introduit le décalage à droite S défini par $S(\mathbf{x}) = (0, x_0, x_1, \ldots)$ pour $\mathbf{x} = (x_0, x_1, \ldots) \in \ell^2(\mathbb{N})$. Alors S est injectif mais pas surjectif. Donc $0 \in \sigma(S)$ mais 0 n'est pas une valeur propre.

Avant d'aller plus loin nous commençons par prouver que le spectre d'un opérateur est toujours un ensemble fermé.

Lemme 2.8 (Holomorphie et fermeture de $\sigma(A)$) *Soit A un opérateur défini sur son domaine $D(A)$ et $z \in \rho(A)$. Alors la boule ouverte de centre z et de rayon*

$$\frac{1}{\|(A - z)^{-1}\|}$$

est incluse dans $\rho(A)$ et la résolvante est donnée par la série normalement convergente

$$(A - z')^{-1} = (A - z)^{-1} \sum_{n \geq 0} (z' - z)^n (A - z)^{-n}, \tag{2.2}$$

pour tout z' dans cette boule. En particulier, $\sigma(A)$ est fermé.

Preuve On peut écrire $A - z' = (1 - (z' - z)(A - z)^{-1})(A - z)$ où l'opérateur $A - z$ à droite est une bijection de $D(A)$ dans $\mathfrak{H}$ puisque $z \in \rho(A)$ par hypothèse, et l'opérateur $1 - (z' - z)(A - z)^{-1}$ est borné sur $\mathfrak{H}$. Or on sait que pour tout opérateur borné B de norme $\|B\| < 1$, l'opérateur $1 - B$ est inversible avec $(1 - B)^{-1} = \sum_{n \geq 0} B^n$. Ainsi, l'opérateur $1 - (z' - z)(A - z)^{-1}$ est inversible pour $|z' - z| \, \|(A - z)^{-1}\| < 1$. Comme composition d'opérateurs inversibles, on conclut alors que $A - z'$ est inversible de $D(A)$ dans $\mathfrak{H}$ d'inverse borné, donné par la formule (2.2) de l'énoncé. $\square$

Remarque 2.9 (Holomorphie et $\sigma(A) \neq \emptyset$) La formule (2.2) signifie que l'application $z \in \rho(A) \mapsto (A - z)^{-1}$ est développable en série entière normalement convergente au voisinage de chaque point. En particulier, la fonction $f(z) := \langle v_1, (A - z)^{-1} v_2 \rangle$ est holomorphe sur $\rho(A)$ pour tous $v_1, v_2 \in \mathfrak{H}$. On peut utiliser cette information pour montrer que $\sigma(A) \neq \emptyset$ pour tout opérateur A *borné*. Comme $\|z(A - z)^{-1}\| = \|(A/z - 1)^{-1}\| \leq 2$ pour $|z| \geq 2\|A\|$, ceci implique que $|f(z)| \leq 2\|v_1\| \, \|v_2\|/|z|$ et donc $f(z) \to 0$ à l'infini. Or, comme une fonction holomorphe sur tout $\mathbb{C}$ qui tend vers 0 à l'infini est forcément nulle, on en déduit que $\rho(A) \neq \mathbb{C}$, c'est-à-dire $\sigma(A) \neq \emptyset$, lorsque A est borné. Si A n'est pas borné, il est en revanche tout à fait possible que $\sigma(A) = \emptyset$, voir l'exercice 2.10 ci-dessous. Nous montrerons plus tard au théorème 2.23 que les opérateurs *symétriques* ont cependant toujours un spectre non vide.

Exercice 2.10 (On peut avoir $\sigma(A) = \emptyset$) Voici un exemple issu de [RS72]. Soit $Pf = -if'$ dans $\mathfrak{H} = L^2(]0, 1[)$ défini sur le domaine $D(P) := \{f \in H^1(]0, 1[) : f(0) = 0\}$. Soit aussi S_z l'opérateur défini par

$$(S_z f)(x) := i \int_0^x e^{iz(x-y)} f(y) \, dy$$

sur tout $\mathfrak{H}$. Montrer que $P - z$ est inversible d'inverse égal à S_z pour tout $z \in \mathbb{C}$. En déduire que $\sigma(P) = \emptyset$.

Une question naturelle est de déterminer le spectre de $(A - z)^{-1}$ lorsque $z \in \rho(A)$. Le lemme suivant précise que c'est la fermeture de l'image du spectre de A par l'application $\lambda \mapsto (\lambda - z)^{-1}$.

Lemme 2.11 (Spectre de la résolvante) *Soit A un opérateur défini sur son domaine $D(A)$ tel que $\rho(A) \neq \emptyset$, et soit $z \in \rho(A)$. Le spectre de la résolvante vaut*

$$\sigma\big((A - z)^{-1}\big) = \left\{ \frac{1}{\lambda - z} : \lambda \in \sigma(A) \right\} \cup \begin{cases} \emptyset & \text{si } A \text{ est borné sur } D(A) = \mathfrak{H}, \\ \{0\} & \text{si } A \text{ n'est pas borné.} \end{cases}$$

$$(2.3)$$

Preuve Nous allons montrer que pour tout $z' \neq z$, on a

$$z' \in \rho(A) \quad \text{si et seulement si} \quad \frac{1}{z' - z} \in \rho\big((A - z)^{-1}\big). \tag{2.4}$$

Pour cela, on écrit

$$A - z' = A - z - (z' - z) = (z' - z)\left((z' - z)^{-1} - (A - z)^{-1}\right)(A - z). \tag{2.5}$$

Si $(z' - z)^{-1} \in \rho((A - z)^{-1})$, l'opérateur dans la parenthèse à droite est inversible et, comme $A - z$ est par hypothèse inversible sur $D(A)$ d'inverse borné, on en déduit que $A - z'$ est inversible, d'inverse

$$(A - z')^{-1} = \frac{1}{z' - z}(A - z)^{-1}\left((z' - z)^{-1} - (A - z)^{-1}\right)^{-1}.$$

qui est borné, comme composition d'opérateurs bornés. Réciproquement, si $z' \in \rho(A)$ on peut écrire

$$(z' - z)^{-1} - (A - z)^{-1} = \frac{1}{(z' - z)}(A - z')(A - z)^{-1}.$$

L'opérateur à droite est inversible sur $\mathfrak{H}$ et son inverse vaut

$$(z' - z)(A - z)(A - z')^{-1} = (z' - z)\left(1 + (z' - z)(A - z')^{-1}\right),$$

qui est bien borné. Nous avons donc montré (2.4), et ainsi complètement identifié le spectre de $(A - z)^{-1}$ en dehors du point 0, puisque $z' \mapsto (z' - z)^{-1}$ est bijective de $\mathbb{C} \setminus \{z\}$ dans $\mathbb{C} \setminus \{0\}$. L'image de l'opérateur $(A - z)^{-1}$ est $D(A)$ et son inverse à gauche est $A - z$. En particulier, $(A - z)^{-1}$ est toujours injectif. On a donc $0 \in \rho((A - z)^{-1})$ si et seulement si cet opérateur est surjectif d'inverse borné, c'est-à-dire A est défini sur tout $D(A) = \mathfrak{H}$ et est continu. $\qquad\square$

2.3   Fermeture

Nous discutons ici de l'importance du concept de fermeture d'un opérateur.

Définition 2.12 (Opérateur fermé) On dit qu'un opérateur A de domaine $D(A)$ est *fermé* lorsque son graphe $G(A)$ est fermé dans $\mathfrak{H} \times \mathfrak{H}$ ou, en d'autres termes, si pour toute suite $(x_n) \subset D(A)$ telle que $x_n \to x$ et $Ax_n \to y$, on a alors $x \in D(A)$ et $Ax = y$.

Proposition 2.13 (Spectre d'un opérateur non fermé) *Si A, défini sur $D(A)$, n'est pas fermé, alors on a $\sigma(A) = \mathbb{C}$.*

Preuve Par contraposée, nous montrons que si $\sigma(A) \neq \mathbb{C}$, alors A est obligatoirement fermé. Supposons en effet que $z \notin \sigma(A)$ et considérons une suite $(x_n) \subset D(A)$ telle que $x_n \to x$ et $Ax_n \to y$. Puisque $(A - z)$ est inversible d'inverse borné, on a $(A - z)^{-1} Ax_n = x_n + z(A - z)^{-1} x_n$. En passant à la limite on obtient $(A - z)^{-1} y = x + z(A - z)^{-1} x$, grâce à la continuité de $(A - z)^{-1}$. Ainsi $x = (A - z)^{-1}(y - zx)$ appartient à $D(A)$ car $(A - z)^{-1}$ est à image dans $D(A)$. En composant à gauche par $(A - z)$, on trouve que $Ax = y$. $\qquad\square$

De ce résultat nous déduisons que définir un opérateur A sur un domaine trop petit est vraiment une mauvaise idée. L'opérateur pourrait ne pas être fermé et dans ce cas le spectre sera égal à tout le plan complexe, ce qui contredirait notre intuition physique que, par exemple, le spectre d'un opérateur auto-adjoint doit être réel.

Exemple 2.14 (Impulsion sur $\mathbb{R}$) Dans $\mathfrak{H} = L^2(\mathbb{R})$, considérons l'opérateur impulsion $P^{\min}$ défini par $P^{\min} f = -if'$ sur $D(P^{\min}) = C_c^\infty(\mathbb{R})$. Alors $P^{\min}$ n'est pas fermé, donc $\sigma(P^{\min}) = \mathbb{C}$. Pour voir que $P^{\min}$ n'est pas fermé il suffit de prendre une fonction $f \in H^1(\mathbb{R}) \setminus C_c^\infty(\mathbb{R})$, par exemple $f(x) = e^{-|x|^2}$ et d'utiliser la densité de $C_c^\infty(\mathbb{R})$ dans $H^1(\mathbb{R})$ (théorème A.8 à l'appendice A), qui fournit une suite $f_n \in C_c^\infty(\mathbb{R})$ telle que $f_n \to f$ et $f_n' \to f'$ dans $L^2(\mathbb{R})$. Le couple $(f, -if')$ est alors dans l'adhérence du graphe de $P^{\min}$, sans être dans le graphe.

Si on a commencé par définir un opérateur A sur un domaine très petit, de sorte que tout soit aisément défini, il semble naturel de fermer son graphe. Malheureusement, la fermeture du graphe d'un opérateur non fermé n'est pas toujours un graphe. En effet, si les propriétés *(i)* et *(iii)* du lemme 2.3 passent facilement à la fermeture, il n'en est pas de même de la propriété *(ii)*, qui peut être perdue. Ceci justifie la définition suivante.

Définition 2.15 (Fermeture) Soit A un opérateur défini sur son domaine $D(A)$.
On dit que A est *fermable* s'il admet au moins une extension fermée. Dans ce cas,
$\overline{G(A)}$ est le graphe d'un opérateur noté $\overline{A}$, de domaine $D(\overline{A})$ et appelé la *fermeture
de A*. C'est la plus petite extension fermée de $(A, D(A))$.

La définition contient l'assertion qu'il suffit d'avoir une extension fermée pour
en déduire que la fermeture du graphe $\overline{G(A)}$ est le graphe d'un opérateur. En effet,
si B est une extension fermée de A, alors $G(A) \subset \overline{G(A)} \subset G(B)$ car $\overline{G(A)}$ est
par définition le plus petit fermé contenant $G(A)$. Mais alors la propriété *(ii)* du
lemme 2.3 est vérifiée, puisque si $(0, y) \in \overline{G(A)}$ alors $(0, y) \in G(B)$, donc $y = 0$.

Exercice 2.16 (Un opérateur non fermable) Dans $\mathfrak{H} = L^2(]0, 1[)$, on appelle
$\delta_{1/2}$ l'opérateur défini par $(\delta_{1/2} f)(x) = f(1/2)$, par exemple sur le domaine
$D(\delta_{1/2}) = C^0([0, 1])$. Soit $\lambda \in \mathbb{C}$ et $f \in L^2(]0, 1[)$. Montrer qu'il existe une suite
de fonctions $f_n \in C^0([0, 1])$ telles que $f_n(1/2) = \lambda$ pour tout $n \geq 1$ et $f_n \to f$
fortement dans $L^2(]0, 1[)$. En déduire que la fermeture du graphe de l'opérateur $\delta_{1/2}$
est

$$\overline{G(\delta_{1/2})} = \left\{ (f, \lambda), \ f \in L^2(]0, 1[), \ \lambda \in \mathbb{C} \right\} = L^2(]0, 1[) \times \mathbb{C}$$

et qu'elle ne vérifie pas la condition *(ii)* du lemme 2.3. Ainsi, $\delta_{1/2}$ n'est pas fermable.

Nous donnons maintenant des exemples qui illustrent l'importance des espaces
de Sobolev, puisque ces derniers apparaissent comme les domaines des fermetures
des opérateurs différentiels ordinaires dans l'espace de Hilbert $\mathfrak{H} = L^2(\mathbb{R}^d)$.

Théorème 2.17 (Fermeture de ∂_{x_j} et Δ dans $\mathbb{R}^d$) *Dans $\mathfrak{H} = L^2(\mathbb{R}^d)$, soit $P_j^{\min}$
l'opérateur défini par $P_j^{\min} f = -i \partial_{x_j} f$, sur le domaine $D(P_j^{\min}) = C_c^\infty(\mathbb{R}^d)$, pour
$j = 1, \ldots, d$. Alors $P_j^{\min}$ est fermable et sa fermeture est l'opérateur $\overline{P_j^{\min}} =: P_j$
donné par $P_j f = -i \partial_{x_j} f$ sur le domaine*

$$D(P_j) = \left\{ f \in L^2(\mathbb{R}^d) \ : \ \partial_{x_j} f \in L^2(\mathbb{R}^d) \right\}$$

$$= \left\{ f \in L^2(\mathbb{R}^d) \ : \ k_j \widehat{f}(k) \in L^2(\mathbb{R}^d) \right\}$$

où $\partial_{x_j} f$ est ici entendu au sens des distributions.

*Soit $A^{\min}$ l'opérateur défini par $A^{\min} f = -\Delta f$, sur le domaine $D(A^{\min}) =
C_c^\infty(\mathbb{R}^d)$. Alors $A^{\min}$ est fermable et sa fermeture est l'opérateur $\overline{A^{\min}} =: A$ donné
par $A f = -\Delta f$ sur le domaine $D(A) = H^2(\mathbb{R}^d)$.*

Le i dans les définitions de $P_j^{\min}$ et P_j sera utile pour rendre cet opérateur
symétrique, en compensant le signe moins qui apparaît dans l'intégration par parties.
Le signe moins devant $-i \partial_{x_j}$ est lui motivé par l'interprétation de cet opérateur
comme l'observable quantique associée à l'impulsion (chapitre 1). Le résultat est
exactement le même pour l'opérateur de dérivation $f \mapsto \partial_{x_j} f$.

Si $d = 1$, on a simplement $D(P_1) = H^1(\mathbb{R})$. Si $d \geq 2$, alors $H^1(\mathbb{R}^d) = \bigcap_{j=1}^{d} D(P_j)$. Ce théorème fait donc apparaître de façon très naturelle les espaces de Sobolev, sur lesquels il est incontournable de définir les opérateurs différentiels usuels, lorsqu'on désire qu'ils soient fermés.

Preuve On commence par vérifier que P_j est bien fermé. Soit donc $(f_n, P_j f_n) = (f_n, -i\partial_{x_j} f_n)$ une suite du graphe de P_j qui converge dans $L^2(\mathbb{R}^d) \times L^2(\mathbb{R}^d)$ vers le couple (f, g). Nous devons montrer que $f \in D(P_j)$ et que $g = P_j f$. Pour cela on intègre par parties contre une fonction test $\varphi \in C_c^\infty(\mathbb{R}^d)$ et, en utilisant la convergence dans $L^2(\mathbb{R}^d)$, on trouve

$$i \int_{\mathbb{R}^d} \varphi(x) g(x) \, \mathrm{d}x = \lim_{n \to \infty} \int_{\mathbb{R}^d} \varphi(x) \partial_{x_j} f_n(x) \, \mathrm{d}x$$

$$= - \lim_{n \to \infty} \int_{\mathbb{R}^d} \partial_{x_j} \varphi(x) f_n(x) \, \mathrm{d}x = - \int_{\mathbb{R}^d} \partial_{x_j} \varphi(x) f(x) \, \mathrm{d}x.$$

Ceci prouve que l'on a $\partial_{x_j} f = ig$ au sens des distributions donc en particulier que $\partial_{x_j} f \in L^2(\mathbb{R}^d)$. Ainsi, on a bien $f \in D(P_j)$ et $g = P_j f$ de sorte que P_j est fermé. Comme $P_j^{\min} \subset P_j$, nous voyons que $P_j^{\min}$ est fermable, avec $\overline{G(P_j^{\min})} \subset G(P_j)$. Il reste à montrer que $G(P_j) \subset \overline{G(P_j^{\min})}$. Pour tout $(f, -i\partial_{x_j} f)$ dans $L^2(\mathbb{R}^d) \times L^2(\mathbb{R}^d)$, on peut trouver une suite $f_n \in C_c^\infty(\mathbb{R}^d)$ telle que $f_n \to f$ et $\partial_{x_j} f_n \to \partial_{x_j} f$ fortement dans $L^2(\mathbb{R}^d)$, par densité de $C_c^\infty(\mathbb{R}^d)$ dans $D(P_j)$ (la preuve est la même que pour $H^1(\mathbb{R}^d)$ au théorème A.8 dans l'appendice A). Ainsi, P_j est bien la fermeture de $P_j^{\min}$. La preuve est similaire pour A, en utilisant en plus le fait que

$$H^2(\mathbb{R}^d) = \{f \in L^2(\mathbb{R}^d) : \Delta f \in L^2(\mathbb{R}^d)\}$$

qui est le lemme A.6 de régularité elliptique à l'appendice A.   □

2.4 Adjoint

Nous pouvons maintenant définir l'adjoint d'un opérateur. Comme en dimension finie nous désirons avoir

$$\langle v, Au \rangle = \langle A^* v, u \rangle \tag{2.6}$$

pour tous $u \in D(A)$ et $v \in D(A^*)$. L'idée est de définir A^* sur le domaine $D(A^*)$ *le plus grand possible* pour que cette égalité ait lieu. Cette relation peut encore s'écrire

$$\langle (v, A^* v), (Au, -u) \rangle_{\mathfrak{H} \times \mathfrak{H}} = 0 \tag{2.7}$$

où le produit scalaire de $\mathfrak{H} \times \mathfrak{H}$ est bien sûr défini par

$$\big\langle (u_1, u_2), (v_1, v_2) \big\rangle_{\mathfrak{H} \times \mathfrak{H}} := \langle u_1, v_1 \rangle + \langle u_2, v_2 \rangle.$$

La relation (2.7) suggère de définir le graphe de l'opérateur A^* comme l'orthogonal du graphe tourné de A :

$$\boxed{G(A^*) = \{(Au, -u), \ u \in D(A)\}^\perp} \qquad (2.8)$$

où l'orthogonal est pris dans $\mathfrak{H} \times \mathfrak{H}$. Remarquons que $G(A^*)$ est alors toujours fermé, puisque c'est l'orthogonal d'un sous-espace.

Avant toute chose, nous devons montrer que l'ensemble $G(A^*)$ introduit en (2.8) est bien le graphe d'un opérateur A^* sur son domaine $D(A^*)$. Il faut donc vérifier les conditions *(i)–(iii)* du lemme 2.3. Premièrement, $G(A^*)$ satisfait bien la propriété *(i)* puisque l'orthogonal d'un ensemble est toujours un espace vectoriel. Pour *(ii)*, l'argument repose sur la densité de $D(A)$. En effet, on a $(0, w) \in G(A^*)$ si et seulement si $\langle w, u \rangle = 0$ pour tout $u \in D(A)$, d'après la définition. Ainsi

$$D(A)^\perp = \big\{ w \in \mathfrak{H} \ : \ (0, w) \in G(A^*) \big\} \qquad (2.9)$$

et notre hypothèse que $D(A)$ est dense, c'est-à-dire $D(A)^\perp = \{0\}$, garantit que *(ii)* est vérifiée. Ceci permet de définir l'application linéaire A^*, éventuellement sur un domaine $D(A^*)$ non dense. Pour la densité *(iii)* du domaine $D(A^*)$, on écrit que $v \in D(A^*)^\perp$ si et seulement si

$$(v, 0) \in G(A^*)^\perp = \Big(\{(Au, -u), \ u \in D(A)\}^\perp \Big)^\perp = \overline{\{(Au, -u), \ u \in D(A)\}}$$

ou, de façon équivalente, $(0, v) \in \overline{G(A)}$. En d'autres termes, nous avons trouvé que

$$D(A^*)^\perp = \Big\{ v \in \mathfrak{H} \ : \ (0, v) \in \overline{G(A)} \Big\}. \qquad (2.10)$$

Ainsi, $D(A^*)$ est dense si et seulement si $\overline{G(A)}$ satisfait la propriété *(ii)* du lemme 2.3, c'est-à-dire A est fermable. La conclusion de cette discussion est que

- l'hypothèse que $D(A)$ est dense sert à pouvoir définir l'application A^* mais $D(A^*)$ n'est pas nécessairement dense ;
- $D(A^*)$ est dense si et seulement si A est fermable.

Nous ne travaillerons donc qu'avec des opérateurs fermables à domaine dense. L'adjoint A^* est alors bien défini. Ceci permet de considérer $(A^*)^*$, qui se trouve être égal à $\overline{A}$.

Lemme 2.18 (Double adjoint) *Soit $(A, D(A))$ un opérateur fermable. Alors on a $(A^*)^* = \overline{A}$ de sorte que $((A^*)^*)^* = A^* = \overline{A}^*$.*

Preuve La première égalité suit du fait que le bi-orthogonal coïncide avec la fermeture. Le graphe est par ailleurs tourné deux fois dans la définition de $(A^*)^*$, ce qui fait bien apparaître le graphe de $\overline{A}$. Ensuite, il reste à remarquer que $A^* = \overline{A}^*$, puisque $V^\perp = \overline{V}^\perp$ pour tout sous-espace V.   □

Le lemme suivant sera utile dans la suite lorsque nous devrons étudier la surjectivité de $A - z$.

Lemme 2.19 *Soit $(A, D(A))$ un opérateur fermable. Alors on a*

$$\ker(A^* - \bar{z}) = \operatorname{Im}(A - z)^\perp = \operatorname{Im}(\overline{A} - z)^\perp,$$

pour tout $z \in \mathbb{C}$.

Preuve Par définition de A^*, on a $(v, \bar{z}v) \in G(A^*)$ si et seulement si $\langle v, Au \rangle = \langle \bar{z}v, u \rangle = \langle v, zu \rangle$ pour tout $u \in D(A)$, ce qui signifie bien $v \in \operatorname{Im}(A - z)^\perp$. Comme $A^* = \overline{A}^*$ il suit que $\operatorname{Im}(A - z)^\perp = \operatorname{Im}(\overline{A} - z)^\perp$.   □

Exercice 2.20 Montrer que si A est un opérateur borné sur $\mathfrak{H}$, donc défini sur $D(A) = \mathfrak{H}$, alors son adjoint A^* est également défini sur $D(A^*) = \mathfrak{H}$.

2.5   Symétrie

Pour définir les opérateurs auto-adjoints, il est important de distinguer la propriété de symétrie (déjà rencontrée pour les matrices) et les problèmes liés au domaine de définition, qui sont eux typiques de la dimension infinie. Nous discutons d'abord de la symétrie.

Définition 2.21 (Symétrie) On dit qu'un opérateur A défini sur le domaine $D(A) \subset \mathfrak{H}$ est *symétrique* lorsque $\langle v, Aw \rangle = \langle Av, w \rangle$ pour tous $v, w \in D(A)$. De façon équivalente $A \subset A^*$, c'est-à-dire $G(A) \subset G(A^*)$.

Comme A^* est toujours fermé, on en déduit qu'un opérateur symétrique est toujours fermable, avec $\overline{A} = (A^*)^*$. Un opérateur symétrique a donc deux extensions fermées notables, qui sont $\overline{A}$ (la plus petite extension fermée) et A^*. Si B est une extension symétrique de A, alors on a

$$A \subset B \subset B^* \subset A^*$$

puisque $A \subset B$ implique $B^* \subset A^*$ par définition de l'adjoint. Nous voyons donc que toutes les extensions symétriques de A sont situées entre A et A^*. Si elles sont de plus fermées, elles doivent être entre $\overline{A}$ et A^*.

Exercice 2.22 Montrer que si $(A, D(A))$ est symétrique, alors sa fermeture l'est aussi.

Avant de définir la notion d'auto-adjonction, nous faisons une petite digression spectrale et discutons de la forme du spectre des opérateurs symétriques. En dimension infinie, un opérateur symétrique n'a pas toujours un spectre réel, mais nous allons voir qu'il existe des contraintes importantes sur son spectre. Seul l'un des quatre cas suivants peut arriver.

Théorème 2.23 (Spectre des opérateurs symétriques) *Soit $(A, D(A))$ un opérateur symétrique fermé. Alors son spectre est*

- *soit égal à tout le plan complexe : $\sigma(A) = \mathbb{C}$;*
- *soit égal au demi-plan supérieur fermé : $\sigma(A) = \mathbb{C}_+ = \{z \in \mathbb{C} : \Im z \geq 0\}$;*
- *soit égal au demi-plan inférieur fermé : $\sigma(A) = \mathbb{C}_- = \{z \in \mathbb{C} : \Im z \leq 0\}$;*
- *soit non vide et inclus dans $\mathbb{R} : \emptyset \neq \sigma(A) \subset \mathbb{R}$.*

Dans tous les cas, le spectre ne contient jamais de valeur propre dans $\mathbb{C} \setminus \mathbb{R}$. C'est-à-dire $\ker(A - z) = \{0\}$ si $\Im(z) \neq 0$.

De plus, si $(A, D(A))$ est un opérateur symétrique et $z \in \mathbb{C} \setminus \mathbb{R}$ est tel que $A - z$ est surjectif, alors A est fermé et $z \in \rho(A)$, de sorte que $\sigma(A)$ est inclus dans le demi-plan ne contenant pas z.

On rappelle que si A n'est pas fermé, alors $\sigma(A) = \mathbb{C}$ (proposition 2.13). Le théorème fournit l'information que le spectre d'un opérateur symétrique fermé est soit égal à tout $\mathbb{C}$, soit égal à un demi-plan complet, soit inclus dans $\mathbb{R}$. Il n'y a aucune autre possibilité. De plus, la seule information que $A - z$ est surjectif pour un z avec $\Im(z) \neq 0$, suffit à impliquer que $A = \overline{A}$ et l'absence totale de spectre sur tout le demi-plan auquel appartient z. Nous voyons donc que le spectre des opérateurs symétriques est très rigide et ne peut pas valoir n'importe quel ensemble de $\mathbb{C}$.

Si A est symétrique et borné sur tout $D(A) = \mathfrak{H}$, alors son spectre est inclus dans la boule de rayon $\|A\|$. Seule la quatrième assertion est alors possible et on conclut que $\sigma(A) \subset \mathbb{R}$.

La preuve du théorème repose sur une égalité anodine, qui joue en fait un rôle central dans toute la théorie. Il s'agit du fait que, pour tout $u \in D(A)$ et $a, b \in \mathbb{R}$,

$$
\begin{aligned}
\|(A - a - ib)u\|^2 &= \langle (A - a - ib)u, (A - a - ib)u \rangle \\
&= \|(A - a)u\|^2 + b^2 \|u\|^2 - 2b\Im\langle (A - a)u, u \rangle \\
&= \|(A - a)u\|^2 + b^2 \|u\|^2,
\end{aligned}
$$

où nous avons utilisé que $\langle (A - a)u, u \rangle = \langle u, (A - a)u \rangle = \overline{\langle (A - a)u, u \rangle}$ est réel pour tout opérateur symétrique A. La relation

$$
\boxed{\|(A - a - ib)u\|^2 = \|(A - a)u\|^2 + b^2 \|u\|^2 \geq b^2 \|u\|^2} \tag{2.11}
$$

implique immédiatement que si $(A - a - ib)u = 0$ avec $b \neq 0$, alors $u = 0$, donc il ne peut pas y avoir de valeur propre non réelle. Elle implique aussi que si l'inverse

$(A - a - ib)^{-1}$ existe, alors il est automatiquement borné par

$$\left\| (A - a - ib)^{-1} \right\| \leq \frac{1}{|b|}. \tag{2.12}$$

Ainsi, la seule chose qui puisse arriver pour un opérateur symétrique est que $A - a - ib$ ne soit pas surjectif. Mais écrivons maintenant la preuve du théorème 2.23.

Preuve Nous avons vu au lemme 2.8 que l'ensemble résolvant $\rho(A)$ était ouvert et avons donné une estimée sur le rayon de la boule incluse dans $\rho(A)$ pour tout $z \in \rho(A)$, en fonction de $\|(A - z)^{-1}\|$. Le fait essentiel est que pour un opérateur symétrique, ce rayon est toujours au moins égal à $|b| = |\Im(z)|$, de façon indépendante de l'opérateur A, d'après (2.12). Ainsi, si l'ensemble résolvant $\rho(A)$ de l'opérateur symétrique fermé A intersecte l'un des demi-plans, disons $\{\Im(z) > 0\}$, alors nous prétendons que tout le demi-plan doit être dans $\rho(A)$. Supposons par contradiction que $\sigma(A) \cap \{z : \Im(z) > 0\}$ n'est pas vide et prenons $z = a + ib \in \mathbb{C} \setminus \mathbb{R}$ dans la frontière de cet ensemble. Il existe alors une suite $z_n = a_n + ib_n \to z$ avec $z_n \in \rho(A)$. Comme $b_n \to b$, la boule de centre z_n et de rayon $|b|/2$ est alors incluse dans $\rho(A)$, mais comme z appartient à cette boule pour n assez grand on arrive à une contradiction. L'existence d'un point de $\rho(A)$ dans le demi-plan supérieur suffit donc à garantir l'absence totale de spectre dans ce demi-plan. Comme l'argument est le même pour le demi-plan inférieur, ceci montre que le spectre doit satisfaire l'une des quatre possibilités du théorème. Par ailleurs nous avons déjà vu que les valeurs propres devaient être réelles et que, pour un opérateur symétrique, la seule chose qui pouvait arriver était que $A - z$ ne soit pas surjectif, pour $\Im(z) \neq 0$.

Afin de conclure la preuve du théorème 2.23, il reste donc juste à montrer que le spectre d'un opérateur symétrique n'est jamais vide, ce que nous savons déjà si A est borné (remarque 2.9) . Raisonnons par l'absurde et supposons que A est non borné et $\sigma(A) = \emptyset$. Alors A^{-1} est bien défini et borné, puisque $0 \in \rho(A)$. C'est un opérateur symétrique car

$$\left\langle w, A^{-1}v \right\rangle = \left\langle AA^{-1}w, A^{-1}v \right\rangle = \left\langle A^{-1}w, AA^{-1}v \right\rangle = \left\langle A^{-1}w, v \right\rangle \tag{2.13}$$

par symétrie de A sur $D(A) = \mathrm{Im}(A^{-1})$. Par le lemme 2.11, l'hypothèse $\sigma(A) = \emptyset$ implique $\sigma(A^{-1}) = \{0\}$. Or il est classique que le seul opérateur borné symétrique à spectre nul est l'opérateur nul. Ceci peut se montrer en utilisant le rayon spectral, mais une approche plus élémentaire est proposée à l'exercice 2.24 ci-dessous. Nous déduisons donc que $A^{-1} \equiv 0$, qui est évidemment absurde et conclut la preuve du théorème.   □

Exercice 2.24 (Opérateurs bornés symétriques) Soit B un opérateur borné et symétrique sur $D(B) = \mathfrak{H}$. Suivant [Bre94, Sec. VI.4], nous allons montrer que

$$m := \inf_{\substack{v \in \mathfrak{H} \\ \|v\|=1}} \langle v, Bv \rangle, \qquad M := \sup_{\substack{v \in \mathfrak{H} \\ \|v\|=1}} \langle v, Bv \rangle$$

appartiennent tous les deux au spectre de B. On rappelle que $\langle v, Bv \rangle$ est toujours réel puisque B est symétrique. Montrer que pour tout $v, w \in \mathfrak{H}$ on a

$$|\langle w, (B-m)v \rangle| \leq \langle v, (B-m)v \rangle^{\frac{1}{2}} \langle w, (B-m)w \rangle^{\frac{1}{2}}$$

et en déduire que $\|(B-m)v\| \leq \langle v, (B-m)v \rangle^{\frac{1}{2}} \|B - m\|^{\frac{1}{2}}$. À l'aide d'une suite minimisante pour le problème de minimisation m, en déduire que $m \in \sigma(B)$. De la même façon, on a $M \in \sigma(B)$ (nous verrons plus tard au théorème 2.33 que $\sigma(B) \subset [m, M]$). Déduire du fait que $m, M \in \sigma(B)$ que si $\sigma(B) = \{0\}$ alors $B \equiv 0$.

2.6 Auto-adjonction

2.6.1 Définition

Il est maintenant temps d'introduire la notion d'auto-adjonction.

Définition 2.25 (Auto-adjonction) On dit qu'un opérateur A, défini sur $D(A) \subset \mathfrak{H}$, est *auto-adjoint* lorsqu'on a $A = A^*$, ce qui signifie que A est symétrique ($A \subset A^*$) et que $D(A^*) = D(A)$. On dit qu'il est *essentiellement auto-adjoint* s'il est symétrique et $\overline{A}$ est auto-adjoint.

Rappelons que pour tout opérateur symétrique A on a $A \subset A^*$, ce qui signifie qu'on a l'inclusion des graphes

$$\{(v, Av) \in D(A) \times \mathfrak{H}\} \subset \{(Aw, -w) \in \mathfrak{H} \times D(A)\}^{\perp} = G(A^*). \tag{2.14}$$

Lorsque l'espace de Hilbert ambiant $\mathfrak{H}$ est de dimension finie d, le graphe et le graphe tourné sont des sous-espaces de dimension d de $\mathfrak{H} \times \mathfrak{H}$. Comme $\dim(\mathfrak{H} \times \mathfrak{H}) = 2d$, l'orthogonal à droite est aussi de dimension d. Ainsi, en dimension finie les deux ensembles de (2.14) sont nécessairement égaux pour une matrice symétrique. En dimension infinie, les deux espaces ne sont pas forcément égaux et l'auto-adjonction s'exprime sous la forme

$$\{(v, Av) \in D(A) \times \mathfrak{H}\} = \{(Aw, -w) \in \mathfrak{H} \times D(A)\}^{\perp}. \tag{2.15}$$

Si $(A, D(A))$ est un opérateur symétrique, il est auto-adjoint si et seulement s'il vérifie la propriété

$$\langle v, Az \rangle = \langle w, z \rangle \text{ pour tout } z \in D(A) \implies v \in D(A) \text{ et } Av = w.$$

Notons qu'un opérateur auto-adjoint n'a jamais d'extension ou de restriction auto-adjointe. Ainsi, il n'est jamais possible de diminuer ou d'augmenter le domaine d'un opérateur auto-adjoint en conservant l'auto-adjonction. En effet, rappelons que si $A \subset B$, alors $B^* \subset A^*$, de sorte que les égalités $A = A^*$ et $B = B^*$ impliquent immédiatement $A = B$.

Si A est un opérateur symétrique, les extensions auto-adjointes de A sont toutes situées entre $\overline{A}$ et A^*, puisqu'elles sont symétriques fermées et comme nous l'avons expliqué à la section précédente. Il se trouve que la symétrie de A^* équivaut à l'auto-adjonction de $\overline{A}$, c'est-à-dire au caractère essentiellement auto-adjoint de A.

Exercice 2.26 Soit $(A, D(A))$ un opérateur symétrique. Montrer que $\overline{A}$ est auto-adjoint si et seulement si A^* est symétrique.

Un exemple facile est celui d'un opérateur symétrique défini sur tout $\mathfrak{H}$, qui est automatiquement auto-adjoint.

Proposition 2.27 (Opérateurs auto-adjoints bornés) *Si A est défini sur tout $D(A) = \mathfrak{H}$ et est symétrique, alors A est auto-adjoint et borné.*

Preuve Comme $D(A) \subset D(A^*)$ puisque A est supposé symétrique, on a immédiatement $D(A) = D(A^*)$ lorsque $D(A) = \mathfrak{H}$. Donc A est auto-adjoint. En particulier, A est fermé donc, par le théorème du graphe fermé, cela signifie que A est continu, donc borné.   □

2.6.2 Caractérisation et suites de Weyl

Pour des opérateurs définis sur un domaine strict $D(A)$ de $\mathfrak{H}$, la notion d'auto-adjonction introduite précédemment est totalement justifiée par le théorème suivant.

Théorème 2.28 (Caractérisation des opérateurs auto-adjoints) *Soit A un opérateur symétrique défini sur le domaine $D(A) \subset \mathfrak{H}$. Les assertions suivantes sont équivalentes :*

1. *A est auto-adjoint, c'est-à-dire vérifie $D(A^*) = D(A)$;*
2. *le spectre de A est réel : $\sigma(A) \subset \mathbb{R}$;*
3. *il existe $\lambda \in \mathbb{C}$ tel que $A - \lambda$ et $A - \bar{\lambda}$ soient tous les deux surjectifs, de $D(A)$ dans $\mathfrak{H}$.*

Si on revient au théorème 2.23 fournissant la forme du spectre des opérateurs symétriques fermés, nous voyons que seul le cas où $\sigma(A) \subset \mathbb{R}$ correspond à celui d'un opérateur auto-adjoint. L'équivalence entre la relation abstraite $D(A) =$

$D(A^*)$ et le caractère réel du spectre montre que la théorie développée jusqu'à présent est nécessaire. En plus d'imiter le cas de la dimension finie, avoir un spectre réel est extrêmement important d'un point de vue pratique car c'est l'un des fondements de la mécanique quantique, comme nous l'avons discuté à la section 1.5. Si on désire avoir un spectre réel, il faut donc travailler avec des opérateurs vérifiant $D(A) = D(A^*)$. Ceci impose en particulier l'utilisation des espaces de Sobolev et des dérivées faibles.

Si l'assertion 2 du théorème est très réconfortante du point de vue de la théorie, l'assertion 3 est elle très utile d'un point de vue pratique et sera fréquemment utilisée dans la suite. Elle est en effet beaucoup plus rapide à vérifier que 2 puisque si $\sigma(A) \subset \mathbb{R}$ alors $A - a - ib$ et $A - a + ib$ sont surjectifs pour tous $a \in \mathbb{R}$ et tous $b \in \mathbb{R}^*$.

La preuve du théorème 2.28 repose à nouveau grandement sur la relation fondamentale (2.11) vue à la section précédente.

Preuve (*du théorème 2.28*) Soit A un opérateur auto-adjoint. Montrons l'assertion 2, c'est-à-dire que $A - \lambda : D(A) \to \mathfrak{H}$ est inversible d'inverse borné, pour tout $\lambda \in \mathbb{C} \setminus \mathbb{R}$. En fait, d'après le théorème 2.23 il suffit de le faire pour $\pm i$, par exemple (mais la preuve est exactement la même pour tout $z \in \mathbb{C} \setminus \mathbb{R}$). Le même théorème nous précise que A n'a aucune valeur propre non réelle, de sorte que $\ker(A \pm i) = \{0\}$. Or, puisque $A = A^*$ on a $\ker(A \pm i) = \ker(A^* \pm i) = \mathrm{Im}(A \mp i)^\perp$ d'après le lemme 2.19, ce qui montre que $A \pm i$ est d'image dense. Pour voir que $\mathrm{Im}(A \pm i)$ est fermée (donc finalement égale à tout $\mathfrak{H}$), nous pouvons utiliser la relation (2.11). En effet, si $(A \pm i)v_n \to w$, on a

$$\|v_n - v_p\| \le \|(A \pm i)(v_n - v_p)\|,$$

qui montre que v_n est de Cauchy, donc converge vers un vecteur v dans $\mathfrak{H}$. Comme $A = A^*$ est fermé, on conclut bien que $v \in D(A)$ et que $(A \pm i)v = w$, c'est-à-dire que $\mathrm{Im}(A \pm i)$ est fermée, donc égale à tout $\mathfrak{H}$. À nouveau par le théorème 2.23, nous en déduisons bien que $\sigma(A) \subset \mathbb{R}$.

Comme l'assertion 2 implique évidemment 3, il reste à prouver que 3 implique 1. On suppose maintenant que $A - \lambda$ et $A - \overline{\lambda}$ sont surjectifs pour un $\lambda \in \mathbb{C}$ (réel ou pas) et on désire montrer que A est auto-adjoint, c'est-à-dire l'inclusion $\supset$ dans (2.15). Soit $(v, w = A^*v) \in G(A^*) = \{(Az, -z), z \in D(A)\}^\perp$, c'est-à-dire tel que $\langle v, Az \rangle = \langle w, z \rangle$ pour tout $z \in D(A)$. Comme $A - \overline{\lambda}$ est surjectif par hypothèse, il existe $y \in D(A)$ tel que $w - \overline{\lambda}v = (A - \overline{\lambda})y$ et on obtient

$$\langle v, (A - \lambda)z \rangle = \langle w - \overline{\lambda}v, z \rangle = \langle (A - \overline{\lambda})y, z \rangle = \langle y, (A - \lambda)z \rangle,$$

puisque $z \in D(A)$ et que A est symétrique. Par ailleurs $A - \lambda$ est aussi surjectif, donc on peut trouver $z \in D(A)$ tel que $(A - \lambda)z = y - v$. On en déduit alors que $y = v$ et donc que $v \in D(A)$ et $w = Av$. $\qquad\square$

Exercice 2.29 (Caractérisation des opérateurs essentiellement auto-adjoints)
Soit A un opérateur symétrique défini sur le domaine $D(A) \subset \mathfrak{H}$. Montrer que A
est *essentiellement auto-adjoint* (c'est-à-dire $\overline{A}$ est auto-adjoint) si et seulement s'il
existe $\lambda \in \mathbb{C} \setminus \mathbb{R}$ tel que $A - \lambda$ et $A - \overline{\lambda}$ soient tous les deux d'image dense dans $\mathfrak{H}$.

Voici maintenant un résultat qui fournit une interprétation très utile du spectre
des opérateurs auto-adjoints en dimension infinie.

Théorème 2.30 (Spectre des opérateurs auto-adjoints) *Soit A un opérateur
auto-adjoint sur $D(A) \subset \mathfrak{H}$, et $\lambda \in \mathbb{R}$. Les assertions suivantes sont équivalentes :*

1. *$\lambda \in \sigma(A)$;*
2. $\displaystyle \inf_{\substack{v \in D(A) \\ \|v\|=1}} \|(A - \lambda)v\| = 0$;
3. *il existe une suite $(v_n) \in D(A)^{\mathbb{N}}$ telle que $\|v_n\| = 1$ et $\|(A - \lambda)v_n\| \to 0$.*

La troisième assertion nous précise ainsi que les éléments du spectre sont tous
des "quasi-valeurs propres" au sens où on peut résoudre l'équation $Av = \lambda v$ de
manière approchée avec une suite v_n, sans nécessairement pouvoir passer à la limite
et trouver réellement une solution. En dimension finie, comme la sphère unité est
compacte et A est continu, on peut toujours passer à la limite et il n'y a que des
valeurs propres.

Définition 2.31 (Suite de Weyl) Une suite (v_n) satisfaisant les propriétés du point
3 du théorème 2.30 est appelée *suite de Weyl*.

Preuve (du théorème 2.30) L'équivalence entre les assertions 2 et 3 suit de la
définition de l'infimum. Si 2 est vraie, il est clair que l'inverse de $A - \lambda$, s'il
existe, ne peut être borné, puisque ceci impliquerait $\|(A - \lambda)^{-1}w\| \leq C\|w\|$ et
donc $1 = \|v\| \leq C\|(A - \lambda)v\|$ en prenant $w = (A - \lambda)v$ avec $\|v\| = 1$, qui
contredirait le fait que l'infimum dans 2 vaut 0. Donc λ est nécessairement dans le
spectre.

Réciproquement, si l'infimum dans 2 vaut $\varepsilon > 0$, alors $\|(A - \lambda)v\| \geq \varepsilon\|v\|$
pour tout $v \in D(A)$. Cette inégalité joue alors un rôle similaire à notre relation
fondamentale (2.11), mais avec λ réel. En effet, ceci implique évidemment que
$\ker(A - \lambda) = \{0\}$ et donc, par le lemme 2.19, que $A - \lambda$ est d'image dense. Mais
avec le même argument qu'au début de la preuve du théorème 2.28, on conclut
que l'image est fermée et que l'inverse est borné par $1/\varepsilon$. Ceci montre donc que
$\lambda \notin \sigma(A)$.   □

Remarque 2.32 Si (v_n) est une suite de Weyl, alors elle est bornée et admet donc
une sous-suite (v_{n_k}) qui converge faiblement vers un vecteur v dans $\mathfrak{H}$. Il se trouve
qu'on peut passer à la limite dans l'équation $(A - \lambda)v_{n_k} \to 0$ et en déduire que
$v \in D(A)$ et $(A - \lambda)v = 0$. En particulier, si λ appartient au spectre de l'opérateur
auto-adjoint A mais n'est pas une valeur propre, on en déduit que $v = 0$. Comme
ceci est vrai pour toute sous-suite, on doit donc avoir $v_n \rightharpoonup 0$. Pour justifier le

passage à la limite, on prend le produit scalaire contre un vecteur fixe $w \in D(A)$ et on trouve, grâce à la symétrie de A,

$$0 = \lim_{n_k \to \infty} \langle w, (A - \lambda)v_{n_k}\rangle = \lim_{n_k \to \infty} \langle (A - \lambda)w, v_{n_k}\rangle = \langle (A - \lambda)w, v\rangle.$$

Ceci montre que $\langle Aw, v\rangle = \lambda\langle w, v\rangle$ pour tout $w \in D(A)$, donc que $(v, \lambda v) \in G(A^*)$. Comme A est supposé auto-adjoint, on en déduit bien que $v \in D(A)$ et que $Av = \lambda v$.

Nous donnons maintenant une conséquence intéressante du théorème 2.30, qui est une généralisation de l'exercice 2.24 au cas des opérateurs non bornés.

Théorème 2.33 (Localisation du spectre) *Soit A un opérateur auto-adjoint sur le domaine $D(A) \subset \mathfrak{H}$. On a alors*

$$\inf \sigma(A) = \inf_{\substack{v \in D(A) \\ \|v\|=1}} \langle v, Av\rangle, \qquad \sup \sigma(A) = \sup_{\substack{v \in D(A) \\ \|v\|=1}} \langle v, Av\rangle \qquad (2.16)$$

En particulier, $\sigma(A) \subset [a, +\infty[$ avec $a > -\infty$ si et seulement si $\langle v, Av\rangle \geq a\|v\|^2$ pour tout $v \in D(A)$.

Si le spectre est minoré, son infimum est en fait un minimum puisque c'est un ensemble fermé. Sinon, $\inf \sigma(A) = -\infty$ et le théorème précise que la forme quadratique $v \in D(A) \mapsto \langle v, Av\rangle$ n'est pas minorée sur la sphère unité. L'interprétation est la même pour le supremum.

Preuve Nous ne montrons le résultat que pour l'infimum, le cas du supremum s'en déduisant en changeant A en $-A$. Notons $m := \inf\{\langle v, Av\rangle : v \in D(A), \|v\| = 1\}$. Soit $\lambda \in \sigma(A)$ et (v_n) une suite de Weyl associée. Comme $Av_n - \lambda v_n \to 0$ et que $\|v_n\| = 1$, on en déduit par l'inégalité de Cauchy-Schwarz que $\langle v_n, Av_n - \lambda v_n\rangle = \langle v_n, Av_n\rangle - \lambda \to 0$. Puisque $\langle v_n, Av_n\rangle \geq m$, ceci montre après passage à la limite que $\lambda \geq m$. Ceci étant valable pour tout $\lambda \in \sigma(A)$, on obtient $\inf \sigma(A) \geq m$. Si le spectre n'est pas minoré, alors $m = -\infty$.

À l'exercice 2.24 nous avons déjà montré que $m \in \sigma(A)$ lorsque A est borné. Ceci implique $m \geq \min \sigma(A)$ et donc l'égalité voulue dans le cas borné. Lorsque A n'est pas borné, nous raisonnons par l'absurde et supposons que $\inf \sigma(A) > m$. À cause de l'inégalité stricte, nous avons en particulier $\inf \sigma(A) > -\infty$ et le spectre de A est donc minoré. Soit alors $m < a < \min \sigma(A)$ de sorte que $a \in \rho(A)$. Par définition de m nous pouvons trouver un vecteur $v \in D(A)$ normalisé tel que $m < \langle v, Av\rangle < a = a\|v\|^2$, ce que nous réécrivons sous la forme

$$\langle v, (A - a)v\rangle = \langle w, (A - a)^{-1}w\rangle < 0, \qquad \text{où } w := (A - a)v \neq 0.$$

L'opérateur $(A - a)^{-1}$ est borné et symétrique d'après (2.13). Par l'exercice 2.24, la stricte négativité de $\langle w, (A - a)^{-1}w\rangle$ implique que $(A - a)^{-1}$ possède du spectre dans $]-\infty, 0[$. Par le lemme 2.11 nous en déduisons que A possède du spectre dans $]-\infty, a[$. Ceci contredit l'hypothèse que $a < \min \sigma(A)$ et conclut donc la preuve du théorème.   □

2.6.3 Opérateurs déjà diagonalisés

Nous terminons cette section avec un résultat très utile dans certaines applications, qui stipule qu'un opérateur symétrique fermé déjà diagonalisé dans une base orthonormée est automatiquement auto-adjoint et que son spectre est la fermeture de l'ensemble de ses valeurs propres.

Théorème 2.34 (Opérateurs déjà diagonalisés) *Soit A un opérateur symétrique sur un domaine $D(A) \subset \mathfrak{H}$, tel qu'il existe une base hilbertienne $(e_n)_{n \geq 1}$ de $\mathfrak{H}$ composée d'éléments de $D(A)$, qui sont tous des vecteurs propres : $A e_n = \lambda_n e_n$ avec $\lambda_n \in \mathbb{R}$. Alors, la fermeture de A est l'opérateur*

$$\overline{A}v = \sum_{n \geq 1} \lambda_n \langle e_n, v \rangle\, e_n, \qquad D(\overline{A}) := \left\{ v \in \mathfrak{H} \ : \ \sum_{n \geq 1} (\lambda_n)^2 |\langle e_n, v \rangle|^2 < \infty \right\} \tag{2.17}$$

et c'est un opérateur auto-adjoint dont le spectre vaut

$$\sigma(\overline{A}) = \overline{\{\lambda_n, \ n \geq 1\}}. \tag{2.18}$$

En d'autres termes, $(A, D(A))$ est essentiellement auto-adjoint.

Preuve Appelons B l'opérateur défini en (2.17), c'est-à-dire tel que Bv est le vecteur dont les composantes sur la base hilbertienne $(e_n)_{n \geq 1}$ valent $\lambda_n \langle e_n, v \rangle$. Cet opérateur est symétrique car pour $v, w \in D(B)$ la formule de Parseval fournit

$$\langle w, Bv \rangle = \sum_{n \geq 1} \overline{\langle e_n, w \rangle} \langle e_n, Bv \rangle = \sum_{n \geq 1} \underbrace{\lambda_n \overline{\langle e_n, w \rangle}}_{= \overline{\langle e_n, Bw \rangle}} \langle e_n, v \rangle = \langle Bw, v \rangle$$

puisque les λ_n sont réels. Pour montrer que B est fermé, considérons une suite v_m de $D(B)$ qui converge dans $\mathfrak{H}$ vers v et telle que Bv_m converge vers un vecteur w. La norme de Bv_m vaut

$$\|Bv_m\|^2 = \sum_{n \geq 1} |\langle e_n, Bv_m \rangle|^2 = \sum_{n \geq 1} \lambda_n^2 |\langle e_n, v_m \rangle|^2.$$

Chaque $\langle e_n, v_m \rangle$ converge vers $\langle e_n, v \rangle$ quand $m \to \infty$ et il suit alors de l'inégalité de Fatou pour les séries que

$$\sum_{n \geq 1} \lambda_n^2 |\langle e_n, v \rangle|^2 \leq \varliminf_{m \to \infty} \|Bv_m\|^2 = \|w\|^2.$$

La série de gauche est donc convergente, ce qui montre que $v \in D(B)$. Par symétrie de B on a

$$\langle e_n, w \rangle = \lim_{m \to \infty} \langle e_n, Bv_m \rangle = \lim_{m \to \infty} \langle Be_n, v_m \rangle = \lambda_n \lim_{m \to \infty} \langle e_n, v_m \rangle = \lambda_n \langle e_n, v \rangle.$$

Les composantes de w sur la base valent $\lambda_n \langle e_n, v \rangle$ et donc on a bien $w = Bv$. Pour montrer que B est auto-adjoint il suffit, d'après le théorème 2.28, de prouver que $B \pm i$ est surjectif de $D(B)$ dans $\mathfrak{H}$. L'inverse est explicite, donné par

$$(B \pm i)^{-1} w := \sum_{n \geq 1} \frac{\langle e_n, w \rangle}{\lambda_n \pm i} e_n.$$

Le vecteur à droite est bien dans $\mathfrak{H}$ et $D(B)$ pour tout $w \in \mathfrak{H}$, puisque

$$\sum_{n \geq 1} \frac{|\langle e_n, w \rangle|^2}{\lambda_n^2 + 1} + \sum_{n \geq 1} \frac{\lambda_n^2 |\langle e_n, w \rangle|^2}{\lambda_n^2 + 1} = \sum_{n \geq 1} |\langle e_n, w \rangle|^2 = \|w\|^2$$

est fini. On note ensuite que les λ_n sont des valeurs propres de B car $Be_n = \lambda_n e_n$ par définition, de sorte que $\overline{\{\lambda_n, \ n \geq 1\}} \subset \sigma(B)$ puisque le spectre est fermé. Si z appartient au complémentaire de $\overline{\{\lambda_n, \ n \geq 1\}}$, il existe $\delta > 0$ tel que $|z - \lambda_n| \geq \delta$ pour tout n. On vérifie alors aisément que $B - z$ est inversible d'inverse borné, donné à nouveau par

$$(B - z)^{-1} w := \sum_{n \geq 1} \frac{\langle e_n, w \rangle}{\lambda_n - z} e_n.$$

Ceci montre bien que $\sigma(B) = \overline{\{\lambda_n, \ n \geq 1\}}$.

Introduisons maintenant un nouvel opérateur $A^{\min}$ qui est la restriction de B à l'espace $D(A^{\min})$ composé des combinaisons linéaires *finies* des e_n. Cet opérateur est symétrique car B l'est et de plus sa fermeture est $\overline{A^{\min}} = B$, ce qui se voit en tronquant simplement la série. L'opérateur $A^{\min}$ est donc essentiellement auto-adjoint et on a en particulier $(A^{\min})^* = (\overline{A^{\min}})^* = B^* = B$.

Retournons maintenant à l'opérateur symétrique A de l'énoncé. Nous avons $A^{\min} \subset A$ puisque les e_n sont dans $D(A)$ donc, par symétrie, $A^{\min} \subset A \subset A^* \subset (A^{\min})^* = B$. Après fermeture on obtient immédiatement que $\overline{A} = B$, comme annoncé.   □

2.7 Impulsion et Laplacien sur $\mathbb{R}^d$

Au théorème 2.17, nous avons défini les opérateurs différentiels

$$P_j^{\min} f = -i\partial_{x_j} f, \qquad D(P_j^{\min}) = C_c^\infty(\mathbb{R}^d),$$

$$A^{\min} f = -\Delta f, \qquad D(A^{\min}) = C_c^\infty(\mathbb{R}^d).$$

Nous avons vu que ces opérateurs n'étaient pas fermés et que leurs fermetures étaient données par

$$P_j f = -i\partial_{x_j} f, \qquad D(P_j) = \{f \in L^2(\mathbb{R}^d) \ : \ \partial_{x_j} f \in L^2(\mathbb{R}^d)\},$$

$$A f = -\Delta f, \qquad D(A) = H^2(\mathbb{R}^d).$$

Nous montrons ici que les opérateurs ainsi définis sont auto-adjoints. En d'autres termes, les opérateurs $P_j^{\min}$ et $A^{\min}$ sont essentiellement auto-adjoints. Ils n'admettent qu'une extension auto-adjointe possible qui est leur fermeture.

Théorème 2.35 (Impulsion et Laplacien sur $\mathbb{R}^d$) *Les opérateurs $P_j = -i\partial_{x_j}$ définis sur $D(P_j) = \{f \in L^2(\mathbb{R}^d) \ : \ \partial_{x_j} f \in L^2(\mathbb{R}^d)\} \subset \mathfrak{H} = L^2(\mathbb{R}^d)$ pour $j = 1, \ldots, d$ sont auto-adjoints et leur spectre vaut*

$$\boxed{\sigma(P_j) = \mathbb{R}.}$$

L'opérateur $A = -\Delta$ défini sur $D(A) = H^2(\mathbb{R}^d) \subset \mathfrak{H} = L^2(\mathbb{R}^d)$ est auto-adjoint et son spectre vaut

$$\boxed{\sigma(-\Delta) = [0, +\infty[.}$$

Les opérateurs P_j et A ne possèdent aucune valeur propre.

Preuve Écrivons la preuve pour le Laplacien, celle pour P_j est très similaire et laissée en exercice. Il est classique que l'opérateur $-\Delta$ est symétrique sur $H^2(\mathbb{R}^d)$. En effet, on a après deux intégrations par parties

$$-\int_{\mathbb{R}^d} \overline{g(x)} \, \Delta f(x) \, dx = -\int_{\mathbb{R}^d} \overline{\Delta g(x)} \, f(x) \, dx,$$

pour tous $f, g \in C_c^\infty(\mathbb{R}^d)$, une relation qui s'étend à tout $H^2(\mathbb{R}^d)$, par densité de $C_c^\infty(\mathbb{R}^d)$ dans cet espace. D'après le théorème 2.28 avec $\lambda = -1 = \overline{\lambda}$, il suffit alors de montrer que $A + 1$ est surjectif, c'est-à-dire que pour tout $g \in L^2(\mathbb{R}^d)$ il existe une fonction $f \in H^2(\mathbb{R}^d)$ telle que $(1 - \Delta)f = g$. En passant à la transformée de

Fourier, on trouve que $(1 + |k|^2)\widehat{f}(k) = \widehat{g}(k)$, donc la fonction

$$f = \mathscr{F}^{-1}\left(\frac{\widehat{g}(k)}{1 + |k|^2}\right)$$

convient. Elle est bien dans $H^2(\mathbb{R}^d)$ par la caractérisation (A.9) de cet espace rappelée à l'appendice A, puisque $(1 + |k|^2)\widehat{f}(k) = \widehat{g}(k) \in L^2(\mathbb{R}^d)$.

Après une seule intégration par parties on trouve aussi

$$\langle f, -\Delta f \rangle = \int_{\mathbb{R}^d} |\nabla f(x)|^2 \, \mathrm{d}x \geq 0$$

pour tout $f \in H^2(\mathbb{R}^d)$ ce qui, par le théorème 2.33, implique $\sigma(A) \subset \mathbb{R}^+$. Montrons maintenant l'inclusion réciproque. Pour tout $k_0 \in \mathbb{R}^d$ et toute fonction $f \in H^2(\mathbb{R}^d)$ normalisée dans $L^2(\mathbb{R}^d)$, considérons la suite de fonctions $f_n(x) = n^{-d/2}f(x/n)e^{ix \cdot k_0}$, dont la transformée de Fourier vaut $\widehat{f_n}(k) = n^{d/2}\widehat{f}(n(k - k_0))$. Nous avons défini f_n pour que $|\widehat{f_n}|^2 \rightharpoonup \delta_{k_0}$ au sens des mesures. On a alors

$$\left\|\left(-\Delta - |k_0|^2\right)f_n\right\|_{L^2(\mathbb{R}^d)}^2 = \int_{\mathbb{R}^d} (|k|^2 - |k_0|^2)^2 |\widehat{f_n}(k)|^2 \, \mathrm{d}k$$

$$= \int_{\mathbb{R}^d} \left(\left|k_0 + \frac{p}{n}\right|^2 - |k_0|^2\right)^2 |\widehat{f}(p)|^2 \, \mathrm{d}p$$

$$= \frac{1}{n}\int_{\mathbb{R}^d} \left(2p \cdot k_0 + \frac{|p|^2}{n}\right)^2 |\widehat{f}(p)|^2 \, \mathrm{d}p,$$

qui tend vers 0 quand $n \to \infty$ et montre, d'après le théorème 2.30, que $|k_0|^2$ appartient à $\sigma(-\Delta)$ pour tout $k_0 \in \mathbb{R}^d$. Comme $|k_0|^2$ parcourt tout $\mathbb{R}^+$, nous avons bien démontré que $\sigma(-\Delta) = \mathbb{R}^+$. Le spectre ne contient aucune valeur propre car si on a $(-\Delta - \lambda)f = 0$ pour un $f \in H^2(\mathbb{R}^d)$, alors on déduit de

$$\|(-\Delta - \lambda)f\|_{L^2(\mathbb{R}^d)}^2 = \int_{\mathbb{R}^d} (|k|^2 - \lambda)^2 |\widehat{f}(k)|^2 \, \mathrm{d}k$$

que la transformée de Fourier $\widehat{f}$ est supportée dans la sphère de rayon $\sqrt{\lambda}$. Comme cette dernière est de mesure nulle, il suit que $f \equiv 0$ presque partout. $\square$

2.8 Impulsion et Laplacien sur un intervalle

Dans cette section, nous étudions en détail les opérateurs

$$f \mapsto -if' \quad \text{et} \quad f \mapsto -f'' \quad \text{sur } \mathfrak{H} = L^2(I) \text{ avec } I =]0, 1[\text{ ou } I =]0, \infty[.$$

Ces exemples sont très instructifs et illustrent bien les notions introduites jusqu'ici. Contrairement au cas de tout l'espace $\mathbb{R}^d$ de la section précédente, nous verrons que les opérateurs minimaux, définis sur $C_c^\infty(I)$, peuvent avoir plusieurs extensions auto-adjointes, voire même n'en avoir aucune. Le bord de l'intervalle I joue un rôle crucial dans la propriété d'auto-adjonction.

2.8.1 Impulsion sur $]0, 1[$

Nous désirons définir l'opérateur $f \mapsto -if'$ sur un domaine approprié dans l'espace de Hilbert $\mathfrak{H} = L^2(]0, 1[)$. Une première idée naturelle est de définir cet opérateur sur le domaine très petit $C_c^\infty(]0, 1[)$ car nous voulons bien sûr qu'il coïncide avec la dérivée usuelle pour les fonctions très lisses. Nous introduisons donc l'opérateur

$$P^{\min} f = -if', \qquad D(P^{\min}) = C_c^\infty(]0, 1[)$$

et cherchons les extensions auto-adjointes de $P^{\min}$. Un autre opérateur naturel est celui défini sur l'espace de Sobolev $H^1(]0, 1[)$

$$P^{\max} f = -if', \qquad D(P^{\max}) = H^1(]0, 1[).$$

Comme l'espace $H^1(]0, 1[)$ contient exactement les fonctions de $\mathfrak{H}$ dont la dérivée au sens des distributions est encore dans $\mathfrak{H}$, l'opérateur $P^{\max}$ est le plus gros possible que l'on puisse imaginer (lorsque la dérivation est interprétée au sens des distributions), d'où la notation $P^{\max}$. Évidemment, $P^{\max}$ est par définition une extension de $P^{\min}$. Nous verrons que toutes les extensions auto-adjointes de $P^{\min}$ viennent s'intercaler entre $P^{\min}$ et $P^{\max}$.

L'opérateur $P^{\min}$ est *symétrique* car les termes de bord s'en vont lorsqu'on effectue une intégration par parties :

$$\left\langle f, P^{\min} g \right\rangle = -i \int_0^1 \overline{f(t)} g'(t) \, dt = i \int_0^1 \overline{f'(t)} g(t) \, dt = \left\langle P^{\min} f, g \right\rangle$$

pour tous $f, g \in C_c^\infty(]0, 1[)$. Rappelons que les fonctions de $H^1(]0, 1[)$ sont toutes continues jusqu'au deux points du bord de l'intervalle, d'après le lemme A.2, et que l'application

$$f \in H^1(]0, 1[) \mapsto (f(0^+), f(1^-)) \in \mathbb{C}^2 \tag{2.19}$$

est continue. Par densité de $C^\infty([0, 1])$ (exercice A.3), on voit que l'intégration par parties reste vraie dans $H^1(]0, 1[)$, cette fois avec des termes de bord :

$$- i \int_0^1 \overline{f(t)} g'(t)\, dt = \int_0^1 \overline{-if'(t)} g(t)\, dt - i \left(\overline{f(1)} g(1) - \overline{f(0)} g(0) \right)$$

$$\forall f, g \in H^1(]0, 1[). \qquad (2.20)$$

Comme les termes de bord ne sont en général pas nuls, l'opérateur $P^{\max}$ n'est *pas symétrique*. Par exemple, $\langle f, P^{\max} g \rangle - \langle P^{\max} f, g \rangle = -i$ pour $f(x) = 1$ et $g(x) = x$. Ceci disqualifie déjà $P^{\max}$ qui n'est donc pas une extension auto-adjointe de $P^{\min}$. L'opérateur $P^{\min}$ n'est pas meilleur car il n'est pas fermé. Quant à sa fermeture, elle est bien symétrique, mais n'est pas auto-adjointe, comme énoncé dans le lemme suivant.

Lemme 2.36 (Fermeture et adjoints) *L'opérateur $P^{\max}$ est fermé. Par contre, l'opérateur $P^{\min}$ n'est pas fermé et sa fermeture est l'opérateur $P_0 : f \mapsto -if'$ défini sur le domaine*

$$D(P_0) = H_0^1(]0, 1[) = \left\{ f \in L^2(]0, 1[) \ : \ f' \in L^2(]0, 1[), \ f(0) = f(1) = 0 \right\}.$$

On a $(P^{\min})^* = (P_0)^* = P^{\max}$ et $(P^{\max})^* = P_0$, de sorte que P_0 n'est pas auto-adjoint. Les spectres valent

$$\sigma(P^{\min}) = \sigma(P^{\max}) = \sigma(P_0) = \mathbb{C}. \qquad (2.21)$$

Le spectre de $P^{\max}$ n'est composé que de valeurs propres, alors que ceux de $P^{\min}$ et P_0 n'en contiennent aucune.

Preuve Commençons par montrer que $P^{\max}$ est fermé. La preuve est exactement la même que celle du théorème 2.17. On considère une suite $f_n \in H^1(]0, 1[)$ telle que $(f_n, P^{\max} f_n) = (f_n, -if_n') \to (f, g)$ dans $L^2(]0, 1[) \times L^2(]0, 1[)$. En intégrant par parties contre une fonction $\varphi \in C_c^\infty(]0, 1[)$ et en utilisant la convergence dans $L^2(]0, 1[)$, on trouve

$$i \int_0^1 \varphi(t) g(t)\, dt = \lim_{n \to \infty} \int_0^1 \varphi(t) f_n'(t)\, dt$$

$$= - \lim_{n \to \infty} \int_0^1 \varphi'(t) f_n(t)\, dt = - \int_0^1 \varphi'(t) f(t)\, dt.$$

Ceci prouve que l'on a $f' = ig$ au sens des distributions sur $]0, 1[$. Donc $f \in H^1(]0, 1[) = D(P^{\max})$ et $g = -if' = P^{\max} f$. Ainsi, $P^{\max}$ est fermé. Comme l'évaluation en 0^+ et en 1^- est continue sur $H^1(]0, 1[)$, la même preuve montre que P_0 est également fermé. Comme P_0 est fermé, pour avoir $\overline{P^{\min}} = P_0$ il suffit de montrer que l'on peut approcher tout élément du graphe de P_0 par une suite de points du graphe de $P^{\min}$. Ceci suit de la densité de $C_c^\infty(]0, 1[)$ dans $H_0^1(]0, 1[)$ (exercice A.3 à l'appendice A).

Le graphe de l'adjoint $(P^{\min})^*$ est par définition l'ensemble des couples $(f, g) \in L^2(]0, 1[)$ tels que

$$-i \int_0^1 \overline{f(x)} u'(x) \, dx = \int_0^1 \overline{g(x)} u(x) \, dx$$

pour tout $u \in C_c^\infty(]0, 1[)$. Ceci signifie précisément que $-if' = g$ au sens des distributions, donc en particulier $f \in H^1(]0, 1[)$ et $(P^{\min})^* f = -if'$. Ainsi, $(P^{\min})^* \subset P^{\max}$. Réciproquement, si $f \in D(P^{\max}) = H^1(]0, 1[)$, l'intégration par parties (2.20) fournit

$$\langle P^{\max} f, u \rangle = i \int_0^1 \overline{f'(t)} u(t) \, dt = -i \int_0^1 \overline{f(t)} u'(t) \, dt = \langle f, P^{\min} u \rangle$$

puisque les termes de bord s'annulent quand $u \in C_c^\infty(]0, 1[)$. Ceci montre que $(f, P^{\max} f)$ est orthogonal à tous les $(P^{\min} u, -u)$ ce qui, d'après la définition (2.8) de l'adjoint, signifie que $P^{\max} \subset (P^{\min})^*$. Ainsi, nous avons prouvé que $(P^{\min})^* = P^{\max}$. Comme $\overline{P^{\min}} = P_0$, nous avons aussi $(P_0)^* = P^{\max}$.

Par le lemme 2.18 nous savons alors que $(P^{\max})^* = (P^{\min})^{**} = \overline{P^{\min}} = P_0$ mais il est utile de savoir le vérifier directement. Par définition, le graphe de l'adjoint de $P^{\max}$ est l'ensemble des couples (f, g) tels que

$$-i \int_0^1 \overline{f(x)} u'(x) \, dx = \int_0^1 \overline{g(x)} u(x) \, dx,$$

mais maintenant pour tout $u \in H^1(]0, 1[) = D(P^{\max})$, au lieu de seulement $C_c^\infty(]0, 1[)$ comme avant. En prenant $u \in C_c^\infty(]0, 1[)$ on trouve que $-if' = g$ avec $f \in H^1(]0, 1[)$. Mais on peut aussi considérer des fonctions $u \in H^1(]0, 1[)$ qui ne s'annulent pas forcément au bord et faire une intégration par parties. On trouve $\overline{f(1)} u(1) - \overline{f(0)} u(0) = 0$ pour tout $f \in D((P^{\max})^*)$ et tout $u \in H^1(]0, 1[)$. Ceci est équivalent à la condition $f(1) = f(0) = 0$ et nous avons bien retrouvé P_0.

Il reste à montrer que le spectre vaut tout le plan complexe pour les opérateurs considérés. Pour l'opérateur non fermé $P^{\min}$, ceci suit immédiatement du lemme 2.8 (mais la preuve qui suit pour P_0 fonctionne aussi). Pour $P^{\max}$, nous cherchons à résoudre l'équation aux valeurs propres $-if' = \lambda f$ dont les solutions au sens des distributions sont exactement les $f_\lambda(x) = e^{i\lambda x}$, à une constante multiplicative près. Comme ces fonctions sont dans $H^1(]0, 1[)$ pour tout $\lambda \in \mathbb{C}$, le spectre de $P^{\max}$ contient tout le plan complexe et n'est composé que de valeurs propres. Aucune de ces fonctions n'est par contre dans $H_0^1(]0, 1[)$, ce qui montre que $P^{\min}$ et P_0 ne peuvent avoir de valeur propre. Par contre, on a pour tout $\lambda \in \mathbb{C}$ et tout $g \in H_0^1(]0, 1[)$

$$\langle f_{\overline{\lambda}}, (P_0 - \lambda) g \rangle = \langle (P^{\max} - \overline{\lambda}) f_{\overline{\lambda}}, g \rangle = 0 \tag{2.22}$$

car $P^{\max} = (P_0)^*$ (ou car le terme de bord s'élimine puisque g s'annule au bord). Ceci démontre que $0 \neq f_{\bar{\lambda}} \in \mathrm{Im}(P_0 - \lambda)^{\perp}$, donc que $P_0 - \lambda$ n'est pas surjectif, pour tout $\lambda \in \mathbb{C}$. Nous avons donc bien $\sigma(P_0) = \mathbb{C}$, cette fois sans aucune valeur propre.   □

Aucun des trois opérateurs $P^{\min} \subset P_0 \subset P^{\max}$ n'est auto-adjoint. Par contre, comme $P^{\max} = (P^{\min})^*$, nous savons que toutes les extensions auto-adjointes P de $P^{\min}$ vérifient

$$ P^{\min} \subsetneq \overline{P^{\min}} = P_0 \subsetneq P = P^* \subsetneq P^{\max}. $$

Le résultat suivant fournit toutes les extensions symétriques de P_0, qui sont toutes auto-adjointes. Ce sont toutes les réalisations auto-adjointes possibles de l'impulsion $f \mapsto -if'$ sur l'intervalle $]0, 1[$.

Théorème 2.37 (Impulsion sur $]0, 1[$: auto-adjonction et spectre) *Les extensions symétriques strictes de P_0 (c'est-à-dire dont le domaine contient strictement $D(P_0)$) sont les opérateurs $P_{\mathrm{per},\theta}$ définis par $P_{\mathrm{per},\theta} f = -if'$ sur le domaine*

$$ D(P_{\mathrm{per},\theta}) = H^1_{\mathrm{per},\theta}(]0, 1[) := \left\{ f \in H^1(]0, 1[) \; : \; f(1) = e^{i\theta} f(0) \right\} $$

pour tout $\theta \in [0, 2\pi[$. Ces opérateurs sont tous auto-adjoints et leur spectre est le réseau $2\pi\mathbb{Z}$ translaté de θ :

$$ \sigma(P_{\mathrm{per},\theta}) = \{k + \theta, \; k \in 2\pi\mathbb{Z}\}. $$

Chaque élément $k + \theta$ du spectre est une valeur propre simple, de fonction propre associée $x \mapsto e^{i(k+\theta)x}$.

L'indice 'per' dans la notation de $P_{\mathrm{per},\theta}$ signifie 'périodique'. Pour $\theta = 0$ nous trouvons en effet la condition de périodicité $f(1) = f(0)$, qui décrit également une particule évoluant sur un cercle. La condition au bord $f(1) = e^{i\theta} f(0)$ est parfois appelée *condition de Born-von Kármán* et elle intervient dans le calcul du spectre des opérateurs de Schrödinger avec potentiel périodique, comme nous le verrons plus tard au chapitre 7.

Le théorème 2.37 précise que les conditions au bord de Born-von Kármán *sont les seules possibles* pour que l'opérateur $-i\mathrm{d}/\mathrm{d}x$ soit auto-adjoint sur $]0, 1[$. On pourra retenir qu'il faut imposer *une seule condition au bord*, ce qui suit du fait que $f \mapsto -if'$ est un opérateur différentiel d'ordre un. L'explication plus prosaïque est que, comme $H^1_0(]0, 1[)$ est de co-dimension 2 dans $H^1(]0, 1[)$, une extension auto-adjointe de P_0 doit toujours avoir un domaine de co-dimension 1. Ceci sert à garantir que le domaine de son adjoint, défini par une relation d'orthogonalité, possède la même co-dimension 1.

Preuve Soit P une extension symétrique de P_0. Comme on a $\langle P_0 f, g \rangle = \langle Pf, g \rangle = \langle f, Pg \rangle$ pour tout $u \in H_0^1(]0, 1[)$, nous voyons que $Pf = -if'$ et que son domaine est $D(P) \subset H^1(]0, 1[)$. Ceci suit également du fait que P est une restriction de $(P_0)^*$. La condition de symétrie s'écrit, après intégration par parties,

$$\overline{f(1)}g(1) = \overline{f(0)}g(0), \qquad \forall f, g \in D(P) \subset H^1(]0, 1[). \tag{2.23}$$

En prenant $f = g$, on trouve en particulier que $|f(1)|^2 = |f(0)|^2$ pour tout $f \in D(P)$. Comme on a supposé que P est une extension stricte de P_0 (pour lequel $f(0) = f(1) = 0$), il existe au moins une fonction $f_0 \in D(P)$ telle que $|f_0(0)| = |f_0(1)| \neq 0$. En écrivant alors $f_0(1)/f_0(0) = e^{i\theta}$, nous trouvons que $g(1) = e^{i\theta}g(0)$ pour tout $g \in D(P)$. Ceci montre que $P \subset P_{\mathrm{per},\theta}$, l'opérateur introduit dans l'énoncé. Les opérateurs $P_{\mathrm{per},\theta}$ sont symétriques (car ils vérifient la condition ci-dessus) et fermés. Or, on peut écrire toute fonction $f \in H_{\mathrm{per},\theta}^1(]0, 1[)$ sous la forme

$$f(x) = \frac{f(0)}{f_0(0)} f_0(x) + \underbrace{f(x) - \frac{f(0)}{f_0(0)} f_0(x)}_{\in H_0^1(]0,1[)},$$

c'est-à-dire $H_0^1(]0, 1[$ est de co-dimension 1 dans $H_{\mathrm{per},\theta}^1(]0, 1[)$. Ceci montre que tout sous-espace contenant f_0 et $H_0^1(]0, 1[)$ doit contenir tout $H_{\mathrm{per},\theta}^1(]0, 1[)$. Comme c'est le cas de $D(P)$, on a $P_{\mathrm{per},\theta} \subset P$ et on conclut bien, comme annoncé, que $P = P_{\mathrm{per},\theta}$. Pour montrer l'auto-adjonction des opérateurs $P_{\mathrm{per},\theta}$, on pourrait tout de suite calculer leur spectre et utiliser le théorème 2.28 mais il est utile de savoir le faire à partir de la définition. On a $g \in D((P_{\mathrm{per},\theta})^*)$ si et seulement si $\langle g, -ih' \rangle = \langle -ig', h \rangle$ pour tout $h \in D(P_{\mathrm{per},\theta})$. Après une intégration par parties, ceci fournit la condition

$$\overline{g(1)}h(1) = \overline{g(0)}h(0), \qquad \forall h \in H_{\mathrm{per},\theta}^1(]0, 1[), \quad \forall g \in D((P_{\mathrm{per},\theta})^*).$$

En prenant $h = f_0$, on trouve que $g(1) = e^{i\theta}g(0)$, c'est-à-dire que $(P_{\mathrm{per},\theta})^* \subset P_{\mathrm{per},\theta}$. Ainsi $P_{\mathrm{per},\theta}$ est auto-adjoint.

Lorsque $\theta = 0$ on trouve le problème périodique qui possède une base de vecteurs propres explicite, donnée par les modes de Fourier. Plus précisément, en posant $e_k(x) = e^{ikx}$ pour $k \in 2\pi\mathbb{Z}$, nous voyons que e_k est une base orthonormée de $L^2(]0, 1[)$, composée uniquement de vecteurs de $H_{\mathrm{per}}^1(]0, 1[)$ (nous omettons θ en indice dans le cas $\theta = 0$). Par ailleurs on a évidemment $P_{\mathrm{per}}e_k = k\,e_k$. Par le théorème 2.34 il suit alors immédiatement que

$$\sigma(P_{\mathrm{per}}) = \overline{2\pi\mathbb{Z}} = 2\pi\mathbb{Z}.$$

Le cas de $\theta \neq 0$ est exactement similaire, en utilisant la base orthonormée $\tilde{e}_k(x) = e^{i(k+\theta)x}$ qui est l'image de la base de Fourier par l'isométrie $f \mapsto e^{i\theta x}f$. $\qquad\square$

Remarque 2.38 (Les matrices infinies de Hilbert) En 1906, Hilbert a pour la première fois proposé d'étudier les opérateurs définis par des "matrices infinies" dans l'espace $\ell^2(\mathbb{C})$ [Hil06]. Il faudra attendre les travaux de von Neumann [von29b] de la fin des années 1920 pour qu'il soit finalement établi que cet outil n'est pas bien adapté. En effet, si un opérateur *borné* est complètement caractérisé par les $\langle v_n, A v_m \rangle$ lorsque $(v_n)_{n \geq 1}$ est une base hilbertienne d'un espace $\mathfrak{H}$, il n'en est pas toujours de même pour les opérateurs non bornés. Par exemple, les opérateurs auto-adjoints $P_{\mathrm{per}, \theta}$ construits au théorème 2.37 sont tous différents, avec des spectres disjoints deux à deux. Pourtant, comme ils coïncident tous avec P_0 sur $H_0^1(]0, 1[)$, les nombres $\langle v_n, P_{\mathrm{per}, \theta} v_m \rangle$ sont indépendants de $\theta \in [0, 2\pi[$ si on choisit une base hilbertienne de $L^2(]0, 1[)$ composée d'éléments de $H_0^1(]0, 1[)$ comme $v_n(x) = \sqrt{2} \sin(\pi n x)$. Ainsi, les $P_{\mathrm{per}, \theta}$ ont tous la même "matrice infinie" dans cette base particulière.

2.8.2 Impulsion sur $]0, \infty[$

Nous examinons maintenant le même opérateur $f \mapsto -if'$ sur la demi-droite $]0, \infty[$ au lieu de l'intervalle fini $]0, 1[$. C'est une situation très différente des précédentes, car nous allons montrer que cet opérateur n'admet **aucune réalisation auto-adjointe** ! Comme précédemment, nous introduisons les trois opérateurs

$$P^{\min} f = -if', \qquad D(P^{\min}) = C_c^\infty(]0, \infty[),$$

$$P_0 f = -if', \qquad D(P_0) = H_0^1(]0, \infty[) = \{ f \in H^1(]0, \infty[) \ : \ f(0^+) = 0 \},$$

$$P^{\max} f = -if', \qquad D(P^{\min}) = H^1(]0, \infty[).$$

En suivant pas à pas la preuve du lemme 2.36, on peut démontrer que

- P_0 et $P^{\max}$ sont fermés alors que $P^{\min}$ ne l'est pas,
- $P^{\min}$ et P_0 sont symétriques alors que $P^{\max}$ ne l'est pas,
- $\overline{P^{\min}} = P_0$, $\qquad (P^{\min})^* = (P_0)^* = P^{\max}$, $\qquad (P^{\max})^* = P_0$.

Il suffit d'utiliser le fait que $C_c^\infty(]0, \infty[)$ est dense dans $D(P_0)$ (exercice A.5 à l'appendice A) et l'intégration par parties

$$-i \int_0^\infty \overline{f(t)} g'(t) \, \mathrm{d}t = \int_0^\infty \overline{-if(t)} g'(t) \, \mathrm{d}t + i \overline{f(0)} g(0), \quad \forall f, g \in H^1(]0, \infty[).$$
$$(2.24)$$

Nous laissons la preuve de ces affirmations en exercice. Nous avons bien sûr $\sigma(P^{\min}) = \mathbb{C}$ car cet opérateur n'est pas fermé. La situation change dramatiquement pour le spectre de P_0.

Théorème 2.39 (Impulsion sur la demi-droite) *L'opérateur* P_0 *n'admet aucune extension symétrique stricte. En particulier, l'opérateur* $P^{\min}$ *n'admet donc* aucune extension auto-adjointe. *On a de plus*

$$\sigma(P_0) = \mathbb{C}_-, \tag{2.25}$$

un spectre qui ne comprend aucune valeur propre.

Nous rencontrons ici le premier exemple pathologique d'un opérateur symétrique dont le spectre est un demi-plan (relire à ce sujet le théorème 2.23), et qui n'admet par ailleurs aucune extension auto-adjointe. Ces deux propriétés sont en fait reliées, comme on peut le voir par la théorie des indices de défaut (exercice 2.47).

Physiquement, le théorème signifie qu'il n'existe aucune manière de définir l'impulsion quantique sur une demi-droite. Ceci provient de l'impossibilité de choisir de bonnes conditions au bord car il n'y a simplement aucun choix entre imposer la condition $f(0^+) = 0$ qui fournit P_0, et n'imposer aucune condition du tout, ce qui mène à $P^{\max}$. Sur un intervalle borné, nous avons vu au théorème 2.37 que les extensions auto-adjointes étaient celles avec une seule condition au bord. Or les fonctions de $H^1(]0, \infty[)$ tendent vers 0 à l'infini. Une condition au bord nous est donc déjà imposée à l'infini et c'est elle qui empêche l'existence d'une extension auto-adjointe pour un opérateur différentiel d'ordre un.

Preuve Comme toute extension auto-adjointe de $P^{\min}$ est fermée, c'est aussi une extension auto-adjointe de P_0. Il suffit donc bien de montrer que P_0 n'admet aucune extension symétrique stricte. Soit P une telle extension. On a bien sûr $P \subset P^* \subset (P_0)^* = P^{\max}$. de sorte que P est une restriction de $P^{\max}$. La symétrie de P signifie, après intégration par parties sur $D(P^{\max}) = H^1(]0, \infty[)$, que $\overline{f(0)}g(0) = 0$ pour tous $f, g \in D(P)$. Comme P est par hypothèse une extension stricte de P, il existe $0 \neq f \in D(P) \setminus D(P_0)$, c'est-à-dire $f \in H^1(]0, \infty[)$ telle que $f(0) \neq 0$. Mais alors on déduit que $g(0) = 0$ pour tout $g \in D(P)$, c'est-à-dire $P \subset P_0$, qui est absurde.

Pour le spectre, l'argument est basé sur le fait que les solutions de l'équation $-if' = \lambda f$ au sens des distributions sur $]0, +\infty[$ sont exactement les fonctions $f_\lambda(x) = Ce^{i\lambda x}$. Ces fonctions sont dans $L^2(]0, \infty[)$ uniquement lorsque $\Im(\lambda) > 0$. La fonction f_λ est de module un si $\lambda \in \mathbb{R}$ ou explose exponentiellement vite à l'infini lorsque $\Im(\lambda) < 0$. Pour $\Im(\lambda) > 0$ ces fonctions sont bien dans $H^1(]0, \infty[)$ et sont donc des vecteurs propres de $P^{\max}$. Ceci montre que $\mathbb{C}_+ \subset \sigma(P^{\max})$, puisque $\sigma(P^{\max})$ est fermé. Comme aucune de ces fonctions ne s'annule à l'origine, nous voyons également que P_0 n'a aucune valeur propre.

La suite du raisonnement est comme vu auparavant sur $]0, 1[$. Pour tout $\lambda \in \mathbb{C}$ avec $\Im(\lambda) < 0$, nous avons $f_{\bar{\lambda}} \in \ker(P^{\max} - \bar{\lambda}) = \operatorname{Im}(P_0 - \lambda)^\perp$ qui démontre que $P_0 - \lambda$ n'est pas surjectif et ainsi $\mathbb{C}_- \subset \sigma(P_0)$. Pour conclure, d'après le théorème 2.23, il suffit ensuite de montrer que $i \notin \sigma(P_0)$. Nous savons déjà que $\ker(P_0 - i) = \{0\}$ car P_0 est symétrique. De plus, nous avons encore $\operatorname{Im}(P_0 - i)^\perp = \ker(P^{\max} + i) = \{0\}$ car $f_{-i} \notin L^2(]0, \infty[)$. Ceci montre que $\operatorname{Im}(P_0 - i)$ est dense. Avec le même argument qu'au début de la preuve du théorème 2.28 on peut vérifier que cet espace est en fait fermé et ceci implique donc $i \in \rho(P_0)$ et finalement $\sigma(P_0) = \mathbb{C}_-$ par le théorème 2.23. □

Exercice 2.40 Montrer que l'opérateur $(Bv)(x) = i \int_0^x e^{y-x} v(y) \, dy$ est borné sur $L^2(]0, \infty[)$ à valeurs dans $D(P_0) = H_0^1(]0, \infty[)$, et que c'est l'inverse de $(P_0 - i)$.

Exercice 2.41 Montrer que le spectre de $P^{\max}$ vaut $\sigma(P^{\max}) = \mathbb{C}_+$.

2.8.3 Laplacien sur]0, 1[

Nous cherchons maintenant les extensions auto-adjointes du Laplacien

$$A^{\min} f = -f'', \qquad D(A^{\min}) = C_c^\infty(]0, 1[)$$

dans l'espace $\mathfrak{H} = L^2(]0, 1[)$. Comme précédemment, l'opérateur $A^{\min}$ est symétrique mais non fermé. Sa fermeture est l'opérateur $A_0 f = -f''$ défini sur le domaine

$$D(A_0) = H_0^2(]0, 1[) = \left\{ f \in H^2(]0, 1[) \; : \; f(0) = f(1) = f'(0) = f'(1) = 0 \right\},$$

qui est la fermeture de $C_c^\infty(]0, 1[)$ dans $H^2(]0, 1[)$. Il est à nouveau naturel d'introduire l'opérateur $A^{\max} f = -f''$ défini sur le domaine

$$D(A^{\max}) = H^2(]0, 1[).$$

C'est un opérateur fermé mais il n'est pas symétrique car les termes de bord ne s'annulent pas dans l'intégration par parties. Nous avons comme au lemme 2.36

$$(A^{\min})^* = (A_0)^* = A^{\max}, \qquad (A^{\max})^* = A_0,$$

de sorte que A_0 n'est pas auto-adjoint. Le résultat suivant se démontre comme le lemme 2.36.

Lemme 2.42 (Spectres) *On a*

$$\sigma(A^{\min}) = \sigma(A^{\max}) = \sigma(A_0) = \mathbb{C}. \tag{2.26}$$

Le spectre de $A^{\max}$ n'est composé que de valeurs propres, alors que ceux de $A^{\min}$ et A_0 n'en contiennent aucune.

Preuve Pour $\lambda \in \mathbb{C} \setminus \{0\}$ les solutions de l'équation aux valeurs propres $-f'' = \lambda f$ au sens des distributions sur $]0, 1[$ sont exactement données par $f(x) = \alpha e^{izx} + \beta e^{-izx}$ avec $\alpha, \beta \in \mathbb{C}$ où $z \in \mathbb{C} \setminus \{0\}$ est une racine carrée de λ. Si $\lambda = 0$, on obtient $f(x) = \alpha + \beta x$. Comme toutes ces fonctions sont dans $H^2(]0, 1[)$, ceci montre que $\sigma(P^{\max})$ vaut tout $\mathbb{C}$ et n'est composé que de valeurs propres. Aucune de ces fonctions n'est cependant dans $D(A_0)$, sauf pour $\alpha = \beta = 0$. Ceci montre que $A^{\min}$ et A_0 n'admettent aucune valeur propre. Comme on a $\mathrm{Im}(A_0 - \bar{z}^2)^\perp = \ker(A^{\max} - z^2) \neq \{0\}$ par le lemme 2.19, ceci prouve que $A_0 - \bar{z}^2$ n'est pas surjectif, donc que $\sigma(A_0) = \mathbb{C}$. $\square$

Il reste à déterminer les extensions auto-adjointes A de l'opérateur $A^{\min}$, qui vérifient nécessairement

$$A^{\min} \subsetneq \overline{A^{\min}} = A_0 \subsetneq A = A^* \subsetneq A^{\max}.$$

Nous allons en fait trouver toutes les extensions de A_0. Cependant, contrairement au cas de l'impulsion sur $]0, 1[$ du théorème 2.37, nous allons voir que certaines extensions symétriques sont auto-adjointes alors que d'autres ne le sont pas. Comme à la section 2.8.1, les extensions symétriques A de A_0 doivent vérifier

$$\overline{g'(1)}f(1) - \overline{g(1)}f'(1) + \overline{g(0)}f'(0) - \overline{g'(0)}f(0) = 0, \qquad \forall f, g \in D(A).$$

Cette condition peut encore s'écrire sous forme matricielle

$$\left\langle \begin{pmatrix} g(0) \\ g'(0) \\ g(1) \\ g'(1) \end{pmatrix}, \begin{pmatrix} 0 & 1 & 0 & 0 \\ -1 & 0 & 0 & 0 \\ 0 & 0 & 0 & -1 \\ 0 & 0 & 1 & 0 \end{pmatrix} \begin{pmatrix} f(0) \\ f'(0) \\ f(1) \\ f'(1) \end{pmatrix} \right\rangle_{\mathbb{C}^4} = 0$$

et signifie que $V := \{(f(0), f'(0), f(1), f'(1)) \in \mathbb{C}^4 \ : \ f \in D(A)\}$ est un sous-espace isotrope de la forme bilinéaire associée à la matrice 4×4

$$M = \begin{pmatrix} 0 & 1 & 0 & 0 \\ -1 & 0 & 0 & 0 \\ 0 & 0 & 0 & -1 \\ 0 & 0 & 1 & 0 \end{pmatrix}. \tag{2.27}$$

Rappelons qu'un espace isotrope est par définition un sous-espace de $\mathbb{C}^4$ tel que $\langle v, Mv \rangle_{\mathbb{C}^4} = 0$ pour tout $v \in V$ qui, par polarisation, est équivalent à $\langle w, Mv \rangle_{\mathbb{C}^4} = 0$ pour tout $v, w \in V$ ou encore $V \subset (MV)^\perp$. Comme M est inversible, les sous-espaces isotropes vérifient nécessairement

$$\dim(V) \leq \dim(MV)^\perp = 4 - \dim(MV) = 4 - \dim(V),$$

c'est-à-dire $\dim(V) \leq 2$.

Cette discussion suggère d'introduire les opérateurs A_V définis par

$$A_V f = -f'', \quad D(A_V) = \left\{ f \in H^2(]0, 1[) \ : \ (f(0), f'(0), f(1), f'(1)) \in V \right\} \tag{2.28}$$

pour tout sous-espace vectoriel V de $\mathbb{C}^4$. Lorsque $V = \{0\}$ on trouve les conditions au bord $f(0) = f'(0) = f(1) = f'(1) = 0$ et on a alors $D(A_V) = H_0^2(]0, 1[)$, c'est-à-dire $A_V = A_0$. Lorsque $V = \mathbb{C}^4$ il n'y a aucune condition et on obtient $A_V = A^{\max}$.

Théorème 2.43 (Laplacien sur $]0, 1[$) *Pour tout sous-espace vectoriel $V \subset \mathbb{C}^4$, l'opérateur A_V défini en (2.28) est fermé et son domaine peut s'écrire*

$$D(A_V) = H_0^2(]0, 1[) + \text{vect}(f_i), \tag{2.29}$$

où les $f_i \in H^2(]0, 1[)$ sont des fonctions quelconques de $D(A_V)$ choisies pour que les $(f_i(0), f_i'(0), f_i(1), f_i'(1))$ forment une base de V. Son adjoint vaut

$$\boxed{(A_V)^* = A_{(MV)^\perp}} \tag{2.30}$$

où M est la matrice 4×4 introduite en (2.27). Les A_V fournissent toutes les extensions possibles de A_0 qui sont des restrictions de $A^{\max}$, lorsque V parcourt tous les sous-espaces vectoriels de $\mathbb{C}^4$.

Les opérateurs A_V symétriques sont ceux pour lesquels V est un espace isotrope de M, c'est-à-dire $M \subset (MV)^\perp$, et ce sont toutes les extensions symétriques possibles de A_0. Les extensions auto-adjointes de A_0 sont les A_V pour lesquels $V = (MV)^\perp$, c'est-à-dire qui sont isotropes et de dimension 2. Lorsque A_V est symétrique non auto-adjoint, on a $\sigma(A_V) = \mathbb{C}$.

Ce résultat précise qu'il y a une sorte de compétition entre l'hypothèse de symétrie qui nécessite que V ne soit pas trop grand, c'est-à-dire soit inclus dans $(MV)^\perp$ de sorte que les termes de bord disparaissent dans l'intégration par parties, et l'auto-adjonction qui requiert elle que V soit assez grand. Seuls les espaces isotropes de dimension 2 sont alors admissibles et ce sont les conditions aux bords que nous devons considérer physiquement. Cette fois l'espace $D(A_0) = H_0^2(]0, 1[)$ est de co-dimension 4 dans $D(A^{\max}) = H^2(]0, 1[)$ et le domaine doit être de co-dimension 2. Le tableau 2.1 recense quelques exemples célèbres de conditions au bord avec V isotrope de dimension deux.

Quelle condition au bord utiliser ou étudier ? En principe aucune n'est meilleure que les autres et elles ont toutes leurs particularités. Le choix d'une condition est toujours motivé par des considérations pratiques liées au modèle étudié. Par exemple si l'on désire décrire les vibrations d'une corde qui est attachée à ses deux extrémités, on choisira la condition de Dirichlet $f(0) = f(1) = 0$ [CH53, Sec. V.3.1]. Comme nous l'avons mentionné pour $P = -i\,\mathrm{d}/\mathrm{d}x$ au théorème 2.37, la condition de Born-von Kármán $f(1) - e^{i\theta} f(0) = f'(1) - e^{i\theta} f'(0) = 0$ (qui inclut la condition périodique) intervient naturellement lorsqu'on étudie des systèmes périodiques (voir le chapitre 7). La condition de Robin intervient elle souvent en électromagnétisme (où elle est parfois appelée condition d'impédance ou condition de Gennes) ou pour décrire le refroidissement d'un fil solide rayonnant (où elle

Table 2.1 Quelques conditions au bord classiques, pour lesquelles le Laplacien A_V défini en (2.28) est auto-adjoint. Les espaces V fournis vérifient tous $(MV)^{\perp} = V$ où M est la matrice de l'équation (2.27)

Dirichlet	$f(0) = f(1) = 0$	$V = \text{Vect}(e_2, e_4)$
Neumann	$f'(0) = f'(1) = 0$	$V = \text{Vect}(e_1, e_3)$
Périodique	$f(0) = f(1)$ et $f'(0) = f'(1)$	$V = \text{Vect}(e_1 + e_3, e_2 + e_4)$
Robin	$af(0) - bf'(0) = af(1) + bf'(1) = 0$ $(a, b) \in \mathbb{R}^2 \setminus \{(0,0)\}$	$V = \text{Vect}(be_1 + ae_2,$ $be_3 - ae_4)$
Born-von Kármán	$e^{i\theta} f(0) - f(1) = e^{i\theta} f'(0) - f'(1) = 0$ $\theta \in [0, 2\pi[$	$V = \text{Vect}(e_1 + e^{i\theta} e_3,$ $e_2 + e^{i\theta} e_4)$

peut aussi être appelée condition de Fourier) [CH53, Sec. V.3.7.2] ; elle est parfois simplement appelée la "troisième condition au bord".[1]

Preuve Nous laissons en exercice la preuve de la fermeture de A_V, qui suit de la continuité de l'application

$$f \in H^2(]0, 1[) \mapsto (f(0), f'(0), f(1), f'(1)) \in \mathbb{C}^4$$

(lemme A.2 à l'appendice A). Considérons maintenant une extension A quelconque de A_0 qui est une restriction de $A^{\max}$ c'est-à-dire telle que $D(A) \subset H^2(]0, 1[)$ et $Af = -f''$. Introduisons le sous-espace vectoriel de $\mathbb{C}^4$

$$V = \big\{ (f(0), f'(0), f(1), f'(1)), \quad f \in D(A) \big\}.$$

de sorte que $A \subset A_V$. Pour montrer que $A = A_V$, nous choisissons une base v_i de V et f_i des fonctions de $D(A)$ telles que $v_i = (f_i(0), f_i'(0), f_i(1), f_i'(1))$. Toute fonction de $D(A_V)$ peut s'écrire sous la forme

$$f(x) = \sum_i \alpha_i f_i(x) + \underbrace{f(x) - \sum_i \alpha_i f_i(x)}_{\in H_0^2(]0,1[) = D(A_0)} \tag{2.31}$$

où les α_i sont choisis de sorte que $(f(0), f'(0), f(1), f'(1)) = \sum_i \alpha_i v_i$. Puisque $A_0 \subset A$ nous en déduisons alors que $f \in D(A)$, c'est-à-dire $D(A_V) \subset D(A)$ et ainsi $A = A_V$ comme annoncé. Les A_V sont donc bien toutes les extensions de A_0 qui sont des restrictions de $A^{\max}$, leur domaine étant donné par (2.29) d'après (2.31).

Calculons maintenant l'adjoint de A_V, pour V un sous-espace quelconque de $\mathbb{C}^4$. Comme $A_0 \subset A_V$, on a $(A_V)^* \subset (A_0)^* = A^{\max}$, de sorte que $D((A_V)^*) \subset H^2(]0, 1[)$ et $(A_V)^* f = -f''$. Pour tous $f, g \in H^2(]0, 1[)$, l'intégration par parties

---

[1] Il n'est en fait pas totalement clair que Victor Gustave Robin ait quelque chose à voir avec la condition qui porte maintenant son nom [GA98].

s'exprime sous la forme

$$\langle g, -f''\rangle - \langle -g'', f\rangle = \left\langle \begin{pmatrix} g(0) \\ g'(0) \\ g(1) \\ g'(1) \end{pmatrix}, M \begin{pmatrix} f(0) \\ f'(0) \\ f(1) \\ f'(1) \end{pmatrix} \right\rangle_{\mathbb{C}^4}.$$

L'adjoint de A_V est caractérisé par le fait que le terme de droite s'annule pour tout $f \in D(A_V)$. Puisque $(f(0), f'(0), f(1), f'(1))$ parcourt exactement V, ceci est équivalent à dire que $(g(0), g'(0), g(1), g'(1))$ appartient à $(MV)^\perp$, ce qui montre bien que $(A_V)^* = A_{(MV)^\perp}$. Comme la symétrie de A_V peut s'écrire $A_V \subset (A_V)^* = A_{(MV)^\perp}$, elle équivaut bien à $V \subset (MV)^\perp$. L'auto-adjonction est obtenue lorsque $V = (MV)^\perp$.

Pour tout $\alpha \in \mathbb{C} \setminus \{0\}$, considérons les deux fonctions $f_\alpha(t) := e^{i\alpha t}$ et $f_{-\alpha}(t) := e^{-i\alpha t}$, qui sont les deux fonctions propres de $A^{\max}$ de valeur propre α^2. L'espace engendré par les traces de ces fonctions sur le bord de l'intervalle vaut

$$V_\alpha = \mathrm{vect}\left\{ \begin{pmatrix} 1 \\ i\alpha \\ e^{i\alpha} \\ i\alpha e^{i\alpha} \end{pmatrix}, \begin{pmatrix} 1 \\ -i\alpha \\ e^{-i\alpha} \\ -i\alpha e^{-i\bar\alpha} \end{pmatrix} \right\} \subset \mathbb{C}^4$$

et il est de dimension 2 puisque $\alpha \neq 0$. Si $\dim(V) \in \{0, 1\}$ alors $\dim((MV)^\perp) \in \{3, 4\}$ donc $(MV)^\perp$ a une intersection non nulle avec tous les V_α. Puisque $D((A_V)^*) = D(A_{(MV)^\perp})$ contient exactement toutes les fonctions dont la trace au bord appartient à $(MV)^\perp$, il doit donc contenir une fonction non nulle de $\ker(A^{\max} - \alpha^2)$. Ceci montre que

$$\ker((A_V)^* - \alpha^2) = \mathrm{Im}(A_V - \alpha^2)^\perp \neq \{0\},$$

c'est-à-dire que $A_V - \alpha^2$ n'est pas surjectif, et donc $\alpha^2 \in \sigma(A_V)$. Puisque le spectre est fermé et que $\alpha \in \mathbb{C} \mapsto \alpha^2 \in \mathbb{C}$ est surjective, ceci montre bien que $\sigma(A_V) = \mathbb{C}$ lorsque $\dim(V) \in \{0, 1\}$ (ce que nous savions déjà pour $V = \{0\}$ d'après le lemme 2.42). □

Exemple 2.44 (Spectre des Laplaciens de Dirichlet, Neumann et Born-von Kármán)
Le Laplacien de Dirichlet obtenu pour $V = \mathrm{Vect}(e_2, e_4)$ est l'opérateur

$$A_{\mathrm{Dir}} f := -f'', \qquad D(A_{\mathrm{Dir}}) = \left\{ f \in H^2(]0, 1[) \ : \ f(0) = f(1) = 0 \right\}.$$

Comme $(\sqrt{2}\,\sin(\pi kt))_{k\in\mathbb{N}^*}$ forme une base hilbertienne[2] de $L^2(]0, 1[)$ qui est composée de fonctions propres de A_{Dir}, on déduit du théorème 2.34 que

$$\sigma(A_{\mathrm{Dir}}) = \{\pi^2 k^2,\ k \in \mathbb{N}^*\}.$$

De même, le spectre du Laplacien de Neumann

$$A_{\mathrm{Neu}}f := -f'', \qquad D(A_{\mathrm{Neu}}) = \left\{f \in H^2(]0, 1[)\ :\ f'(0) = f'(1) = 0\right\}$$

vaut

$$\sigma(A_{\mathrm{Neu}}) = \{\pi^2 k^2,\ k \in \mathbb{N}\}$$

avec les fonctions propres $\sqrt{2}\cos(\pi kt)$ (pour $k = 0$ on doit enlever le $\sqrt{2}$ si on désire que la fonction soit normalisée dans $L^2(]0, 1[)$). En dehors de l'origine, les deux opérateurs ont donc le même spectre, mais pas les mêmes fonctions propres. Toutes les valeurs propres sont de multiplicité 1.

Finalement, la base hilbertienne $(e^{i(k+\theta)x})_{k\in 2\pi\mathbb{Z}}$ déjà rencontrée à la section 2.8.1 diagonalise le Laplacien de Born-von Kármán

$$A_{\mathrm{per},\theta}f = -f'',$$

$$D(A_{\mathrm{per},\theta}) = \left\{f \in H^2(]0, 1[)\ :\ f(1) - e^{i\theta}f(0) = f'(1) - e^{i\theta}f'(0) = 0\right\}$$

dont le spectre vaut

$$\sigma(A_{\mathrm{per},\theta}) = \{(k + \theta)^2,\ k \in 2\pi\mathbb{Z}\}.$$

Exercices complémentaires

Exercice 2.45 (Espace $H^1_{\mathrm{per}}(]0, 1[)$ et séries de Fourier)   On note

$$H^1_{\mathrm{per}}(]0, 1[) := \left\{f \in H^1(]0, 1[)\ :\ f(1) = f(0)\right\}$$

qui est un sous-espace fermé de $H^1(]0, 1[)$.

---

[2] Pour le voir prolonger une fonction de $L^2(]0, 1[)$ en une fonction *impaire* de $L^2(]-1, 1[)$.

1. On appelle $c_k(f) = \int_0^1 f(t)e^{-ikt}\, dt = \langle e_k, f \rangle$ les coefficients de Fourier de f avec $e_k(t) = e^{ikt}$. Montrer en intégrant par parties que pour tout $f \in H^1_{\text{per}}(]0, 1[)$, on a $c_k(f') = ikc_k(f)$. En déduire que $\sum_{k \in 2\pi\mathbb{Z}} k^2 |c_k(f)|^2 < \infty$.

2. Soit $f \in L^2(]0, 1[)$ une fonction telle que $\sum_{k \in 2\pi\mathbb{Z}} k^2 |c_k(f)|^2 < \infty$. Montrer que la série de Fourier

$$\sum_{k \in 2\pi\mathbb{Z}} c_k(f)e_k(x)$$

converge uniformément sur $[0, 1]$. En déduire que f s'identifie à une fonction continue, telle que $f(0) = f(1)$. Calculer aussi $\langle f, \varphi' \rangle$ pour tout $\varphi \in C^\infty_c(]0, 1[)$ et en déduire que $f \in H^1_{\text{per}}(]0, 1[)$.

En conclusion nous avons montré que

$$H^1_{\text{per}}(]0, 1[) = \left\{ f \in L^2(]0, 1[) \; : \; \sum_{k \in 2\pi\mathbb{Z}} |k|^2 |c_k(f)|^2 < \infty \right\}.$$

3. Étendre les résultats à $H^1_{\text{per},\theta}(]0, 1[)$.

Exercice 2.46 (Attention aux commutateurs) La théorie des opérateurs en dimension infinie est plus délicate qu'elle n'y paraît et peut parfois aller contre l'intuition. L'excellent article [Gie00], écrit à destination des physiciens, fournit plusieurs exemples d'apparentes contradictions qui découlent d'une mauvaise utilisation du concept d'auto-adjonction. En voici l'un d'eux.

On se place sur le cercle unité ou, de façon équivalente, sur $]0, 1[$ avec les conditions périodiques au bord vues dans à la section 2.8.1. On considère l'opérateur auto-adjoint borné

$$X : f(x) \mapsto xf(x), \qquad D(X) = L^2(]0, 1[)$$

et l'opérateur

$$P_{\text{per}} = -i\frac{d}{dx}, \qquad D(P_{\text{per}}) = H^1_{\text{per}}(]0, 1[)$$

construit au théorème 2.37. On a

$$[P_{\text{per}}, X]f = (P_{\text{per}}X - XP_{\text{per}})f = -i\big((xf)' - xf'\big) = -if$$

qui est la relation d'Heisenberg $[P_{\text{per}}, X] = -i$. Les fonctions $e_k(x) = e^{ikx}$ pour $k \in 2\pi\mathbb{Z}$ sont les vecteurs propres normalisés de P_{per}, avec $P_{\text{per}}e_k = ke_k$. En utilisant l'auto-adjonction de P_{per}, on trouve :

$$-i = \langle e_k, -ie_k \rangle = \langle e_k, [P_{\text{per}}, X]e_k \rangle = \langle P_{\text{per}}e_k, Xe_k \rangle - \langle Xe_k, P_{\text{per}}e_k \rangle$$

$$= (k - k)\int_0^1 x|e_k(x)|^2\, dx = 0.$$

Où est l'erreur ?

Exercice 2.47 (Indices de défaut) Soit $(A, D(A))$ un opérateur symétrique fermé.

1. Montrer que $\|(A + i)v\| = \|(A - i)v\|$ pour tout $v \in D(A)$. En déduire que l'opérateur $U = (A + i)(A - i)^{-1}$ est une isométrie de $\text{Im}(A - i)$ dans $\text{Im}(A + i)$.

2. Que peut-on en conclure en dimension finie ?

3. Soit $B = B^*$ une extension auto-adjointe de A. Montrer que $V = (B + i)(B - i)^{-1}$ est une isométrie de $\mathfrak{H}$ dans $\mathfrak{H}$, qui est une extension de U, c'est-à-dire telle que $Vf = Uf$ pour tout $f \in D(A)$.

4. Montrer alors que l'image de $\mathrm{Im}(A + i)^{\perp} = \ker(A^* - i)$ par V contient $\mathrm{Im}(A - i)^{\perp} = \ker(A^* + i)$.

5. En déduire qu'un opérateur symétrique ne peut posséder des extensions auto-adjointes que si $\dim \ker(A^* - i) = \dim \ker(A^* + i)$ (qui peut être finie ou infinie).

6. Réinterpréter le résultat du théorème 2.39 dans cette perspective.

Exercice 2.48 (Laplacien sur la demi-droite) Trouver toutes les extensions auto-adjointes du Laplacien $A^{\min} f = -f''$ défini sur $D(A^{\min}) = C_c^{\infty}(]0, +\infty[)$ dans l'espace $\mathfrak{H} = L^2(]0, \infty[)$.

Exercice 2.49 (Laplaciens de Dirichlet, Neumann et Born-von Kármán sur un hypercube) Soit $\Omega =]0, 1[^d$ et définissons l'opérateur

$$A'_{\mathrm{Dir}} f := -\Delta f, \qquad D\left(A'_{\mathrm{Dir}}\right) = \left\{ f \in C^2(\overline{\Omega}) \ : \ f_{|\partial\Omega} \equiv 0 \right\}.$$

La condition au bord signifie juste que $f(x_1, \ldots, x_d)$ s'annule dès lors que l'un des x_i vaut 0 ou 1. À cause de la forte régularité C^2, cet opérateur n'est pas fermé mais nous allons montrer qu'il est essentiellement auto-adjoint. Sa fermeture est le Laplacien de Dirichlet sur Ω.

1. En utilisant des intégrations par parties dans chaque direction (ou directement la formule de Green), montrer que A'_{Dir} est symétrique.

2. Montrer que les fonctions $f_k(x) := 2^{\frac{d}{2}} \prod_{j=1}^{d} \sin(\pi k_j x_j)$ avec $k \in (\mathbb{N}^*)^d$ forment une base orthonormée de vecteurs propres de A'_{Dir}.

3. En déduire du théorème 2.34 que la fermeture $(-\Delta)_{\mathrm{Dir}} := \overline{A'_{\mathrm{Dir}}}$ est un opérateur auto-adjoint, de spectre

$$\sigma\left((-\Delta)_{\mathrm{Dir}}\right) = \pi^2 \left\{ \sum_{j=1}^{d} k_j^2, \ k_j \in \mathbb{N}^* \right\}.$$

C'est le Laplacien de Dirichlet sur le cube unité.

4. Construire de même le Laplacien de Neumann sur Ω, avec la condition au bord $\partial_n f_{|\partial\Omega} \equiv 0$ où n est la normale au bord, ce qui signifie que $\partial_{x_i} f(x_1, \ldots, x_d)$ s'annule si x_i vaut 0 ou 1. Montrer que son spectre vaut

$$\sigma\left((-\Delta)_{\mathrm{Neu}}\right) = \pi^2 \left\{ \sum_{j=1}^{d} k_j^2, \ k_j \in \mathbb{N} \right\}.$$

5. Les conditions au bord périodiques sont obtenues en restreignant les fonctions lisses $\mathbb{Z}^d$-périodiques au cube unité Ω. Ces fonctions satisfont par définition la relation $f(x + \ell) = f(x)$ pour tous $x \in \mathbb{R}^d$ et $\ell \in \mathbb{Z}^d$, ce qui implique en particulier que $\nabla f(x + \ell) = \nabla f(x)$ pour tous $x \in \mathbb{R}^d$ et $\ell \in \mathbb{Z}^d$. La seule façon pour que x et $x + \ell$ appartiennent tous les deux à $\overline{\Omega}$ est qu'ils soient tous les deux sur le bord, sur deux faces opposées (figure 2.1). La condition périodique peut donc s'exprimer sous la forme

$$\begin{cases} f(x_1, \ldots, 1, \ldots x_d) = f(x_1, \ldots, 0, \ldots x_d) \\ \partial_{x_j} f(x_1, \ldots, 1, \ldots x_d) = \partial_{x_j} f(x_1, \ldots, 0, \ldots x_d) \end{cases} \qquad \forall j = 1, \ldots, d, \qquad (2.32)$$

où c'est à chaque fois la variable x_j qui vaut 0 et 1 dans l'argument de f. En utilisant la base de Fourier $e^{i2\pi k \cdot x}$ avec $k \in \mathbb{Z}^d$, construire comme précédemment le Laplacien périodique $(-\Delta)_{\mathrm{per}}$

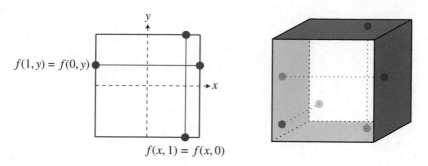

Fig. 2.1 Conditions périodiques en dimensions 2 et 3. © Mathieu Lewin 2021. All rights reserved

sur l'hypercube Ω et montrer que son spectre vaut

$$\sigma\left((-\Delta)_{\text{per}}\right) = 4\pi^2 \left\{ \sum_{j=1}^{d} k_j^2, \ k_j \in \mathbb{Z} \right\}.$$

Généraliser ce qui précède au Laplacien de Born-von Kármán $(-\Delta)_{\text{per},\xi}$ dont les conditions au bord prennent la forme

$$\begin{cases} f(x_1, \ldots, 1, \ldots x_d) = e^{i\xi} f(x_1, \ldots, 0, \ldots x_d) \\ \partial_{x_j} f(x_1, \ldots, 1, \ldots x_d) = e^{i\xi} \partial_{x_j} f(x_1, \ldots, 0, \ldots x_d) \end{cases} \qquad \forall j = 1, \ldots, d. \qquad (2.33)$$

Il est possible de montrer que

$$D\left((-\Delta)_{\text{Dir}}\right) = \left\{ f \in H^2(\Omega) \ : \ f_{|\partial\Omega} \equiv 0 \right\} = H^2(\Omega) \cap H_0^1(\Omega),$$

$$D\left((-\Delta)_{\text{Neu}}\right) = \left\{ f \in H^2(\Omega) \ : \ \partial_n f_{|\partial\Omega} \equiv 0 \right\},$$

et

$$D(-\Delta_{\text{per},\xi}) = H^2_{\text{per},\xi}(\Omega) := \left\{ f \in H^2(\Omega) \text{ vérifiant (2.33)} \right\}$$

(voir la section A.6 de l'appendice A)

Chapitre 3
Critères d'auto-adjonction : Rellich, Kato & Friedrichs

L'objectif de ce chapitre est de fournir des critères pratiques pour construire des extensions auto-adjointes d'opérateurs symétriques. Une approche naturelle est de déterminer des conditions sur B pour qu'un opérateur sous la forme $A + B$ soit auto-adjoint lorsque A l'est déjà. Dans la première section nous présenterons un résultat dû à Rellich et Kato qui garantit que $A + B$ est auto-adjoint sur le même domaine que A :

$$D(A + B) = D(A).$$

Ensuite, nous discuterons d'une méthode due à Friedrichs [Fri34] qui permet de définir des opérateurs de façon un peu indirecte, en utilisant leur forme quadratique. Cette dernière méthode est si efficace qu'il est maintenant devenu classique [Eva10] de développer la théorie des équations aux dérivées partielles elliptiques en se basant presque uniquement sur la forme quadratique, sans jamais parler d'auto-adjonction de l'opérateur associé ! Nous ferons ici le lien formel entre la question de l'auto-adjonction et les méthodes basées sur les formes quadratiques, comme le théorème de Lax-Milgram. Ceci permettra ensuite de construire des réalisations auto-adjointes d'opérateurs sous la forme $A + B$, en garantissant seulement l'égalité des domaines des formes quadratiques associées

$$Q(A + B) = Q(A)$$

sans que les domaines des opérateurs soient eux nécessairement reliés. Cette seconde approche ne s'applique qu'aux opérateurs dont le spectre est borné inférieurement ou supérieurement. Bien sûr, l'énergie des systèmes quantiques est le plus souvent minorée et c'est donc une méthode très naturelle lorsqu'on s'intéresse à l'auto-adjonction du Hamiltonien.

M. Lewin, *Théorie spectrale et mécanique quantique*, Mathématiques et Applications 87, https://doi.org/10.1007/978-3-030-93436-1_3

Finalement, nous appliquerons ces techniques aux opérateurs de Schrödinger, c'est-à-dire sous la forme $A = -\Delta + V(x)$. La fonction V peut tendre vers 0 à l'infini en décrivant ainsi une particule quantique qui n'est confinée que localement, ou alors tendre vers $+\infty$ quand $|x| \to +\infty$, ce qui correspond à une particule vraiment confinée, comme c'est le cas pour l'oscillateur harmonique.

3.1 Perturbations relativement bornées

Dans cette section nous donnons un critère sur un opérateur symétrique B qui implique que $A + B$ est auto-adjoint sur le même domaine $D(A)$ que l'opérateur auto-adjoint A, puis nous l'appliquons au cas où $A = -\Delta$ et $B = V(x)$ est l'opérateur de multiplication par une fonction.

3.1.1 Théorie de Rellich-Kato

Le résultat suivant est essentiellement dû à Rellich [Rel37], mais il a été popularisé et abondamment utilisé par Kato pour les opérateurs de Schrödinger [Kat51].

Théorème 3.1 (Rellich-Kato) *Soit A un opérateur auto-adjoint sur son domaine $D(A)$ et B un opérateur symétrique sur le même domaine $D(A)$. S'il existe $0 \le \alpha < 1$ et $C > 0$ tels que*

$$\|Bv\| \le \alpha\|Av\| + C\|v\|, \qquad \forall v \in D(A), \tag{3.1}$$

alors l'opérateur $A + B$ est auto-adjoint sur $D(A)$. De plus, si $\mathcal{D} \subset D(A)$ est un sous-espace dense tel que $\overline{A_{|\mathcal{D}}} = A$, alors on a également $A + B = \overline{(A+B)_{|\mathcal{D}}}$, c'est-à-dire $A + B$ est essentiellement auto-adjoint sur $\mathcal{D}$.

Nous avons utilisé ici la notation $A_{|\mathcal{D}}$ pour la restriction de A définie sur le domaine $D(A_{|\mathcal{D}}) = \mathcal{D}$.

Preuve Comme $A + B$ est par hypothèse symétrique sur $D(A)$, nous montrons que $A + B \pm i\mu$ est surjectif de $D(A)$ dans $\mathfrak{H}$ pour un $\mu \in \mathbb{R}$ bien choisi, afin d'appliquer ensuite le théorème 2.28. On commence par écrire

$$A + B + i\mu = (1 + B(A + i\mu)^{-1})(A + i\mu). \tag{3.2}$$

L'opérateur $A + i\mu$ est inversible de $D(A)$ dans $\mathfrak{H}$ pour tout $\mu \in \mathbb{R}$, puisque A est auto-adjoint. Il faut donc trouver μ de sorte que $1 + B(A + i\mu)^{-1}$ soit inversible sur $\mathfrak{H}$. En appliquant l'inégalité (3.1) au vecteur $(A + i\mu)^{-1}v \in D(A)$, on déduit que

$$\left\| B(A + i\mu)^{-1}v \right\| \le \alpha \left\| A(A + i\mu)^{-1}v \right\| + C \left\| (A + i\mu)^{-1}v \right\|.$$

Comme c'est vrai pour tout $v \in \mathfrak{H}$, on obtient l'inégalité sur les normes d'opérateurs

$$\left\| B(A + i\mu)^{-1} \right\| \le \alpha \left\| A(A + i\mu)^{-1} \right\| + C \left\| (A + i\mu)^{-1} \right\|. \tag{3.3}$$

Rappelons la relation fondamentale vue en (2.11)

$$\| (A + i\mu)v \|^2 = \| Av \|^2 + \mu^2 \| v \|^2, \qquad \forall v \in D(A),$$

qui implique

$$\| v \|^2 = \left\| A(A + i\mu)^{-1} v \right\|^2 + \mu^2 \left\| (A + i\mu)^{-1} v \right\|^2, \qquad \forall v \in \mathfrak{H},$$

et donc les estimées $\| A(A + i\mu)^{-1} \| \le 1$ et $\| (A + i\mu)^{-1} \| \le 1/|\mu|$. En insérant dans (3.3), nous obtenons

$$\left\| B(A + i\mu)^{-1} \right\| \le \alpha + \frac{C}{|\mu|}.$$

Le terme de droite est strictement inférieur à 1 pour $|\mu|$ assez grand, puisque $\alpha < 1$ par hypothèse. Ceci prouve bien que $1 + B(A + i\mu)^{-1}$ est inversible et donc, d'après (3.2), que $A + B + i\mu$ l'est sur $D(A)$. En changeant μ en $-\mu$, on déduit du théorème 2.28 que $A + B$ est auto-adjoint sur $D(A)$.

Si $\mathcal{D}$ est un cœur de A, c'est-à-dire un sous-espace dense sur lequel A est essentiellement auto-adjoint (ou encore qui est dense dans $D(A)$ pour la norme du graphe), alors $(A + B)_{|\mathcal{D}}$ est également symétrique. Soit alors $v \in D(A) = D(A + B)$ et (v_n) une suite de $\mathcal{D}$ telle que $v_n \to v$ et $Av_n \to Av$. Alors nous avons aussi $Bv_n \to Bv$ d'après (3.1). Ceci implique que $(A + B)v_n \to (A + B)v$, c'est-à-dire que $A + B \subset \overline{(A + B)_{|\mathcal{D}}}$. Comme $A + B$ est auto-adjoint, donc fermé, on conclut bien que $A + B = \overline{(A + B)_{|\mathcal{D}}}$. $\qquad \square$

Définition 3.2 (Opérateurs relativement bornés) Soit $\alpha \in {]0, \infty[}$ et A un opérateur auto-adjoint. Lorsqu'un opérateur B symétrique sur $D(A)$ satisfait (3.1), on dit qu'il est A–*borné*, de borne relative α. S'il vérifie de plus (3.1) pour tout $\alpha > 0$, on dit qu'il est *infinitésimalement A–borné*.

Dans la preuve du théorème nous avons montré que $\| B(A + i\mu)^{-1} \| < 1$ pour μ assez grand. Il se trouve que ceci est en fait équivalent à l'hypothèse (3.1).

Exercice 3.3 Soit A un opérateur auto-adjoint et B un opérateur symétrique sur $D(A)$. Montrer que B est A–borné de borne relative < 1 si et seulement si $B(A + i\mu)^{-1}$ est un opérateur borné, avec $\limsup_{|\mu| \to +\infty} \| B(A + i\mu)^{-1} \| < 1$. Montrer qu'il est infinitésimalement A–borné si et seulement si $\| B(A + i\mu)^{-1} \|$ tend vers zéro quand $|\mu| \to +\infty$.

3.1.2 Application aux opérateurs de Schrödinger

Nous voulons appliquer la technique de Rellich-Kato pour étudier les opérateurs sous la forme $-\Delta + V(x)$ dans $H^2(\mathbb{R}^d)$. Il faut pouvoir contrôler $\|Vf\|$ par $\|f\|_{H^2(\mathbb{R}^d)}$, ce qui est l'objet du théorème suivant.

Théorème 3.4 (Potentiels infinitésimalement $(-\Delta)$–bornés) *Soit* $V \in L^p(\mathbb{R}^d) + L^\infty(\mathbb{R}^d)$ *avec*

$$
\begin{cases}
p = 2 & \text{si } d \in \{1, 2, 3\}, \\
p > 2 & \text{si } d = 4, \\
p = \frac{d}{2} & \text{si } d \geq 5.
\end{cases}
\tag{3.4}
$$

Alors, pour tout $\varepsilon > 0$, *il existe une constante* C_ε *telle que*

$$
\|Vf\|_{L^2(\mathbb{R}^d)} \leq \varepsilon \|\Delta f\|_{L^2(\mathbb{R}^d)} + C_\varepsilon \|f\|_{L^2(\mathbb{R}^d)}, \qquad \forall f \in H^2(\mathbb{R}^d)
\tag{3.5}
$$

et

$$
\left| \int_{\mathbb{R}^d} V(x)|f(x)|^2 \, dx \right| \leq \varepsilon \int_{\mathbb{R}^d} |\nabla f(x)|^2 \, dx + C_\varepsilon \int_{\mathbb{R}^d} |f(x)|^2 \, dx, \quad \forall f \in H^1(\mathbb{R}^d).
\tag{3.6}
$$

Remarquons que la condition (3.4) est légèrement plus forte en dimension $d \leq 4$ que celle rencontrée en (1.37) au chapitre 1, qui servait seulement à assurer (3.6). La preuve est exactement la même que celle du lemme 1.10, sauf qu'on doit estimer $\int_{\mathbb{R}^d} V^2|f|^2$ par la norme $H^2(\mathbb{R}^d)$ de f, et il faut donc utiliser l'injection de Sobolev correspondante, rappelée à l'appendice A au théorème A.15. Nous la laissons en exercice. Le résultat suivant est une simple conséquence du théorème précédent et du théorème 3.1 de Rellich-Kato.

Corollaire 3.5 (Auto-adjonction des opérateurs de Schrödinger) *Soit* $V \in L^p(\mathbb{R}^d, \mathbb{R}) + L^\infty(\mathbb{R}^d, \mathbb{R})$ *une fonction à valeurs réelles, avec* p *comme en* (3.4). *Alors l'opérateur* $f \mapsto -\Delta f + Vf$ *est auto-adjoint sur* $D(-\Delta) = H^2(\mathbb{R}^d)$ *et son spectre est minoré. Par ailleurs,* $f \mapsto -\Delta f + Vf$ *est essentiellement auto-adjoint sur* $C_c^\infty(\mathbb{R}^d)$ *ou tout autre sous-espace dense dans* $H^2(\mathbb{R}^d)$.

Preuve Comme la fonction V est réelle, $f \mapsto Vf$ est symétrique. Par ailleurs cet opérateur est bien défini sur $H^2(\mathbb{R}^d)$ et il est infinitésimalement $(-\Delta)$–borné, d'après (3.5). Le résultat suit alors du théorème 3.1 de Rellich-Kato. Pour la minoration du spectre, on utilise le théorème 2.33 et l'inégalité

$$\langle f, (-\Delta + V)f\rangle_{L^2(\mathbb{R}^d)} = \int_{\mathbb{R}^d} |\nabla f(x)|^2 \, dx + \int_{\mathbb{R}^d} V(x)|f(x)|^2 \, dx$$

$$\geq (1 - \varepsilon) \int_{\mathbb{R}^d} |\nabla f(x)|^2 \, dx - C_\varepsilon \int_{\mathbb{R}^d} |f(x)|^2 \, dx$$

$$\geq -C_\varepsilon \int_{\mathbb{R}^d} |f(x)|^2 \, dx,$$

pour $\varepsilon < 1$, d'après (3.6). $\qquad\qquad\qquad\qquad\qquad\qquad\qquad\qquad\qquad\qquad$ $\square$

Le théorème signifie que perturber le Laplacien par une fonction qui s'écrit $V = V_p + V_\infty$ avec $V_p \in L^p(\mathbb{R}^d, \mathbb{R})$ et $V_\infty \in L^\infty(\mathbb{R}^d, \mathbb{R})$ ne change pas le domaine d'auto-adjonction. Les opérateurs sous la forme $A = -\Delta + V$ s'appellent *opérateurs de Schrödinger*.

Exemple 3.6 (Atome d'hydrogène) L'atome d'hydrogène étudié au chapitre 1 est décrit par le potentiel $V(x) = -|x|^{-1}$ en dimension $d = 3$. En écrivant

$$\frac{1}{|x|} = \underbrace{\frac{\mathbb{1}_{B_1}(x)}{|x|}}_{\in L^2(\mathbb{R}^3)} + \underbrace{\frac{\mathbb{1}_{\mathbb{R}^3 \setminus B_1}(x)}{|x|}}_{\in L^\infty(\mathbb{R}^3)}$$

où B_1 est la boule unité, on déduit du corollaire 3.5 que l'opérateur $-\Delta/2 - |x|^{-1}$ est auto-adjoint sur $H^2(\mathbb{R}^3)$.

3.2 Formes quadratiques et auto-adjonction

Dans cette section nous présentons une technique complètement différente pour trouver des extensions auto-adjointes d'opérateurs, qui est adaptée au cas particulier où la forme quadratique associée est minorée. Cette méthode est essentiellement due à Friedrichs [Fri34].

3.2.1 Fermeture des formes quadratiques

Nous considérons une forme sesquilinéaire hermitienne $\varphi(\cdot, \cdot)$ sur un domaine dense Q dans un espace de Hilbert complexe $\mathfrak{H}$. Ceci signifie que $(v, w) \in Q \times Q \mapsto \varphi(v, w) \in \mathbb{C}$ est linéaire par rapport à w et anti-linéaire par rapport à v, avec $\varphi(v, w) = \overline{\varphi(w, v)}$. La forme quadratique associée est par définition égale à

$$q(v) := \varphi(v, v)$$

et elle est à valeurs réelles. Rappelons qu'on peut retrouver φ à partir de q à l'aide de la *formule de polarisation*

$$\varphi(v, w) = \frac{1}{4}\Big(q(v + w) - q(v - w) + i q(v + i w) - i q(v - i w)\Big).$$

Il est donc équivalent de se donner φ ou q. Dans la suite nos définitions s'appliqueront indifféremment à φ ou q.

Définition 3.7 (Coercivité, fermeture)　Soit φ une forme sesquilinéaire hermitienne de forme quadratique associée $q(v) = \varphi(v, v)$, définies sur un sous-espace dense $Q \subset \mathfrak{H}$. On dit que q et φ sont *minorées* ou *bornées inférieurement* lorsqu'il existe une constante $\alpha \in \mathbb{R}$ telle que

$$q(v) \geq \alpha \|v\|^2, \qquad \forall v \in Q. \tag{3.7}$$

On dit qu'elles sont *coercives* lorsqu'elles sont minorées par un $\alpha > 0$. Dans ce cas, φ est un produit scalaire et $v \mapsto \sqrt{q(v)}$ une norme sur l'espace Q. On dit que q et φ sont *fermées* lorsqu'elles sont coercives et que (Q, φ) est un espace de Hilbert, c'est-à-dire est complet : pour toute suite (v_n) telle que

$$\lim_{n,m \to \infty} q(v_n - v_m) = 0,$$

il existe $v \in Q$ tel que

$$\lim_{n \to \infty} q(v_n - v) = 0.$$

Finalement, on dit que q et φ sont *fermables dans* $\mathfrak{H}$ lorsqu'elles admettent une extension fermée dans $\mathfrak{H}$. Dans ce cas, le complété $(\overline{Q}, \overline{\varphi})$ de (Q, φ) s'identifie à un sous-espace dense de $\mathfrak{H}$.

Nous n'avons pas écrit noir sur blanc la définition d'extension et de restriction d'une forme quadratique, qui est similaire à celle des opérateurs. Dans la suite nous considérerons seulement des formes quadratiques bornées inférieurement, et aurons fréquemment besoin qu'elles soient de plus coercives. Bien sûr, si q est minorée par α sans être coercive, alors $q + a\| \cdot \|^2$ est coercive pour $a > -\alpha$, et tous les résultats énoncés avec q coercive s'étendent aisément au cas d'une forme minorée en remplaçant q par $q + a\| \cdot \|^2$.

Une forme quadratique coercive q fournit une structure pré-hilbertienne sur le sous-espace Q de $\mathfrak{H}$. Il faut cependant faire attention que le complété abstrait de Q n'est pas nécessairement identifiable à un sous-espace de $\mathfrak{H}$. Il peut être beaucoup plus gros. Les formes quadratiques ne sont donc pas toujours fermables. Voici un exemple similaire à l'exercice 2.16 du chapitre 2.

Exemple 3.8 (Complétion de δ) Considérons la forme quadratique $q(u) = \int_0^1 |u|^2 + |u(1/2)|^2$ sur l'espace $Q = C_c^\infty(]0, 1[) \subset \mathfrak{H} = L^2(]0, 1[)$, qui est coercive comme en (3.7) avec $\alpha = 1$. Nous pouvons identifier $C_c^\infty(]0, 1[)$ au sous-espace

$$\left\{ (u, u(1/2)), \ u \in C_c^\infty(]0, 1[) \right\} \subset L^2(]0, 1[) \times \mathbb{C} =: \mathfrak{H}',$$

sur lequel la forme quadratique est une restriction de

$$q'(u, \lambda) := \int_0^1 |u(x)|^2 \, \mathrm{d}x + |\lambda|^2.$$

Le procédé de complétion fournit justement la forme q' sur tout l'espace de Hilbert $\mathfrak{H}'$ car la valeur $u_n(1/2)$ peut converger vers n'importe quel complexe $\lambda \in \mathbb{C}$ lorsque $u_n \to u$ dans $L^2(]0, 1[)$. Par ce procédé, l'espace $\mathfrak{H}'$ ne s'identifie pas à un sous-espace de $\mathfrak{H} = L^2(]0, 1[)$ et q n'est pas fermable.

3.2.2 Cas des opérateurs symétriques

Soit A un opérateur symétrique sur son domaine $D(A) \subset \mathfrak{H}$. On appelle *forme quadratique associée à* A celle définie par

$$q_A(v) := \langle v, Av \rangle$$

sur le domaine $Q := D(A)$. La forme sesquilinéaire hermitienne associée vaut bien sûr

$$\varphi_A(v, w) := \langle v, Aw \rangle, \qquad \forall v, w \in D(A).$$

Définition 3.9 (Borné inférieurement, coercif) On dit qu'un opérateur symétrique $(A, D(A))$ est *borné inférieurement, minoré* ou *coercif* lorsque sa forme quadratique q_A l'est, comme dans la définition 3.7. Dans ce cas on note $A \geq \alpha$.

Lorsque A est auto-adjoint, le théorème 2.33 montre que l'hypothèse (3.7) est équivalente à dire que $\sigma(A) \subset [\alpha, +\infty[$. Mais nous supposons pour l'instant seulement que A est symétrique.

De la même façon que tout opérateur symétrique est fermable (section 2.5), nous pouvons montrer que tout opérateur symétrique coercif a une forme quadratique qui est fermable.

Théorème 3.10 (Forme quadratique d'un opérateur symétrique) *Soit* $A \geq \alpha > 0$ *un opérateur symétrique coercif sur son domaine* $D(A)$. *Alors sa forme quadratique* q_A *est toujours fermable. Sa fermeture, notée* $\overline{q_A}$ *et de forme polaire* associée $\overline{\varphi_A}$, est définie sur $Q_A \subset \mathfrak{H}$, qui est un espace complet pour $\overline{q_A}$. De plus on a les propriétés suivantes :

- $D(A)$ est dense dans Q_A pour la norme $\sqrt{\overline{q_A}}$;
- Q_A est dense dans $\mathfrak{H}$ pour la norme de $\mathfrak{H}$;
- pour tout $u \in D(A)$ et tout $v \in Q_A$ on a $\overline{\varphi_A}(v, u) = \langle v, Au \rangle$;
- l'injection $Q_A \hookrightarrow \mathfrak{H}$ est continue, c'est-à-dire $\alpha \|v\|^2 \leq \overline{q_A}(v)$ pour tout $v \in Q_A$;
- si A est fermé, l'injection $D(A) \hookrightarrow Q_A$ est également continue, c'est-à-dire

$$\overline{q_A}(v) = \langle v, Av \rangle \leq \frac{1}{2} \|v\|_{D(A)}^2 = \frac{\|v\|^2}{2} + \frac{\|Av\|^2}{2}$$

pour tout $v \in D(A)$.

Si A est borné inférieurement sans être coercif, c'est-à-dire vérifie $\langle v, Av \rangle \geq \alpha \|v\|^2$ pour tout $v \in D(A)$, nous posons de façon similaire $Q_A := Q_{A+a}$ et $\overline{q_A} := \overline{q_{A+a}} - a\| \cdot \|^2$ pour $a > -\alpha$. On vérifie que cette définition est indépendante de a.

Preuve Plutôt que de montrer que la complétion abstraite de q_A sur $D(A)$ s'identifie bien à un sous-espace de $\mathfrak{H}$, nous la construisons de façon plus concrète. Soit $(v_n) \in D(A)^{\mathbb{N}}$ une suite de Cauchy pour q_A, c'est-à-dire telle que

$$\lim_{n,m \to \infty} q_A(v_n - v_m) = 0.$$

Alors par (3.7), (v_n) est de Cauchy dans $\mathfrak{H}$, et converge donc vers $v \in \mathfrak{H}$. Par ailleurs nous avons l'inégalité triangulaire

$$\lim_{n,m \to \infty} \left| \sqrt{q_A(v_n)} - \sqrt{q_A(v_m)} \right| \leq \lim_{n,m \to \infty} \sqrt{q_A(v_n - v_m)} = 0$$

(car $v \mapsto \sqrt{q_A(v)}$ est une norme) ce qui montre que $q_A(v_n)$ converge vers un réel positif noté $\overline{q_A}(v)$. Ceci nous amène à poser

$$Q_A := \left\{ v \in \mathfrak{H} : \exists (v_n) \in D(A)^{\mathbb{N}}, \ v_n \to v, \ \lim_{n,m \to \infty} q_A(v_n - v_m) = 0 \right\}$$

et $\overline{q_A}(v) = \lim_{n \to \infty} q_A(v_n)$. Il faut vérifier que ceci définit $\overline{q_A}$ de façon univoque, c'est-à-dire que $\overline{q_A}(v)$ ne dépend pas de la suite (v_n) choisie. Soit donc (v_n') une autre suite de Cauchy pour q_A qui converge vers v dans $\mathfrak{H}$. Alors $w_n := v_n - v_n'$ est aussi de Cauchy pour q_A et converge vers 0 dans $\mathfrak{H}$. Ainsi, il suffit de montrer que $q_A(w_n) \to 0$ pour toute suite $w_n \to 0$ qui est de Cauchy pour q_A, ce qui est l'équivalent de la propriété (ii) du lemme 2.3. C'est à ce moment seulement qu'intervient l'hypothèse que q_A provient d'un opérateur symétrique. En effet, nous pouvons écrire

$$q_A(w_n - w_m) = q_A(w_n) + q_A(w_m) - 2\Re\langle w_n, Aw_m \rangle$$

de sorte que

$$\lim_{n \to \infty} q_A(w_n) = \lim_{n,m \to \infty} \Re\langle w_n, A w_m\rangle = \lim_{m \to \infty}\left(\lim_{n \to \infty} \Re\langle w_n, A w_m\rangle\right) = 0$$

car $w_n \to 0$ dans $\mathfrak{H}$. Ceci termine la preuve que $\overline{q_A}$ est bien définie. Nous laissons la vérification des autres propriétés en exercice. $\qquad\square$

Exemple 3.11 (Laplacien sur $\mathbb{R}^d$) Considérons l'opérateur $A = -\Delta$ qui est auto-adjoint sur $H^2(\mathbb{R}^d)$, comme nous l'avons vu au théorème 2.35. Alors on a

$$q_A(f) = -\int_{\mathbb{R}^d} \overline{f(x)}\Delta f(x)\,\mathrm{d}x = \int_{\mathbb{R}^d} |\nabla f(x)|^2\,\mathrm{d}x, \qquad \forall f \in H^2(\mathbb{R}^d).$$

Comme q_A est seulement positive, nous la rendons coercive en regardant par exemple $A + 1$ de sorte que $q_{A+1}(f) = \|f\|^2_{H^1(\mathbb{R}^d)} \geq \|f\|^2_{L^2(\mathbb{R}^d)}$. Comme $H^2(\mathbb{R}^d)$ est dense dans $H^1(\mathbb{R}^d)$ pour la norme de $H^1(\mathbb{R}^d)$, le procédé de complétion fournit simplement $Q_{A+1} = H^1(\mathbb{R}^d)$ et $\overline{q_{A+1}}(f) = \|f\|^2_{H^1(\mathbb{R}^d)}$. Ainsi

$$\overline{q_A}(f) = \overline{q_{A+1}}(f) - \|f\|^2_{L^2(\mathbb{R}^d)} = \int_{\mathbb{R}^d} |\nabla f(x)|^2\,\mathrm{d}x \quad \text{sur} \quad Q_A = H^1(\mathbb{R}^d).$$

3.2.3 Cas des opérateurs auto-adjoints

Nous verrons que la forme quadratique est un objet qui peut être parfois plus facile à manipuler que l'opérateur A lui-même. Il est cependant légitime de se demander quelle relation il y a entre A et $\overline{q_A}$. Peut-on retrouver A à partir de $\overline{q_A}$? La réponse est négative pour un opérateur symétrique quelconque, mais elle est positive pour un opérateur auto-adjoint, ce qui justifie en partie l'introduction de la notion de forme quadratique.

Théorème 3.12 (Caractérisation du domaine) *Soit A un opérateur auto-adjoint borné inférieurement et soit $\overline{\varphi_A}$ la forme polaire fermée associée, construite au théorème 3.10. Les propositions suivantes sont équivalentes :*

(i) $v \in Q_A$ et il existe $z \in \mathfrak{H}$ tel que $\overline{\varphi_A}(v, h) = \langle z, h\rangle$ pour tout $h \in Q_A$;
(ii) $v \in D(A)$ et $Av = z$.

L'équation $\overline{\varphi_A}(v, h) = \langle z, h\rangle$ s'appelle la *formulation faible* de l'équation $Av = z$ et elle s'obtient formellement en prenant le produit scalaire avec h. Le caractère "faible" vient du fait qu'on suppose seulement que $v \in Q(A)$.

Preuve Si $v \in D(A)$ et $Av = z$, alors $\overline{\varphi_A}(v, h) = \langle Av, h\rangle = \langle z, h\rangle$ pour tout $h \in Q_A$. Réciproquement, si $\overline{\varphi_A}(v, h) = \langle z, h\rangle$ pour tout $h \in Q_A$, alors on peut prendre $h \in D(A)$ et on trouve $\langle v, Ah\rangle = \langle z, h\rangle$ pour tout $h \in D(A)$. Cela signifie que $(v, z) \in G(A^*) = G(A)$ puisque A est supposé auto-adjoint. Donc $v \in D(A)$ et $Av = z$. $\qquad\square$

Puisqu'un opérateur auto-adjoint est totalement caractérisé par la fermeture $\overline{q_A}$ de sa forme quadratique, nous noterons toujours, pour simplifier,

$$\boxed{q_A := \overline{q_A}, \qquad \varphi_A := \overline{\varphi_A}, \qquad Q(A) := Q_A.}$$

Pour un opérateur symétrique nous conserverons les notations avec le surlignement. Nous pouvons maintenant utiliser le résultat précédent pour donner une caractérisation variationnelle de l'équation $(A + a)v = z$, un résultat qui prend la même forme que le théorème de Lax-Milgram [LM54].

Théorème 3.13 (Caractérisation variationnelle) *Soit $A \geq \alpha$ un opérateur auto-adjoint borné inférieurement et soit $a > -\alpha$. Soit $z \in \mathfrak{H}$ quelconque. Alors, le problème de minimisation*

$$\inf_{w \in Q(A)} \left\{ \frac{1}{2} q_A(w) + \frac{a}{2} \|w\|^2 - \Re\langle w, z \rangle \right\} \tag{3.8}$$

admet pour unique minimiseur $v = (A + a)^{-1}z \in D(A)$. Ce dernier est aussi l'unique $v \in Q(A)$ satisfaisant la relation

$$\varphi_A(v, h) + a\langle v, h \rangle = \langle z, h \rangle \tag{3.9}$$

pour tout $h \in Q(A)$.

Le théorème nous précise comment retrouver A (ou plutôt $(A + a)^{-1}$) à partir de la forme quadratique q_A, par un procédé variationnel. Le point $v = (A + a)^{-1}z$ est l'unique minimiseur du problème (3.8).

Preuve Nous avons déjà vu au théorème 3.12 que la formulation faible (3.9) alliée à la condition que $v \in Q(A)$ était équivalente au fait que $v \in D(A)$ avec $(A+a)v = z$, c'est-à-dire $v = (A + a)^{-1}z$. Pour tout $w \in Q(A)$, en complétant le carré on trouve

$$\frac{1}{2}q_A(w) + \frac{a}{2}\|w\|^2 - \Re\langle w, z \rangle - \frac{1}{2}q_A(v) - \frac{a}{2}\|v\|^2 + \Re\langle v, z \rangle$$
$$= \frac{1}{2}q_A(w - v) + \frac{a}{2}\|w - v\|^2 \geq \frac{a + \alpha}{2}\|w - v\|^2 \tag{3.10}$$

qui est positif et s'annule seulement quand $w = v$. Ceci montre que v est l'unique minimiseur de (3.8). $\qquad\square$

Exercice 3.14 Sans utiliser l'information que $v = (A + a)^{-1}z$, montrer que le problème de minimisation (3.8) admet un minimiseur (prendre une suite minimisante, montrer qu'elle est bornée dans $Q(A)$ et passer à la limite faible dans cet espace). Par un argument de perturbation, montrer que tout minimiseur vérifie la relation (3.9).

3.2.4 Exemple du Laplacien sur $]0, 1[$

Nous avons vu à la section 2.8.3 de nombreuses réalisations auto-adjointes possibles du Laplacien sur $]0, 1[$. Ces dernières sont paramétrées par tous les espaces isotropes de dimension 2 de la matrice M définie en (2.27). Elles ont toutes une forme quadratique minorée (ce que nous prouverons plus tard au théorème 5.25) que nous déterminons ici pour les cas particuliers du tableau 2.1.

Laplacien de Born-von Kármán
Pour la condition de Born-von Kármán nous avons

$$D(A_{\mathrm{per},\theta}) = H^2_{\mathrm{per},\theta}(]0, 1[)$$

$$= \left\{ u \in H^2(]0, 1[) \ : \ u(1) = e^{i\theta}u(0), \ u'(1) = e^{i\theta}u'(0) \right\}$$

avec $A_{\mathrm{per},\theta}u := -u''$ et $\theta \in [0, 2\pi[$. Une intégration par parties montre que, pour $u \in D(A_{\mathrm{per},\theta})$,

$$q_{A_{\mathrm{per},\theta}}(u) = \int_0^1 |u'(t)|^2 \, \mathrm{d}t.$$

La forme quadratique du Laplacien de Born-von Kármán est donc définie sur la fermeture de $D(A_{\mathrm{per},\theta})$ pour la norme $H^1(]0, 1[)$, c'est-à-dire sur le domaine

$$Q(A_{\mathrm{per},\theta}) = H^1_{\mathrm{per},\theta}(]0, 1[) = \left\{ u \in H^1(]0, 1[) \ : \ u(1) = e^{i\theta}u(0) \right\}.$$

La condition liant $u'(1)$ et $u'(0)$ est perdue car elle ne fait pas sens dans $H^1(]0, 1[)$.

Le théorème 3.12 nous précise comment retrouver le domaine $D(A_{\mathrm{per},\theta})$ à partir de la forme quadratique et il est utile de vérifier en pratique comment apparaissent les deux conditions manquantes $u'' \in L^2(]0, 1[)$ et $u'(1) = e^{i\theta}u'(0)$. Ainsi, $u \in D(A_{\mathrm{per},\theta})$ si et seulement si $u \in H^1_{\mathrm{per},\theta}(]0, 1[)$ et il existe $g \in L^2(]0, 1[)$ tel que

$$\int_0^1 \overline{u'(t)}\varphi'(t) \, \mathrm{d}t + \int_0^1 \overline{u(t)}\varphi(t) \, \mathrm{d}t = \int_0^1 \overline{g(t)}\varphi(t) \, \mathrm{d}t$$

pour tout $\varphi \in H^1_{\text{per},\theta}(]0, 1[)$. En prenant $\varphi \in C^\infty_c(]0, 1[)$ on trouve l'équation au sens des distributions

$$-u'' + u = g$$

qui implique $u'' \in L^2(]0, 1[)$. On peut alors intégrer par parties pour tout $\varphi \in H^1_{\text{per},\theta}(]0, 1[)$ et, en utilisant l'équation, on déduit que les termes de bord doivent s'annuler :

$$\overline{u'(1)}\varphi(1) = \overline{u'(0)}\varphi(0).$$

Ceci implique $u'(1) = e^{i\theta} u'(0)$ comme voulu.

Laplacien de Robin
Nous discutons maintenant de la condition au bord de Robin, que nous écrivons sous la forme

$$D(A_{\text{Rob},\theta}) = \Big\{ u \in H^2(]0, 1[) \ : \ \cos(\pi\theta)u(1) + \sin(\pi\theta)u'(1) = 0,$$

$$\cos(\pi\theta)u(0) - \sin(\pi\theta)u'(0) = 0 \Big\}$$

avec $\theta \in [0, 1[$ et $A_{\text{Rob},\theta}u = -u''$. Une intégration par parties fournit, cette fois,

$$\langle u, A_{\text{Rob},\theta}u \rangle = \int_0^1 |u'(t)|^2 \, dt$$

$$+ \begin{cases} \dfrac{1}{\tan(\pi\theta)} \Big(|u(1)|^2 + |u(0)|^2 \Big) & \text{pour } \theta \in]0, \tfrac{1}{2}[\cup]\tfrac{1}{2}, 1[, \\ 0 & \text{pour } \theta \in \{0, \tfrac{1}{2}\}. \end{cases}$$

$$\tag{3.11}$$

D'après l'inégalité

$$\sup_{[0,1]} |u|^2 \le 2 \|u\|_{L^2(]0,1[)} \|u'\|_{L^2(]0,1[)} + \|u\|^2_{L^2(]0,1[)}, \tag{3.12}$$

démontrée en (A.5) à l'appendice A, la norme associée est encore équivalente à celle de H^1 et la forme quadratique est définie sur le domaine

$$Q(A_{\text{Rob},\theta}) = \begin{cases} H^1(]0, 1[) & \text{pour } \theta \in]0, 1[, \\ H^1_0(]0, 1[) & \text{pour } \theta = 0. \end{cases} \tag{3.13}$$

En effet, lorsque $\theta \neq 0$ les conditions sur $u'(0)$ et $u'(1)$ disparaissent dans $H^1(]0, 1[)$. Nous voyons que

- seule la condition au bord de Dirichlet fait sens dans $H^1(]0, 1[)$, et la forme quadratique est alors définie sur $Q(A_{\text{Rob},0}) = H_0^1(]0, 1[)$;
- les formes quadratiques pour le Laplacien de Robin avec $\theta \in]0, 1[$ (incluant le cas $\theta = 1/2$ de Neumann) sont toutes définies sur le même domaine $H^1(]0, 1[)$, où la condition au bord est invisible ;
- la forme quadratique associée à $A_{\text{Rob},\theta}$ dépend de θ et contient un terme de bord seulement pour $\theta \in]0, 1[\backslash\{1/2\}$.

La condition au bord apparaît donc bien plus clairement dans le domaine des opérateurs auto-adjoints $A_{\text{Rob},\theta}$ que dans les formes quadratiques associées.

Remarque 3.15 Lorsque $\theta \to 0^+$ le terme de bord en $1/\tan(\pi\theta)$ tend vers $+\infty$ et il joue alors le rôle d'une *pénalisation* qui mène, à la limite, à la condition de Dirichlet $u(0) = u(1) = 0$. Nous étudierons le comportement des valeurs propres du Laplacien de Robin plus tard à l'exercice 5.53.

3.2.5 Réalisation de Friedrichs

Nous avons prouvé que, pour un opérateur auto-adjoint minoré, la donnée de la forme quadratique q_A et de son domaine $Q(A)$ est équivalente à celle de A et $D(A)$. En pratique, une version réciproque du théorème 3.13 due à Friedrichs est souvent utilisée. Elle stipule que toute forme quadratique fermée q est égale à un q_A pour un opérateur auto-adjoint A. C'est une technique élégante pour construire des extensions auto-adjointes d'opérateurs symétriques minorés. L'idée est de partir d'un opérateur A symétrique borné inférieurement défini sur un domaine très petit, puis de calculer la forme quadratique associée q_A. Comme cette dernière est minorée, on peut la fermer par le théorème 3.10, ce qui fournit alors une extension auto-adjointe $B = B^* \supset A$. En particulier, tous les opérateurs symétriques minorés admettent des extensions auto-adjointes.

Théorème 3.16 (Riesz-Friedrichs) *Soient $Q \subset \mathfrak{H}$ deux espaces de Hilbert, de normes $\|\cdot\|_Q$ et $\|\cdot\|_{\mathfrak{H}}$ et de produits scalaires $\langle\cdot,\cdot\rangle_Q$ et $\langle\cdot,\cdot\rangle_{\mathfrak{H}}$. On suppose que Q est dense et s'injecte continûment dans $\mathfrak{H}$, c'est-à-dire qu'il existe $\alpha > 0$ tel que*

$$\|v\|_Q \geq \alpha\|v\|_{\mathfrak{H}}, \qquad \forall v \in Q. \tag{3.14}$$

Alors il existe un unique opérateur auto-adjoint A sur son domaine $D(A) \subset \mathfrak{H}$, tel que $q_A = \|\cdot\|_Q^2$, $\varphi_A = \langle\cdot,\cdot\rangle_Q$ et $Q = Q(A)$.

De plus, si B est un opérateur auto-adjoint sur $D(B) \subset Q$ tel que $D(B)$ est dense dans Q et $q_B = q$ sur $D(B)$, alors $B = A$.

La dernière propriété est un peu plus forte que l'unicité du début du théorème, car nous ne supposons pas *a priori* que q est la fermeture q_B de la forme quadratique associée à B. Mais c'est ce que nous montrons dans la preuve.

Preuve Par le théorème 3.12, on est amené à introduire

$$G(A) = \left\{ (v, z) \in Q \times \mathfrak{H} \ : \ \langle v, h \rangle_Q = \langle z, h \rangle_{\mathfrak{H}}, \ \forall h \in Q \right\},$$

$$D(A) := \{ v \in Q \ : \ \exists z \in \mathfrak{H}, \ (v, z) \in G(A) \}.$$

Il est clair que $G(A)$ est un sous-espace vectoriel de $\mathfrak{H} \times \mathfrak{H}$. Si par ailleurs $(0, z) \in G(A)$ alors on a $\langle z, h \rangle_{\mathfrak{H}} = 0$ pour tout $h \in Q$, ce qui implique que $z = 0$ puisque Q est dense dans $\mathfrak{H}$. Ainsi, $G(A)$ est le graphe d'un opérateur linéaire A défini sur $D(A)$ par $Av = z$. Nous allons vérifier un peu plus tard que $D(A)$ est un sous-espace dense de $\mathfrak{H}$. Pour $v_1, v_2 \in D(A)$, on a

$$\langle Av_1, v_2 \rangle_{\mathfrak{H}} = \langle v_1, v_2 \rangle_Q = \overline{\langle v_2, v_1 \rangle_Q} = \overline{\langle Av_2, v_1 \rangle_{\mathfrak{H}}} = \langle v_1, Av_2 \rangle_{\mathfrak{H}}$$

qui montre immédiatement que l'opérateur A est symétrique sur son domaine.

Soit $z \in \mathfrak{H}$ quelconque. Comme $h \mapsto \langle z, h \rangle_{\mathfrak{H}}$ est une application linéaire continue sur Q, le théorème de Riesz implique l'existence d'un unique $v \in Q$ tel que $\langle v, h \rangle_Q = \langle z, h \rangle_{\mathfrak{H}}$ pour tout $h \in Q$, c'est-à-dire tel que $Av = z$. La preuve habituelle consiste à minimiser la fonctionnelle strictement convexe $w \in Q \mapsto \|w\|_Q^2 / 2 - \Re\langle z, w \rangle$. L'existence d'un minimiseur est garantie par l'inégalité (3.14) et un argument de minimisation comme à l'exercice 3.14. Ainsi, nous avons montré que l'opérateur A est surjectif de $D(A)$ dans $\mathfrak{H}$.

Écrivons maintenant la preuve que $D(A)$ est dense. Soit h dans l'orthogonal de $D(A)$ pour le produit scalaire de Q et, puisque A est surjectif, soit alors $v \in D(A)$ tel que $Av = h$. On a $0 = \langle v, h \rangle_Q = \langle h, h \rangle_{\mathfrak{H}}$ ce qui implique $h = 0$, donc $D(A)$ est dense dans Q pour la norme de Q. Puisque Q est lui même supposé dense dans $\mathfrak{H}$, on conclut que $D(A)$ est dense dans $\mathfrak{H}$.

Comme nous avons déjà montré que A est surjectif de $D(A)$ dans $\mathfrak{H}$, d'après le théorème 2.28, il suit que A est auto-adjoint. Par ailleurs nous avons également prouvé que $D(A)$ est dense dans Q pour sa norme, et on a donc bien $q_A = \| \cdot \|_Q^2$ comme annoncé.

Il reste finalement à montrer que A est aussi le seul opérateur auto-adjoint dont le domaine est dense dans Q pour la topologie associée, et dont la forme quadratique coïncide avec q sur son domaine. Soit B un tel autre opérateur. Nous avons par hypothèse $q_B(v) = q(v)$ pour tout $v \in D(B)$ ce qui, par polarisation, implique $\langle Bv, h \rangle = \langle v, h \rangle_Q$ pour tout $v, h \in D(B)$. Comme $D(B)$ est supposé dense dans Q, cette relation reste vraie pour tout $h \in Q$. C'est alors exactement la caractérisation du fait que $v \in D(A)$ avec $Av = Bv$. Ainsi, $B \subset A$ ce qui implique $A = B$ car les deux opérateurs sont auto-adjoints.   □

Le résultat précédent permet de définir l'extension de Friedrichs d'un opérateur symétrique coercif.

Corollaire 3.17 (Extension de Friedrichs) *Soit A un opérateur symétrique sur son domaine $D(A) \subset \mathfrak{H}$, qui est borné inférieurement. Soit $q = \overline{q_A}$ la fermeture de la forme quadratique associée, construite au théorème 3.10, dont le domaine est noté Q. Alors il existe une unique extension auto-adjointe B de A, appelée* extension de Friedrichs *telle que*

$$\boxed{D(A) \subset D(B) \subset Q.}$$

Plus précisément, on a

$$D(B) = \left\{ v \in Q \ : \ \exists z \in \mathfrak{H}, \ \langle v, h \rangle_Q = \langle z, h \rangle, \ \forall h \in Q \right\}$$

avec $Bv := z$, $q = q_B$ et $Q = Q(B)$.

Une conséquence de ce résultat est que tout opérateur symétrique A borné inférieurement admet au moins une extension auto-adjointe, qui est par ailleurs aussi minorée. Les autres extensions possibles n'ont pas toujours un spectre minoré [RS75, p. 179–180].

Preuve Nous avons déjà vu au théorème 3.16 que la forme quadratique q était associée à un unique opérateur auto-adjoint B. L'opérateur B est une extension de A car on a $D(A) \subset Q$ par construction, donc

$$\langle Bv, h \rangle = \langle v, h \rangle_Q = \langle v, Ah \rangle$$

pour tout $v \in D(B)$ et tout $h \in D(A) \subset Q$. Ceci montre que $B \subset A^*$ et donc $A \subset \overline{A} = (A^*)^* \subset B^* = B$. L'unicité suit de la dernière assertion du théorème 3.16. En effet, comme $D(A)$ est par construction dense dans Q, toute extension auto-adjointe $\tilde{B}$ de A telle que $D(A) \subset D(\tilde{B}) \subset Q$ a aussi son domaine $D(\tilde{B})$ dense dans Q. Par ailleurs, on a pour tout $v \in D(\tilde{B})$ et tout $w \in D(A)$

$$\left\langle \tilde{B}v, w \right\rangle = \left\langle v, \tilde{B}w \right\rangle = \langle v, Aw \rangle = \varphi_B(v, w)$$

puisque $A \subset \tilde{B}$. Comme $D(A)$ est par définition dense dans $Q = Q(B)$ pour la norme associée, la relation reste vraie dans tout $D(\tilde{B})$ et nous pouvons alors utiliser l'unicité démontrée au théorème 3.16. □

La méthode de Friedrichs permet de montrer que $A + B$ est auto-adjoint lorsque A l'est et que B est relativement borné, mais en un sens faisant intervenir les formes quadratiques au lieu des opérateurs, comme nous avions vu pour le théorème de Rellich-Kato. Le résultat suivant est dû à Kato, Lions, Lax, Milgram et Nelson [RS75, p. 323].

Théorème 3.18 (KLMN) *Soit A un opérateur auto-adjoint sur son domaine $D(A) \subset \mathfrak{H}$, qui est coercif, c'est-à-dire tel que $\langle v, Av \rangle \geq \alpha \|v\|^2$ pour tout $v \in D(A)$ avec $\alpha > 0$. Soit q_A la forme quadratique fermée associée, de domaine*

$Q(A)$. *Soit b une autre forme quadratique définie sur $Q(A)$, telle que*

$$|b(v)| \leq \eta\, q_A(v) + \kappa\, \|v\|^2, \qquad \forall v \in Q(A),$$

pour un réel $0 \leq \eta < 1$ et $\kappa > 0$. Alors $v \mapsto q_A(v) + b(v)$ est fermée et coercive sur $Q(A)$. Elle est donc associée à un unique opérateur auto-adjoint C, qui est tel que $Q(C) = Q(A)$.

Si b est la forme quadratique d'un opérateur symétrique B défini sur $D(A)$, alors C est l'unique extension auto-adjointe de $A + B$ défini sur $D(A + B) = D(A)$, telle que $D(A) \subset D(C) \subset Q(A)$.

Preuve Comme

$$(1 - \eta)q_A(v) - \kappa\,\|v\|^2 \leq q_A(v) + b(v) \leq (1 + \eta)q_A(v) + \kappa\,\|v\|^2,$$

la forme $v \mapsto q_A(v) + b(v) + \kappa\|v\|^2$ est équivalente à q_A sur $Q(A)$. Ainsi $Q(A)$ est également complet pour cette nouvelle forme quadratique et le résultat suit du théorème 3.16.   □

En général l'opérateur C peut avoir un domaine très différent de celui de A, même si les domaines de forme sont les mêmes. Un exemple est donné à l'exercice 3.24.

3.3   Formes quadratiques et opérateurs de Schrödinger

Dans cette section nous utilisons les formes quadratiques pour construire des réalisations auto-adjointes des opérateurs de Schrödinger $H = -\Delta + V(x)$, en particulier dans le cas où l'opérateur de multiplication par la fonction V n'est pas naturellement défini sur l'espace $D(-\Delta) = H^2(\mathbb{R}^d)$. Ceci comprend les situations où V est trop singulier ou diverge à l'infini.

3.3.1   Cas des potentiels singuliers localement

À l'aide du théorème de Rellich-Kato, nous avons vu au corollaire 3.5 que les opérateurs de Schrödinger $H = -\Delta + V(x)$ étaient auto-adjoint sur $D(H) = H^2(\mathbb{R}^d)$ lorsque $V \in L^p(\mathbb{R}^d, \mathbb{R}) + L^\infty(\mathbb{R}^d, \mathbb{R})$ avec

$$\begin{cases} p = 2 & \text{si } d \in \{1, 2, 3\}, \\ p > 2 & \text{si } d = 4, \\ p = \frac{d}{2} & \text{si } d \geq 5. \end{cases} \tag{3.15}$$

Ils sont même essentiellement auto-adjoints sur $C_c^\infty(\mathbb{R}^d)$, ce qui signifie qu'il n'existe qu'une seule réalisation auto-adjointe possible. D'un autre côté, nous avions vu auparavant au lemme 1.10 que la forme quadratique correspondante

$$\mathcal{E}^V(u) = \int_{\mathbb{R}^d} |\nabla u(x)|^2 \, dx + \int_{\mathbb{R}^d} V(x)|u(x)|^2 \, dx$$

était continue et bornée inférieurement sous l'hypothèse plus faible

$$\begin{cases} p = 1 & \text{si } d = 1, \\ p > 1 & \text{si } d = 2, \\ p = \frac{d}{2} & \text{si } d \geq 3. \end{cases} \tag{3.16}$$

Plus précisément, on a

$$c_1 \|u\|_{H^1(\mathbb{R}^d)}^2 \leq \mathcal{E}^V(u) + C \|u\|_{L^2(\mathbb{R}^d)}^2 \leq c_2 \|u\|_{H^1(\mathbb{R}^d)}^2$$

pour des constantes $C, c_1, c_2 > 0$. Ainsi $\mathcal{E}^V + C\|\cdot\|_{L^2(\mathbb{R}^d)}^2$ définit une forme quadratique équivalente au carré de la norme de $H^1(\mathbb{R}^d)$. Les deux hypothèses (3.15) et (3.16) diffèrent en dimension $d \leq 4$. L'énergie est minorée pour des potentiels plus singuliers localement que ceux pour lesquels nous pouvons montrer que l'opérateur est auto-adjoint sur $H^2(\mathbb{R}^d)$.

Plaçons-nous par exemple en dimension $d = 1$. L'hypothèse (3.16) couvre les potentiels tels que

$$V(x) \underset{x \to 0}{\sim} \frac{c}{|x|^\alpha}, \qquad c \neq 0 \tag{3.17}$$

avec $\alpha < 1$ alors que l'opérateur correspondant n'est auto-adjoint sur $H^2(\mathbb{R})$ que sous l'hypothèse que $\alpha < 1/2$. En fait, lorsque $1/2 \leq \alpha < 1$, l'opérateur $-\Delta + V(x)$ n'est même pas défini sur $C_c^\infty(\mathbb{R})$ car pour une fonction u telle que $u(0) = 1$, nous aurons $Vu \notin L^2(\mathbb{R})$. Ainsi l'opérateur $-\Delta + V(x)$ n'est pas non plus bien défini sur $H^2(\mathbb{R})$.

Lorsque V n'est singulier qu'à l'origine, où il a le comportement (3.17), il est possible de définir l'opérateur $-\Delta + V(x)$ sur $C_c^\infty(\mathbb{R} \setminus \{0\})$. Ses extensions auto-adjointes ne contiendront pas nécessairement $H^2(\mathbb{R})$. Nous voyons sur cet exemple que le domaine minimal que l'on peut utiliser comme point de départ pour l'opérateur $-\Delta + V(x)$ peut dépendre des singularités locales de la fonction V. Ceci complique grandement la construction des extensions auto-adjointes possibles. Cependant, ces subtilités disparaissent lorsqu'on utilise la forme quadratique, qui est toujours définie sur tout $H^1(\mathbb{R}^d)$.

Corollaire 3.19 (Réalisation de Friedrichs pour les potentiels singuliers) *Soit*
$V \in L^p(\mathbb{R}^d, \mathbb{R}) + L^\infty(\mathbb{R}^d, \mathbb{R})$ *avec p satisfaisant* (3.16). *Alors il existe un unique*
opérateur auto-adjoint H tel que $D(H)$ soit dense dans $H^1(\mathbb{R}^d)$ et dont la forme
quadratique vaut

$$\langle u, Hu \rangle = \int_{\mathbb{R}^d} |\nabla u(x)|^2 \, dx + \int_{\mathbb{R}^d} V(x)|u(x)|^2 \, dx$$

pour tout $u \in D(H)$. Cet opérateur est défini sur le domaine

$$\boxed{D(H) = \left\{ u \in H^1(\mathbb{R}^d) \; : \; -\Delta u + Vu \in L^2(\mathbb{R}^d) \right\}}$$

par $Hu := -\Delta u + Vu$ où chaque terme est compris au sens des distributions ou
dans $H^{-1}(\mathbb{R}^d)$. On a alors $Q(H) = H^1(\mathbb{R}^d)$.

Preuve La forme quadratique est coercive et fermée sur $H^1(\mathbb{R}^d)$ par le lemme 1.10.
Le théorème 3.16 de Riesz-Friedrichs ou le théorème KLMN 3.18 fournissent
alors un unique opérateur auto-adjoint H dont la forme quadratique est $\mathcal{E}^V$. Le
domaine $D(H)$ est l'ensemble des fonctions $u \in H^1(\mathbb{R}^d)$ pour lesquelles il existe
$h \in L^2(\mathbb{R}^d)$ tel que

$$\int_{\mathbb{R}^d} \nabla \overline{v(x)} \cdot \nabla u(x) \, dx + \int_{\mathbb{R}^d} V(x)\overline{v(x)}u(x) \, dx = \int_{\mathbb{R}^d} \overline{v(x)}h(x) \, dx$$

pour tout $v \in H^1(\mathbb{R}^d)$. C'est exactement la définition du fait que $-\Delta u + Vu = h \in$
$L^2(\mathbb{R}^d)$, ou chaque terme est interprété dans $H^{-1}(\mathbb{R}^d)$. Comme $C_c^\infty(\mathbb{R}^d)$ est dense
dans $H^1(\mathbb{R}^d)$, il est équivalent de prendre $v \in C_c^\infty(\mathbb{R}^d)$, auquel cas chaque terme
est maintenant vu comme une distribution.   □

L'unicité de H sous l'hypothèse que $D(H)$ est dense dans $H^1(\mathbb{R}^d)$ est importante
d'un point de vue physique. Elle signifie que la contrainte que l'énergie soit finie sur
le domaine de H suffit à déterminer l'opérateur H.

Il est important de remarquer que, sur $D(H)$, seule la somme $-\Delta u + Vu$ appartient à $L^2(\mathbb{R}^d)$. Les deux termes peuvent ne pas appartenir à $L^2(\mathbb{R}^d)$ séparément
(sinon le domaine serait inclus dans $H^2(\mathbb{R}^d)$). Il est même possible que l'on ait
$H^2(\mathbb{R}^d) \cap D(H) = \{0\}$, c'est-à-dire que les deux termes $-\Delta u$ et Vu ne soient
jamais dans $L^2(\mathbb{R}^d)$ (exercice 3.24).

Remarque 3.20 Si V vérifie (3.15) alors $-\Delta + V$ est auto-adjoint sur $H^2(\mathbb{R}^d)$,
auquel cas la réalisation de Friedrichs coïncide avec cette dernière, car $H^2(\mathbb{R}^d) \subset$
$H^1(\mathbb{R}^d)$ et est dense dans cet espace. En particulier, Δu et Vu sont tous les deux
dans $L^2(\mathbb{R}^d)$ pour $u \in D(H) = H^2(\mathbb{R}^d)$.

3.3.2 Cas d'un potentiel positif quelconque

Jusqu'à présent nous avons principalement étudié les opérateurs de Schrödinger $-\Delta + V(x)$ décrivant une particule soumise à un potentiel extérieur qui reste borné à l'infini. Il est d'usage d'étudier aussi les particules *confinées*, ce qui signifie que V tend vers $+\infty$ à l'infini. Le représentant le plus classique de cette classe est l'oscillateur harmonique $V(x) = |x|^2$. Avec la technique des formes quadratiques, nous pouvons définir $H = -\Delta + V(x)$ pour un potentiel dont la partie positive est quelconque (localement intégrable), bornée ou pas.

Considérons un potentiel à valeurs réelles que l'on écrit sous la forme $V(x) = V_+(x) - V_-(x)$ où $V_+ = \max(V, 0)$ et $V_- = \max(-V, 0)$. Nous supposons que $V_- \in L^p(\mathbb{R}^d, \mathbb{R}) + L^\infty(\mathbb{R}^d, \mathbb{R})$ avec p qui satisfait l'hypothèse (3.16), de sorte que l'énergie potentielle associée puisse être contrôlée par l'énergie cinétique. Pour V_+ nous avons plus de liberté, car il suffit juste que la forme quadratique soit bien définie, le terme $\int_{\mathbb{R}^d} V_+|u|^2$ étant toujours positif. Nous demandons alors juste que $V_+ \in L^1_{\mathrm{loc}}(\mathbb{R}^d, \mathbb{R})$. L'énergie

$$\mathcal{E}^V(u) = \int_{\mathbb{R}^d} |\nabla u(x)|^2 \, \mathrm{d}x + \int_{\mathbb{R}^d} V(x)|u(x)|^2 \, \mathrm{d}x \qquad (3.18)$$

est bien définie sur $C_c^\infty(\mathbb{R}^d)$ (car V_+ est localement intégrable). Elle est aussi bien définie sur l'espace plus gros

$$\mathcal{V} := \left\{ u \in H^1(\mathbb{R}^d) \ : \ \sqrt{V_+}\, u \in L^2(\mathbb{R}^d) \right\}, \qquad (3.19)$$

qui est complet lorsqu'il est muni de la norme

$$\|u\|_{\mathcal{V}} := \sqrt{\|u\|^2_{H^1(\mathbb{R}^d)} + \int_{\mathbb{R}^d} V_+|u|^2}.$$

Lorsque C est assez grand, $\sqrt{\mathcal{E}^V + C\|\cdot\|^2_{L^2(\mathbb{R}^d)}}$ fournit une norme équivalente grâce à nos hypothèses sur V_- (exercice 1.26). L'espace (3.19) est le plus grand sous-espace de $L^2(\mathbb{R}^d)$ sur lequel l'énergie $\mathcal{E}^V$ est bien définie. Par ailleurs, $C_c^\infty(\mathbb{R}^d)$ est dense dans $\mathcal{V}$ pour la norme associée (le vérifier en exercice). Le résultat suivant se démontre exactement comme le théorème 3.21.

Théorème 3.21 (Réalisation de Friedrichs pour $V_+ \in L^1_{\mathrm{loc}}$) *Soit $V = V_+ - V_-$ avec $V_- \in L^p(\mathbb{R}^d, \mathbb{R}_+) + L^\infty(\mathbb{R}^d, \mathbb{R}_+)$ où p satisfait (3.16) et $V_+ \in L^1_{\mathrm{loc}}(\mathbb{R}^d, \mathbb{R}_+)$. Alors il existe un unique opérateur auto-adjoint H tel que $D(H)$ soit dense dans $\mathcal{V}$ et dont la forme quadratique vaut*

$$\langle u, Hu \rangle = \int_{\mathbb{R}^d} |\nabla u(x)|^2 \, \mathrm{d}x + \int_{\mathbb{R}^d} V(x)|u(x)|^2 \, \mathrm{d}x$$

pour tout $u \in D(H)$. Cet opérateur est défini sur le domaine

$$\boxed{D(H) = \left\{ u \in \mathcal{V} \; : \; -\Delta u + V u \in L^2(\mathbb{R}^d) \right\}}$$

par $Hu := -\Delta u + V u$ où chaque terme est compris au sens des distributions. On a alors $Q(H) = \mathcal{V}$.

Si $V \in L^2_{\mathrm{loc}}(\mathbb{R}^d)$, on peut introduire l'opérateur $H^{\min} = -\Delta + V$ défini sur $D(H^{\min}) = C_c^\infty(\mathbb{R}^d)$. L'extension de Friedrichs H construite au théorème précédent est alors l'unique extension auto-adjointe vérifiant la condition $D(H^{\min}) \subset D(H) \subset \mathcal{V}$. Y a-t-il d'autres extensions non incluses dans $\mathcal{V}$ ou l'extension de Friedrichs H est-elle la seule possible ? En d'autres termes, quand $H^{\min}$ est-il essentiellement auto-adjoint ? Un résultat célèbre dû à Simon et Kato [RS75, Thm. X.29] affirme que $\overline{H^{\min}} = H$ avec la seule hypothèse que $V_+ \in L^2_{\mathrm{loc}}(\mathbb{R}^d)$ et $V_- \in L^p(\mathbb{R}^d) + L^\infty(\mathbb{R}^d)$ où p vérifie (3.15). Dans ce cas on a aussi

$$D(H) = D(H^{\max}) = \left\{ u \in L^2(\mathbb{R}^d) \; : \; -\Delta u + V u \in L^2(\mathbb{R}^d) \right\},$$

c'est-à-dire on n'a pas besoin de supposer que $u \in \mathcal{V}$.

3.3.3   Séparabilité, oscillateur harmonique

Un désavantage de la méthode de Friedrichs est qu'il peut être difficile de déterminer plus précisément le domaine de l'opérateur construit. Pour $u \in D(-\Delta + V)$ on a toujours $-\Delta u + V u \in L^2(\mathbb{R}^d)$ mais les deux termes de cette somme sont des distributions qui ne sont pas nécessairement individuellement dans $L^2(\mathbb{R}^d)$. On dit que l'opérateur est *séparable* quand le domaine de l'extension de Friedrichs vaut simplement

$$D(-\Delta + V) = D(-\Delta) \cap D(V) = \left\{ u \in H^2(\mathbb{R}^d) \; : \; V u \in L^2(\mathbb{R}^d) \right\}, \qquad (3.20)$$

c'est-à-dire quand $-\Delta u$ et $V u$ sont tous les deux dans $L^2(\mathbb{R}^d)$.

Dans cette section nous examinons le cas d'un potentiel V assez régulier (dérivable une fois) mais non borné à l'infini. L'exemple typique que nous avons en tête est l'oscillateur harmonique pour lequel $V(x) = |x|^2$ est même C^∞. Nous allons voir que l'égalité (3.20) est vraie lorsque le gradient de V ne croît pas plus vite que $V^{3/2}$ à une constante multiplicative près. Cette hypothèse est vérifiée pour tout potentiel V qui se comporte polynomialement à l'infini comme l'oscillateur harmonique.

Comme c'est l'identification du domaine qui nous intéresse, nous allons supposer pour simplifier que $V \geq 0$. Par le théorème 3.1 de Rellich-Kato, le résultat suivant sera aussi vrai pour $-\Delta + V + W$ avec $W \in L^\infty(\mathbb{R}^d)$ ou même $W \in L^p(\mathbb{R}^d) + L^\infty(\mathbb{R}^d)$ avec un p vérifiant (3.15). Nous supposerons également que V est *localement borné*. Ceci permet de définir $H^{\min} = -\Delta + V$ sur

$$D(H^{\min}) = C_c^\infty(\mathbb{R}^d).$$

Par le corollaire 3.17, $H^{\min}$ admet une *unique extension auto-adjointe* H dont le domaine $D(H)$ est dense dans l'espace d'énergie

$$\mathcal{V} = \left\{ u \in H^1(\mathbb{R}^d), \quad \sqrt{V}\, u \in L^2(\mathbb{R}^d) \right\}.$$

Plus précisément

$$D(H) = \left\{ u \in H^1(\mathbb{R}^d), \quad \sqrt{V}\, u \in L^2(\mathbb{R}^d), \quad (-\Delta + V)u \in L^2(\mathbb{R}^d) \right\}.$$

Nous voulons déduire des informations ci-dessus que nécessairement Δu et Vu appartiennent tous les deux à $L^2(\mathbb{R}^d)$. L'hypothèse que V est borné localement et que $u \in H^1(\mathbb{R}^d)$ impliquent immédiatement que les fonctions du domaine sont toutes dans $H^2_{\mathrm{loc}}(\mathbb{R}^d)$ et la question principale est de savoir si Δu est de carré intégrable sur tout l'espace $\mathbb{R}^d$.

Théorème 3.22 (Séparabilité) *On se place en dimension $d \geq 1$. Soit V une fonction continue et positive sur $\mathbb{R}^d$, dont le gradient ∇V (au sens des distributions) est une fonction qui satisfait presque partout*

$$|\nabla V(x)| \leq \alpha V(x)^{\frac{3}{2}} + \kappa \tag{3.21}$$

avec $0 \leq \alpha < \sqrt{2}$ et $\kappa \geq 0$. Alors le domaine de l'extension de Friedrichs H de l'opérateur $H^{\min}$ est égal à

$$\boxed{D(H) = \left\{ u \in H^2(\mathbb{R}^d), \quad Vu \in L^2(\mathbb{R}^d) \right\}} \tag{3.22}$$

et on a la série d'inégalités

$$\frac{1}{2} \|\Delta u\|^2_{L^2(\mathbb{R}^d)} + \frac{\sqrt{2} - \alpha}{\sqrt{2}} \|Vu\|^2_{L^2(\mathbb{R}^d)}$$

$$\leq \|(-\Delta + V)u\|^2_{L^2(\mathbb{R}^d)} + \frac{3\kappa^{\frac{4}{3}}}{2} \|u\|^2_{L^2(\mathbb{R}^d)}$$

$$\leq 2 \|\Delta u\|^2_{L^2(\mathbb{R}^d)} + 2 \|Vu\|^2_{L^2(\mathbb{R}^d)} + \frac{3\kappa^{\frac{4}{3}}}{2} \|u\|^2_{L^2(\mathbb{R}^d)} \tag{3.23}$$

pour tout $u \in D(H)$. L'opérateur $H^{\min} = -\Delta + V$ est essentiellement auto-adjoint sur $D(H^{\min}) = C_c^\infty(\mathbb{R}^d)$ avec, bien sûr, $\overline{H^{\min}} = H$.

L'inégalité (3.23) signifie que l'on a l'équivalence des normes

$$\|u\|_{L^2(\mathbb{R}^d)} + \|(-\Delta + V)u\|_{L^2(\mathbb{R}^d)} \simeq \|\Delta u\|_{L^2(\mathbb{R}^d)} + \|Vu\|_{L^2(\mathbb{R}^d)} + \|u\|_{L^2(\mathbb{R}^d)}$$

sur $D(H)$. Comme les normes $\|u\|_{H^1(\mathbb{R}^d)}$ et $\|\sqrt{V}u\|_{L^2(\mathbb{R}^d)}$ n'apparaissent pas dans (3.23), il est aussi possible de montrer que $H = H^{\max}$, l'opérateur maximal défini sur

$$D(H^{\max}) = \left\{ u \in L^2(\mathbb{R}^d) \ : \ (-\Delta + V)u \in L^2(\mathbb{R}^d) \right\}.$$

Cependant, la preuve de (3.23) est simplifiée si on utilise l'information supplémentaire que $u \in H^1(\mathbb{R}^d)$ et $\sqrt{V}u \in L^2(\mathbb{R}^d)$ comme fourni par la construction de Friedrichs.

Nos hypothèses de régularité sur V sont bien trop fortes et nous encourageons le lecteur à déterminer celles pour lesquelles la preuve ci-dessous fonctionne avec des changements mineurs.

À l'exercice 3.25, nous construisons un potentiel $V \geq 0$ satisfaisant

$$|\nabla V(x)| \leq 2V(x)^{\frac{3}{2}} + \kappa,$$

tel que $-\Delta + V$ n'est *pas séparable*. Ceci montre que la puissance 3/2 est optimale et ne peut pas être augmentée dans (3.21). Ceci implique également que le théorème ne peut pas être vrai si on autorise α à être supérieur ou égal à 2. En dimension $d \geq 2$, le théorème 3.22 reste vrai si on remplace $\alpha < \sqrt{2}$ par la contrainte optimale $\alpha < 2$, comme l'ont montré Everitt et Giertz [EG74, EG78] (voir aussi [EZ78, Oka82]). En dimension $d = 1$ on s'attend à ce que la constante optimale soit plutôt $4/\sqrt{3}$ au lieu de 2 [Atk73]. La preuve avec la contrainte un peu plus restrictive $\alpha < \sqrt{2}$ est plus simple et elle fonctionne en toute dimension. Celle que nous fournissons maintenant est inspirée de [Dav83, Lem. 4].

Preuve La dernière inégalité de (3.23) suit de l'inégalité triangulaire et de $(a + b)^2 \leq 2a^2 + 2b^2$. Elle est valable pour tout $u \in H^2(\mathbb{R}^d)$ tel que $Vu \in L^2(\mathbb{R}^d)$. Nous montrons maintenant la première inégalité en commençant par le cas de $u \in C_c^\infty(\mathbb{R}^d)$. Nous écrivons

$$\|(-\Delta + V)u\|_{L^2(\mathbb{R}^d)}^2 = \int_{\mathbb{R}^d} |\Delta u(x)|^2 \, dx + \int_{\mathbb{R}^d} V(x)^2 |u(x)|^2 \, dx$$

$$- 2\Re \int_{\mathbb{R}^d} V(x)\overline{u(x)}\Delta u(x) \, dx.$$

En utilisant

$$2\Re\overline{u(x)}\Delta u(x) = 2\Re \operatorname{div}\big(\overline{u(x)}\nabla u(x)\big) - 2|\nabla u(x)|^2$$

et en en intégrant par parties, nous obtenons

$$\|(-\Delta + V)u\|^2_{L^2(\mathbb{R}^d)} = \int_{\mathbb{R}^d} |\Delta u(x)|^2 \,dx + \int_{\mathbb{R}^d} V(x)^2 |u(x)|^2 \,dx$$

$$+ 2\int_{\mathbb{R}^d} V(x)|\nabla u(x)|^2 \,dx + 2\Re \int_{\mathbb{R}^d} \overline{u(x)}\nabla V(x) \cdot \nabla u(x) \,dx. \qquad (3.24)$$

Le dernier terme est le seul qui n'est pas positif. S'il peut être contrôlé par les trois premiers termes, nous pourrons alors montrer que Δu, Vu et $\sqrt{V}\nabla u$ doivent tous appartenir à $L^2(\mathbb{R}^d)$ lorsque $(-\Delta + V)u \in L^2(\mathbb{R}^d)$. L'hypothèse (3.21) et l'inégalité de Cauchy-Schwarz donnent

$$2\left|\overline{u(x)}\nabla V(x) \cdot \nabla u(x)\right| \le 2\alpha |u(x)| V(x)^{\frac{3}{2}} |\nabla u(x)| + 2\kappa |u(x)| \, |\nabla u(x)|$$

$$\le \frac{\alpha}{\sqrt{2}}\left(V(x)^2|u(x)|^2 + 2V(x)|\nabla u(x)|^2\right) + 2\kappa |u(x)| \, |\nabla u(x)|. \qquad (3.25)$$

Nous avons ainsi démontré la borne inférieure

$$\|(-\Delta + V)u\|^2_{L^2(\mathbb{R}^d)} \ge \int_{\mathbb{R}^d} |\Delta u(x)|^2 \,dx + \frac{\sqrt{2}-\alpha}{\sqrt{2}} \int_{\mathbb{R}^d} V(x)^2|u(x)|^2 \,dx$$

$$+ (2 - \sqrt{2}\alpha) \int_{\mathbb{R}^d} V(x)|\nabla u(x)|^2 \,dx - 2\kappa \, \|u\|_{L^2(\mathbb{R}^d)} \, \|\nabla u\|_{L^2(\mathbb{R}^d)}. \qquad (3.26)$$

Pour estimer le dernier terme, nous utilisons l'inégalité de Cauchy-Schwarz en Fourier

$$\|\nabla u\|^2_{L^2(\mathbb{R}^d)} = \int_{\mathbb{R}^d} |k|^2 |\widehat{u}(k)|^2 \,dk$$

$$\le \left(\int_{\mathbb{R}^d} |\widehat{u}(k)|^2 \,dk\right)^{\frac{1}{2}} \left(\int_{\mathbb{R}^d} |k|^4 |\widehat{u}(k)|^2 \,dk\right)^{\frac{1}{2}} = \|u\|^{\frac{1}{2}}_{L^2(\mathbb{R}^d)} \, \|\Delta u\|^{\frac{1}{2}}_{L^2(\mathbb{R}^d)}.$$

Avec l'inégalité $2ab \le a^4/2 + 3b^{4/3}/2$, ceci fournit

$$2\kappa \, \|u\|_{L^2(\mathbb{R}^d)} \, \|\nabla u\|_{L^2(\mathbb{R}^d)} \le \frac{1}{2} \|\Delta u\|^2_{L^2(\mathbb{R}^d)} + \frac{3\kappa^{\frac{4}{3}}}{2} \|u\|^2_{L^2(\mathbb{R}^d)}.$$

En insérant tout ceci dans (3.26), nous avons montré la première inégalité dans (3.23) pour $u \in C_c^\infty(\mathbb{R}^d)$.

Il faut maintenant montrer que cette inégalité, valable *a priori* uniquement pour $u \in C_c^\infty(\mathbb{R}^d)$, continue à être vraie pour $u \in D(H)$. Soit donc $u \in H^1(\mathbb{R}^d)$ tel que $\sqrt{V}\, u \in L^2(\mathbb{R}^d)$ et $-\Delta u + Vu \in L^2(\mathbb{R}^d)$. Comme V est borné localement, nous avons $\Delta u \in L_{\text{loc}}^2(\mathbb{R}^d)$ et comme $\nabla u \in L^2(\mathbb{R}^d)$ par hypothèse, nous en déduisons que $u \in H_{\text{loc}}^2(\mathbb{R}^d)$. Soit alors $\chi \in C_c^\infty(\mathbb{R}^d)$ une fonction radiale positive à support dans la boule de rayon 2, qui vaut $\chi \equiv 1$ sur la boule de rayon 1 et satisfait $0 \leq \chi \leq 1$ partout. On pose alors $\chi_R(x) = \chi(x/R)$. Grâce au fait que $u \in H_{\text{loc}}^2(\mathbb{R}^d)$, nous pouvons calculer comme précédemment

$$\int_{\mathbb{R}^d} \chi_R(x)^2 \big| - \Delta u(x) + V(x)u(x)\big|^2 \, dx$$

$$= \int_{\mathbb{R}^d} \chi_R(x)^2 |\Delta u(x)|^2 \, dx + \int_{\mathbb{R}^d} \chi_R(x)^2 V(x)^2 |u(x)|^2 \, dx$$

$$+ 2\int_{\mathbb{R}^d} \chi_R(x)^2 V(x) |\nabla u(x)|^2 \, dx + 2\Re \int_{\mathbb{R}^d} \chi_R(x)^2 \overline{u(x)} \nabla V(x) \cdot \nabla u(x) \, dx$$

$$+ 4\Re \int_{\mathbb{R}^d} \overline{u(x)} V(x) \chi_R(x) \nabla \chi_R(x) \cdot \nabla u(x) \, dx. \tag{3.27}$$

Le quatrième terme est estimé exactement comme précédemment à l'aide de l'inégalité (3.25). Le cinquième terme est contrôlé en utilisant $|\nabla \chi_R(x)| \leq \|\nabla \chi\|_{L^\infty(\mathbb{R}^d)}/R$ et l'inégalité de Cauchy-Schwarz sous la forme

$$\left| \int_{\mathbb{R}^d} \overline{u(x)} V(x) \chi_R(x) \nabla \chi_R(x) \cdot \nabla u(x) \, dx \right|$$

$$\leq \frac{\|\nabla \chi\|_{L^\infty(\mathbb{R}^d)}}{R} \|\chi_R u V\|_{L^2(\mathbb{R}^d)} \|\nabla u\|_{L^2(\mathbb{R}^d)}$$

$$\leq \frac{1}{2R} \int_{\mathbb{R}^d} \chi_R(x)^2 V(x)^2 |u(x)|^2 \, dx + \frac{\|\nabla \chi\|_{L^\infty(\mathbb{R}^d)}^2}{2R} \|\nabla u\|_{L^2(\mathbb{R}^d)}^2.$$

Nous avons donc montré l'inégalité localisée

$$\int_{\mathbb{R}^d} \chi_R(x)^2 \big| - \Delta u(x) + V(x)u(x)\big|^2 \, dx$$

$$\geq \int_{\mathbb{R}^d} \chi_R(x)^2 |\Delta u(x)|^2 \, dx + \left(\frac{\sqrt{2}-\alpha}{\sqrt{2}} - \frac{2}{R} \right) \int_{\mathbb{R}^d} \chi_R(x)^2 V(x)^2 |u(x)|^2 \, dx$$

$$+ (2 - \sqrt{2}\alpha) \int_{\mathbb{R}^d} \chi_R(x)^2 V(x) |\nabla u(x)|^2 \, dx - 2\kappa \|u\|_{L^2(\mathbb{R}^d)} \|\nabla u\|_{L^2(\mathbb{R}^d)}$$

$$- \frac{2\|\nabla \chi\|_{L^\infty(\mathbb{R}^d)}^2}{R} \|\nabla u\|_{L^2(\mathbb{R}^d)}^2.$$

Comme $\alpha < \sqrt{2}$ et que $\nabla u, (-\Delta + V)u \in L^2(\mathbb{R}^d)$, ceci montre que $\int_{\mathbb{R}^d} \chi_R^2 |\Delta u|^2$, $\int_{\mathbb{R}^d} \chi_R^2 V^2 |u|^2$ et $\int_{\mathbb{R}^d} \chi_R^2 V |\nabla u|^2$ sont uniformément bornés par rapport à R. Les fonctions correspondantes sont donc dans $L^2(\mathbb{R}^d)$ et en passant à la limite $R \to \infty$ on obtient l'inégalité (3.23).

Pour montrer que $H = \overline{H^{\min}}$ nous devons prouver que pour toute fonction $u \in D(H)$ il existe une suite $u_n \in C_c^\infty(\mathbb{R}^d)$ telle que $u_n \to u$ et $Hu_n \to Hu$ dans $L^2(\mathbb{R}^d)$. D'après (3.23), il suffit de montrer que $u_n \to u$ dans $H^2(\mathbb{R}^d)$ et $Vu_n \to Vu$ dans $L^2(\mathbb{R}^d)$. Nous pouvons commencer par approcher u par une fonction v_n dans $D(H)$ à support compact (mais pas forcément C^∞). En utilisant le fait que V est borné localement, le résultat suivra alors de la densité habituelle de $C_c^\infty(\mathbb{R}^d)$ dans $H^2(\mathbb{R}^d)$. Nous pouvons prendre, simplement, $v_n(x) = \chi(x/n)u(x)$. Alors

$$\lim_{n\to\infty} \int_{\mathbb{R}^d} V(x)^2 |v_n(x) - u(x)|^2 \, dx = \lim_{n\to\infty} \int_{\mathbb{R}^d} V(x)^2 \big(1 - \chi(x/n)\big)^2 |u(x)|^2 \, dx = 0$$

par convergence dominée, puisque $Vu \in L^2(\mathbb{R}^d)$. L'argument est le même pour conclure que $v_n \to u$ dans $L^2(\mathbb{R}^d)$. De plus,

$$\Delta(\chi(x/n)u(x)) = u(x) \frac{(\Delta\chi)(x/n)}{n^2} + 2 \frac{\nabla u(x) \cdot (\nabla\chi)(x/n)}{n} + \chi(x/n)\Delta u(x)$$

qui converge fortement vers Δu dans $L^2(\mathbb{R}^d)$. Ceci implique la convergence de v_n vers u dans $H^2(\mathbb{R}^d)$ par régularité elliptique. $\qquad\qquad\square$

Remarque 3.23 Pour $u \in C_c^\infty(\mathbb{R}^d)$, le dernier terme de (3.24) est aussi égal à

$$2\Re \int_{\mathbb{R}^d} \overline{u(x)} \nabla V(x) \cdot \nabla u(x) \, dx = -\int_{\mathbb{R}^d} |u(x)|^2 \Delta V(x) \, dx$$

et l'argument est plus simple si on ajoute des hypothèses sur ΔV. Pour l'oscillateur harmonique, cette quantité est juste égale à $-2d \int_{\mathbb{R}^d} |u|^2$.

3.3.4 Laplacien sur un domaine borné $\Omega \subset \mathbb{R}^d$ *

Nous avons déjà défini les Laplaciens de Dirichlet et Neumann sur un hypercube à l'exercice 2.49. Dans cette section nous présentons rapidement la définition sur un domaine borné quelconque $\Omega \subset \mathbb{R}^d$, en utilisant la théorie des formes quadratiques. Nous utiliserons certaines propriétés des espaces de Sobolev sur un domaine Ω rappelées à l'appendice A.

Soit Ω un ouvert borné de $\mathbb{R}^d$. On appelle *Laplacien de Dirichlet* l'unique extension auto-adjointe $(-\Delta)_{\text{Dir}}$ de l'opérateur $(-\Delta)^{\min}$ défini sur $D((-\Delta)^{\min}) = C_c^\infty(\Omega)$, telle que

$$q_{(-\Delta)_{\text{Dir}}}(u) = \int_\Omega |\nabla u(x)|^2 \, dx, \qquad \text{sur} \quad Q((-\Delta)_{\text{Dir}}) = H_0^1(\Omega).$$

C'est l'extension de Friedrichs de $(-\Delta)^{\min}$ obtenue par le corollaire 3.17, puisque $H_0^1(\Omega)$ est par définition la fermeture de $C_c^\infty(\Omega)$ dans $H^1(\Omega)$. Lorsque la frontière de Ω est Lipschitzienne par morceaux, $H_0^1(\Omega)$ est aussi l'espace des fonctions de $H^1(\Omega)$ qui s'annulent au bord (théorème A.9 à l'appendice A), où la restriction est bien définie dans $L^2(\partial\Omega)$. C'est la condition de Dirichlet au bord. Le domaine est par définition donné par

$$D\big((-\Delta)_{\text{Dir}}\big) = \left\{ u \in H_0^1(\Omega) \, : \, \exists v \in L^2(\Omega), \int_\Omega \overline{\nabla h} \cdot \nabla u = \int_\Omega \overline{h} v, \quad \forall h \in H_0^1(\Omega) \right\}.$$

En prenant $h \in C_c^\infty(\Omega)$ on trouve au moins que $(-\Delta)_{\text{Dir}} u = -\Delta u$ au sens des distributions sur Ω.

On appelle *Laplacien de Neumann* l'unique extension auto-adjointe $(-\Delta)_{\text{Neu}}$ de $(-\Delta)^{\min}$ dont la forme quadratique est égale à

$$q_{(-\Delta)_{\text{Neu}}}(u) = \int_\Omega |\nabla u(x)|^2 \, dx \qquad \text{sur} \quad Q((-\Delta)_{\text{Neu}}) = H^1(\Omega). \qquad (3.28)$$

Son domaine vaut donc

$$D\big((-\Delta)_{\text{Neu}}\big) = \left\{ u \in H^1(\Omega) \, : \, \exists v \in L^2(\Omega), \int_\Omega \overline{\nabla h} \cdot \nabla u = \int_\Omega \overline{h} v, \quad \forall h \in H^1(\Omega) \right\}$$

et on a de même $(-\Delta)_{\text{Neu}} u = -\Delta u$ au sens des distributions. Malheureusement, la condition au bord de Neumann $\partial_n u_{|\partial\Omega} = 0$ (où n est la normale sortante au bord $\partial\Omega$) ne fait pas sens sur le domaine de la forme quadratique et la justifier sur le domaine de l'opérateur peut être ardu (lire à ce sujet la section A.6 de l'appendice A).

Lorsque la frontière de Ω est Lipschitzienne par morceaux, $f_{|\partial\Omega}$ est bien définie dans $L^2(\partial\Omega)$ pour $f \in H^1(\Omega)$, d'après le théorème A.9 à l'appendice A. On appelle *Laplacien de Robin de paramètre* $\theta \in]0, 1[$ l'unique extension auto-adjointe $(-\Delta)_{\text{Rob},\theta}$ de $(-\Delta)^{\min}$ dont la forme quadratique est égale à

$$q_{(-\Delta)_{\text{Rob},\theta}}(u) = \int_\Omega |\nabla u(x)|^2 \, dx + \frac{1}{\tan(\pi\theta)} \int_{\partial\Omega} |u(x)|^2 \, dx,$$

$$\text{sur} \quad Q((-\Delta)_{\text{Rob},\theta}) = H^1(\Omega). \qquad (3.29)$$

Cette forme quadratique équivaut à la norme $H^1(\Omega)$ grâce à l'inégalité (A.15) du théorème A.9. Pour $\theta = 1/2$, nous utilisons la convention $1/\tan(\pi/2) = 0$ et le second terme est juste absent. Nous obtenons donc le Laplacien de Neumann : $(-\Delta)_{\mathrm{Rob},1/2} = (-\Delta)_{\mathrm{Neu}}$. Lorsque $\theta \to 0^+$ nous avons $1/\tan(\pi\theta) \to +\infty$. Le terme de bord dans l'énergie joue le rôle d'une pénalisation. Pour $\theta = 0$ on convient donc que $1/\tan(\pi 0^+) = +\infty$, de sorte que la forme quadratique n'est finie que lorsque $u_{|\partial\Omega} \equiv 0$, c'est-à-dire $u \in H_0^1(\Omega)$. C'est le Laplacien de Dirichlet : $(-\Delta)_{\mathrm{Rob},0} := (-\Delta)_{\mathrm{Dir}}$. Le comportement est moins évident lorsque $\theta \to 1^-$ car le terme de bord tend vers $-\infty$. Une étude fine de cette limite sera réalisée en dimension $d = 1$ à l'exercice 5.53.

La détermination explicite du domaine des opérateurs ainsi obtenus est assez difficile. Lorsque Ω est C^2 par morceaux et convexe au voisinage des singularités de son bord, il est possible de montrer que

$$D((-\Delta)_{\mathrm{Rob},\theta}) = \left\{ u \in H^2(\Omega) \ : \ \cos(\pi\theta)u_{|\partial\Omega} + \sin(\pi\theta)\partial_n u_{|\partial\Omega} \equiv 0 \right\} \subset H^2(\Omega),$$
$$(3.30)$$

comme on aurait pu s'y attendre. Il faut pour cela utiliser le théorème A.20 de régularité elliptique. Cependant il arrive que le domaine ne soit pas inclus dans $H^2(\Omega)$, par exemple lorsque Ω n'est pas régulier et pas convexe au voisinage des singularités de sa frontière. C'est par exemple le cas pour un domaine dans le plan $\mathbb{R}^2$ qui possède des coins avec un angle rentrant [Gri85, Dau88].

Les opérateurs $(-\Delta)_{\mathrm{Rob},\theta}$ jouent un rôle central dans les applications physiques. Par exemple, en dimension $d = 2$ le Laplacien de Dirichlet $(-\Delta)_{\mathrm{Dir}}$ décrit les petites oscillations verticales d'une peau de tambour attachée à son bord. Ses valeurs propres sont reliées aux fréquences de vibration du tambour. Selon la loi de Newton, le Laplacien de Robin décrit la température d'un corps solide rayonnant plongé dans un bain thermique, voir [CH53, Sec. V.3.7.2] et [HÖ12, Sec. 1-5]. Le taux de variation de la température dans la direction normale au bord est supposé proportionnel au saut de température entre l'intérieur et l'extérieur du domaine Ω. Dans ce cas $\tan(\pi\theta) = h/k$ où k est la conductivité thermique du matériau considéré et h son coefficient de transfert thermique surfacique.

Exercices complémentaires

Exercice 3.24 (On peut avoir $H^2(\mathbb{R}^d) \cap D(H) = \{0\}$) Travaillons en dimension $d \leq 3$, de sorte que toutes les fonctions de $H^2(\mathbb{R}^d)$ soient continues. Soit (R_n) une suite dense quelconque de $\mathbb{R}^d$ et considérons le potentiel

$$V(x) = 1 + \sum_{n \geq 1} \frac{1}{n^2|x - R_n|^\alpha}.$$

Montrer que $\mathcal{E}^V$ à la formule (3.18) est bien définie et équivalente à la norme de $H^1(\mathbb{R}^d)$ pour tout $0 < \alpha < \min(2, d)$, mais que l'opérateur $H = -\Delta + V$ défini au corollaire 3.19 satisfait $H^2(\mathbb{R}^d) \cap D(H) = \{0\}$ dès que $d/2 \le \alpha < \min(2, d)$. Que se passe-t-il pour $2 \le \alpha < 3$ en dimension $d = 3$?

Exercice 3.25 (Un potentiel non séparable) On construit ici un exemple qui prouve que le théorème 3.22 est faux lorsque $\alpha \ge 2$ dans (3.21). On se place en dimension $d = 2$. Soit $\chi \in C_c^\infty(B_2)$ une fonction qui vaut 1 sur la boule unité B_1 et vérifie $0 \le \chi \le 1$ partout.

1. Suivant [EG78], on pose $f(x) = |x|\chi(x)$. Montrer que $f \in H^1(\mathbb{R}^2)$, $f/|x| \in L^2(\mathbb{R}^2)$, $(-\Delta + 1/|x|^2)f \in L^2(\mathbb{R}^2)$, mais que $\Delta f \notin L^2(\mathbb{R}^2)$.
2. Construire une suite $f_n \in C_c^\infty(\mathbb{R}^2 \setminus \{0\})$ telle que $f_n \to f$ dans $H^1(\mathbb{R}^2)$, $(-\Delta + 1/|x|^2)f_n \to (-\Delta + 1/|x|^2)f$ dans $L^2(\mathbb{R}^2)$ et $\|\Delta f_n\|_{L^2} \to +\infty$. On pourra par exemple prendre $f_n(x) = \left(1 - \chi(x/\varepsilon_n)\right)|x|^{\frac{1}{n}} f(x)$ avec ε_n qui tend vers 0 assez vite.

Maintenant on "éclate la singularité" pour obtenir un potentiel continu sur $\mathbb{R}^2$ mais qui est très grand par endroit. On pose d'abord

$$V_n(x) = \frac{\chi(x/R)}{\max(\varepsilon_n^2/4, |x|^2)}$$

où $R \ge 2$ et la troncature du dénominateur ont été choisis pour que $V_n(x) = 1/|x|^2$ sur le support de f_n. Puis on prend

$$u(x) = \sum_n \beta_n f_n(x - X_n), \qquad V(x) = \sum_n V_n(x - X_n)$$

où les translations $X_n \in \mathbb{R}^2$ sont choisies de sorte que les fonctions aient des supports disjoints dans les deux sommes, par exemple $X_n = (10n, 0)$.

3. Montrer que $|\nabla V| \le 2V^{3/2} + C/R^3$ pour une constante C que l'on déterminera.
4. Montrer que $\|u\|_{H^1}^2 = \sum_n \beta_n^2 \|f_n\|_{H^1}^2$, que $\|\Delta u\|_{L^2}^2 = \sum_n \beta_n^2 \|\Delta f_n\|_{H^1}^2$ et finalement que $\|(-\Delta + V)u\|_{L^2}^2 = \sum_n \beta_n^2 \|(-\Delta + 1/|x|^2)f_n\|_{L^2}^2$.
5. En déduire un choix de β_n pour que $u \in H^1(\mathbb{R}^2)$ et $(-\Delta + V)u \in L^2(\mathbb{R}^2)$ mais $\Delta u \notin L^2(\mathbb{R}^2)$.
6. On se place maintenant en dimension $d \ge 3$. Vérifier que les mêmes propriétés sont vraies pour le potentiel $V(x_1, x_2)$ et la fonction $u(x_1, x_2)w(x_3, \ldots, x_d)$ à variables séparées, avec $w \in C_c^\infty(\mathbb{R}^{d-2})$.

Exercice 3.26 (Figures de Chladni) En 1787 le physicien et musicien allemand Ernst Chladni a découvert les figures qui portent maintenant son nom. En mettant du sable sur une plaque métallique fixée en son centre et en faisant vibrer la plaque avec un archet, les grains de sables forment des figures très caractéristiques (voir la figure 3.1 pour un exemple). Le problème mathématique correspondant est une équation aux valeurs propres pour une réalisation auto-adjointe du Laplacien au carré Δ^2 sur la plaque, cette dernière étant représentée par un ouvert borné $\Omega \subset \mathbb{R}^2$. Les grains de sable se placent sur l'ensemble nodal $u^{-1}(\{0\})$ de la fonction propre u considérée. L'intervention des dérivées quatrièmes est due à la forte rigidité de la plaque comparée, par exemple, à la peau d'un tambour qui est plus souple et décrite par le Laplacien. Sophie Germain et Gustav Kirchhoff ont déterminé que l'énergie des déformations verticales $u : \Omega \to \mathbb{R}$ pouvait être écrite sous la forme

$$\mathcal{E}(u) = \int_\Omega |\Delta u|^2 - 2(1 - \mu)\left(\partial_x^2 u\, \partial_y^2 u - |\partial_x \partial_y u|^2\right),$$

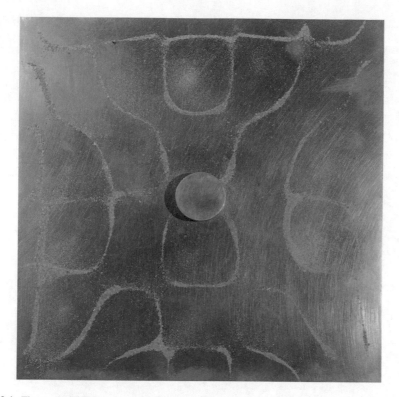

Fig. 3.1 Figure de Chladni obtenue à l'institut de mathématiques et statistiques de l'université de São Paulo au Brésil. © CC-BY-SA 4.0 Matemateca IME-USP/Rodrigo Tetsuo Argenton. Wikimedia Community User Group Brasil

où $\mu \in\,]0, 1[$ est une constante associée au matériau [CH53, GK12]. Si la plaque est fixée en un point $x_0 \in \Omega$ on ajoute les contraintes que $u(x_0) = 0$ et $\nabla u(x_0) = 0$. Déterminer l'opérateur auto-adjoint associé à la forme quadratique $\mathcal{E}$, et en particulier les conditions au bord de Ω.

Chapitre 4
Théorème spectral et calcul fonctionnel

Ce chapitre est dédié à la diagonalisation des opérateurs auto-adjoints en dimension infinie, c'est-à-dire à la généralisation du théorème dû à Cauchy en 1826 qui stipule que "toute matrice hermitienne est diagonalisable dans une base orthonormée". Comme le spectre des opérateurs auto-adjoints en dimension infinie ne contient pas toujours que des valeurs propres, comme nous l'avons déjà vu sur plusieurs exemples, l'énoncé du théorème correspondant est bien sûr plus subtil. En dimension infinie, il n'y a en fait pas 'un' théorème spectral, mais plusieurs résultats équivalents les uns aux autres, chaque auteur préférant mettre en avant l'un ou l'autre. Comme dans [RS72, Dav95] nous donnons ici la priorité au théorème qui stipule que *tout opérateur auto-adjoint est unitairement équivalent à un opérateur de multiplication*, c'est-à-dire sous la forme $f(x) \mapsto a(x)f(x)$ sur un espace $L^2(\mathbb{R}^d, \mathrm{d}\mu)$. Lorsque la mesure μ est une somme de k deltas en des points distincts $x_1, \ldots, x_k$, alors $L^2(\mathbb{R}^d, \mathrm{d}\mu) \simeq \mathbb{C}^k$ et un opérateur de multiplication n'est rien d'autre qu'une matrice diagonale, de coefficients $a(x_i)$. Nous mentionnons d'autres énoncés, en particulier la construction du calcul fonctionnel, qui est un élément important dans la preuve du théorème spectral.

Le théorème spectral, dans n'importe laquelle de ses formulations équivalentes, est sans aucun doute le résultat mathématique central de la théorie des opérateurs auto-adjoints non bornés.

4.1 Opérateurs de multiplication

Soit B un ensemble borélien de $\mathbb{R}^d$ et μ une mesure borélienne positive sur B, que l'on suppose *localement finie*, ce qui signifie que $\mu(B \cap B_R) < \infty$ pour tout $R > 0$, où B_R est la boule ouverte de rayon R centrée à l'origine. Nous allons étudier des opérateurs particuliers sur l'espace de Hilbert $\mathfrak{H} = L^2(B, \mathrm{d}\mu)$ (les fonctions sont toutes à valeurs complexes). L'hypothèse que μ est localement finie suffit à

M. Lewin, *Théorie spectrale et mécanique quantique*, Mathématiques et Applications 87, https://doi.org/10.1007/978-3-030-93436-1_4

assurer que $L^2(B, d\mu)$ contient toutes les fonctions de $L^\infty_c(B, d\mu)$, c'est-à-dire μ–essentiellement bornées à support compact, qui forment alors un sous-espace dense de $\mathfrak{H}$. En effet, on peut écrire pour tout $v \in L^2(B, d\mu)$

$$v = v\mathbb{1}(|v| > R) + v\mathbb{1}(|v| \le R)\mathbb{1}(|x| > R') + v\mathbb{1}(|v| \le R)\mathbb{1}(|x| \le R') \quad (4.1)$$

où les deux premières fonctions tendent vers 0 dans $L^2(B, d\mu)$ par convergence dominée, lorsque $R, R' \to \infty$. Le choix de l'espace $L^2(B, d\mu)$ permet de couvrir de nombreux exemples de façon unifiée, en faisant varier la mesure μ.

Exemple 4.1 (Matrices hermitiennes) Soit $B = \{x_1, \ldots, x_k\}$ un ensemble de k points distincts dans $\mathbb{R}^d$ et $\mu = \sum_{j=1}^k \delta_{x_j}$. Alors $\mathfrak{H} = L^2(B, d\mu) \simeq \mathbb{C}^k$, de sorte que tout opérateur auto-adjoint sur $\mathfrak{H}$ s'identifie une matrice hermitienne M de taille $k \times k$. L'image d'une fonction $f \in L^2(B, d\mu)$ est par définition la fonction $g \in L^2(B, d\mu)$ telle que $g(x_i) = \sum_{j=1}^k M_{ij} f(x_j)$. Une matrice M diagonale correspond à l'opérateur $f \mapsto af$ où a est la fonction définie par $a(x_i) = M_{ii}$.

L'exemple précédent amène naturellement la définition suivante.

Définition 4.2 (Opérateurs de multiplication)   Soit a une fonction de $L^2_{\text{loc}}(B, d\mu)$ (à valeurs complexes), c'est-à-dire telle que $\int_{B \cap B_R} |a|^2 d\mu < \infty$ pour toute boule $B_R \subset \mathbb{R}^d$ de rayon R, centrée à l'origine. On appelle *opérateur de multiplication* et on note M_a l'opérateur défini par

$$(M_a v)(x) = a(x)v(x), \qquad D(M_a) = \left\{ v \in L^2(B, d\mu) : av \in L^2(B, d\mu) \right\}.$$

Le résultat principal de cette section est le suivant (Fig. 4.1).

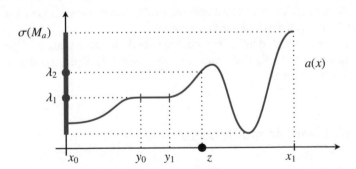

Fig. 4.1 Exemple d'une fonction a définie sur l'intervalle $B = [x_0, x_1]$, que l'on munit de la mesure $\mu = \text{Leb}_{[x_0,x_1]} + \delta_z$ (la mesure de Lebesgue à laquelle on ajoute un atome en z). Le spectre de l'opérateur de multiplication M_a correspondant est l'image $a([x_0, x_1])$, avec seulement deux valeurs propres $\lambda_1 = a(y_0)$ et $\lambda_2 = a(z)$. La première est de multiplicité infinie et $\ker(M_a - \lambda_1)$ est l'espace des fonctions de carré intégrable qui sont supportées dans l'intervalle $[y_0, y_1]$. La seconde est de multiplicité 1 et $\ker(M_a - \lambda_2) \simeq \mathbb{C}$ est l'espace des fonctions qui s'annulent μ–presque partout sur $[x_0, x_1] \setminus \{z\}$.

Théorème 4.3 (Opérateurs de multiplication) *Soit $a \in L^2_{\mathrm{loc}}(B, \mathrm{d}\mu)$. Alors :*

(*i*) *L'opérateur $(M_a, D(M_a))$ est fermé.*

(*ii*) *Son spectre vaut*

$$\sigma(M_a) = \mathrm{Im\,Ess}(a), \tag{4.2}$$

l'image essentielle de la fonction a définie par

$$\mathrm{Im\,Ess}(a) = \Big\{ y \in \mathbb{C} \; : \; \mu\big(\{x \; : \; |a(x) - y| \le \varepsilon\}\big) > 0, \; \forall \varepsilon > 0 \Big\}.$$

(*iii*) *Les valeurs propres de M_a sont les $\lambda \in \mathrm{Im\,Ess}(a)$ tels que $\mu(\{a = \lambda\}) > 0$ et l'espace propre correspondant est $L^2(\{a = \lambda\}, \mathrm{d}\mu)$, l'espace de toutes les fonctions à support dans l'ensemble $\{a = \lambda\}$, définies μ–presque partout.*

(*iv*) *$(M_a, D(M_a))$ est un opérateur borné si et seulement si a est une fonction μ–essentiellement bornée. Dans ce cas, on a*

$$\|M_a\| = \|a\|_{L^\infty(B, \mathrm{d}\mu)}. \tag{4.3}$$

(*iv*) *$(M_a, D(M_a))$ est auto-adjoint si et seulement si a est une fonction à valeurs réelles (bornée ou pas).*

Preuve Nous avons déjà étudié des opérateurs sous cette forme, par exemple le Laplacien ou l'impulsion après avoir appliqué la transformée de Fourier à la section 2.7. La preuve dans le cas général est très similaire. Considérons une suite $(v_n) \subset D(M_a)$ telle que $v_n \to v$ et $av_n \to w$ fortement dans $L^2(B, \mathrm{d}\mu)$. Comme $a \in L^2_{\mathrm{loc}}(B, \mathrm{d}\mu)$ et v_n converge fortement dans $L^2(B, \mathrm{d}\mu)$, on a $av_n \to av$ fortement dans $L^1(B \cap B_R, \mathrm{d}\mu)$ où on rappelle que B_R est la boule ouverte de rayon R, centrée à l'origine. Ceci démontre que $w = av$. Ainsi, $av \in L^2(B, \mathrm{d}\mu)$ et donc $v \in D(M_a)$. Ceci prouve que M_a est fermé.

Soit alors $\lambda \in \mathbb{C} \backslash \mathrm{Im\,Ess}(a)$, ce qui signifie d'après la définition qu'il existe $\varepsilon > 0$ tel que $|a - \lambda| \ge \varepsilon$ μ–presque partout. En particulier, nous avons $|(a - \lambda)^{-1}| \le \varepsilon^{-1}$ μ–presque partout. Pour tout $v \in L^2(B, \mathrm{d}\mu)$, la fonction $v(a - \lambda)^{-1}$ est dans $D(M_a)$ puisque

$$\int_B \frac{|v(x)|^2}{|a(x) - \lambda|^2} \, \mathrm{d}\mu(x) \le \varepsilon^{-2} \int_B |v(x)|^2 \, \mathrm{d}\mu(x) < \infty$$

et

$$\int_B \frac{|a(x)|^2 |v(x)|^2}{|a(x) - \lambda|^2} \, \mathrm{d}\mu(x) \le \left(1 + |\lambda|\varepsilon^{-1}\right)^2 \int_B |v(x)|^2 \, \mathrm{d}\mu(x) < \infty,$$

car $\frac{a}{a-\lambda} = 1 + \frac{\lambda}{a-\lambda}$. Nous voyons alors que $v \mapsto v(a-\lambda)^{-1}$ est l'inverse de $(M_a - \lambda)$ et qu'il est borné par ε^{-1}. Ainsi, $\lambda \notin \sigma(M_a)$, ce qui montre que $\sigma(M_a) \subset \mathrm{Im}\,\mathrm{Ess}(a)$.

Réciproquement, si $\lambda \in \mathrm{Im}\,\mathrm{Ess}(a)$, alors on a $\mu(\{|a - \lambda| \leq 1/n\}) > 0$ pour tout n donc il existe un rayon R_n tel que $0 < \mu\big(\{|a - \lambda| \leq 1/n\} \cap B_{R_n}\big) < \infty$. Nous préférons travailler avec un ensemble de mesure finie (en principe on peut avoir $\mu(\{|a - \lambda| \leq 1/n\}) = +\infty$). Alors, la fonction

$$v_n = \frac{\mathbb{1}_{\{|a-\lambda| \leq 1/n\} \cap B_{R_n}}}{\mu(\{|a - \lambda| \leq 1/n\} \cap B_{R_n})^{1/2}}$$

est normalisée dans $L^2(B, \mathrm{d}\mu)$. Comme on a

$$\|(M_a - \lambda)v_n\|^2 = \frac{\displaystyle\int_B \mathbb{1}_{\{|a-\lambda| \leq 1/n\} \cap B_{R_n}}(x)|a(x) - \lambda|^2 \,\mathrm{d}\mu(x)}{\mu(\{|a - \lambda| \leq 1/n\} \cap B_{R_n})} \leq \frac{1}{n^2}$$

nous voyons que $M_a - \lambda$ ne peut pas avoir d'inverse borné, donc que $\lambda \in \sigma(M_a)$, ce qu'il restait à démontrer pour avoir l'égalité $\sigma(M_a) = \mathrm{Im}\,\mathrm{Ess}(a)$.

L'opérateur M_a est symétrique si et seulement si

$$\int_B \big(a(x) - \overline{a(x)}\big)\overline{v(x)}u(x) \,\mathrm{d}\mu(x) = 0$$

pour tous $u, v \in D(M_a)$. En prenant $u = |\Im(a)|\mathbb{1}_{B_R}$ et $v = \mathrm{sgn}(\Im(a))\mathbb{1}_{B_R}$ pour toute boule B_R, on en déduit que $\Im(a) = 0$ μ–presque partout, c'est-à-dire que a est réelle. Alors $\sigma(M_a) = \mathrm{Im}\,\mathrm{Ess}(a) \subset \mathbb{R}$ et M_a est auto-adjoint d'après le théorème 2.28.

D'autre part, v est un vecteur propre de M_a si et seulement si $(a(x) - \lambda)v(x) = 0$ μ–presque partout, ce qui est équivalent à dire que v a son support dans l'ensemble où $a = \lambda$. De telles fonctions sont non nulles si et seulement cet ensemble est de mesure non nulle.

Enfin, si a est bornée, nous avons évidemment $\|M_a\| \leq \|a\|_{L^\infty(B,\mathrm{d}\mu)}$. L'inégalité opposée est obtenue en construisant une suite v_n de la même façon que précédemment, sur l'ensemble $\{|a| \geq \|a\|_{L^\infty(B,\mathrm{d}\mu)} - 1/n\}$. De façon similaire on démontre que M_a n'est pas borné si a ne l'est pas. $\square$

4.2 Théorème spectral

Nous sommes maintenant prêts à diagonaliser tous les opérateurs auto-adjoints. L'énoncé suivant signifie que tout opérateur auto-adjoint est en fait un opérateur de multiplication sur un bon espace.

Théorème 4.4 (Théorème spectral) *Soit $(A, D(A))$ un opérateur auto-adjoint sur un espace de Hilbert séparable $\mathfrak{H}$. Alors il existe $d \geq 1$, un borélien $B \subset \mathbb{R}^d$, une mesure borélienne localement finie μ sur B, une fonction localement bornée $a \in L_{\mathrm{loc}}^{\infty}(B, \mathrm{d}\mu)$ à valeurs réelles, et un isomorphisme d'espaces de Hilbert $U : \mathfrak{H} \to L^2(B, \mathrm{d}\mu)$ tels que*

$$\boxed{UAU^{-1} = M_a, \qquad UD(A) = D(M_a).}$$

Plus précisément, il est possible de prendre $d = 2$, $B = \sigma(A) \times \mathbb{N} \subset \mathbb{R}^2$, $a(s, n) = s$ et μ une mesure finie sur B.

Le fait que l'on puisse prendre $B = \sigma(A) \times \mathbb{N} \subset \mathbb{R}^2$ et $a(s, n) = s$ signifie que toute la structure de l'opérateur A peut être contenue dans la mesure μ (en plus bien sûr du spectre $\sigma(A)$). Dans la plupart des cas il n'est pas utile de savoir que l'on peut faire ce choix particulier, mais parfois ceci simplifie quelques arguments. L'image réciproque de tout y par la fonction $a(s, n) = s$ est donnée par

$$\{a = y\} = \bigcup_{n \in \mathbb{N}} \{(y, n)\}.$$

En particulier, d'après le théorème 4.3, nous avons

$$\ker(A - \lambda) = U^{-1} L^2(\{\lambda\} \times \mathbb{N}, \mathrm{d}\mu)$$

et la multiplicité d'une valeur propre éventuelle est donnée par

$$\dim \ker(A - \lambda) = \#\big\{n \in \mathbb{N} \ : \ \mu\big(\{(\lambda, n)\}\big) > 0\big\}.$$

Ainsi, dans le produit cartésien $\sigma(A) \times \mathbb{N}$, l'ensemble $\mathbb{N}$ sert à tenir compte de la multiplicité.

Remarque 4.5 La représentation comme un opérateur de multiplication n'est pas unique. Par exemple nous avons déjà vu que le Laplacien sur $\mathbb{R}^d$ était unitairement équivalent à l'opérateur de multiplication par la fonction $a(k) = |k|^2$ sur $L^2(\mathbb{R}^d)$, donc avec $B = \mathbb{R}^d$, μ la mesure de Lebesgue, et U la transformation de Fourier. En dimension $d = 1$, nous montrerons à l'exercice 4.44 que l'on peut également le représenter par la fonction $\tilde{a}(s, n) = s$ sur $\tilde{B} = \mathbb{R}_+ \times \{0, 1\}$. Deux copies du spectre sont nécessaires et elles correspondent à la décomposition de $L^2(\mathbb{R})$ en fonctions paires et impaires. En quelque sorte, le spectre continu est de multiplicité deux. En dimension supérieure $d \geq 2$, il est possible de construire un unitaire explicite basé sur les coordonnées hypersphériques pour lequel $\tilde{B} = \mathbb{R}^+ \times \mathbb{N} \subset \mathbb{R}^2$, mais le spectre doit être répété une infinité de fois.

La preuve du théorème 4.4 est fournie plus loin à la section 4.4. Nous allons maintenant donner une sélection de quelques résultats qui découlent immédiatement du théorème spectral. Nous verrons de multiples autres conséquences plus tard. Le premier concerne la norme de la résolvante $(A - z)^{-1}$ pour tout $z \in \rho(A)$. Nous avons déjà vu et largement utilisé que

$$\left\| (A - z)^{-1} \right\| \leq \frac{1}{|\Im(z)|}$$

lorsque $z \in \mathbb{C} \setminus \mathbb{R}$ et que A est auto-adjoint. Avec le théorème spectral nous pouvons maintenant calculer la valeur exacte de la norme en question.

Corollaire 4.6 (Norme de $(A - z)^{-1}$) *Soit A un opérateur auto-adjoint sur le domaine $D(A) \subset \mathfrak{H}$. Pour tout $z \in \mathbb{C} \setminus \sigma(A)$, nous avons*

$$\left\| (A - z)^{-1} \right\| = \frac{1}{\mathrm{d}\big(z, \sigma(A)\big)} \tag{4.4}$$

(la distance de z au fermé $\sigma(A)$ dans le plan complexe).

Preuve À une isométrie près on peut supposer que $A = M_a$ est l'opérateur de multiplication par $a(s, n) = s$ sur $\mathfrak{H} = L^2(\sigma(A) \times \mathbb{N}, \mathrm{d}\mu)$. Alors, par le théorème 4.3, on a

$$\left\| (A - z)^{-1} \right\| = \left\| (a - z)^{-1} \right\|_{L^\infty(\sigma(A) \times \mathbb{N}, \mathrm{d}\mu)} = \frac{1}{\operatorname{Inf\,Ess} |s - z|}$$

$$= \frac{1}{\min_{s \in \sigma(A)} |s - z|} = \frac{1}{\mathrm{d}(z, \sigma(A))}.$$

$\square$

Voici un second corollaire du théorème spectral.

Corollaire 4.7 (Tout point isolé du spectre est une valeur propre) *Soit A un opérateur auto-adjoint sur le domaine $D(A) \subset \mathfrak{H}$. Si $\lambda \in \sigma(A)$ est un point isolé du spectre (c'est-à-dire $[\lambda - \varepsilon, \lambda + \varepsilon] \cap \sigma(A) = \{\lambda\}$ pour $\varepsilon > 0$ assez petit), alors λ est une valeur propre de A.*

Preuve Dans la représentation où A est l'opérateur de multiplication par la fonction $(s, n) \mapsto s$, on a

$$\mu\left([\lambda - \varepsilon, \lambda + \varepsilon] \times \mathbb{N}\right) = \sum_{n \in \mathbb{N}} \mu\left([\lambda - \varepsilon, \lambda + \varepsilon] \times \{n\}\right) \neq 0$$

pour tout $\lambda \in \sigma(A)$ et tout $\varepsilon > 0$, sinon λ ne pourrait pas être dans le spectre de A. Si λ est isolé, puisque μ se concentre sur $\sigma(A) \times \mathbb{N}$ on a donc

$$\mu(\{\lambda\} \times \mathbb{N}) = \mu\left([\lambda - \varepsilon, \lambda + \varepsilon] \times \mathbb{N}\right) > 0$$

pour $\varepsilon > 0$ assez petit. Ceci montre que λ est une valeur propre car $\{\lambda\} \times \mathbb{N} = a^{-1}(\{\lambda\})$. □

4.3 Calcul fonctionnel

Nous utilisons maintenant le théorème spectral pour définir $f(A)$ pour une grande classe de fonctions f.

Considérons une représentation quelconque où l'opérateur A devient un opérateur de multiplication M_a par une fonction $a \in L^\infty_{\mathrm{loc}}(B, \mathrm{d}\mu)$. Soit $f : \mathbb{R} \to \mathbb{C}$ une **fonction borélienne localement bornée**. Nous pouvons définir l'opérateur $f(A)$ en demandant que ce soit l'opérateur de multiplication par la fonction $f(a)$ dans la représentation où A a été diagonalisé :

$$\boxed{f(A) := U^{-1} M_{f(a)} U, \qquad D\big(f(A)\big) = U^{-1} D\big(M_{f(a)}\big).} \tag{4.5}$$

Rappelons que M_a et son domaine ont été définis à la section 4.1. L'hypothèse que f est localement bornée sert à assurer que $f(a)$ est aussi localement bornée μ-presque partout (puisque a l'est), de sorte que $M_{f(a)}$ soit bien définie.

Notons que si on a $f(a) = g(a)$ μ–presque partout sur B, alors $f(A) = g(A)$. Ainsi, nous devrions plutôt travailler avec les classes d'équivalence associées à la relation où $f \sim g$ si et seulement si $f(a) = g(a)$ μ–presque partout sur B. Cependant ces classes ne sont pas connues *a priori* car la mesure μ et la fonction a sont des objets abstraits fournis par le théorème spectral, sur lesquels nous avons peu d'information. Pour cette raison, il est plus commode de travailler avec des fonctions boréliennes sans faire aucune identification "presque-partout".

Une autre observation est que $f(A) = 0$ si f s'annule sur le spectre $\sigma(A) = \mathrm{Im}\,\mathrm{Ess}(a)$, puisque dans ce cas $f(a) = 0$ μ–presque partout. Finalement, si f est réelle, alors l'opérateur $f(A)$ ainsi défini est auto-adjoint sur son domaine $D(f(A))$, par le théorème 4.3. Si f est une fonction bornée sur $\sigma(A)$ (réelle ou pas), alors $f(A)$ est un opérateur borné et par ailleurs $\|f(A)\| = \|f(a)\|_{L^\infty(B,\mathrm{d}\mu)} \le \sup |f|$.

Comme il n'y a pas une unique manière de représenter A comme un opérateur de multiplication, il faut vérifier que la définition (4.5) de $f(A)$ ne dépend pas de la représentation choisie. Nous commençons par résoudre cette question dans le cas particulier des **fonctions boréliennes bornées**. C'est une situation plus simple, puisque les opérateurs $f(A)$ correspondants sont bornés, donc définis sur tout $\mathfrak{H}$. De plus, les fonctions boréliennes bornées ont le bon goût de former une $*$–algèbre commutative, ce qui sera utile pour la preuve.

Théorème 4.8 (Calcul fonctionnel borélien borné) *Soit* $(A, D(A))$ *un opérateur auto-adjoint. Il existe une unique application*

$$f \in \mathscr{L}^\infty(\mathbb{R}, \mathbb{C}) \mapsto f(A) \in \mathcal{B}(\mathfrak{H})$$

définie sur l'algèbre $\mathscr{L}^\infty(\mathbb{R}, \mathbb{C})$ *des fonctions boréliennes bornées sur tout* $\mathbb{R}$, *à valeurs dans l'algèbre* $\mathcal{B}(\mathfrak{H})$ *des opérateurs bornés sur* $\mathfrak{H}$, *telle que*

(i) *c'est un morphisme de* *∗–algèbres, c'est-à-dire* $(f+\alpha g)(A) = f(A)+\alpha g(A)$, $(fg)(A) = f(A)g(A)$, $\mathbb{1}(A) = \mathbb{1}_{\mathfrak{H}}$ *et* $\overline{f}(A) = f(A)^*$;

(ii) *qui est continu, c'est-à-dire* $\|f(A)\| \leq \sup_{x\in\mathbb{R}} |f(x)|$;

(iii) *si* $f(x) = (x-z)^{-1}$ *avec* $z \in \mathbb{C} \setminus \mathbb{R}$, *alors* $f(A) = (A-z)^{-1}$;

(iv) *si* f *est nulle sur* $\sigma(A)$, *alors* $f(A) = 0$;

(v) *si* $|f_n(x)| \leq C$ *et* $f_n(x) \to f(x)$ *pour tout* $x \in \mathbb{R}$, *alors* $f_n(A)v \to f(A)v$ *pour tout* $v \in \mathfrak{H}$.

Notre définition (4.5) satisfait toutes les hypothèses requises, quelle que soit la représentation choisie, ce qui fournit l'existence du théorème. C'est l'unicité qui nous intéresse ici, et elle implique que la définition (4.5) ne dépend pas de la représentation choisie pour A en tant qu'opérateur de multiplication, du moins lorsque f est bornée.

L'énoncé du théorème 4.8 peut cependant paraître un peu surdimensionné s'il s'agit juste de prouver l'indépendance en question. En fait, le théorème 4.8 est équivalent au théorème spectral 4.4 ! Depuis les travaux de F. Riesz [Rie13], il est même devenu classique de d'abord construire le calcul fonctionnel pour en déduire que A est unitairement équivalent à un opérateur de multiplication. Avec ce point de vue, c'est alors l'existence qui devient plus difficile à montrer. Nous y reviendrons à la section 4.4 qui contient la preuve couplée des deux théorèmes 4.4 et 4.8.

Remarque 4.9 (Mesure spectrale)   Soit v un vecteur normalisé quelconque de $\mathfrak{H}$. Par le calcul fonctionnel, l'application

$$f \in C_b^0(\mathbb{R}, \mathbb{R}) \mapsto \varphi_v(f) := \langle v, f(A)v \rangle$$

est une forme linéaire continue, qui est de plus positive ($\varphi_v(f) \geq 0$ pour tout $f \geq 0$) et normalisée ($\varphi_v(1) = 1$). Par le théorème de Riesz-Markov, il existe une unique *mesure borélienne de probabilité* $\mu_{A,v}$ sur $\mathbb{R}$ telle que

$$\langle v, f(A)v \rangle = \int_{\mathbb{R}} f(s)\, d\mu_{A,v}(s)$$

pour tout $f \in C_b^0(\mathbb{R})$. C'est par définition la *mesure spectrale associée à l'opérateur auto-adjoint A et au vecteur v*, que nous avions évoquée lors de la présentation du formalisme abstrait de la mécanique quantique à la section 1.5. Par le théorème spectral 4.4, avec $B = \sigma(A) \times \mathbb{N}$ et $a(s, n) = s$, nous pouvons exprimer $\mu_{A,v}$ sous la forme

$$d\mu_{A,v}(s) = \sum_{n\in\mathbb{N}} |Uv(s,n)|^2 d\mu(s,n)$$

ce qui signifie plus précisément que

$$\int_{\mathbb{R}} f(s)\, d\mu_{A,v}(s) = \int_{\sigma(A) \times \mathbb{N}} f(s)|Uv(s,n)|^2 d\mu(s,n).$$

En d'autres termes, $\mu_{A,v}$ est la projection cylindrique sur $\sigma(A)$ de la mesure de probabilité $|Uv(s,n)|^2 d\mu(s,n)$ sur $\sigma(A) \times \mathbb{N}$. On a alors $v \in D(A)$ si et seulement si $\mu_{A,v}$ possède un moment d'ordre deux, $\int_{\mathbb{R}} s^2\, d\mu_{A,v}(s) < \infty$, et dans ce cas $\int_{\mathbb{R}} s^2\, d\mu_{A,v}(s) = \|Av\|^2$. On a également $\int_{\mathbb{R}} s\, d\mu_{A,v}(s) = \langle v, Av \rangle$, comme mentionné à la section 1.5.

Nous allons maintenant discuter de l'extension du calcul fonctionnel aux **fonctions boréliennes localement bornées**, ce qui implique de travailler avec un domaine qui dépend de f comme en (4.5). Le résultat suivant est une conséquence du théorème 4.8 pour le cas borné.

Corollaire 4.10 (Calcul fonctionnel borélien localement borné) *Soit $(A, D(A))$ un opérateur auto-adjoint et $f : \mathbb{R} \mapsto \mathbb{C}$ une fonction borélienne localement bornée. L'opérateur $f(A)$ défini en (4.5) est indépendant de l'isomorphisme U utilisé pour représenter A en un opérateur de multiplication.*

Preuve Rappelons que le domaine de l'opérateur $M_{f(a)}$ de multiplication par la fonction $f(a)$ sur $L^2(B, d\mu)$ est donné par

$$D(M_{f(a)}) = \left\{ v \in L^2(B, d\mu) : \int_B |f(a(x))|^2 |v(x)|^2\, d\mu(x) < \infty \right\}.$$

En introduisant la fonction tronquée $f_n = f\mathbb{1}(|f| \leq n)$, qui est borélienne bornée, nous avons l'équivalence

$$v \in D(M_{f(a)}) \iff \limsup_{n\to\infty} \|f_n(a)v\|^2 = \limsup_{n\to\infty} \int_B |f_n(a(x))|^2 |v(x)|^2 d\mu(x) < \infty \tag{4.6}$$

et dans ce cas $f(a)v = \lim_{n\to\infty} f_n(a)v$ dans $L^2(B, d\mu)$. En effet, si $v \in D(M_{f(a)})$ l'intégrale à droite de (4.6) converge vers $\int_B |f(a)|^2 |v|^2 d\mu$ par convergence monotone, et $f_n(a)v \to f(a)v$ fortement dans $L^2(B, d\mu)$. Réciproquement, par le théorème de Fatou nous avons

$$\int_B |f(a(x))|^2 |v(x)|^2 d\mu(x) \leq \liminf_{n\to\infty} \int_B |f_n(a(x))|^2 |v(x)|^2 d\mu(x)$$

qui est donc fini quand le terme de droite reste borné. Ceci permet de caractériser $f(A)$ et son domaine par des propriétés faisant uniquement intervenir $f_n(A)$, de la façon suivante :

$$\begin{cases} v \in D\big(f(A)\big) \iff \limsup_{n \to \infty} \| f_n(A)v\| < \infty, \\ f(A)v = \lim_{n \to \infty} f_n(A)v. \end{cases} \tag{4.7}$$

Ceci montre que la définition (4.5) est indépendante du choix de la représentation de A comme un opérateur de multiplication, puisque c'est le cas des $f_n(A)$ d'après le théorème 4.8.   □

En plus de la résolvante $(A - z)^{-1}$ obtenue pour $f(x) = (x - z)^{-1}$, nous verrons dans la suite de ce chapitre plusieurs opérateurs sous la forme $f(A)$ qui jouent un rôle important :

- Les *projecteurs spectraux* sont les $\mathbb{1}_F(A)$ où F est un ensemble borélien quelconque de $\mathbb{R}$, et ils jouent le même rôle en dimension infinie que les projecteurs sur les sous-espaces propres des matrices hermitiennes. Ils seront étudiés à la section 4.5.
- Les *puissances* A^k avec $k \in \mathbb{N}$ sont obtenues pour $f(x) = x^k$. Si $A \geq 0$ (c'est-à-dire $\sigma(A) \subset \mathbb{R}_+$) on peut également considérer les A^α où α est un réel positif quelconque. Si $A \geq a > 0$ alors on peut même prendre $\alpha \in \mathbb{R}$. Les puissances et le lien avec la forme quadratique de A seront discutés à la section 4.6.
- Le *propagateur de Schrödinger* est l'opérateur unitaire défini par e^{-itA} pour tout $t \in \mathbb{R}$, qui sert à résoudre l'équation de Schrödinger dépendant du temps

$$i \frac{\mathrm{d}}{\mathrm{d}t} v(t) = A v(t),$$

  comme nous le verrons à la section 4.7.1.
- Le *propagateur de la chaleur* est l'opérateur e^{-tA} qui sert à résoudre l'équation de la chaleur

$$\frac{\mathrm{d}}{\mathrm{d}t} v(t) = -A v(t).$$

Il sera discuté à la section 4.7.2.

4.4 Preuve des théorèmes 4.4 et 4.8

Nous présentons dans cette section la preuve couplée du théorème spectral 4.4 et du théorème 4.8 sur le calcul fonctionnel borélien borné. Nous raisonnons en trois étapes :

1. Nous construisons le calcul fonctionnel continu, c'est-à-dire une version plus faible du théorème 4.8 où on suppose que $f \in \mathbb{C} + C_0^0(\mathbb{R}, \mathbb{C})$ est continue et admet des limites égales en $\pm\infty$.
2. Nous en déduisons le théorème spectral 4.4.
3. Un argument de théorie de la mesure nous fournira finalement l'unicité de l'extension du calcul fonctionnel à toutes les fonctions boréliennes bornées, ce qui conclura la preuve du théorème 4.8.

Étape 1: Construction du calcul fonctionnel continu

Nous allons fournir ici une preuve partielle du théorème 4.8, au sens où nous ne montrerons pas les propriétés pour toute la classe des fonctions mesurables bornées mais uniquement pour la classe des fonctions continues qui admettent des limites égales en $\pm\infty$:

$$C_{\lim}^0(\mathbb{R}) := \mathbb{C} + C_0^0(\mathbb{R}, \mathbb{C})$$

$$= \left\{ f \in C^0(\mathbb{R}) \ : \ \lim_{x \to +\infty} f(x) \text{ et } \lim_{x \to -\infty} f(x) \text{ existent et sont égales} \right\}.$$

C'est une sous-algèbre particulière de l'algèbre des fonctions boréliennes bornées $\mathcal{L}^\infty(\mathbb{R}, \mathbb{C})$, qui sera suffisante pour prouver le théorème spectral 4.4. S'il est plus classique de travailler dans $C_0^0(\mathbb{R})$ (l'algèbre des fonctions continues qui tendent vers 0 à l'infini), nous préférons y ajouter les fonctions constantes pour avoir une algèbre unitaire. Nous montrons donc le théorème suivant.

Théorème 4.11 (Calcul fonctionnel continu dans $C_{\lim}^0(\mathbb{R})$) *Soit A un opérateur auto-adjoint sur $D(A) \subset \mathfrak{H}$. Il existe une unique application*

$$f \in C_{\lim}^0(\mathbb{R}) \mapsto f(A) \in \mathcal{B}(\mathfrak{H})$$

qui soit un morphisme continu de $*$–algèbres de Banach, c'est-à-dire telle que

(i) $(f + \alpha g)(A) = f(A) + \alpha g(A)$, $(fg)(A) = f(A)g(A)$, $\mathbb{1}(A) = \mathbb{1}_{\mathfrak{H}}$ *et* $\overline{f}(A) = f(A)^*$;
(ii) $\|f(A)\| \leq \max_\mathbb{R} |f|$;
(iii) si $f(x) = (x - z)^{-1}$ *avec* $z \notin \mathbb{R}$, *alors* $f(A) = (A - z)^{-1}$.

Pour simplifier nous avons supprimé plusieurs des assertions du théorème 4.8 qui ne sont pas nécessaires pour montrer le théorème spectral, et suivront ensuite immédiatement de ce dernier.

Notre preuve du théorème 4.11 est basée sur le théorème de Stone-Weierstrass qui précise que l'algèbre $\mathcal{A}$ engendrée par les $(x - z)^{-1}$ avec $z \in \mathbb{C} \setminus \mathbb{R}$ et les fonctions constantes est dense dans $C_{\lim}^0(\mathbb{R}, \mathbb{C})$. L'argument est assez standard, sauf peut-être pour la majoration dans (ii). Nous verrons que cette dernière suit d'un argument algébrique : le fait que l'algèbre $\mathcal{A}$ est **stable par racine carrée**.

Preuve (du théorème 4.11) Considérons l'algèbre $\mathcal{A}$ engendrée par la fonction constante égale à 1 et les $x \mapsto (x - z)^{-1}$ avec $z \in \mathbb{C} \setminus \mathbb{R}$, c'est-à-dire celle composée des sommes finies de produits finis de telles fonctions. Le théorème de Stone-Weierstrass dans sa version locale (voir également l'exercice 4.42) implique que $\mathcal{A}$ est dense dans $C_{\lim}^0(\mathbb{R})$ pour la norme uniforme. Avec un prolongement par continuité, il suffit donc de démontrer l'existence du calcul fonctionnel sur $\mathcal{A}$, avec les propriétés (i)–(iii). L'unicité suit alors immédiatement de (iii) et de la densité des combinaisons linéaires des $(x - z)^{-1}$ et de l'identité.

La partie difficile de la preuve est la continuité (ii), car il est assez clair comment $f(A)$ doit être défini pour f une combinaison linéaire finie de produits de $(x-z)^{-1}$, de sorte que (i) et (iii) soient vraies. Notons tout d'abord que pour tous $z, z' \in \mathbb{C} \setminus \mathbb{R}$, les opérateurs $(A - z)^{-1}$ et $(A - z')^{-1}$ commutent :

$$(A - z)^{-1}(A - z')^{-1} = (A - z')^{-1}(A - z)^{-1}.$$

Pour le voir nous pouvons utiliser la formule de la résolvante

$$(A - z)^{-1} = (A - z')^{-1} + (z - z')(A - z)^{-1}(A - z')^{-1} \tag{4.8}$$

qui se démontre en multipliant à gauche par $A - z = A - z' + z - z'$ et qui implique

$$(A - z)^{-1}(A - z')^{-1} = (z - z')^{-1}\left((A - z)^{-1} - (A - z')^{-1}\right)$$

où le terme de droite est invariant quand on échange z et z'. Nous aurons aussi besoin du fait que l'adjoint de $(A - z)^{-1}$ est

$$\left[(A - z)^{-1}\right]^* = (A - \bar{z})^{-1} \tag{4.9}$$

ce qui suit de la relation

$$\left\langle f, (A - z)^{-1}g \right\rangle = \left\langle (A - \bar{z})(A - \bar{z})^{-1}f, (A - z)^{-1}g \right\rangle = \left\langle (A - \bar{z})^{-1}f, g \right\rangle$$

puisque A est symétrique et que $A - \bar{z}$ est inversible, pour tout $z \in \mathbb{C} \setminus \mathbb{R}$. Maintenant nous pouvons définir pour tout

$$f(x) = c + \sum_{j=1}^{J} \alpha_j \prod_{k=1}^{k_j} (x - z_{j,k})^{-1} \in \mathcal{A}$$

l'opérateur

$$f(A) := c + \sum_{j=1}^{J} \alpha_j \prod_{k=1}^{k_j} (A - z_{j,k})^{-1}.$$

L'ordre des opérateurs ne joue pas de rôle puisqu'ils commutent tous. Cette définition est bien sûr forcée par les propriétés (i) et (iii). L'ensemble de tous ces opérateurs forme une $*$–algèbre abélienne d'opérateurs bornés

$$\mathcal{R} = \{ f(A) \ : \ f \in \mathcal{A}\} \subset \mathcal{B}(\mathfrak{H})$$

qui s'appelle *l'algèbre des résolvantes* et qui satisfait les hypothèses (i) et (iii) du théorème 4.11. La difficulté est maintenant de montrer la continuité (ii), ce qui va automatiquement suivre du lemme suivant.   □

Lemme 4.12 (Stabilité de $\mathcal{A}$ par racine carrée) *Soit $f \in \mathcal{A}$ une fonction qui est positive sur tout* $\mathbb{R}$. *Alors il existe $g \in \mathcal{A}$ telle que $f = |g|^2$.*

Preuve (du lemme) En réduisant au même dénominateur, nous voyons que les fonctions $f \in \mathcal{A}$ peuvent toutes s'écrire sous la forme d'une fraction rationnelle réduite $f = P/Q$ où Q a toutes ses racines dans $\mathbb{C} \setminus \mathbb{R}$ et où $d^\circ(P) \leq d^\circ(Q)$. Réciproquement, par la décomposition en éléments simples, toute fraction rationnelle satisfaisant ces deux propriétés appartient à $\mathcal{A}$. Écrivons alors

$$P(x) = c \prod_{\ell=1}^{J} (x - \alpha_\ell)^{p_\ell} \prod_{j=1}^{J'} (x - z_j)^{p'_j}, \qquad Q(x) = \prod_{j=1}^{K} (x - \xi_j)^{q_j}$$

où les $\alpha_\ell \in \mathbb{R}$ sont les racines réelles de P et les $z_j, \xi_j \in \mathbb{C} \setminus \mathbb{R}$ sont les racines non réelles de P et Q, respectivement. Nous voyons que f est à valeurs réelles sur $\mathbb{R}$ si et seulement si $P/Q = \overline{P/Q}$ ou encore

$$c \prod_{j=1}^{J'} (x - z_j)^{p'_j} \prod_{j=1}^{K} (x - \overline{\xi_j})^{q_j} = \overline{c} \prod_{j=1}^{J'} (x - \overline{z_j})^{p'_j} \prod_{j=1}^{K} (x - \xi_j)^{q_j}.$$

L'égalité des termes de plus haut degré fournit $c = \overline{c}$, c'est-à-dire la constante c est réelle. Comme $(x - \overline{z_j})^{p'_j}$ divise le terme de droite mais pas $\overline{Q}$ car la fraction est réduite, nous en déduisons que $\overline{z_j}$ est une racine de P de multiplicité au moins égale à p'_j. En retournant l'argument, et en utilisant ensuite la même méthode pour Q, nous obtenons finalement que f est à valeurs réelles si et seulement si elle s'écrit sous la forme

$$f(x) = c \prod_{\ell=1}^{J} (x - \alpha_\ell)^{p_\ell} \frac{\prod_{j=1}^{J'} |x - z_j|^{2p'_j}}{\prod_{j=1}^{K} |x - \xi_j|^{2q_j}}.$$

Finalement, f est positive si et seulement si $c \geq 0$ et tous les p_ℓ sont pairs, ce qui signifie bien que $f = |g|^2$ avec

$$g(x) = \sqrt{c} \prod_{\ell=1}^{J} (x - \alpha_\ell)^{\frac{p_\ell}{2}} \frac{\prod_{j=1}^{J'} (x - z_j)^{p'_j}}{\prod_{j=1}^{K} (x - \xi_j)^{q_j}}$$

et conclut la preuve du lemme.

Le lemme permet de montrer la continuité. En effet, pour tout $f \in \mathcal{A}$, on a $0 \leq \|f\|_{L^\infty(\mathbb{R})}^2 - |f|^2 \in \mathcal{A}$, donc il existe $g \in \mathcal{A}$ telle que $\|f\|_{L^\infty(\mathbb{R})}^2 - |f|^2 = |g|^2$. Cela signifie que

$$f(A)^* f(A) = \|f\|_{L^\infty(\mathbb{R})}^2 - g(A)^* g(A)$$

et donc que pour tout $v \in \mathfrak{H}$

$$\|f(A)v\|^2 = \langle v, f(A)^* f(A)v \rangle = \|f\|_{L^\infty(\mathbb{R})}^2 \|v\|^2 - \|g(A)v\|^2 \leq \|f\|_{L^\infty(\mathbb{R})}^2 \|v\|^2.$$

Ainsi, $\|f(A)\| \leq \|f\|_{L^\infty(\mathbb{R})}$ comme il fallait démontrer. Ceci termine la preuve du théorème 4.11, par densité de $\mathcal{A}$ dans $C_{\lim}^0(\mathbb{R})$. $\qquad\square$

Étape 2: Preuve du théorème spectral 4.4

Nous allons maintenant prouver le théorème spectral en utilisant le théorème 4.11, c'est-à-dire l'existence du calcul fonctionnel sur $C_{\lim}^0(\mathbb{R})$. En fait, nous utiliserons seulement l'espace plus petit $C_0^0(\mathbb{R})$. Soit $v \neq 0$ un vecteur quelconque de $\mathfrak{H}$ et considérons la forme linéaire

$$\varphi_v(f) := \langle v, f(A)v \rangle$$

qui, par le théorème 4.11, est continue sur $C_0^0(\mathbb{R})$, avec $|\varphi_v(f)| \leq \|v\|^2 \|f\|_{L^\infty(\mathbb{R})}$. De plus, pour toute fonction $f \in C_0^0(\mathbb{R})$ positive, on a $f = g^2$ avec $g = \sqrt{f} \in C_0^0(\mathbb{R})$, de sorte que

$$\varphi_v(f) = \langle v, g(A)^* g(A)v \rangle = \|g(A)v\|^2 \geq 0.$$

Par le théorème de Riesz-Markov, ceci signifie qu'il existe une unique mesure borélienne $\mu_{A,v}$, positive et bornée sur $\mathbb{R}$, telle que

$$\varphi_v(f) = \langle v, f(A)v \rangle = \int_{\mathbb{R}} f(s) \, d\mu_{A,v}(s)$$

pour tout $f \in C_0^0(\mathbb{R})$, et de masse totale $\mu_{A,v}(\mathbb{R}) \leq \|v\|^2$. La mesure $\mu_{A,v}$ s'appelle la *mesure spectrale associée au vecteur* v et elle a déjà été discutée à la remarque 4.9. Nous pouvons montrer tout de suite que $\mu_{A,v}$ s'annule en dehors de $\sigma(A)$.

Lemme 4.13 *Soit* $v \in \mathfrak{H}$ *un vecteur normalisé et* $\mu_{A,v}$ *la mesure spectrale associée. On a* $\mu_{A,v}(\mathbb{R} \setminus \sigma(A)) = 0$.

Preuve *(du lemme)* Supposons que $\mathbb{R} \setminus \sigma(A)$ est non vide et prenons λ_0 dans cet ensemble. Le lemme 2.8 implique que $(A - z)^{-1}$ est uniformément borné sur une petite boule dans le plan complexe. Par exemple $\|(A - z)^{-1}\| \leq 2$ pour tout $z \in B_r(\lambda_0)$, la boule de rayon

$$r = \frac{1}{2\|(A - \lambda_0)^{-1}\|}.$$

Posons $z_n = \lambda + i/n$ avec $|\lambda - \lambda_0| \leq r/2$ et $n \geq 2/r$ de sorte que z_n soit dans $B_r(\lambda_0)$. Nous avons alors

$$\left\| (A - z_n)^{-1} v \right\|^2 = \left\langle v, (A - \overline{z_n})^{-1}(A - z_n)^{-1} v \right\rangle = \int_{\mathbb{R}} \frac{\mathrm{d}\mu_{A,v}(s)}{(s - \lambda)^2 + n^{-2}}.$$

En intégrant sur $[\lambda_0 - r/2, \lambda_0 + r/2]$, on trouve

$$\int_{\lambda_0 - \frac{r}{2}}^{\lambda_0 + \frac{r}{2}} \left\| (A - \lambda - i/n)^{-1} v \right\|^2 \mathrm{d}\lambda = \int_{\lambda_0 - \frac{r}{2}}^{\lambda_0 + \frac{r}{2}} \left(\int_{\mathbb{R}} \frac{\mathrm{d}\mu_{A,v}(s)}{(s - \lambda)^2 + n^{-2}} \right) \mathrm{d}\lambda$$

$$\geq \mu_{A,v}\left(\left[\lambda_0 - \frac{r}{4}, \lambda_0 + \frac{r}{4} \right] \right) \int_{-\frac{r}{4}}^{\frac{r}{4}} \frac{\mathrm{d}\lambda}{\lambda^2 + n^{-2}}$$

$$= 2n \arctan\left(\frac{rn}{4} \right) \mu_{A,v}\left(\left[\lambda_0 - \frac{r}{4}, \lambda_0 + \frac{r}{4} \right] \right).$$

À la deuxième ligne nous avons utilisé le fait que pour tout $s \in [\lambda_0 - r/4, \lambda_0 + r/4]$, nous pouvons minorer l'intégrale en λ par celle sur l'intervalle $[s - r/4, s + r/4] \subset [\lambda_0 - r/2, \lambda_0 + r/2]$. Avec la borne uniforme $\|(A - z_n)^{-1}\| \leq 2$ sur le terme de gauche, on obtient

$$\mu_{A,v}\left(\left[\lambda_0 - \frac{r}{4}, \lambda_0 + \frac{r}{4} \right] \right) \leq \frac{2r}{n \arctan\left(\frac{rn}{4} \right)}.$$

Le terme de droite tend vers 0 quand $n \to \infty$ et nous obtenons

$$\mu_{A,v}\left(\left[\lambda_0 - \frac{r}{4}, \lambda_0 + \frac{r}{4} \right] \right) = 0.$$

Comme l'ouvert $\mathbb{R}\setminus\sigma(A)$ est une union dénombrable de tels intervalles, ceci conclut la preuve du lemme. $\square$

Continuons la preuve du théorème spectral. On a $C_0^0(\mathbb{R}) \subset L^2(\mathbb{R}, \mathrm{d}\mu_{A,v}) = L^2(\sigma(A), \mathrm{d}\mu_{A,v})$ et $C_0^0(\mathbb{R})$ est même dense dans cet espace de Hilbert. Nous pouvons faire apparaître cet espace très naturellement en étudiant la forme sesquilinéaire

$$\langle g(A)v, f(A)v \rangle = \langle v, (\overline{g}f)(A)v \rangle = \int_{\sigma(A)} \overline{g(s)} f(s) \mathrm{d}\mu_{A,v}(s). \tag{4.10}$$

Cette égalité montre que l'application linéaire

$$f \mapsto f(A)v \tag{4.11}$$

est une isométrie de $C_0^0(\mathbb{R}) \subset L^2(\sigma(A), \mathrm{d}\mu)$ dans $\mathfrak{H}$. Ainsi, après fermeture nous trouvons que l'espace

$$X_v := \overline{\{f(A)v, \ f \in C_0^0(\mathbb{R})\}} \subset \mathfrak{H} \tag{4.12}$$

est isométrique à $L^2(\sigma(A), \mathrm{d}\mu_{A,v})$. Comme $(x-z)^{-1}f \in C_0^0(\mathbb{R})$ pour tout $z \in \mathbb{C}\setminus\mathbb{R}$ et tout $f \in C_0^0(\mathbb{R})$, nous avons par continuité de $(A-z)^{-1}$ que $(A-z)^{-1}X_v \subset X_v$ pour tout $z \in \mathbb{C} \setminus \mathbb{R}$. Un tel espace est appelé *invariant* (exercice 4.43). Une autre remarque importante pour la suite est que, même si $(A-z)^{-1}$ n'est pas auto-adjoint puisque z est complexe, $(A-z)^{-1}$ laisse également invariant $(X_v)^\perp$, puisque si $w \in (X_v)^\perp$

$$\langle f(A)v, (A-z)^{-1}w \rangle = \langle (A-\overline{z})^{-1}f(A)v, w \rangle = 0$$

pour tout $f \in C_0^0(\mathbb{R})$. Finalement, nous avons, avec $r_z(s) = (s-z)^{-1}$,

$$\langle g(A)v, (A-z)^{-1}f(A)v \rangle = \langle v, (\overline{g}r_z f)(A)v \rangle = \int_{\sigma(A)} \frac{\overline{g(s)}f(s)}{s-z} \mathrm{d}\mu_{A,v}(s), \tag{4.13}$$

une relation qui s'étend à tout X_v par continuité et signifie que, après avoir appliqué l'inverse de (4.11), l'opérateur $(A-z)^{-1}$ restreint au sous-espace invariant X_v n'est rien d'autre que l'opérateur de multiplication par la fonction $s \mapsto (s-z)^{-1}$ dans $L^2(\sigma(A), \mathrm{d}\mu_{A,v})$.

La preuve du théorème est terminée si nous pouvons trouver un vecteur $v \neq 0$ de $\mathfrak{H}$ tel que $X_v = \mathfrak{H}$ (un tel vecteur v s'appelle un *vecteur cyclique*). En effet, dans ce cas nous avons montré que $(A-z)^{-1}$ est unitairement équivalent à l'opérateur de multiplication par $s \mapsto (s-z)^{-1}$ dans $L^2(\mathbb{R}, \mathrm{d}\mu_{A,v})$, ce qui implique que A

est l'opérateur de multiplication par s dans cet espace. Nous pouvons donc prendre $d = 1$, $B = \sigma(A)$ et $\mu = \mu_{A,v}$. Sinon, nous devons itérer l'argument.

Lemme 4.14 (Décomposition en sous-espaces cycliques invariants) *Soit A un opérateur auto-adjoint sur $D(A) \subset \mathfrak{H}$. Alors il existe une famille de vecteurs $v_1, v_2, \ldots$ (finie ou infinie) telle que*

$$\mathfrak{H} = \bigoplus_n \mathcal{X}_{v_n} \tag{4.14}$$

où les termes de la somme directe sont orthogonaux deux à deux.

***Preuve** (du lemme)* Prenons une base orthonormée (e_j) de $\mathfrak{H}$ (toujours supposé séparable) et posons simplement $v_1 = e_1$. Si $\mathcal{X}_{v_1} \neq \mathfrak{H}$, considérons le plus petit $j \geq 2$ tel que $e_j \notin \mathcal{X}_{v_1}$. Nous prenons alors $v_2 = P^{\perp}_{\mathcal{X}_{v_1}} e_j$ (la projection orthogonale de e_j sur l'orthogonal de $\mathcal{X}_{v_1}$. Comme $v_2 \in (\mathcal{X}_{v_1})^{\perp}$, tout l'espace $\mathcal{X}_{v_2}$ est orthogonal à $\mathcal{X}_{v_1}$. Pour le voir, il suffit de remarquer que $\langle f(A)v_1, g(A)v_2 \rangle = \langle (\bar{g}f)(A)v_1, v_2 \rangle = 0$, pour tout $f, g \in C_0^0(\mathbb{R})$, une relation qui persiste après fermeture. En itérant l'argument nous aurons soit écrit $\mathfrak{H}$ comme une somme directe finie après un nombre fini d'étapes, soit construit une suite v_n telle que $\mathrm{vect}(e_1, \ldots, e_n) \subset \bigoplus_{k=1}^n \mathcal{X}_{v_k}$ pour tout n. Ceci montre bien (4.14). □

Pour tout $z \notin \mathbb{R}$, chacun des espaces $\mathcal{X}_{v_n}$ est invariant par $(A-z)^{-1}$, ainsi que son orthogonal. L'opérateur $(A-z)^{-1}$ est donc diagonal par blocs. Par ailleurs, $(A-z)^{-1}$ restreint à chacun de ces espaces est isométrique à l'opérateur de multiplication par la fonction $s \mapsto (s-z)^{-1}$ sur l'espace $L^2(\sigma(A), \mathrm{d}\mu_{A,v_n})$. Nous pouvons mettre toutes ces informations ensemble en définissant la mesure μ sur $\sigma(A) \times \mathbb{N} \subset \mathbb{R}^2$ qui vaut μ_{A,v_n} sur chacun des $\sigma(A) \times \{n\}$ et l'isométrie appropriée sur tout $\mathfrak{H}$. S'il n'y a qu'un nombre fini de v_n, nous prenons simplement μ nul sur les autres copies de $\sigma(A)$. Comme $\mathcal{X}_{\lambda v} = \mathcal{X}_v$ pour tout $\lambda \neq 0$, nous pouvons choisir les normes de chacun des v_n de sorte que la somme $\sum_n \|v_n\|^2$ converge, ce qui implique que la mesure μ a une masse totale finie, puisque $\mu_{A,v_n}(\mathbb{R}) \leq \|v_n\|^2$ par construction.

L'opérateur $(A - z)^{-1}$ est dans cette représentation l'opérateur de multiplication par la fonction $(s, n) \mapsto (s - z)^{-1}$, ce qui montre bien que A est unitairement équivalent à l'opérateur de multiplication par la fonction $(s, n) \mapsto s$, et termine la preuve du théorème spectral 4.4. □

Étape 3: Preuve du théorème 4.8 (calcul fonctionnel mesurable borné)

Nous avons déjà expliqué en (4.5) comment construire $f(A)$ pour toute fonction mesurable à l'aide du théorème spectral. Notre définition (4.5) satisfait toutes les propriétés (i)–(v) du théorème 4.8 (l'assertion (v) suit du théorème de convergence dominée). Il reste donc à montrer l'unicité, ce qui prouvera en particulier que notre définition (4.5) est bien indépendante de la représentation choisie.

Considérons donc une autre application $f \mapsto f(A)'$ vérifiant toutes les hypothèses du théorème. À cause du fait que pour $f(x) = (x - z)^{-1}$ on a $f(A)' = (A - z)^{-1}$ d'après (iii) et comme c'est un morphisme de $*$–algèbres d'après (i), nous voyons que $f(A)' = f(A)$ pour tout $f \in \mathscr{A}$ (l'algèbre de la résolvante). Par densité de cette dernière et par la continuité (ii), ceci implique que $f(A) = f(A)'$ pour tout $f \in C_0^0(\mathbb{R})$.

Pour un vecteur $v \in \mathfrak{H}$, considérons maintenant les deux formes linéaires $\ell(f) := \langle v, f(A)v \rangle = \int_{\sigma(A)} f(s) \, d\mu_{A,v}(s)$ et $\ell'(f) := \langle v, f(A)'v \rangle$, qui coïncident sur $C_0^0(\mathbb{R})$. Par linéarité on peut se restreindre aux f à valeurs réelles. Par (v) on sait que ℓ' est continue pour la convergence dominée. Or, par le lemme de classe monotone, une forme linéaire continue et positive sur $C_0^0(\mathbb{R}, \mathbb{R})$ admet une unique extension à $\mathscr{L}^\infty(\mathbb{R}, \mathbb{R})$ qui est continue pour la convergence dominée. Cette extension est celle qui est donnée par l'unique mesure borélienne bornée correspondante $\mu_{A,v}$. Ceci prouve que $\langle v, f(A)v \rangle = \langle v, f(A)'v \rangle$ pour tout $v \in \mathfrak{H}$ et tout $f \in \mathscr{L}^\infty(\mathbb{R}, \mathbb{R})$ donc, par polarisation, que $f(A) = f(A)'$ comme annoncé. $\square$

4.5   Projections spectrales

Les projections spectrales généralisent les projecteurs sur les sous-espaces propres des matrices hermitiennes. Comme nous le verrons à la section 7.4 au chapitre 7, elles servent à décrire certains systèmes quantiques infinis.

Définition 4.15 (Projections spectrales) Soit A un opérateur auto-adjoint sur $D(A) \subset \mathfrak{H}$. On appelle *projections spectrales* les opérateurs sous la forme $\mathbb{1}_F(A)$ où F est un borélien quelconque de $\mathbb{R}$. Le *sous-espace spectral* correspondant est l'espace fermé $\mathbb{1}_F(A)\mathfrak{H} = \text{Im}(\mathbb{1}_F(A))$.

Le résultat suivant est une conséquence immédiate du théorème spectral 4.4 et du calcul fonctionnel du théorème 4.8.

Théorème 4.16 (Projections spectrales) *La famille des $\mathbb{1}_F(A)$ avec $F \subset \mathbb{R}$ borélien satisfait les propriétés*

(i) $\mathbb{1}_F(A) = \mathbb{1}_F(A)^* = \left(\mathbb{1}_F(A)\right)^2$;

(ii) $\mathbb{1}_\emptyset(A) = 0$, $\mathbb{1}_\mathbb{R}(A) = 1 = \text{Id}_\mathfrak{H}$;

(iii) *si $F = \cup_{n \geq 1} F_n$, alors* $\mathbb{1}_F(A)v = \lim_{N \to \infty} \mathbb{1}_{\cup_{n=1}^N F_n} v$ *pour tout $v \in \mathfrak{H}$* ;

(iv) $\mathbb{1}_{F_1}(A)\mathbb{1}_{F_2}(A) = \mathbb{1}_{F_1 \cap F_2}(A)$.

De plus, le sous-espace spectral $\mathbb{1}_F(A)\mathfrak{H}$ est un sous-espace invariant de A, sur lequel A est borné lorsque F est borné.

Exemple 4.17 (Espaces propres) Si $F = \{\lambda\}$ est réduit à un point, nous avons $\mathbb{1}_{\{\lambda\}}(A) = 0$ si λ n'est pas une valeur propre de A, c'est-à-dire $\ker(A - \lambda) = \{0\}$. Si

λ est une valeur propre de A, $\mathbb{1}_{\{\lambda\}}(A)$ est le projecteur orthogonal sur $\ker(A - \lambda)$, qui est le sous-espace spectral correspondant.

Pour un opérateur qui n'a pas de valeur propre (comme par exemple le Laplacien sur tout $\mathbb{R}^d$), les projecteurs $\mathbb{1}_{\{\lambda\}}(A)$ sont tous nuls et il est nécessaire de prendre F non réduit à un point. Par le calcul fonctionnel nous voyons que l'image de $\mathbb{1}_{[a,b]}(A)$ contient des vecteurs $v \in D(A)$ qui vérifient tous, par exemple,

$$\|(A - a)v\| \le (b - a)\,\|v\|\,.$$

Sur cet espace, $A\mathbb{1}_{[a,b]}(A)$ est donc un opérateur borné.

De la même manière qu'il est possible de caractériser une mesure borélienne quelconque par sa fonction de répartition $\lambda \mapsto \mu(]-\infty, \lambda])$, il est possible de caractériser un opérateur auto-adjoint à l'aide de la famille de ses projecteurs spectraux $P(\lambda) = \mathbb{1}_{]-\infty,\lambda]}(A)$. C'est d'ailleurs l'une des versions équivalentes du théorème spectral.

Pour une matrice hermitienne M de taille $d \times d$, de valeurs propres ordonnées $\lambda_1 < \cdots < \lambda_{d'}$ (éventuellement avec multiplicité, donc $d' \le d$), l'opérateur $P(\lambda) := \mathbb{1}_{]-\infty,\lambda]}(M)$ est le projecteur orthogonal sur la somme directe des sous-espaces propres correspondant aux valeurs propres $\lambda_j \le \lambda$. C'est une matrice $d \times d$ dont on peut calculer la dérivée au sens des distributions. Comme la fonction a des sauts aux valeurs propres et est constante entre deux λ_j distincts, nous voyons que

$$\frac{\mathrm{d}P}{\mathrm{d}\lambda}(\lambda) = \sum_{j=1}^{d} \delta_{\lambda_j}(\lambda)\mathbb{1}_{\{\lambda_j\}}(M).$$

En particulier, nous avons la représentation

$$M = \int_{\mathbb{R}} \lambda \, \mathrm{d}P(\lambda) \tag{4.15}$$

car $M = \sum_{j=1}^{d} \lambda_j \mathbb{1}_{\{\lambda_j\}}(M)$. Il semble naturel de se demander s'il est possible d'écrire une formule similaire en dimension infinie pour un opérateur auto-adjoint quelconque. Soit donc A un opérateur auto-adjoint et fixons un vecteur $v \in \mathfrak{H}$. Alors la fonction

$$P_v(\lambda) := \langle v, \mathbb{1}_{]-\infty,\lambda]}(A)v \rangle$$

est bornée et croissante. Sa dérivée au sens des distributions est donc une mesure, qui se trouve être la mesure spectrale $\mu_{A,v}$ que nous avons déjà rencontrée auparavant (remarque 4.9) et qui est telle que

$$\langle v, f(A)v \rangle = \int_{\mathbb{R}} f(\lambda) \, \mathrm{d}\mu_{A,v}(\lambda) = \int_{\mathbb{R}} f(\lambda) \, \mathrm{d}\langle v, \mathbb{1}_{]-\infty,\lambda]}(A)v \rangle \tag{4.16}$$

pour toute f borélienne bornée, et

$$\langle v, Av \rangle = \int_{\mathbb{R}} \lambda \, d\mu_{A,v}(\lambda) = \int_{\mathbb{R}} \lambda \, d\langle v, \mathbb{1}_{]-\infty,\lambda]}(A)v \rangle \tag{4.17}$$

si de plus $v \in D(A)$. L'équation (4.17) est la version en dimension infinie de la résolution spectrale (4.15).

Réciproquement, il est possible de montrer que toute famille de projections satisfaisant les propriétés (i)–(iv) du théorème 4.16 est associée à un unique opérateur auto-adjoint A. En fait, plusieurs ouvrages (par exemple [Tes09]) commencent par construire les opérateurs $\mathbb{1}_{]-\infty,\lambda]}(A)$, pour ensuite en déduire le calcul fonctionnel via la formule (4.16) et finalement le théorème spectral. C'est une autre version équivalente de la théorie.

Pour finir cette section, nous voulons mentionner plusieurs formules très utiles pour les projecteurs spectraux, basées sur des outils d'analyse complexe.

Théorème 4.18 (Formule de Cauchy) *Soit $(A, D(A))$ un opérateur auto-adjoint et $a, b \in \rho(A) \cap \mathbb{R}$ avec $a < b$. Alors nous avons la formule*

$$\mathbb{1}_{]a,b[}(A) = \mathbb{1}_{[a,b]}(A) = -\frac{1}{2i\pi} \oint_{\mathscr{C}} (A - z)^{-1} dz \tag{4.18}$$

pour tout lacet fermé $\mathscr{C}$ dans le plan complexe, orienté dans le sens trigonométrique, qui entoure l'intervalle $[a, b]$ et croise l'axe réel en a et b (figure 4.2).

Preuve Comme $a, b \in \rho(A)$ qui est un ouvert, ces points sont à distance strictement positive du spectre. L'intégrale à droite de (4.18) converge, puisque la résolvante est une fonction lisse de z, de norme majorée par l'inverse de la distance au spectre (d'après (4.4)) et que la courbe $\mathscr{C}$ reste aussi à une distance positive du spectre. Le résultat suit alors du théorème spectral et de la formule de Cauchy qui stipule que $(2i\pi)^{-1} \oint_{\mathscr{C}} (x - z)^{-1} dz$ est égal à -1 si le résidu x est dans la région délimitée par la courbe $\mathscr{C}$, et à 0 sinon.   □

La formule (4.18) ne permet pas d'obtenir $\mathbb{1}_{[a,b]}(A)$ si a et b sont dans le spectre de A, car dans ce cas l'intégrale sur le contour $\mathscr{C}$ diverge au voisinage de a et b. Cependant, en choisissant un contour symétrique par rapport à l'axe réel et en l'aplatissant comme à la figure 4.3, on peut montrer une formule valable pour tout $a, b \in \mathbb{R}$.

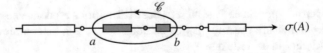

Fig. 4.2 La formule de Cauchy (4.18) permet d'exprimer un projecteur spectral $\mathbb{1}_{[a,b]}(A)$ avec $a, b \notin \sigma(A)$ comme l'intégrale de la résolvante $(A - z)^{-1}$ sur un contour $\mathscr{C}$ dans le plan complexe.

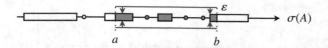

Fig. 4.3 La formule de Stone (4.19) est une généralisation au cas où $a, b \in \sigma(A)$. On prend $\mathscr{C}$ égal à un rectangle que l'on aplatit et dont on enlève les côtés verticaux. © Mathieu Lewin 2021.

Théorème 4.19 (Formule de Stone) *Soit A un opérateur auto-adjoint et $a \le b \in \mathbb{R}$. Pour tout $v \in \mathfrak{H}$, on a*

$$\lim_{\varepsilon \to 0^+} \frac{1}{2i\pi} \int_a^b \left((A - s - i\varepsilon)^{-1} - (A - s + i\varepsilon)^{-1} \right) ds \, v$$

$$= \left(\mathbb{1}_{]a,b[}(A) + \frac{1}{2}\mathbb{1}_{\{a\}}(A) + \frac{1}{2}\mathbb{1}_{\{b\}}(A) \right) v. \qquad (4.19)$$

Preuve Considérons la fonction

$$f_\varepsilon(x) = \frac{1}{2i\pi} \int_a^b \left(\frac{1}{x - s - i\varepsilon} - \frac{1}{x - s + i\varepsilon} \right) ds$$

$$= \frac{1}{\pi} \arctan\left(\frac{b - x}{\varepsilon} \right) - \frac{1}{\pi} \arctan\left(\frac{a - x}{\varepsilon} \right)$$

qui est uniformément bornée et converge vers

$$\lim_{\varepsilon \to 0^+} f_\varepsilon(x) = \mathbb{1}_{]a,b[}(x) + \frac{1}{2}\mathbb{1}_{\{a\}}(x) + \frac{1}{2}\mathbb{1}_{\{b\}}(x)$$

pour tout $x \in \mathbb{R}$. Le résultat suit de la propriété (v) du théorème 4.8 sur le calcul fonctionnel. $\qquad \square$

Exercice 4.20 (Projecteurs $\mathbb{1}_{]-\infty,b]}(A)$) Montrer que l'on peut prendre $a = -\infty$ dans la formule (4.19), de sorte que

$$\lim_{\varepsilon \to 0^+} \frac{1}{2i\pi} \int_{-\infty}^b \left((A - s - i\varepsilon)^{-1} - (A - s + i\varepsilon)^{-1} \right) ds \, v = \left(\mathbb{1}_{]-\infty,b[}(A) + \frac{1}{2}\mathbb{1}_{\{b\}}(A) \right) v.$$

$$(4.20)$$

En tournant les deux axes comme à la figure 4.4, montrer également la formule

$$\lim_{\varepsilon \to 0^+} \frac{1}{2\pi} \int_{-\infty}^{-\varepsilon} \left((A - b - is)^{-1} - (A - b + is)^{-1} \right) ds \, v = \left(\mathbb{1}_{]-\infty,b[}(A) + \frac{1}{2}\mathbb{1}_{\{b\}}(A) \right) v.$$

$$(4.21)$$

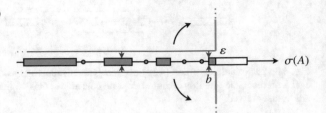

Fig. 4.4 Les formules (4.20) et (4.21) permettent d'exprimer $\mathbb{1}_{]-\infty,b]}(A)$ comme l'intégrale de la résolvante $(A - z)^{-1}$ sur les droites représentées. © Mathieu Lewin 2021.

4.6 Puissances

Le théorème suivant est une conséquence immédiate du théorème spectral.

Théorème 4.21 (Puissances) *Soit $(A, D(A))$ un opérateur auto-adjoint et $k \geq 2$ un entier. L'opérateur $(A^k, D(A^k))$ défini par (4.5) avec $f(x) = x^k$ a le domaine satisfaisant la récurrence*

$$D(A^k) = \left\{ v \in D(A^{k-1}) \; : \; A^{k-1} v \in D(A) \right\} \tag{4.22}$$

avec $A^k v = A(A^{k-1} v)$. Le spectre de l'opérateur auto-adjoint A^k vaut

$$\sigma(A^k) = \left\{ \lambda^k \; : \; \lambda \in \sigma(A) \right\}.$$

Preuve Il s'agit juste de remarquer que $\int_B (1 + |a|^{2k}) |v|^2 \, d\mu$ converge si et seulement si $a^\ell v \in L^2(B, d\mu)$ pour tout $\ell = 0, \ldots, k$. $\square$

Exemple 4.22 Considérons les opérateurs d'impulsion

$$P_{\text{per},\theta} f = -i f', \quad D(P_{\text{per},\theta}) = H^1_{\text{per},\theta}(]0, 1[) = \left\{ f \in H^1(]0, 1[) \; : \; f(1) = e^{i\theta} f(0) \right\},$$

qui ont été étudiés à la section 2.8.1. Rappelons que ce sont les seules réalisations auto-adjointes possibles de l'impulsion sur $]0, 1[$. Sans surprise, on trouve que $P^2_{\text{per},\theta}$ est le Laplacien de Born-von Kármán défini par $P^2_{\text{per},\theta} f = -f''$ sur le domaine

$$D(P^2_{\text{per},\theta}) = \{ f \in H^1_{\text{per},\theta}(]0, 1[) \; : \; f' \in H^1_{\text{per},\theta}(]0, 1[) \}$$

$$= \{ f \in H^2(]0, 1[) \; : \; f(1) = e^{i\theta} f(0), \; f'(1) = e^{i\theta} f'(0) \}.$$

Ceci montre en particulier qu'aucune des autres extensions auto-adjointes du Laplacien trouvées à la section 2.8.3 (par exemple Dirichlet, Neumann et Robin) n'est le carré d'une impulsion sur $]0, 1[$.

Exemple 4.23 (Carré de l'atome d'hydrogène) Considérons l'opérateur décrivant l'atome d'hydrogène

$$A = -\frac{\Delta}{2} - \frac{1}{|x|}$$

qui est auto-adjoint sur $D(A) = H^2(\mathbb{R}^3)$, comme vu à l'exemple 3.6. La singularité en 0 du potentiel de Coulomb n'est pas suffisante pour altérer le domaine d'auto-adjonction du Laplacien. On pourrait penser qu'il en est de même pour le domaine des puissances A^k, mais la situation est en fait plus subtile. Par exemple, la première fonction propre $f(x) = \pi^{-1/2} e^{-|x|}$ trouvée au théorème 1.3 n'est pas dans $H^4(\mathbb{R}^3)$ alors qu'elle est dans le domaine de A^k pour tout k. Ainsi, nous avons

$$D(A^2) \neq H^4(\mathbb{R}^3) = D(\Delta^2).$$

On pourra montrer en exercice que

$$D(A^2) \cap H^4(\mathbb{R}^3) = \left\{ f \in H^4(\mathbb{R}^3) \ : \ f(0) = 0, \quad \nabla f(0) = 0 \right\}.$$

Si l'opérateur auto-adjoint A a son spectre positif, nous pouvons également définir A^s pour tout réel $s \geq 0$. La racine racine carrée obtenue pour $s = 1/2$ est reliée à la forme quadratique de A.

Théorème 4.24 (Racine carrée et forme quadratique) *Soit $(A, D(A))$ un opérateur auto-adjoint positif, c'est-à-dire de spectre $\sigma(A) \subset [0, +\infty[$. Soit $(\sqrt{A}, D(\sqrt{A}))$ l'opérateur défini par (4.5) avec $f(x) = \sqrt{x}$. Alors on a*

$$A = (\sqrt{A})^2, \qquad D(A) = \{ f \in D(\sqrt{A}) \ : \ \sqrt{A} f \in D(\sqrt{A}) \}.$$

La forme quadratique q_A définie à la section 3.2 satisfait

$$\boxed{q_A(v) = \left\| \sqrt{A}\, v \right\|^2, \qquad Q(A) = D(\sqrt{A}).}$$

Preuve L'opérateur A est unitairement équivalent à un opérateur de multiplication par une fonction a sur un espace $L^2(B, \mathrm{d}\mu)$, avec $a \geq 0$ μ–presque partout. Dans cette représentation, la forme quadratique de A devient

$$q_A(U^{-1}v) = \int_B a(x)|v(x)|^2 \, \mathrm{d}\mu(x)$$

pour tout $v \in D(A)$. L'espace $Q(A)$ obtenu par complétion à la section 3.2 vaut donc

$$Q(A) = U^{-1} \left\{ v \in L^2(B, d\mu) \; : \; \int_B a(x)|v(x)|^2 d\mu(x) < \infty \right\}$$

qui est exactement $D(\sqrt{A})$ par définition.   □

Remarque 4.25 (Interpolation) Considérons deux espaces de Hilbert $\mathfrak{H}_1 \subset \mathfrak{H}_0$ avec injection continue et $\mathfrak{H}_1$ dense dans $\mathfrak{H}_0$. Par le théorème 3.16 de Riesz-Friedrichs, on peut écrire $\mathfrak{H}_1 = Q(A)$ avec un opérateur $(A, D(A))$ auto-adjoint coercif sur $\mathfrak{H}_0$. On en déduit alors l'existence d'une famille d'espaces

$$\mathfrak{H}_s := Q(A^s) = D(A^{\frac{s}{2}}), \qquad 0 \le s \le 1$$

qui interpole continûment entre $\mathfrak{H}_0$ et $\mathfrak{H}_1$. Ils sont décroissants avec s, c'est-à-dire $\mathfrak{H}_s \subset \mathfrak{H}_{s'}$ pour $s \ge s'$ avec injection continue. Par exemple, pour $A = -\Delta$ on a $\mathfrak{H}_1 = H^1(\mathbb{R}^d)$, $\mathfrak{H}_0 = L^2(\mathbb{R}^d)$ et $\mathfrak{H}_s = H^s(\mathbb{R}^d)$.

À ce stade, il peut être utile de revenir sur les domaines $D(A)$ et $Q(A)$, et en particulier sur le sens que l'on peut donner à A sur $Q(A)$.

Lorsque A est un opérateur auto-adjoint, il est en particulier fermé et son domaine $D(A)$ est un espace de Hilbert lorsqu'il est muni du produit scalaire $\langle v, w \rangle_{D(A)} := \langle v, w \rangle + \langle Av, Aw \rangle$. Comme $D(A)$ est par ailleurs inclus dans $\mathfrak{H}$, avec injection continue, il semble naturel de chercher son dual $D(A)'$ qui est généralement plus gros que $\mathfrak{H}$. Par le théorème spectral, nous pouvons identifier A à l'opérateur de multiplication par une fonction localement bornée a sur un espace $L^2(B, d\mu)$ et il suit que

$$D(A)' \simeq \left\{ f \in L^2_{loc}(B, d\mu) \; : \; \int_B \frac{|f(x)|^2}{1 + a(x)^2} \, d\mu(x) < \infty \right\}.$$

C'est aussi un espace de Hilbert, associé à la mesure borélienne bornée $\mu/(1 + a^2)$. Par ailleurs, puisque a est localement bornée, nous pouvons sans problème multiplier tout $f \in L^2(B, d\mu)$ par a. Nous obtenons une fonction qui est seulement dans $L^2_{loc}(B, d\mu)$ et bien sûr appartient à $L^2(B, d\mu/(1 + a^2))$. De cette discussion nous voyons que l'opérateur A s'étend en un unique opérateur continu sur tout $\mathfrak{H}$ à valeurs dans $D(A)'$. Pour tout vecteur $v \in \mathfrak{H}$, $Av \in D(A)'$ est juste la forme linéaire $u \in D(A) \mapsto \langle v, Au \rangle$.

L'argument est exactement similaire pour $Q(A)$ lorsque $A \ge 0$. Dans ce cas A s'étend également en un unique opérateur borné de $Q(A)$ dans

$$Q(A)' \simeq \left\{ f \in L^2_{loc}(B, d\mu) \; : \; \int_B \frac{|f(x)|^2}{\sqrt{1 + a(x)^2}} \, d\mu(x) < \infty \right\}.$$

Ces observations sont très utiles lorsqu'on travaille avec plusieurs formes quadra-tiques équivalentes mais dont les opérateurs auto-adjoints associés peuvent être très différents. Par exemple, à l'aide du théorème 3.18 KLMN nous savons associer un unique opérateur auto-adjoint C à une forme quadratique $q_A + b$ lorsque

$$|b(v)| \leq \eta q_A + \kappa \|v\|^2, \qquad \text{avec } \eta < 1 \qquad (4.23)$$

et A est coercif. Mais l'opérateur C peut avoir un domaine très différent de A et il peut être impossible de définir $B = C - A$ sur un domaine dense dans $\mathfrak{H}$ (relire à ce sujet l'exercice 3.24). Grâce à la remarque précédente, nous voyons que $B = C - A$ fait parfaitement sens en tant qu'opérateur borné de $Q(A)$ dans $Q(A)'$. De plus,

$$\boxed{A^{-\frac{1}{2}} B A^{-\frac{1}{2}} \text{ est un opérateur auto-adjoint borné sur } \mathfrak{H}.}$$

En effet, $A^{-1/2}$ est borné de $\mathfrak{H}$ dans $Q(A)$, puis B est borné de $Q(A)$ dans $Q(A)'$ et finalement $A^{-1/2}$ est borné de $Q(A)'$ dans $\mathfrak{H}$ par les arguments précédents. En remplaçant v par $A^{-1/2}v$ dans (4.23), nous obtenons même l'estimée

$$\left\| A^{-\frac{1}{2}} B A^{-\frac{1}{2}} \right\| \leq \eta + \kappa \left\| A^{-1} \right\| = \eta + \frac{\kappa}{\min \sigma(A)}.$$

Cette remarque sera utile chaque fois que nous devrons étudier des perturbations de formes quadratiques.

4.7 Équations de Schrödinger, de la chaleur et des ondes

4.7.1 Équation de Schrödinger

Soit A un opérateur auto-adjoint, de domaine $D(A)$. Dans cette section nous montrons que l'équation de Schrödinger dépendant du temps

$$\begin{cases} i \partial_t v(t) = A\, v(t) \\ v(0) = v_0 \end{cases} \qquad (4.24)$$

admet l'unique solution $v(t) = e^{-itA} v_0$, où e^{-itA} est défini par le calcul fonctionnel. Une première difficulté consiste à définir précisément le concept de solutions de (4.24). Ici, nous allons nous restreindre à des solutions qui sont dans $L^1(]0, T[, \mathfrak{H})$ et vérifient (4.24) au sens faible. L'argument sera très similaire pour les solutions en temps négatif, sur $] - T, 0[$.

Il y a des subtilités concernant la définition de l'espace $L^1(]0, T[, \mathfrak{H})$, en particulier pour la notion de mesurabilité de fonctions à valeurs dans un espace de Banach.[1] Nous ne souhaitons pas nous étendre sur ces difficultés ici et retenons juste que la famille $v(t)$ pour $t \in]0, T[$ appartient à $L^1(]0, T[, \mathfrak{H})$ lorsque

$$\int_0^T \|v(t)\| \, \mathrm{d}t < \infty.$$

Nous avons vu à la section précédente qu'il était possible d'étendre A à tout $\mathfrak{H}$ si on l'autorise à prendre ses valeurs dans le dual $D(A)'$. Ceci permet d'identifier $A\mathfrak{H}$ à un sous-espace de $D(A)'$, avec

$$\|Av\|_{D(A)'} = \sup_{u \in D(A)} \frac{|\langle v, Au \rangle|}{\|u\|_{D(A)}} \leq \|v\|.$$

Ainsi, nous voyons que tout $v(t) \in L^1(]0, T[, \mathfrak{H})$ est tel que $Av(t) \in L^1(]0, T[, D(A)')$, ce qui permet de donner un sens faible au terme de droite de l'équation (4.24), en tant que forme linéaire sur $D(A)$. Il faut aussi donner un sens au terme de gauche $\partial_t v(t)$, que l'on veut interpréter comme la dérivée de $v(t)$ au sens des distributions dans $L^1(]0, T[, \mathfrak{H})$. Plutôt que de parler de telles dérivée, nous allons simplement prendre le produit scalaire contre un vecteur $w \in D(A)$ et parler de dérivée au sens des distributions sur $]0, T[$, en utilisant la relation

$$\frac{\mathrm{d}}{\mathrm{d}t} \langle w, v(t) \rangle = \langle w, \partial_t v(t) \rangle.$$

Définition 4.26 (Solutions faibles de l'équation de Schrödinger) On dit que $v \in L^1(]0, T[, \mathfrak{H})$ est une *solution faible* de l'équation de Schrödinger (4.24) si on a, au sens des distributions sur $]0, T[$,

$$\frac{\mathrm{d}}{\mathrm{d}t} \langle w, v(t) \rangle = -i \langle Aw, v(t) \rangle \tag{4.25}$$

avec de plus

$$\lim_{t \to 0^+} \langle w, v(t) \rangle = \langle w, v_0 \rangle, \tag{4.26}$$

ceci pour tout $w \in D(A)$.

Notre hypothèse que $v \in L^1(]0, T[, \mathfrak{H})$ implique que $f(t) = \langle w, v(t) \rangle \in L^1(]0, T[, \mathbb{C})$. De plus, l'équation (4.25) implique que $f' \in L^1(]0, T[, \mathbb{C})$ ce qui,

---

[1] La mesurabilité de $t \mapsto v(t)$ peut être définie de deux façons, soit en faisant intervenir la tribu des boréliens de $\mathfrak{H}$ (on parle alors de mesurabilité forte), soit en demandant plutôt que les applications $t \mapsto \langle w, v(t) \rangle$ soient mesurables pour tout $w \in \mathfrak{H}$, ce qui revient à projeter $v(t)$ sur une base (on parle de mesurabilité faible). Nous renvoyons à [Eva10, App. E.5] pour quelques détails et des références.

par les propriétés des espaces de Sobolev en dimension un rappelées à la section A.2, montre que $f \in C^0([0, T], \mathbb{C})$, c'est-à-dire que la limite à gauche de (4.26) existe. Pour une interprétation de (4.25) à l'aide de dérivées faibles à valeurs dans l'espace de Banach $D(A)$, voir [Eva10, Sec. 5.9.2 & App. E.5] ou [DL88, Chap. XVIII §1].

On se préoccupe fréquemment du caractère *bien posé* de l'équation, qui consiste à demander, en plus de l'existence et de l'unicité des solutions, que l'application $v_0 \mapsto v(t)$ soit *continue* dans des espaces appropriés. Ceci signifie que la solution $v(t)$ ne changera qu'un peu lorsque la condition initiale v_0 est légèrement perturbée. Le résultat suivant signifie que l'équation de Schrödinger est bien posée de $\mathfrak{H}$ dans $C^0(]0, T[, \mathfrak{H})$.

Théorème 4.27 (Équation de Schrödinger) *Soit* $(A, D(A))$ *un opérateur auto-adjoint. Alors pour tout* $v_0 \in \mathfrak{H}$ *et tout* $T > 0$, *l'équation* (4.24) *admet une* unique *solution faible sur* $]0, T[$, *donnée par*

$$\boxed{v(t) = e^{-itA}v_0.}$$

Cette solution est en fait définie sur tout $\mathbb{R}$ *et vérifie* $v \in C^0(\mathbb{R}, \mathfrak{H})$, *avec la relation* $\|v(t)\| = \|v_0\|$ *pour tout* $t \in \mathbb{R}$. *Si de plus* $v_0 \in D(A)$, *alors* $v \in C^1(\mathbb{R}, \mathfrak{H}) \cap C^0(\mathbb{R}, D(A))$ *et résout* (4.24) *au sens fort.*

Preuve Par le calcul fonctionnel, $v(t) = e^{-itA}v_0$ est bien une solution forte de l'équation si on ajoute l'hypothèse supplémentaire que $v_0 \in D(A)$. Supposons donc maintenant que $v_0 \in \mathfrak{H}$ sans nécessairement appartenir à $D(A)$. On trouve

$$\frac{\mathrm{d}}{\mathrm{d}t}\left\langle w, e^{-itA}v_0 \right\rangle = \frac{\mathrm{d}}{\mathrm{d}t}\left\langle e^{itA}w, v_0 \right\rangle = -i\left\langle e^{itA}Aw, v_0 \right\rangle = -i\langle Aw, v(t)\rangle$$

pour tout $w \in D(A)$ et tout $t \in \mathbb{R}$, qui signifie que $v(t)$ est une solution faible sur $\mathbb{R}$ si $v_0 \in \mathfrak{H}$. Il reste donc à montrer l'unicité. Nous allons utiliser le fait que si $v \in L^1(]0, T[, \mathfrak{H})$ est une solution faible de l'équation, alors on a pour tout $w \in C^1([0, T], \mathfrak{H}) \cap C^0([0, T], D(A))$

$$\frac{\mathrm{d}}{\mathrm{d}t}\langle w(t), v(t)\rangle = -i\langle Aw(t), v(t)\rangle + \langle \partial_t w(t), v(t)\rangle. \tag{4.27}$$

En d'autres termes, nous pouvons prendre w dépendant du temps dans (4.25) à condition de bien sûr penser à dériver w. Nous laissons la preuve de (4.27) en exercice. Soit alors $v_0 \in \mathfrak{H}$ et $v(t)$ une solution faible quelconque sur $]0, T[$. Soit aussi $w_0 \in D(A)$ et $w(t) = e^{-itA}w_0$, ce dernier étant une solution forte de l'équation, avec $w(t) \in D(A)$ pour tout t. Nous obtenons donc

$$\frac{\mathrm{d}}{\mathrm{d}t}\langle w(t), v(t)\rangle = -i\langle Aw(t), v(t)\rangle + i\langle Aw(t), v(t)\rangle = 0.$$

Comme $\varphi(t) := \langle w(t), v(t) \rangle$ est continue sur $[0, T]$ (car intégrable et de dérivée intégrable), ceci montre que $\langle w(t), v(t) \rangle = \langle w_0, e^{itA}v(t) \rangle = \langle w_0, v_0 \rangle$ qui est la limite en 0 de cette même quantité. Comme nous avons cette relation pour tout $t \in \mathbb{R}$ et tout $w_0 \in D(A)$, on en déduit par densité de $D(A)$ que $e^{itA}v(t) = v_0$ pour presque tout $t \in \mathbb{R}$, c'est-à-dire $v(t) = e^{-itA}v_0$.   □

Exemple 4.28 (Laplacien) Pour $A = -\Delta$ sur $D(A) = H^2(\mathbb{R}^d) \subset \mathfrak{H} = L^2(\mathbb{R}^d)$, l'opérateur e^{-itA} est la multiplication par la fonction $e^{-it|k|^2}$ en Fourier et on obtient

$$\left(e^{-itA}v_0\right)(x) = \frac{1}{(4\pi it)^{d/2}} \int_{\mathbb{R}^d} e^{i\frac{|x-y|^2}{4t}} v_0(y)\, \mathrm{d}y,$$

une formule qui fait sens par exemple pour $v_0 \in L^1(\mathbb{R}^d) \cap L^2(\mathbb{R}^d)$.

Remarque 4.29 (Attention aux séries) La formule $v(t) = e^{-itA}v_0$ de l'unique solution de l'équation de Schrödinger brille par sa simplicité, mais il est important de garder à l'esprit que l'unitaire e^{-itA} a été défini par le calcul fonctionnel (théorème 4.8), qui n'est pas un résultat trivial. Par exemple, on pourrait penser que l'on peut écrire la solution sous la forme

$$v(t) = e^{-itA}v_0 = \sum_{n \geq 0} \frac{(-it)^n}{n!} A^n v_0 \tag{4.28}$$

mais cette formule ne fait vraiment sens que si $v \in D(A^n)$ pour tout $n \geq 1$ et que la série converge. Une mauvaise utilisation de (4.28) peut conduire à de fausses conclusions. Voici un exemple tiré de [MTWB10, FLLØ16]. Considérons la fonction $v_0 = e^{-|x|} \in \mathfrak{H} = L^2(\mathbb{R})$ et l'opérateur $A = -\mathrm{d}^2/\mathrm{d}x^2$ qui est auto-adjoint sur $D(A) = H^2(\mathbb{R})$. Un calcul montre que

$$-v_0'' + v_0 = 2\delta_0 \tag{4.29}$$

au sens des distributions sur $\mathbb{R}$. Ainsi, nous avons $-v_0'' + v_0 = 0$ sur $\mathbb{R} \setminus \{0\}$. Le terme de droite de la formule (4.28) semble donc fournir

$$\sum_{n \geq 0} \frac{(it)^n}{n!} v_0^{(2n)} = v_0 \sum_{n \geq 0} \frac{(it)^n}{n!} = e^{it}v_0, \qquad \text{sur } \mathbb{R} \setminus \{0\}.$$

Ceci ne peut être égal à $e^{-itA}v_0$ car sinon v_0 serait un vecteur propre de $A = -\mathrm{d}^2/\mathrm{d}x^2$, de valeur propre -1, et on sait que $\sigma(A) = [0, \infty[$ sans aucune valeur propre. En fait $v_0(x) = e^{-|x|}$ n'appartient pas à $H^2(\mathbb{R}) = D(A)$ puisqu'on a (4.29), ce qui rend illicite l'utilisation de la série (4.28), même en dehors de l'origine.

Exercice 4.30 Montrer que $v(t) = e^{-itA}v_0$ est dérivable k fois en $t = 0$ dans $\mathfrak{H}$ (donc pour tout $t \in \mathbb{R}$), si et seulement si $v_0 \in D(A^k)$, et que alors $v^{(k)}(0) = (-i)^k A^k v_0$. Donner une condition sur v_0 pour que la série (4.28) converge et coïncide bien avec $v(t)$.

4.7.2 Équation de la chaleur

L'étude réalisée pour l'équation de Schrödinger peut s'étendre à d'autres situations. Par exemple, l'équation de la chaleur prend la forme

$$\begin{cases} \partial_t v(t) = -A\, v(t) \\ v(0) = v_0 \end{cases} \tag{4.30}$$

et peut être étudiée avec exactement la même méthode que précédemment. Pour l'équation de Schrödinger (1.14) il n'y a pas une grande différence entre les temps positifs et négatifs ; on dit que l'équation est réversible. Ce n'est pas le cas ici. La solution est maintenant donnée par $v(t) = e^{-tA}v_0$. C'est un vecteur bien défini dans $\mathfrak{H}$ uniquement lorsque $v_0 \in D(e^{-tA})$ pour tout $t \in]0, T[$. On a $D(e^{-tA}) = \mathfrak{H}$ pour un $t > 0$ uniquement lorsque e^{-tA} est un opérateur borné, c'est-à-dire A est minoré. Ainsi, le problème est bien posé en temps positif uniquement lorsque A est minoré, et pour tout temps $t \in \mathbb{R}$ seulement si A est un opérateur borné. Nous énonçons ici un théorème qui se montre de la même façon que celui pour l'équation de Schrödinger, dans le cas des temps positifs uniquement. Les solutions faibles sont définies de façon similaire à la définition 4.26 en demandant bien sûr que

$$\frac{\mathrm{d}}{\mathrm{d}t} \langle w, v(t) \rangle = -\langle Aw, v(t) \rangle$$

pour tout $w \in D(A)$.

Nous laissons la preuve du théorème suivant en exercice.

Théorème 4.31 (Équation de la chaleur) *Soit* $(A, D(A))$ *un opérateur auto-adjoint minoré. Alors pour tout* $v_0 \in \mathfrak{H}$ *et tout* $T > 0$, *l'équation* (4.30) *admet une* unique *solution faible* $v \in L^1(]0, T[, \mathfrak{H})$, *donnée par*

$$\boxed{v(t) = e^{-tA}v_0.}$$

Elle vérifie $v \in C^0([0, +\infty[, \mathfrak{H})$, *avec l'estimée* $\|v(t)\| \leq e^{-t\min\sigma(A)} \|v_0\|$ *pour tout* $t \geq 0$. *Si de plus* $v_0 \in D(A)$, *alors* $v \in C^1([0, +\infty[, \mathfrak{H}) \cap C^0([0, +\infty[, D(A))$ *et vérifie* (4.30) *au sens fort.*

Soit f une fonction borélienne localement bornée quelconque. Pour l'équation de Schrödinger, $v_0 \in D(f(A))$ implique $v(t) \in D(f(A))$ pour tout $t \in \mathbb{R}$. En fait, $v(t) \in D(f(A))$ pour un t si et seulement si $v_0 \in D(f(A))$ car on peut appliquer le flot en sens inverse. En d'autres termes, l'équation de Schrödinger propage la "régularité par rapport à A" de la condition initiale sans jamais l'améliorer. La situation est très différente pour l'équation de la chaleur. On a par exemple $v(t) \in D(e^{tA})$ pour tout $t > 0$, donc en particulier $v(t) \in D(A^k)$ pour tout $k \geq 1$, même si cette propriété est fausse à $t = 0$.

Exemple 4.32 (Laplacien) Pour $A = -\Delta$ sur $D(A) = H^2(\mathbb{R}^d) \subset \mathfrak{H} = L^2(\mathbb{R}^d)$, l'opérateur e^{-tA} est la multiplication par la fonction $e^{-t|k|^2}$ en Fourier et on obtient

$$(e^{-tA}v_0)(x) = \frac{1}{(4\pi t)^{d/2}} \int_{\mathbb{R}^d} e^{-\frac{|x-y|^2}{4t}} v_0(y)\, \mathrm{d}y$$

dont on vérifie qu'elle est de classe C^∞ pour tout $t > 0$, même si v_0 est juste une fonction de $L^2(\mathbb{R}^d)$.

4.7.3 Équation des ondes

Parmi de multiples autres équations intéressantes, nous mentionnons pour finir l'équation des ondes

$$\begin{cases} \partial_{tt} v(t) = -A\, v(t) \\ v(0) = v_0 \\ \partial_t v(0) = v_1 \end{cases} \tag{4.31}$$

dont la formulation faible s'exprime sous la forme

$$\begin{cases} \dfrac{\mathrm{d}^2}{\mathrm{d}t^2} \langle w, v(t) \rangle = -\langle Aw, v(t) \rangle \\[2mm] \lim_{t\to 0^+} \langle w, v(t) \rangle = \langle w, v_0 \rangle \\[2mm] \lim_{t\to 0^+} \dfrac{\mathrm{d}}{\mathrm{d}t} \langle w, v(t) \rangle = \langle w, v_1 \rangle, \end{cases}$$

pour tout $w \in D(A)$. Maintenant la fonction $f(t) = \langle w, v(t) \rangle$ a deux dérivées intégrables sur $]0, T[$, donc est $C^1([0, T], \mathbb{C})$. Comme l'équation de Schrödinger, l'équation des ondes est réversible et ne fait pas une grande différence entre les temps positifs et négatifs.

Le lecteur pourra montrer le théorème suivant en exercice.

Théorème 4.33 (Équation des ondes) *Soit $(A, D(A))$ un opérateur auto-adjoint positif, c'est-à-dire de spectre $\sigma(A) \subset [0, +\infty[$. Alors pour tous $v_0, v_1 \in \mathfrak{H}$ et $T > 0$, l'équation (4.31) admet une unique solution faible $v \in L^1(]0, T[, \mathfrak{H})$, donnée par*

$$v(t) = \cos(t\sqrt{A})v_0 + \frac{\sin(t\sqrt{A})}{\sqrt{A}}v_1$$

(avec la convention $\sin(xt)/x = t$ pour $x = 0$). Cette solution est en fait définie sur tout $\mathbb{R}$ et vérifie $v \in C^0(\mathbb{R}, \mathfrak{H})$, avec l'estimée

$$\|v(t)\| \leq \|v_0\| + |t| \, \|v_1\|$$

pour tout $t \in \mathbb{R}$. Si de plus $v_0 \in D(A)$ et $v_1 \in Q(A)$, alors $v \in C^2(\mathbb{R}, \mathfrak{H}) \cap C^0(\mathbb{R}, D(A))$ et vérifie (4.31) au sens fort.

4.8 Théorème de Stone et groupes de symétrie

4.8.1 Théorème de Stone

Nous avons vu à la section 4.7 que l'unitaire $U(t) = e^{-itA}$ permettait de résoudre l'équation de Schrödinger dépendant du temps. Dans cette section nous montrons que, réciproquement, toute famille d'unitaires $(U(t))_{t \in \mathbb{R}}$ formant un groupe à un paramètre fortement continu, est nécessairement sous la forme $U(t) = e^{-itA}$ avec A un opérateur auto-adjoint. Ce théorème dû à Stone montre une nouvelle fois l'importance de la notion d'auto-adjonction en mécanique quantique.

Théorème 4.34 (Stone) *Soit $(U(t))_{t \in \mathbb{R}}$ une famille d'opérateurs bornés sur un espace de Hilbert $\mathfrak{H}$ vérifiant*

- (i) $U(t + s) = U(t)U(s) = U(s)U(t)$ *pour tous $t, s \in \mathbb{R}$,*
- (ii) $U(-t) = U(t)^*$ *pour tout $t \in \mathbb{R}$,*
- (iii) $U(0) = \mathbb{1}_{\mathfrak{H}}$,
- (iv) $t \mapsto U(t)$ *est fortement continue en 0 : on a $U(t)v \to v$ dans $\mathfrak{H}$ quand $t \to 0$, pour tout $v \in \mathfrak{H}$ fixé.*

Alors il existe un unique opérateur auto-adjoint $(A, D(A))$ tel que $U(t) = e^{-itA}$ pour tout $t \in \mathbb{R}$, appelé le générateur infinitésimal *de $U(t)$. Son domaine vaut*

$$D(A) = \Big\{ v \in \mathfrak{H} \text{ tels que } t \mapsto U(t)v \text{ est différentiable en } t = 0 \Big\} \qquad (4.32)$$

et

$$Av = i \frac{\mathrm{d}}{\mathrm{d}t} U(t)v \Big|_{t=0}. \qquad (4.33)$$

De plus, si $\mathcal{D} \subset \mathfrak{H}$ est un sous-espace tel que

- $\mathcal{D}$ *est dense dans $\mathfrak{H}$,*
- $U(t)\mathcal{D} \subset \mathcal{D}$ *pour tout $t \in \mathbb{R}$,*
- $t \mapsto U(t)v$ *est différentiable en $t = 0$ pour tout $v \in \mathcal{D}$ (c'est-à-dire $\mathcal{D} \subset D(A)$),*

alors la restriction $A^{\min}$ de A au domaine $D(A^{\min}) = \mathcal{D}$ est essentiellement auto-adjointe, avec $\overline{A^{\min}} = A$.

Les opérateurs $U(t)$ de l'énoncé sont forcément unitaires, puisque $U(t)^*U(t) = U(-t)U(t) = U(t-t) = 1$. En particulier, leur norme d'opérateur vaut $\|U(t)\| = 1$ pour tout $t \in \mathbb{R}$.

Remarque 4.35 La continuité forte en 0 dans (iv) et la dérivabilité en 0 dans (4.32) sont équivalentes à la même propriété en tout $t_0 \in \mathbb{R}$, puisque $U(t+t_0) = U(t)U(t_0)$ par (i).

Preuve Nous commençons par construire un domaine $\mathcal{D}$ sur lequel $U(t)$ est différentiable, ce qui nous permettra d'introduire $B := iU'(0)$ sur $D(B) = \mathcal{D}$. Ensuite nous montrerons que B est symétrique et essentiellement auto-adjoint, ainsi l'opérateur de l'énoncé sera la fermeture $A = \overline{B}$. Nous introduisons l'espace

$$\mathcal{D} := \left\{ \int_{\mathbb{R}} f(t)U(t)\,v\,dt, \qquad f \in C_c^\infty(\mathbb{R}),\ v \in \mathfrak{H} \right\}. \tag{4.34}$$

Ici l'intégrale est convergente dans $\mathfrak{H}$ puisque $t \mapsto f(t)U(t)\,v$ est continue d'après (iv) et bornée par $|f(t)|\,\|v\|$ puisque $U(t)$ est unitaire, ce qui fournit

$$\int_{\mathbb{R}} \|f(t)U(t)\,v\|\,dt = \|v\| \int_{\mathbb{R}} |f(t)|\,dt < \infty.$$

Soit $\chi \in C_c^\infty(\mathbb{R})$ à support dans $[-1, 1]$ et telle que $\int_{\mathbb{R}} \chi = 1$. Comme

$$\left\| n \int_{\mathbb{R}} \chi(nt)U(t)v\,dt - v \right\| \le \int_{-1}^{1} \chi(t)\,\|U(t/n)v - v\|\,dt \xrightarrow[n\to\infty]{} 0$$

pour tout $v \in \mathfrak{H}$ par convergence dominée, on conclut que $\mathcal{D}$ est dense. Par ailleurs,

$$U(s) \int_{\mathbb{R}} f(t)U(t)\,v\,dt = \int_{\mathbb{R}} f(t)U(t+s)\,v\,dt = \int_{\mathbb{R}} f(t-s)U(t)\,v\,dt \tag{4.35}$$

qui démontre que $\mathcal{D}$ est invariant par les $U(s)$. De plus,

$$\frac{U(s)-1}{s} \int_{\mathbb{R}} f(t)U(t)\,v\,dt = \int_{\mathbb{R}} \frac{f(t-s)-f(t)}{s} U(t)\,v\,dt$$

$$\xrightarrow[s\to 0]{} -\int_{\mathbb{R}} f'(t)U(t)\,v\,dt,$$

et ainsi $t \mapsto U(t)$ est dérivable sur le domaine dense $\mathcal{D}$ en $t = 0$.

Afin de montrer en même temps la seconde partie du théorème, considérons maintenant un domaine dense $\mathcal{D}$ quelconque (pas forcément celui introduit précédemment), invariant par tous les $U(t)$ et sur lequel U est dérivable en $t = 0$.

Montrons alors que $B = iU'(0)$ défini sur $D(B) = \mathcal{D}$ est symétrique et essentiellement auto-adjoint, avec $U(t) = e^{-it\overline{B}}$. Il est clair que B est un opérateur linéaire car la limite

$$\lim_{s\to 0}\frac{U(s)-1}{s}v$$

dépend linéairement de v. Par ailleurs, la dérivabilité en $t = 0$ implique celle en tout t, avec

$$\frac{\mathrm{d}}{\mathrm{d}t}U(t)v = U(t)U'(0)v = -iU(t)Bv = -iBU(t)v \qquad (4.36)$$

où nous avons utilisé ici l'invariance de $\mathcal{D}$ par $U(t)$. Finalement, on a

$$\left\langle w, \frac{U(s)-1}{s}v\right\rangle = \left\langle \frac{U(s)^*-1}{s}w, v\right\rangle = \left\langle \frac{U(-s)-1}{s}w, v\right\rangle$$

qui, en passant à la limite $s \to 0$, montre que B est symétrique sur $\mathcal{D}$. Soit alors B^* l'adjoint de B et supposons que $w \in \ker(B^* + i)$. D'après (4.36), nous avons donc pour tout $t \in \mathbb{R}$

$$\frac{\mathrm{d}}{\mathrm{d}t}\langle w, U(t)v\rangle = \langle w, -iBU(t)v\rangle = \langle iB^*w, U(t)v\rangle = \langle w, U(t)v\rangle.$$

C'est une équation différentielle ordinaire dont la solution est $\langle w, U(t)v\rangle = e^t\langle w, v\rangle$. Or comme $U(t)$ est unitaire on a $|\langle w, U(t)v\rangle| \leq \|w\|\,\|v\|$ qui implique donc, en prenant $t \to +\infty$, $\langle w, v\rangle = 0$. Ainsi, $w \in \mathcal{D}^\perp = \{0\}$ car $\mathcal{D}$ est supposé dense. Le même argument pour $-i$ et $t \to -\infty$ fournit finalement $\ker(B^* \pm i) = \mathrm{Im}(B \mp i)^\perp = \{0\}$. D'après l'exercice 2.29, ceci montre bien que B est essentiellement auto-adjoint, de fermeture notée $A = \overline{B}$.

Il reste à montrer que $U(t) = e^{-itA}$. Nous avons déjà vu que pour tout $v \in \mathcal{D}$, $v(t) := U(t)v$ était solution de l'équation

$$\begin{cases} i\partial_t v(t) = Av(t) \\ v(0) = v \end{cases}$$

(car A est une extension de B). Or nous avons expliqué à la section 4.7.1 que cette équation admet l'unique solution $v(t) = e^{-itA}v$, de sorte que $U(t)$ coïncide avec e^{-itA} sur $\mathcal{D}$. Par densité ils doivent coïncider partout.

Finalement, nous discutons de l'unicité. Supposons que $U(t) = e^{-itA'}$ pour un opérateur A'. Nous avons vu que $U(t)$ est différentiable en 0 sur le domaine $\mathcal{D}$ introduit en (4.34) au début de la preuve. Or par le calcul fonctionnel on peut voir que $t \mapsto e^{-itA'}v$ est différentiable dans $\mathfrak{H}$ si et seulement si $v \in D(A')$; dans ce cas la dérivée vaut $-iA'v$. Ceci montre donc que $\mathcal{D} \subset D(A')$, et que $A = A'$ sur

$\mathcal{D}$. Comme A est essentiellement auto-adjoint sur $\mathcal{D}$ et que A' est auto-adjoint, on doit avoir $A' = A$.   □

Dans les sections suivantes nous allons discuter des exemples les plus classiques de groupes unitaires, qui correspondent tous à des groupes de symétrie, et calculer leur générateur infinitésimal.

4.8.2 *Groupe des translations et quantité de mouvement*

Plaçons-nous dans $\mathfrak{H} = L^2(\mathbb{R})$ et considérons le groupe des translations défini par

$$\big(\mathcal{T}(t)v\big)(x) = v(x - t). \tag{4.37}$$

Ce groupe vérifie toutes les hypothèses (i)–(iv) du théorème 4.34, il peut donc être écrit sous la forme d'un propagateur de Schrödinger. Prenons alors $v \in C_c^\infty(\mathbb{R})$ et calculons la dérivée explicitement

$$\frac{\mathrm{d}}{\mathrm{d}t}\mathcal{T}(t)v_{|t=0} = \frac{\mathrm{d}}{\mathrm{d}t}v(x - t)_{|t=0} = -v'(x).$$

Ainsi, sur $\mathcal{D} = C_c^\infty(\mathbb{R})$ le générateur coïncide avec l'opérateur $P^{\min}$ défini sur $D(P^{\min}) = C_c^\infty(\mathbb{R})$ par $P^{\min}v = -iv'$. Nous avons déjà vu que cet opérateur est essentiellement auto-adjoint et que le domaine de sa fermeture est $H^1(\mathbb{R})$.

Théorème 4.36 (Générateur des translations) *L'opérateur de translation* (4.37) *est donné par*

$$\boxed{\mathcal{T}(t) = e^{-itP} \quad \text{où } P = -i\frac{\mathrm{d}}{\mathrm{d}x} \text{ sur } D(P) = H^1(\mathbb{R}).}$$

De façon similaire, en dimension d nous pouvons translater de t une fonction dans une direction $a \in \mathbb{R}^d$ en définissant

$$\big(\mathcal{T}_a(t)v\big)(x) = v(x - ta) \tag{4.38}$$

et obtenons avec le même raisonnement que

$$\boxed{\mathcal{T}_a(t) = e^{-ita\cdot P}}$$

où l'opérateur $a \cdot P = -i \sum_{j=1}^{d} a_j \partial_{x_j}$ est essentiellement auto-adjoint sur $C_c^{\infty}(\mathbb{R}^d)$. Le domaine de $a \cdot P$ est un espace de Sobolev dans la direction a

$$D(a \cdot P) = \left\{ v \in L^2(\mathbb{R}^d) \ : \ a \cdot \nabla v \in L^2(\mathbb{R}^d) \right\}$$

que nous avons déjà rencontré pour P_j, obtenu lorsque $a = e_j$ (un vecteur de la base canonique), au théorème 2.17.

4.8.3 Groupe des rotations et moment cinétique orbital

Plaçons nous en dimension $d = 2$ dans $L^2(\mathbb{R}^2)$ et considérons l'opération consistant à tourner le système autour de l'origine. Ceci revient à examiner la transformation unitaire

$$\big(\mathcal{R}(\theta)v\big)(x_1, x_2) = v\big(\cos(\theta)x_1 + \sin(\theta)x_2, - \sin(\theta)x_1 + \cos(\theta)x_2 \big) = v(R_{-\theta}x) \tag{4.39}$$

où

$$R_\theta = \begin{pmatrix} \cos\theta & -\sin\theta \\ \sin\theta & \cos\theta \end{pmatrix}$$

est la matrice de rotation associée. À nouveau cette famille d'opérateurs satisfait les hypothèses (i)–(iv) du théorème 4.34 et il est possible d'écrire $\mathcal{R}(\theta)$ comme un propagateur de Schrödinger. Pour déterminer son générateur, prenons $v \in C_c^{\infty}(\mathbb{R}^2)$ et calculons

$$\frac{d}{d\theta}\mathcal{R}(\theta)v_{|\theta=0} = (x_2\partial_{x_1} - x_1\partial_{x_2})v.$$

Théorème 4.37 (Générateur des rotations en 2D) *L'opérateur symétrique*

$$L^{\min} = -i(x_1\partial_{x_2} - x_2\partial_{x_1})$$

est essentiellement auto-adjoint sur $D(L^{\min}) = C_c^{\infty}(\mathbb{R}^2)$ *et sa fermeture* $L = \overline{L^{\min}}$, *appelée* moment cinétique orbital, *est le générateur des rotations :*

$$\boxed{\mathcal{R}(\theta) = e^{-i\theta L}}$$

où $\mathcal{R}(\theta)$ *a été défini en* (4.39). *Par ailleurs on a*

$$D(L) = \left\{ v \in L^2(\mathbb{R}^2) \ : \ (x_1\partial_{x_2} - x_2\partial_{x_1})v \in L^2(\mathbb{R}^2) \right\} \tag{4.40}$$

où le terme de droite est compris au sens des distributions, et bien sûr $L = -i(x_1 \partial_{x_2} - x_2 \partial_{x_1})$ *sur* $D(L)$. *De plus,* $\sigma(L) = \mathbb{Z}$ *où chaque valeur propre est de multiplicité infinie.*

Preuve L'opérateur défini sur le domaine $D(L)$ en (4.40) est fermé et c'est une extension de $L^{\min}$. Pour voir que c'est la fermeture de $L^{\min}$, il faut montrer que pour tout $v \in D(L)$ on peut trouver une suite $v_n \in C_c^{\infty}(\mathbb{R}^2)$ telle que $v_n \to v$ et $L^{\min} v_n = L v_n \to L v$. Ceci peut se faire en tronquant et en convolant par un noyau régularisant. Plus précisément, nous pouvons prendre

$$v_n(x) = n^2 \chi(x/n) \int_{\mathbb{R}^2} \chi(n(x-y)) v(y) \, \mathrm{d}y = \chi(x/n)(\chi_n * v)(x) \qquad (4.41)$$

où χ est une fonction radiale de $C_c^{\infty}(\mathbb{R}^2)$ qui vaut 1 dans un voisinage de l'origine et telle que $\int_{\mathbb{R}^2} \chi = 1$. Nous avons aussi introduit $\chi_n(x) = n^2 \chi(nx)$. On sait déjà que $\chi_n * v$ est une fonction C^{∞} qui converge vers v dans $L^2(\mathbb{R}^2)$, et comme $\chi(x/n) \to 1$ presque partout, on a $v_n \to v$ dans $L^2(\mathbb{R}^2)$. Ensuite, on remarque que $L\chi = 0$ car χ est radiale, ce qui implique après un petit calcul que

$$(Lv_n)(x) = n^2 \chi(x/n) \int_{\mathbb{R}^2} \chi(n(x-y))(Lv)(y) \, \mathrm{d}y$$

qui converge vers Lv pour la même raison. Ainsi la fermeture de $L^{\min}$ est bien l'opérateur L introduit dans l'énoncé. Par le théorème 4.34 de Stone, nous savons que L est auto-adjoint.

Il reste à montrer que $\sigma(L) = \mathbb{Z}$. Pour cela nous notons que $\mathcal{R}(2\pi) = \mathbb{1}_{\mathfrak{H}} = e^{-i2\pi L}$, ce qui montre par le calcul fonctionnel que le spectre de L est contenu dans $\mathbb{Z}$ (après diagonalisation, on a $e^{-2i\pi s} = 1$ pour μ–presque tout $s \in \sigma(L)$). En fait 0 est une valeur propre dont l'espace propre est de dimension infinie, car il contient toutes les fonctions radiales dans $D(L)$, c'est-à-dire invariantes par rotations. On peut aussi facilement exhiber des fonctions propres pour les autres valeurs propres, par exemple

$$(x_1 + ix_2)^n \chi(x), \qquad n \in \mathbb{Z} \qquad (4.42)$$

avec $\chi \in C_c^{\infty}(\mathbb{R}^2 \setminus \{0\})$ radiale. $\qquad \square$

Il est fréquent d'écrire $L = x \wedge P$ où il est ici entendu que $X \wedge Y = \det(XY) = x_1 y_2 - x_2 y_1$. Une autre écriture fréquemment rencontrée est $L = z \partial_z - \overline{z} \partial_{\overline{z}}$ où $z = x_1 + ix_2$, $\partial_z = \partial_{x_1} - i\partial_{x_2}$ et $\partial_{\overline{z}} = \partial_{x_1} + i\partial_{x_2}$.

Notre étude du moment cinétique orbital peut être généralisée à la dimension $d = 3$. Par un raisonnement similaire on trouve que les rotations $\mathcal{R}_\omega(\theta)$ d'angle θ autour d'un axe $\omega \in \mathbb{S}^2$ (un vecteur de la sphère unité) sont données par

$$\mathcal{R}_\omega(\theta) = e^{-i\theta \omega \cdot L}, \qquad \omega \cdot L = \sum_{j=1}^{3} \omega_j L_j$$

où les trois opérateurs L_j correspondent aux rotations autour des vecteurs de la base canonique :

$$L = x \wedge (-i\nabla) = -i \begin{pmatrix} x_2\partial_{x_3} - x_3\partial_{x_2} \\ x_3\partial_{x_1} - x_1\partial_{x_3} \\ x_1\partial_{x_2} - x_2\partial_{x_1} \end{pmatrix} = \begin{pmatrix} L_1 \\ L_2 \\ L_3 \end{pmatrix}.$$

Chacun des L_j est essentiellement auto-adjoint sur $C_c^\infty(\mathbb{R}^3)$ et auto-adjoint sur

$$D(L_j) = \left\{ v \in L^2(\mathbb{R}^3) \ : \ L_j v \in L^2(\mathbb{R}^3) \right\}.$$

Comme en dimension $d = 2$, on a $\sigma(L_j) = \mathbb{Z}$. Un opérateur important est le carré du moment angulaire total $|L|^2 := L_1^2 + L_2^2 + L_3^2$ qui est également essentiellement auto-adjoint sur $C_c^\infty(\mathbb{R}^3)$. Comme les L_j ne commutent pas entre eux, le spectre de $|L|^2$ n'est pas juste la somme des spectres des L_j^2. En fait, il est possible de montrer que

$$\sigma(|L|^2) = \left\{ \ell(\ell+1), \quad \ell \in \mathbb{N}^* \right\}.$$

Ceci joue un rôle particulier lorsqu'on étudie des opérateurs de Schrödinger avec un potentiel radial. En effet, en écrivant l'opérateur Laplacien en coordonnées sphériques on trouve

$$-\Delta + V(|x|) = -\frac{1}{r^2}\frac{\partial}{\partial r}r^2\frac{\partial}{\partial r} + \frac{|L|^2}{r^2} + V(r), \qquad r = |x|$$

ce qui permet par exemple de calculer le spectre de l'atome d'hydrogène explicitement. Voir [Tes09, Chap. 8 & 10] pour plus de détails sur ce sujet.

4.8.4 Groupe des dilatations et son générateur

Considérons maintenant un autre groupe agissant sur $L^2(\mathbb{R}^d)$ (en dimension $d \geq 1$ quelconque), consistant à dilater une fonction. Comme le facteur de dilatation doit être un nombre positif, il est fréquent de l'écrire sous la forme e^t, ce qui permet de faire apparaître la structure de groupe additif. Définissons donc la famille d'unitaires

$$\left(\mathcal{D}(t)v\right)(x) = e^{\frac{-dt}{2}}v(e^{-t}x) \tag{4.43}$$

qui vérifie les propriétés (i)–(iv) du théorème 4.34. Afin de déterminer le générateur associé, nous prenons $v \in C_c^\infty(\mathbb{R}^d)$ et calculons

$$\frac{\mathrm{d}}{\mathrm{d}t}\mathcal{D}(t)v_{|t=0} = -\frac{d}{2}v(x) - x \cdot \nabla v(x) = -\frac{1}{2}(\nabla \cdot x + x \cdot \nabla)v(x).$$

Théorème 4.38 (Générateur des dilatations dans $\mathbb{R}^d$) *L'opérateur symétrique*

$$A^{\min} = -\frac{i}{2}(\nabla \cdot x + x \cdot \nabla)$$

est essentiellement auto-adjoint sur $D(A^{\min}) = C_c^\infty(\mathbb{R}^d)$ et sa fermeture $A = \overline{A^{\min}}$ est le générateur des dilatations :

$$\boxed{\mathcal{D}(t) = e^{-itA}}$$

où $\mathcal{D}(t)$ a été défini en (4.43). Par ailleurs on a

$$D(A) = \left\{ v \in L^2(\mathbb{R}^d) \;:\; \nabla \cdot x\, v \in L^2(\mathbb{R}^d) \right\}$$

$$= \left\{ v \in L^2(\mathbb{R}^d) \;:\; \nabla \cdot x\, v \text{ et } x \cdot \nabla v \in L^2(\mathbb{R}^d) \right\} \tag{4.44}$$

et bien sûr $A = -i(\nabla \cdot x + x \cdot \nabla)/2$ sur $D(A)$. De plus, $\sigma(A) = \mathbb{R}$ et ne contient aucune valeur propre.

Preuve La preuve est essentiellement la même que celle du théorème 4.37. Pour la fermeture, nous prenons la même fonction v_n qu'en (4.41) (avec le facteur n^d au lieu de n^2), mais il y a moins d'annulation car on n'a pas $A\chi = 0$ (0 n'est pas valeur propre de A). Un calcul montre que

$$(x \cdot \nabla)v_n = \xi\left(\frac{\cdot}{n}\right)(\chi_n * v) + \chi\left(\frac{\cdot}{n}\right)\eta_n * v + \chi\left(\frac{\cdot}{n}\right)\chi_n * (x \cdot \nabla v) \tag{4.45}$$

où $\xi = x \cdot \nabla\chi$ et $\eta_n = n^d(\nabla \cdot x\chi)(n\cdot)$. Il est utile de choisir une fonction χ qui est constante égale à 1 dans un petit voisinage de l'origine. Dans ce cas la fonction $\xi = x \cdot \nabla\chi$ est nulle au voisinage de 0 et ainsi $\xi(x/n) \to 0$ partout. Par ailleurs $\chi_n * v \to v$ fortement dans $L^2(\mathbb{R}^d)$ et on déduit par convergence dominée que le premier terme de (4.45) tend vers 0. Le second terme tend aussi vers 0, cette fois car

$$\eta_n \rightharpoonup \left(\int_{\mathbb{R}^d} \nabla \cdot (x\chi)\right)\delta_0 = 0$$

au sens des mesures. Finalement, le dernier terme de (4.45) converge comme voulu vers $x \cdot \nabla v$ dans $L^2(\mathbb{R}^d)$.

Pour déterminer le spectre nous remarquons que les fonctions homogènes $|x|^s$ sont des fonctions propres formelles de A, mais aucune n'est dans $L^2(\mathbb{R}^d)$. Plus précisément, nous avons

$$-\frac{i}{2}(\nabla \cdot x + x \cdot \nabla)|x|^s = \left(-i\frac{d}{2} - is\right)|x|^s,$$

au sens des distributions sur $\mathbb{R}^d \setminus \{0\}$. Ceci suggère de choisir s sous la forme $s = -d/2 + i\lambda$. Nous pouvons régulariser la fonction correspondante en 0 et en l'infini en posant par exemple

$$u_\varepsilon = |x|^{-\frac{d}{2}+i\lambda} \frac{|x|^\varepsilon}{1 + |x|^{2\varepsilon}}$$

avec $\varepsilon > 0$, de sorte que $u_\varepsilon \in D(A)$. On trouve alors

$$i(A-\lambda)u_\varepsilon(x) = |x|^{-\frac{d}{2}+i\lambda}\, x \cdot \nabla \frac{|x|^\varepsilon}{1 + |x|^{2\varepsilon}} = |x|^{-\frac{d}{2}+i\lambda} \varepsilon \frac{|x|^\varepsilon}{1 + |x|^{2\varepsilon}} \left(1 - 2\frac{|x|^{2\varepsilon}}{1 + |x|^{2\varepsilon}}\right)$$

et donc $\left|(A - \lambda)u_\varepsilon(x)\right| \leq \varepsilon |u_\varepsilon(x)|$. Nous obtenons $\|(A - \lambda)u_\varepsilon\| \leq \varepsilon \|u_\varepsilon\|$, ce qui montre que $u_\varepsilon / \|u_\varepsilon\|$ est une suite de Weyl, et finalement que $\lambda \in \sigma(A)$ pour tout $\lambda \in \mathbb{R}$, par le théorème 2.30.

Supposons finalement que $u \in \ker(A - \lambda)$ pour un $\lambda \in \mathbb{R}$. Alors on a $\mathcal{D}(t)u = e^{-itA}u = e^{-it\lambda}u$, ce qui signifie que $u(x) = e^{-t(d/2-i\lambda)}u(e^{-t}x)$ pour tout t, presque partout en x. Ceci est impossible pour une fonction non nulle de $L^2(\mathbb{R}^d)$. Par exemple, pour $t = -\log(2)$ on obtient $|u(x)|^2 = 2^d |u(2x)|^2$, ce qui implique après changement de variable que les intégrales de $|u|^2$ sur les couronnes $\{2^k \leq |x| < 2^{k+1}\}$ sont toutes égales pour $k \in \mathbb{Z}$. Comme la somme doit être égale à $\int_{\mathbb{R}^d} |u|^2$ qui est finie, ces intégrales sont toutes nulles et donc $u = 0$ presque partout. Ainsi, A ne possède aucune valeur propre.   □

L'opérateur A intervient dans la preuve de l'identité du Viriel, déjà rencontrée en (1.33) pour l'atome d'hydrogène.

Théorème 4.39 (Identité du Viriel/de Pohožaev) *Soit $V \in L^p(\mathbb{R}^d) + L^\infty(\mathbb{R}^d)$ une fonction à valeurs réelles, avec p satisfaisant*

$$\begin{cases} p = 2 & si\ d \in \{1, 2, 3\}, \\ p > 2 & si\ d = 4, \\ p = \frac{d}{2} & si\ d \geq 5. \end{cases} \tag{4.46}$$

Soit u une fonction de $H^2(\mathbb{R}^d)$ telle que

$$-\Delta u(x) + V(x)u(x) = \lambda u(x). \tag{4.47}$$

Si de plus $x \cdot \nabla V(x) \in L^p(\mathbb{R}^d) + L^\infty(\mathbb{R}^d)$ alors on a

$$\int_{\mathbb{R}^d} |\nabla u(x)|^2\, dx = \frac{1}{2} \int_{\mathbb{R}^d} |u(x)|^2 x \cdot \nabla V(x)\, dx \tag{4.48}$$

ce qui fournit en particulier la relation

$$\lambda = \int_{\mathbb{R}^d} |u(x)|^2 \left(V(x) + \frac{1}{2} x \cdot \nabla V(x) \right) \mathrm{d}x. \tag{4.49}$$

Si $V(x) + \frac{1}{2} x \cdot \nabla V(x) < 0$ (par exemple pour $V(x) = -|x|^{-s}$ avec $0 < s < 2$) nous voyons que $-\Delta + V$ ne peut pas avoir de valeur propre positive ou nulle. Il existe de nombreuses améliorations de ce résultat, voir [RS78, Sec. XIII.13].

Preuve L'idée est de multiplier l'équation par $\overline{Au}$ où A est le générateur des dilatations, puis d'intégrer par parties. Malheureusement, nous ne savons pas que u est dans le domaine de A. En tirant profit du fait que $u \in H^2(\mathbb{R}^d)$, nous allons donc plutôt multiplier par la régularisation de $\overline{Au}$ sous la forme

$$i \frac{d}{2} \overline{u(x)} + i \frac{x}{1 + \varepsilon |x|^2} \cdot \nabla \overline{u(x)} \in H^1(\mathbb{R}^d),$$

ce qui donne

$$\frac{d}{2} \left(\int_{\mathbb{R}^d} |\nabla u(x)|^2 \, \mathrm{d}x + \int_{\mathbb{R}^d} \left(V(x) - \lambda \right) |u(x)|^2 \, \mathrm{d}x \right)$$

$$= \Re \int_{\mathbb{R}^d} \Delta u(x) \, \overline{\nabla u(x)} \cdot \frac{x}{1 + \varepsilon |x|^2} \, \mathrm{d}x - \Re \int_{\mathbb{R}^d} \frac{(V(x) - \lambda) x}{1 + \varepsilon |x|^2} \cdot \overline{\nabla u(x)} u(x) \, \mathrm{d}x. \tag{4.50}$$

En remarquant que $\Re(u \nabla \overline{u}) = \nabla |u|^2 / 2$ et en utilisant l'hypothèse sur $x \cdot \nabla V$, nous pouvons intégrer par parties la seconde intégrale, ce qui donne

$$\Re \int_{\mathbb{R}^d} \frac{(V(x) - \lambda) x}{1 + \varepsilon |x|^2} \cdot \overline{\nabla u(x)} u(x) \, \mathrm{d}x$$

$$= -\frac{1}{2} \int_{\mathbb{R}^d} |u(x)|^2 \mathrm{div} \frac{(V(x) - \lambda) x}{1 + \varepsilon |x|^2} \, \mathrm{d}x$$

$$= -\frac{d}{2} \int_{\mathbb{R}^d} |u(x)|^2 \frac{V(x) - \lambda}{1 + \varepsilon |x|^2} \, \mathrm{d}x - \frac{1}{2} \int_{\mathbb{R}^d} |u(x)|^2 x \cdot \nabla \frac{V(x) - \lambda}{1 + \varepsilon |x|^2} \, \mathrm{d}x$$

$$= -\frac{d}{2} \int_{\mathbb{R}^d} \left(V(x) - \lambda \right) |u(x)|^2 \, \mathrm{d}x - \frac{1}{2} \int_{\mathbb{R}^d} |u(x)|^2 x \cdot \nabla V(x) \, \mathrm{d}x + o(1)_{\varepsilon \to 0}.$$

De façon similaire, nous avons pour le premier terme

$$\Re \int_{\mathbb{R}^d} \Delta u(x) \, \nabla \overline{u(x)} \cdot \frac{x}{1 + \varepsilon |x|^2} \, dx$$

$$= \sum_{i,j=1}^{d} \Re \int_{\mathbb{R}^d} \partial_{jj} u(x) \frac{x_i}{1 + \varepsilon |x|^2} \overline{\partial_i u(x)} \, dx$$

$$= -\sum_{i,j=1}^{d} \Re \int_{\mathbb{R}^d} \left(\frac{\delta_{ij} - 2\varepsilon x_i x_j (1 + \varepsilon |x|^2)^{-1}}{1 + \varepsilon |x|^2} \right) \overline{\partial_i u(x)} \partial_j u(x) \, dx$$

$$+ \frac{1}{2} \int_{\mathbb{R}^d} |\nabla u(x)|^2 \mathrm{div} \frac{x}{1 + \varepsilon |x|^2} \, dx$$

$$= \left(-1 + \frac{d}{2} \right) \int_{\mathbb{R}^d} |\nabla u(x)|^2 \, dx + o(1)_{\varepsilon \to 0}.$$

Dans la seconde égalité nous avons d'abord intégré par parties l'une des dérivées ∂_j, puis nous avons intégré par parties ∂_i pour le terme $\Re(\partial_j u \, \overline{\partial_{ij} u}) = \partial_i |\partial_j u|^2 / 2$, ce qui fournit la divergence de $x(1 + \varepsilon |x|^2)^{-1}$. En insérant dans (4.50) et en prenant la limite $\varepsilon \to 0$ nous arrivons bien à (4.48). $\qquad \square$

4.9 Commutateurs et quantités conservées

Si A et B sont deux opérateurs auto-adjoints bornés, on peut définir leur *commutateur* par $[A, B] = AB - BA$. Si ce commutateur s'annule, on dit que A et B commutent et on trouve que l'observable B est constante le long des trajectoires du flot de Schrödinger généré par A, c'est-à-dire :

$$\frac{d}{dt} \left\langle e^{-itA} v, B e^{-itA} v \right\rangle = \left\langle -iA e^{-itA} v, B e^{-itA} v \right\rangle + \left\langle e^{-itA} v, -iB A e^{-itA} v \right\rangle$$

$$= i \left\langle e^{-itA} v, [A, B] e^{-itA} v \right\rangle = 0$$

pour tout $v \in \mathfrak{H}$. En d'autres termes, on a $e^{itA} B e^{-itA} = B$, c'est-à-dire $[e^{itA}, B] = 0$. Ceci étant valable pour tout t, on conclut aisément que $[f(A), B] = 0$ pour toute fonction f bornée puis, en raisonnant de la même façon pour B, que $[f(A), g(B)] = 0$.

La généralisation de cet argument à des opérateurs non bornés n'est pas évidente à cause de la difficulté à définir le commutateur $[A, B]$. On pourrait penser demander par exemple que $[A, B]$ fasse sens et soit nul sur un sous-espace $\mathcal{D}$ dense de $\mathfrak{H}$, mais cette notion n'a pas les propriétés attendues [RS72, Sec. VIII.5]. Voici un résultat qui précise comment aborder cette question différemment.

Théorème 4.40 (Commutateur) *Soient A et B deux opérateurs auto-adjoints sur leur domaine respectif $D(A), D(B) \subset \mathfrak{H}$. Les propositions suivantes sont équivalentes :*

(i) $[f(A), g(B)] = 0$ *pour toutes fonctions f, g boréliennes, bornées sur un voisinage de $\sigma(A) \cup \sigma(B)$;*

(ii) $[e^{itA}, e^{isB}] = 0$ *pour tous $t, s \in \mathbb{R}$;*

(iii) $[(A - z)^{-1}, (B - z')^{-1}] = 0$ *pour tous $z, z' \in \mathbb{C} \setminus \mathbb{R}$;*

(iv) $[\mathbb{1}_I(A), \mathbb{1}_{I'}(B)] = 0$ *pour tous intervalles $I, I' \subset \mathbb{R}$;*

(v) $D(A)$ *est stable par e^{itB} pour tout $t \in \mathbb{R}$ et on a $e^{itB} A = A e^{itB}$ sur $D(A)$;*

(vi) $D(B)$ *est stable par e^{itA} pour tout $t \in \mathbb{R}$ et on a $e^{itA} B = B e^{itA}$ sur $D(B)$.*

Si ces conditions équivalentes sont vérifiées, on dit que A et B commutent.

En particulier, si A et B commutent et $v_0 \in D(B)$, on conclut bien que $v(t) = e^{-itA} v_0$ appartient à $D(B)$ pour tout t et que la valeur moyenne de l'observable B est constante au cours du temps : $\langle v(t), B v(t) \rangle = \langle v_0, e^{itA} B e^{-itA} v_0 \rangle = \langle v_0, B v_0 \rangle$.

Preuve Nous laissons en exercice l'équivalence entre (i)–(iv) qui se montre comme pour le calcul fonctionnel à la section 4.4. Nous allons seulement prouver que, par exemple, (vi) est équivalent à (i). Si (i) est vraie, alors e^{itA} commute avec $B(1 + \varepsilon B^2)^{-1} = f(B)$ où $f(x) = x/(1 + \varepsilon x^2)$ est bornée, donc

$$\left\| B(1 + \varepsilon B^2)^{-1} e^{itA} v \right\| = \left\| e^{itA} B(1 + \varepsilon B^2)^{-1} v \right\| = \left\| B(1 + \varepsilon B^2)^{-1} v \right\|$$

pour tout $t \in \mathbb{R}$. Comme on a par le théorème spectral et le calcul fonctionnel

$$w \in D(B) \iff \limsup_{\varepsilon \to 0^+} \left\| B(1 + \varepsilon B^2)^{-1} w \right\| < \infty$$

avec dans ce cas $\lim_{\varepsilon \to 0} B(1 + \varepsilon B^2)^{-1} v = Bv$, on conclut bien que $e^{itA} v \in D(B)$ pour tout $v \in D(B)$, et que $B e^{itA} v = e^{itA} B v$.

Réciproquement, si $B e^{itA} = e^{itA} B$ sur $D(B)$, nous en déduisons que $e^{-itA} B e^{itA} = B$ et ainsi $e^{-itA} (B - z) e^{itA} = B - z$ sur $D(B)$ pour tout $t \in \mathbb{R}$ et tout $z \in \mathbb{C} \setminus \mathbb{R}$. Or

$$\underbrace{e^{-itA} (B - z) e^{itA}}_{= B - z} e^{-itA} (B - z)^{-1} e^{itA} = e^{-itA} (B - z)(B - z)^{-1} e^{itA} = \mathbb{1}_{\mathfrak{H}}$$

ce qui montre que $e^{-itA} (B - z)^{-1} e^{itA} = (B - z)^{-1}$ ou, écrit différemment,

$$\left[e^{-itA}, (B - z)^{-1} \right] = 0, \qquad \forall t \in \mathbb{R}, \ \forall z \in \mathbb{C} \setminus \mathbb{R}.$$

Par le même argument que pour (i)–(iv), on conclut bien que $[f(A), g(B)] = 0$ pour tous f, g boréliennes bornées.   □

Exemple 4.41 Considérons un opérateur de Schrödinger sous la forme $H = -\Delta + V(x)$ où $V \in L^2(\mathbb{R}^3) + L^\infty(\mathbb{R}^3)$ est une fonction à valeurs réelles. Alors H est auto-adjoint sur $H^2(\mathbb{R}^3)$ par le théorème 3.4. Par ailleurs, nous avons $e^{-ia \cdot L} H^2(\mathbb{R}^3) \subset H^2(\mathbb{R}^3)$ où L est le moment cinétique orbital pour tout $a \in \mathbb{R}^3$, car $e^{-ia \cdot L}$ consiste juste à appliquer une rotation d'axe $a/|a|$ et d'angle $|a|$ sur les fonctions (section 4.8.3), ce qui conserve le caractère $H^2(\mathbb{R}^3)$. Si V est une fonction radiale, ce qui signifie que $V(Rx) = V(x)$ pour toute rotation $R \in SO(3)$, on a alors

$$e^{ia \cdot L} H e^{-ia \cdot L} = H$$

pour tout $a \in \mathbb{R}^3$, sur $D(H) = H^2(\mathbb{R}^3)$. Nous concluons que H commute avec $a \cdot L$ pour tout $a \in \mathbb{R}^3$. En particulier, on a

$$e^{itH} L_j e^{-itH} = L_j, \qquad \forall t \in \mathbb{R}$$

et le moment angulaire est donc préservé le long des trajectoires.

Exercices complémentaires

Exercice 4.42 (Formule de Helffer-Sjöstrand et densité de $\mathcal{A}$) Soit $f \in C_c^\infty(\mathbb{R})$ une fonction C^∞ à support compact. Nous introduisons une extension "quasi-analytique" de f sur $\mathbb{C}$ par

$$\tilde{f}(z) = \big(f(x) + iyf'(x)\big)\chi\left(\frac{y}{\sqrt{1+x^2}}\right)$$

où $z = x + iy$ et χ est une fonction C^∞ à support compact dans $[-2, 2]$ qui est constante égale à 1 sur $[-1, 1]$. On remarquera que $\tilde{f}_{|\mathbb{R}} = f$. Montrer alors la formule

$$f(x) = -\frac{1}{\pi} \int_{\mathbb{C}} \frac{\partial \tilde{f}(z)}{\partial \bar{z}} \frac{\mathrm{d}z}{x - z}, \qquad \text{où} \qquad \frac{\partial \tilde{f}(z)}{\partial \bar{z}} := \frac{\partial \tilde{f}(z)}{\partial x} + i\frac{\partial \tilde{f}(z)}{\partial y}. \tag{4.51}$$

En déduire que $\mathrm{vect}\{(x - z)^{-1}, \ z \in \mathbb{C} \setminus \mathbb{R}\}$ est un sous-espace dense dans $C_0^0(\mathbb{R})$. Pour une preuve du théorème 4.11 basée sur la formule (4.51), voir [Dav95].

Exercice 4.43 (Espaces invariants) Soit A un opérateur auto-adjoint sur son domaine $D(A) \subset \mathfrak{H}$. On dit qu'un sous-espace fermé $\mathcal{V} \subset \mathfrak{H}$ est A–*invariant* si $(A - z)^{-1}\mathcal{V} \subset \mathcal{V}$ pour tout $z \in \mathbb{C} \setminus \mathbb{R}$.

1. Montrer alors que $f(A)\mathcal{V} \subset \mathcal{V}$ pour tout $f \in C_0^0(\mathbb{R}, \mathbb{C})$.
2. Montrer que $\mathcal{V}^\perp$ est aussi A–invariant.
3. Montrer que $\mathcal{V}$ est A–invariant si et seulement si A commute avec le projecteur orthogonal $\Pi_{\mathcal{V}}$ sur $\mathcal{V}$, au sens de la section 4.9.

Voir le problème B.2 pour plus de propriétés des espaces invariants.

Exercice 4.44 (Laplacien et vecteurs cycliques) Considérons l'opérateur $A = -\mathrm{d}^2/\mathrm{d}x^2$ qui est auto-adjoint sur $D(A) = H^2(\mathbb{R}) \subset \mathfrak{H} = L^2(\mathbb{R})$. En utilisant le fait que $L^2(\mathbb{R}) = L^2_{\mathrm{pair}}(\mathbb{R}) \oplus L^2_{\mathrm{impair}}(\mathbb{R})$ (somme orthogonale de l'espace des fonctions paires et des fonctions impaires), montrer que A n'a aucun vecteur cyclique. Montrer par contre qu'il existe deux vecteurs v_1 et $v_2 \in \mathfrak{H}$ tels que $L^2(\mathbb{R}) = X_{v_1} \oplus X_{v_2}$, où X_v est l'espace défini en (4.12) dans la preuve du théorème spectral. Ceci montre que, dans la représentation du Laplacien en opérateur de multiplication, nous pouvons utiliser seulement deux copies de $\sigma(A) = [0, \infty[$ dans $\mathbb{R}^2$. Qu'en est-il du Laplacien en dimension supérieure ?

Exercice 4.45 (Convergence(s) d'opérateurs)   On rappelle qu'une suite d'opérateurs bornés (B_n) sur $\mathfrak{H}$ converge vers un opérateur borné B *en norme* lorsque $\|B_n - B\| \to 0$, *fortement* lorsque $\|B_n v - Bv\| \to 0$ pour tout $v \in \mathfrak{H}$, et *faiblement* lorsque $B_n v \rightharpoonup Bv$ faiblement dans $\mathfrak{H}$ pour tout $v \in \mathfrak{H}$, c'est-à-dire $\langle w, B_n v \rangle \to \langle w, Bv \rangle$ pour tous $v, w \in \mathfrak{H}$. Le théorème de Banach-Steinhaus implique que si $B_n \to B$ fortement, alors $\|B_n\|$ est borné.

1. Soit B_n l'opérateur de multiplication par la fonction $b_n(x) = 1/(1 + x^2/n)$ sur l'espace $\mathfrak{H} = L^2(\mathbb{R})$. Étudier la convergence de B_n selon les trois notions précédentes. Calculer également le spectre de B_n et celui de sa limite B. Que peut-on conclure ?
2. Soit $w \in \mathfrak{H}$ et $v_n \rightharpoonup 0$ une suite qui converge faiblement vers 0 dans $\mathfrak{H}$, avec $\|v_n\| = 1$ pour tout n. On pose $B_n h := \langle w, h \rangle \, v_n$. Montrer que B_n est borné et étudier sa convergence selon les trois notions précédentes.

Dans la suite on considère une suite $(A_n, D(A_n))$ d'opérateurs *auto-adjoints* sur $\mathfrak{H}$, ainsi qu'un opérateur auto-adjoint $(A, D(A))$. On étudie la convergence de $f(A_n)$ vers $f(A)$ pour diverses fonctions bornées.

3. Montrer que pour tout $z, z' \in \mathbb{C} \setminus \mathbb{R}$, on a la relation

$$(A_n - z)^{-1} - (A - z)^{-1} = \frac{A_n - z'}{A_n - z} \left((A_n - z')^{-1} - (A - z')^{-1} \right) \frac{A - z'}{A - z}. \tag{4.52}$$

4. Montrer l'équivalence des trois propositions :

   - $(A_n + i)^{-1}$ converge vers $(A + i)^{-1}$ en norme ;
   - $(A_n - z)^{-1}$ converge vers $(A - z)^{-1}$ en norme pour tout $z \in \mathbb{C} \setminus \mathbb{R}$;
   - $f(A_n)$ converge vers $f(A)$ en norme pour toute fonction $f \in C_0^0(\mathbb{R})$ (continue sur $\mathbb{R}$ qui tend vers 0 à l'infini).

   Montrer ensuite la même équivalence si on remplace "en norme" par "fortement".
5. On suppose que $(A_n + i)^{-1} \to (A + i)^{-1}$ fortement. Montrer que si $\lambda \in \sigma(A)$, alors il existe une suite $\lambda_n \in \sigma(A_n)$ telle que $\lambda_n \to \lambda$. Peut-on espérer plus ?
6. On suppose que $(A_n + i)^{-1} \to (A + i)^{-1}$ en norme. Montrer que si $[a, b] \subset \rho(A)$, alors $[a, b] \subset \rho(A_n)$ pour n assez grand. Que peut-on en conclure ?

Exercice 4.46 (Théorème RAGE)   Soit μ une mesure borélienne finie sur $\mathbb{R}$ et $A_\mu = \{x \in \mathbb{R} : \mu(\{x\}) > 0\}$ l'ensemble de ses atomes. On introduit sa transformée de Fourier

$$\widehat{\mu}(t) := \frac{1}{\sqrt{2\pi}} \int_{\mathbb{R}} e^{-ixt} \, d\mu(x)$$

dont on rappelle que c'est une fonction continue bornée sur $\mathbb{R}$.

1. Montrer que

$$\frac{1}{T} \int_0^T |\widehat{\mu}(t)|^2 \, dt = \frac{1}{2T} \int_{-T}^T |\widehat{\mu}(t)|^2 \, dt = \iint_{\mathbb{R}^2} K_T(x - y) \, d\mu(x) \, d\mu(y)$$

pour une fonction K_T paire que l'on déterminera.

2. Montrer que pour tout $x \in \mathbb{R}$,

$$\lim_{T \to \infty} \int_{\mathbb{R}} K_T(x - y) \, \mathrm{d}\mu(y) = \frac{\mu(\{x\})}{2\pi}.$$

3. En déduire un théorème de Wiener:

$$\lim_{T \to \infty} \frac{1}{T} \int_0^T |\widehat{\mu}(t)|^2 \, \mathrm{d}t = \frac{1}{2\pi} \sum_{x \in A_\mu} \mu(\{x\})^2.$$

Soit maintenant A un opérateur auto-adjoint sur son domaine $D(A) \subset \mathfrak{H}$.

4. En appliquant le théorème spectral, montrer que l'ensemble de ses valeurs propres est dénombrable.
5. Montrer qu'il existe un système orthonormé $\{u_j\}_{j \geq 1}$ de vecteurs propres de A, avec $u_j \in D(A)$ et $Au_j = \lambda_j u_j$ pour tout j, tel que $A_{|\mathrm{vect}(u_j,\, j \geq 1)^\perp}$ n'a aucune valeur propre.
6. Soit v un vecteur quelconque de $\mathfrak{H}$. Montrer que pour tout opérateur R de rang fini

$$\lim_{T \to \infty} \frac{1}{T} \int_0^T \left\langle e^{-itA}v, \, Re^{-itA}v \right\rangle \mathrm{d}t = \sum_{j \geq 1} |\langle v, u_j \rangle|^2 \langle u_j, Ru_j \rangle.$$

Ce résultat dû à Ruelle, Amrein, Georgescu et Enss [Rue69, AG74, Ens78] signifie que seule la projection d'un état quantique sur le spectre ponctuel survit en temps long, en moyenne. Voir aussi [AW15, Sec. 2.4].

Chapitre 5
Spectre des opérateurs auto-adjoints

Dans ce chapitre nous étudions plus précisément le spectre des opérateurs auto-adjoints.

5.1 Théorie des perturbations

Dans cette première section nous étudions d'abord comment est modifié le spectre d'un opérateur auto-adjoint A lorsqu'on ajoute un opérateur B petit dans un sens approprié. Pour simplifier, nous commençons par le cas où la perturbation B est juste bornée, avant d'examiner celui de perturbations relativement bornées. Ces estimées sur le spectre nous permettront ensuite de déterminer la régularité des projecteurs spectraux et des valeurs propres par rapport à la perturbation.

5.1.1 Perturbations bornées

Le résultat suivant indique que le spectre de $A + B$ est proche de celui de A lorsque $\|B\|$ est petit.

Lemme 5.1 (Perturbations bornées) *Soit A un opérateur auto-adjoint sur son domaine $D(A) \subset \mathfrak{H}$ et B un opérateur auto-adjoint borné. Alors le spectre de $C := A + B$ est proche de celui de A au sens de la distance de Hausdorff :*

$$\sup_{\lambda \in \sigma(A)} \mathrm{d}(\lambda, \sigma(C)) \leq \|B\|, \qquad \sup_{\lambda' \in \sigma(C)} \mathrm{d}(\lambda', \sigma(A)) \leq \|B\|. \qquad (5.1)$$

Ici $\mathrm{d}(x, \sigma(A)) = \min_{y \in \sigma(A)} |x - y|$ est la distance de x au spectre de A. On rappelle que l'opérateur $C = A + B$ est auto-adjoint sur $D(A)$, par le théorème 3.1

M. Lewin, *Théorie spectrale et mécanique quantique*, Mathématiques et Applications 87, https://doi.org/10.1007/978-3-030-93436-1_5

de Rellich-Kato, puisque B est borné. L'estimée (5.1) signifie que pour tout $\lambda \in \sigma(A)$ il existe un $\lambda' \in \sigma(C)$ à distance au plus $\|B\|$ et réciproquement. Ainsi, on a $\sigma(A + B) \subset \sigma(A) + [-\|B\|, \|B\|]$; chaque élément du spectre est déplacé d'au plus $\|B\|$ sous l'action de la perturbation.

Preuve Soit $\lambda' \in \sigma(C)$ et supposons par contradiction que $[\lambda' - \|B\|, \lambda' + \|B\|]$ n'intersecte pas $\sigma(A)$, c'est-à-dire est inclus dans $\rho(A)$. Alors il existe $d > \|B\|$ tel que $[\lambda' - d, \lambda' + d] \subset \rho(A)$ car l'ensemble résolvant est un ouvert. On a

$$\left\| B(A - \lambda')^{-1} \right\| \leq \|B\| \left\| (A - \lambda')^{-1} \right\| = \frac{\|B\|}{\mathrm{d}(\lambda', \sigma(A))} \leq \frac{\|B\|}{d} < 1$$

où nous avons utilisé le corollaire 4.6 pour calculer $\|(A - \lambda')^{-1}\|$. En écrivant

$$C - \lambda' = A - \lambda' + B = \left(1 + B(A - \lambda')^{-1} \right) (A - \lambda')$$

on voit que $\lambda' \in \rho(C)$, une contradiction. Ainsi nous avons montré que $\mathrm{d}(\lambda', \sigma(A)) \leq \|B\|$. L'autre inégalité s'obtient en échangeant les rôles de A et C.   □

5.1.2 Perturbations relativement bornées

L'hypothèse que B est borné ne couvre pas tous les cas pratiques car on rencontre souvent plutôt des perturbations qui sont *relativement bornées* par rapport à A, c'est-à-dire telles que $B(A + i)^{-1}$ soit borné. Le théorème suivant contient une estimée du même type que celle du lemme 5.1, mais qui est plus compliquée à cause de la dépendance par rapport au point a considéré dans le spectre.

Théorème 5.2 (Perturbations relativement bornées) *Soit A un opérateur auto-adjoint sur son domaine $D(A) \subset \mathfrak{H}$ et $a \in \rho(A) \cap \mathbb{R}$. Soit B un opérateur symétrique sur $D(A)$ tel que $B(A - a)^{-1}$ soit un opérateur borné satisfaisant*

$$\left\| B(A - a)^{-1} \right\| < 1. \tag{5.2}$$

Alors l'opérateur $C := A + B$ est auto-adjoint sur $D(A)$ et $a \notin \sigma(C)$. Plus précisément,

$$]a - \eta, a + \eta[\subset \rho(C) \qquad pour \quad \eta := \mathrm{d}(a, \sigma(A)) \left(1 - \left\| B(A - a)^{-1} \right\| \right). \tag{5.3}$$

Finalement, les spectres sont localement *proches au sens de la distance de Hausdorff : pour tout*

$$d(a, \sigma(A)) \leq R < \frac{\eta}{\left\| B(A-a)^{-1} \right\|} \tag{5.4}$$

on a

$$\sup_{\lambda \in \sigma(A) \cap [a-R, a+R]} d\big(\lambda, \sigma(C)\big) \leq \frac{R^2 \left\| B(A-a)^{-1} \right\|}{\eta - R \left\| B(A-a)^{-1} \right\|},$$

$$\sup_{\lambda' \in \sigma(C) \cap [a-R, a+R]} d\big(\lambda', \sigma(A)\big) \leq \frac{R^2 \left\| B(A-a)^{-1} \right\|}{\eta - R \left\| B(A-a)^{-1} \right\|}. \tag{5.5}$$

L'inégalité (5.5) fournit une estimation *locale* de la distance entre les spectres de A et $A + B$, sur un intervalle $[a - R, a + R]$ de longueur $2R$ autour de a. L'erreur à droite dépend du R considéré et se détériore lorsque R augmente. À cause de la condition (5.4), aucune information n'est fournie au delà de $a \pm \eta / \| B(A - a)^{-1} \|$. On notera que la seconde partie du théorème requiert $\| B(A - a)^{-1} \| < 1/2$.

Preuve L'hypothèse (5.2) implique

$$\| Bv \| = \left\| B(A-a)^{-1}(A-a)v \right\| \leq \left\| B(A-a)^{-1} \right\| \Big(\| Av \| + |a| \, \| v \| \Big),$$

qui montre que $A + B$ est auto-adjoint sur $D(A)$, par le théorème 3.1 de Rellich-Kato. Par ailleurs,

$$(A + B - a) = \Big(1 + B(A-a)^{-1} \Big)(A - a) \tag{5.6}$$

est inversible d'inverse borné d'après (5.2), donc $a \in \rho(A+B)$. Ensuite on remarque que $]a - \eta, a + \eta[\subset \rho(A)$ car $\eta < d(a, \sigma(A))$ par définition. Ceci nous permet d'écrire comme précédemment

$$(A + B - z) = \Big(1 + B(A-z)^{-1} \Big)(A - z) \tag{5.7}$$

pour tout $z \in]a - \eta, a + \eta[$. Pour montrer que $z \in \rho(A + B)$ il suffit donc de prouver que $\| B(A - z)^{-1} \| < 1$. Comme

$$\left\| B(A - z)^{-1} \right\| \leq \left\| B(A - a)^{-1} \right\| \left\| \frac{A - a}{A - z} \right\|$$

avec, par le corollaire 4.6,

$$\left\| \frac{A-a}{A-z} \right\| = \left\| 1 + \frac{z-a}{A-z} \right\| \leq 1 + \frac{|z-a|}{\mathrm{d}(z, \sigma(A))},$$

nous voyons qu'il suffit de montrer que

$$\left\| B(A-a)^{-1} \right\| \left(1 + \frac{|z-a|}{\mathrm{d}(z, \sigma(A))} \right) < 1, \qquad \forall z \in]a - \eta, a + \eta[. \tag{5.8}$$

Pour $b \in \sigma(A)$ on a

$$|b - z| \geq |b - a| - |a - z| \geq \mathrm{d}(a, \sigma(A)) - \eta \geq \mathrm{d}(a, \sigma(A)) \left\| B(A-a)^{-1} \right\|$$

qui implique $\mathrm{d}(z, \sigma(A)) \geq \mathrm{d}(a, \sigma(A)) \left\| B(A-a)^{-1} \right\|$ et donc on obtient

$$\left\| B(A-a)^{-1} \right\| \left(1 + \frac{|z-a|}{\mathrm{d}(z, \sigma(A))} \right)$$

$$< \left\| B(A-a)^{-1} \right\| \left(1 + \frac{\eta}{\mathrm{d}(a, \sigma(A)) \left\| B(A-a)^{-1} \right\|} \right) = 1,$$

comme voulu. Il reste à estimer la distance de Hausdorff entre les deux spectres. La relation (5.6) signifie que

$$(A + B - a)^{-1} - (A - a)^{-1} = (A - a)^{-1} \left(\left(1 + B(A-a)^{-1} \right)^{-1} - 1 \right)$$

de sorte que

$$\left\| (A + B - a)^{-1} - (A - a)^{-1} \right\| \leq \frac{\left\| B(A-a)^{-1} \right\|}{\mathrm{d}(a, \sigma(A)) \left(1 - \left\| B(A-a)^{-1} \right\| \right)} =: \delta. \tag{5.9}$$

Les deux résolvantes sont des opérateurs auto-adjoints bornés, dont le spectre vaut

$$\sigma \left((A + B - a)^{-1} \right) = \overline{\left\{ \frac{1}{\lambda - a}, \ \lambda \in \sigma(A + B) \right\}},$$

$$\sigma \left((A - a)^{-1} \right) = \overline{\left\{ \frac{1}{\lambda - a}, \ \lambda \in \sigma(A) \right\}},$$

par le lemme 2.11 ou le calcul fonctionnel. La fermeture ne fait qu'ajouter le point 0 s'ils ne sont pas bornés. Le lemme 5.1 fournit que les deux spectres sont à distance de Hausdorff plus petite que δ. En particulier, pour tout $\lambda \in \sigma(A)$ on a

$$\inf_{\lambda' \in \sigma(A+B)} \left| \frac{1}{\lambda - a} - \frac{1}{\lambda' - a} \right| \leq \delta.$$

Si on ajoute l'hypothèse que $|\lambda - a| \leq R$ (un tel R est nécessairement au moins égal à $d(a, \sigma(A))$), alors un optimum λ' doit vérifier

$$\frac{1}{|\lambda' - a|} \geq \frac{1}{|\lambda - a|} - \left| \frac{1}{\lambda - a} - \frac{1}{\lambda' - a} \right| \geq \frac{1 - R\delta}{R},$$

c'est-à-dire $|\lambda' - a| \leq R/(1 - R\delta)$. Comme $|\lambda - \lambda'| \leq |\lambda - a| \, |\lambda' - a| \delta$ on obtient bien

$$|\lambda - \lambda'| \leq \frac{R^2 \delta}{1 - R\delta},$$

qui conclut la preuve. □

5.1.3 *Perturbations bornées au sens des formes quadratiques*

Nous considérons finalement le cas où A est un opérateur minoré et où B est une petite perturbation au sens des formes quadratiques, mais pas au sens des opérateurs. Nous allons voir que les résultats précédents restent alors tous vrais, avec des estimées similaires faisant intervenir $\||A - a|^{-\frac{1}{2}} B |A - a|^{-\frac{1}{2}}\|$ partout au lieu de $\|B(A - a)^{-1}\|$. Pour simplifier l'argument, nous nous limiterons ici au cas où a est situé sous le spectre de A. L'outil principal est alors la comparaison des opérateurs en utilisant leur forme quadratique.

Définition 5.3 (Inégalité entre opérateurs) Soient $(A, D(A))$ et $(C, D(C))$ deux opérateurs auto-adjoints bornés inférieurement. On dit que $A \leq C$ lorsque $Q(C) \subset Q(A)$ et $q_A(v) \leq q_C(v)$ pour tout $v \in Q(C)$.

Il est souvent utile en pratique que seuls les domaines des formes quadratiques entrent en jeu, puisque nous rappelons que $D(A)$ et $D(C)$ peuvent être très différents. Le résultat suivant sera utile pour déduire une comparaison entre résolvantes à partir d'une estimée entre formes quadratiques.

Théorème 5.4 (Inverse et inégalités entre opérateurs) *Soient $(A, D(A))$ et $(C, D(C))$ deux opérateurs auto-adjoints coercifs. Alors on a $A \leq C$ si et seulement si $C^{-1} \leq A^{-1}$.*

On dit que la fonction inverse $x \mapsto x^{-1}$ est *opérateur-décroissante*. Il n'est en général pas vrai que toute fonction (dé)croissante est opérateur-(dé)croissante. Par exemple $0 \leq A \leq C$ implique bien $\sqrt{A} \leq \sqrt{C}$ (la fonction $x \mapsto \sqrt{x}$ est opérateur-croissante) alors qu'en général $A^2 \nleq C^2$ (la fonction $x \mapsto x^2$ n'est pas opérateur-croissante). Voir à ce sujet le problème B.1.

Preuve L'inégalité $q_A \leq q_C$ implique que pour tout $z \in \mathfrak{H}$

$$-\left\langle z, A^{-1}z \right\rangle = \inf_{v \in Q(A)} \{q_A(v) - 2\Re\langle v, z \rangle\}$$

$$\leq \inf_{v \in Q(C)} \{q_A(v) - 2\Re\langle v, z \rangle\}$$

$$\leq \inf_{v \in Q(C)} \{q_C(v) - 2\Re\langle v, z \rangle\} = -\left\langle z, C^{-1}z \right\rangle$$

et donc $q_{C^{-1}} \leq q_{A^{-1}}$ sur tout $\mathfrak{H}$. Nous avons ici utilisé le théorème 3.13 qui précise que l'infimum est atteint pour $v = A^{-1}z$ (resp. $v = C^{-1}z$). Nous avons aussi utilisé le fait que $Q(C) \subset Q(A)$ donc l'infimum sur $Q(A)$ est plus bas que celui sur $Q(C)$.

Pour l'implication réciproque, nous remarquons que, de façon similaire,

$$\inf_{v \in \mathfrak{H}} \left\{ \left\langle v, A^{-1}v \right\rangle - 2\Re\langle v, z \rangle \right\} = \begin{cases} -\left\| A^{\frac{1}{2}}z \right\|^2 = -q_A(z) & \text{si } z \in Q(A), \\ -\infty & \text{sinon.} \end{cases}$$

Le premier cas se démontre en complétant le carré comme dans la preuve du théorème 3.13 et le second à l'aide de la suite $v_n = A\mathbb{1}(|A| \leq n)z$. L'inégalité $C^{-1} \leq A^{-1}$ sur $\mathfrak{H}$ implique donc immédiatement que $Q(C) \subset Q(A)$ et $q_A \leq q_C$. □

Le fait de pouvoir comparer les inverses permet d'obtenir une information sur tout le spectre, lorsque deux formes quadratiques sont proches. L'exemple d'un tel résultat est fourni dans l'énoncé suivant.

Théorème 5.5 (Spectres pour q_A proche de q_C) *Soient $(A, D(A))$ et $(C, D(C))$ deux opérateurs auto-adjoints coercifs tels que*

$$(1 - \varepsilon)A \leq C \leq (1 + \varepsilon)A \tag{5.10}$$

pour un $0 < \varepsilon < 1$. Alors on a

$$\left\| A^{-1} - C^{-1} \right\| \leq \varepsilon \left\| C^{-1} \right\| \leq \frac{\varepsilon \left\| A^{-1} \right\|}{1 - \varepsilon}. \tag{5.11}$$

Les spectres de A et C sont localement proches au sens de la distance de Hausdorff : pour tout $\|A^{-1}\|^{-1} \leq R < \eta/\varepsilon$ avec $\eta := \frac{1-\varepsilon}{\|A^{-1}\|}$, on a

$$\sup_{\lambda \in \sigma(A) \cap [0,R]} d\left(\lambda, \sigma(C)\right) \leq \frac{\varepsilon R^2}{\eta - R\varepsilon}, \quad \sup_{\lambda' \in \sigma(C) \cap [0,R]} d\left(\lambda', \sigma(A)\right) \leq \frac{\varepsilon R^2}{\eta - R\varepsilon}. \tag{5.12}$$

Preuve Le théorème 5.4 fournit $(1 - \varepsilon)C^{-1} \le A^{-1} \le (1 + \varepsilon)C^{-1}$ de sorte que

$$-\varepsilon \left\| C^{-1} \right\| \le A^{-1} - C^{-1} \le \varepsilon \left\| C^{-1} \right\|$$

et

$$(1 - \varepsilon) \left\| C^{-1} \right\| \le \left\| A^{-1} \right\|.$$

Ceci donne (5.11). Il suffit alors d'appliquer le lemme 5.1 et de raisonner comme dans la preuve du théorème 5.2. □

L'estimée (5.12) est exactement la même que (5.5) au théorème 5.2 avec $a = 0$, mais $\| B A^{-1} \|$ a été remplacé par $\| A^{-1/2} B A^{-1/2} \|$. Rappelons que $B = C - A$ fait sens en tant qu'opérateur borné de $Q(A)$ dans $Q(A)'$ comme discuté à la fin de la section 4.6. L'hypothèse (5.10) peut alors se réécrire

$$\| A^{-\frac{1}{2}} B A^{-\frac{1}{2}} \| \le \varepsilon.$$

L'approche présentée dans cette section s'appuie sur le fait que $a = 0$ est en dessous du spectre de A. C'est la situation que nous rencontrerons le plus souvent pour les opérateurs de Schrödinger $-\Delta + V$. Si on désire traiter le cas d'un $a \in \rho(A)$ au milieu du spectre (par exemple lorsque V est périodique comme au chapitre 7), il faut raisonner différemment. Une solution consiste à écrire

$$A + \varepsilon B - a = \frac{A - a}{|A - a|} |A - a|^{\frac{1}{2}} \left(1 + \frac{|A - a|}{A - a} |A - a|^{-\frac{1}{2}} B |A - a|^{-\frac{1}{2}} \right) |A - a|^{\frac{1}{2}}.$$
$$(5.13)$$

Par le calcul fonctionnel, $\frac{|A - a|}{A - a}$ est un opérateur unitaire, donc de norme 1 et on peut du coup voir que $a \in \rho(A + B)$ lorsque

$$\left\| |A - a|^{-\frac{1}{2}} B |A - a|^{-\frac{1}{2}} \right\| < 1.$$

On peut alors raisonner comme dans la preuve du théorème 5.2, mais nous laissons les détails en exercice.

5.1.4 Analyticité des projecteurs spectraux et valeurs propres

Les estimées sur le spectre vont maintenant nous permettre d'étudier la régularité des projecteurs spectraux $\mathbb{1}_{[a,b]}(A + B)$ par rapport à la perturbation B, tant que a et b restent en dehors du spectre. Pour simplifier l'énoncé nous allons plutôt fixer un opérateur relativement borné B, considérer une perturbation sous la forme εB avec ε assez petit et ensuite discuter de la régularité par rapport au paramètre réel ε.

Rappelons que si B est un opérateur symétrique tel que $B(A+i)^{-1}$ est borné, alors $B(A-a)^{-1}$ est borné pour tout $a \in \rho(A) \cap \mathbb{R}$ avec l'estimée

$$\left\| B(A-a)^{-1} \right\| \leq \left\| B(A+i)^{-1} \right\| \left\| \frac{A+i}{A-a} \right\| \leq \left\| B(A+i)^{-1} \right\| \left(1 + \frac{|a|+1}{\mathrm{d}(a, \sigma(A))} \right).$$

Théorème 5.6 (Régularité des projecteurs spectraux) *Soit A un opérateur auto-adjoint sur son domaine $D(A) \subset \mathfrak{H}$ et $a, b \in \rho(A) \cap \mathbb{R}$ avec $a < b$. Soit B un opérateur symétrique sur $D(A)$ tel que $B(A+i)^{-1}$ soit un opérateur borné. On pose*

$$\varepsilon_0 = \min \left(\frac{1}{\|B(A-a)^{-1}\|}, \frac{1}{\|B(A-b)^{-1}\|} \right). \tag{5.14}$$

Alors :

  (i) *a et b sont dans $\rho(A + \varepsilon B)$ pour tout $\varepsilon \in] - \varepsilon_0, \varepsilon_0[$.*
  (ii) *Le projecteur spectral*

$$P(\varepsilon) := \mathbb{1}_{[a,b]}(A + \varepsilon B)$$

est analytique réel sur $] - \varepsilon_0, \varepsilon_0[$, c'est-à-dire donné par une série normalement convergente $P(\varepsilon) = P(0) + \sum_{n \geq 1} \varepsilon^n b_n$ où les b_n sont des opérateurs bornés tels que $\sum_{n \geq 1} |\varepsilon|^n \|b_n\| < \infty$ pour tout $\varepsilon \in] - \varepsilon_0, \varepsilon_0[$. En particulier, $\varepsilon \mapsto P(\varepsilon)$ est C^∞ et de rang constant (fini ou infini) sur $] - \varepsilon_0, \varepsilon_0[$.
 (iii) *Si A possède un nombre fini de valeurs propres dans l'intervalle $[a, b]$ dont la somme des multiplicités vaut $k < \infty$, alors il en est de même pour $A + \varepsilon B$ pour tout $\varepsilon \in] - \varepsilon_0, \varepsilon_0[$.*
 (iv) *Si A possède une unique valeur propre simple dans $[a, b]$ alors $A + \varepsilon B$ possède aussi une unique valeur propre simple $\lambda(\varepsilon)$ qui est une fonction analytique réelle sur $] - \varepsilon_0, \varepsilon_0[$.*

Si A est minoré et B est A-borné au sens des formes quadratiques, on a le même résultat pour la réalisation de Friedrichs de $A + \varepsilon B$ en remplaçant ε_0 par

$$\varepsilon_0 = \min \left(\frac{1}{\left\| |A-a|^{-\frac{1}{2}} B |A-a|^{-\frac{1}{2}} \right\|}, \frac{1}{\left\| |A-b|^{-\frac{1}{2}} B |A-b|^{-\frac{1}{2}} \right\|} \right).$$

Le théorème précise que le spectre situé entre a et b ne peut pas changer de nature lorsqu'on insère la perturbation εB et qu'on s'assure que rien ne peut traverser a et b. Par exemple, si $[a, b]$ ne contient qu'un nombre fini de valeurs propres de multiplicités finies, aucune valeur propre ne peut apparaître ou disparaître lorsque ε

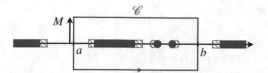

Fig. 5.1 Rectangle $\mathscr{C}$ utilisé dans la preuve du théorème 5.6 pour étudier le projecteur spectral $P(\varepsilon) = \mathbb{1}_{[a,b]}(A + \varepsilon B)$ à l'aide de la formule de Cauchy. On prend $|\varepsilon| < \varepsilon_0$ pour assurer que le spectre de $A + \varepsilon B$ (hachuré sur la figure) ne s'approche pas de a et b. © Mathieu Lewin 2021. All rights reserved

varie. De plus, s'il y a une unique valeur propre cette dernière est analytique réelle par rapport à ε.

Preuve La propriété (i) que le spectre de $A + \varepsilon B$ ne contient pas a et b pour tout $\varepsilon \in] - \varepsilon_0, \varepsilon_0[$ suit immédiatement du théorème 5.2. Nous pouvons alors exprimer le projecteur $P(\varepsilon)$ à l'aide de la formule de Cauchy

$$P(\varepsilon) = -\frac{1}{2i\pi} \oint_{\mathscr{C}} (A + \varepsilon B - z)^{-1} \, \mathrm{d}z.$$

vue au théorème 4.18 du chapitre précédent, avec un lacet $\mathscr{C}$ dans le plan complexe qui croise l'axe réel uniquement en a et b et entoure l'intervalle $[a, b]$. Nous prenons par exemple un rectangle dont les côtés sont parallèles à l'axe réel et situés à une distance M comme représenté à la figure 5.1. Ensuite, nous écrivons

$$A + \varepsilon B - z = \left(1 + \varepsilon B(A - z)^{-1} \right) (A - z),$$

et cherchons à contrôler la norme de l'opérateur $B(A - z)^{-1}$ pour $z \in \mathscr{C}$. Lorsque z appartient au côté vertical gauche du rectangle $\mathscr{C}$, nous écrivons

$$\left\| B(A - z)^{-1} \right\| \leq \left\| B(A - a)^{-1} \right\| \left\| \frac{A - a}{A - z} \right\| \leq \left\| B(A - a)^{-1} \right\|.$$

En effet, par le calcul fonctionnel on a

$$\left\| \frac{A - a}{A - z} \right\| \leq \sup_{x \in \mathbb{R} \setminus \{0\}} \left| \frac{x}{x - i\tau} \right| = 1$$

pour $z = a + i\tau$ avec $\tau \in [-M, M]$. La même estimée est valable sur le côté vertical droit du rectangle, avec b au lieu de a. Lorsque z appartient à un côté horizontal et possède une partie réelle inférieure à $(a + b)/2$, nous utilisons plutôt

$$\frac{A - a}{A - z} = \frac{A - \Re(z)}{A - z} + \frac{\Re(z) - a}{A - z}$$

qui fournit cette fois

$$\left\| \frac{A-a}{A-z} \right\| \leq 1 + \frac{b-a}{2M}.$$

On raisonne de façon similaire avec b à la place de a, lorsque $\Re(z) \geq (a+b)/2$. D'après la définition (5.14) de ε_0, nous obtenons donc

$$\left\| \varepsilon B (A-z)^{-1} \right\| \leq \begin{cases} \frac{|\varepsilon|}{\varepsilon_0} & \text{pour } z \text{ sur un côté vertical de } \mathscr{C}, \\ \left(1 + \frac{b-a}{2M}\right) \frac{|\varepsilon|}{\varepsilon_0} & \text{pour } z \text{ sur un côté horizontal de } \mathscr{C}. \end{cases}$$

$$(5.15)$$

Soit alors $|\varepsilon| < \varepsilon_0$ et M assez grand de sorte que

$$\left(1 + \frac{b-a}{2M}\right) \frac{|\varepsilon|}{\varepsilon_0} < 1.$$

Dans ce cas la résolvante est donnée par la série convergente

$$\begin{aligned} (A + \varepsilon B - z)^{-1} &= (A-z)^{-1} \left(1 + \varepsilon B (A-z)^{-1}\right)^{-1} \\ &= (A-z)^{-1} \sum_{n \geq 0} (-1)^n \varepsilon^n \left(B(A-z)^{-1}\right)^n, \end{aligned}$$

pour tout $z \in \mathscr{C}$. Après échange de l'intégrale et de la somme, nous obtenons comme voulu

$$P(\varepsilon) = P(0) + \sum_{n \geq 1} \varepsilon^n b_n$$

où l'opérateur

$$b_n := \frac{(-1)^{n+1}}{2i\pi} \oint_{\mathscr{C}} (A-z)^{-1} \left(B(A-z)^{-1}\right)^n \, dz \qquad (5.16)$$

satisfait l'estimée

$$\|b_n\| \leq \frac{1}{2\pi} \left(\frac{2M}{d(a, \sigma(A))} + \frac{2M}{d(b, \sigma(A))} + \frac{2(b-a)}{M} \left(1 + \frac{b-a}{2M}\right)^n \right) \left(\frac{|\varepsilon|}{\varepsilon_0}\right)^n.$$

$$(5.17)$$

Nous avons ici utilisé que

$$\|(A - z)^{-1}\| = \frac{1}{\mathrm{d}(z, \sigma(A))} \leq \begin{cases} \frac{1}{\mathrm{d}(a,\sigma(A))} & \text{pour } z \text{ sur le côté gauche,} \\ \frac{1}{\mathrm{d}(b,\sigma(A))} & \text{pour } z \text{ sur le côté droit,} \\ \frac{1}{M} & \text{pour } z \text{ sur un côté horizontal,} \end{cases}$$

d'après le corollaire 4.6. Ceci montre bien que $P(\varepsilon)$ est analytique réel, donc C^∞, sur l'intervalle $] - \varepsilon_0, \varepsilon_0[$.

En réalité, les opérateurs b_n de (5.16) sont indépendants de la hauteur M du rectangle. En effet, ce sont les termes du développement en série de $P(\varepsilon)$, qui est indépendant de M. Ceci suit également de la formule de Cauchy, puisque A n'a pas de spectre en dehors de l'axe réel donc l'intégrale sur une courbe en dehors de l'axe est nulle. Nous pouvons donc choisir un M différent pour chaque b_n dans l'estimée (5.17) de sa norme. En prenant par exemple $M = n/2$ nous obtenons l'estimée explicite

$$\|b_n\| \leq \frac{1}{2\pi} \left(\frac{n}{\mathrm{d}(a, \sigma(A))} + \frac{n}{\mathrm{d}(b, \sigma(A))} + \frac{4(b - a)e^{b-a}}{n} \right) \left(\frac{|\varepsilon|}{\varepsilon_0} \right)^n \qquad (5.18)$$

pour $n \geq 1$.

Comme le rang d'un projecteur orthogonal est toujours un entier lorsqu'il est fini, il est assez intuitif qu'il ne puisse changer le long d'une courbe continue de tels projecteurs. Ceci est confirmé par le lemme suivant.

Lemme 5.7 (Paires de projecteurs) *Soient P et P' deux projecteurs orthogonaux sur un espace de Hilbert $\mathfrak{H}$, tels que $\|P - P'\| < 1$. Alors* rang$(P) =$ rang(P').

Preuve (du lemme) Si les projecteurs sont tous les deux de rang infini, il n'y a rien à démontrer. Supposons par exemple que P est de rang $k < \infty$. Si l'image de P' est de dimension $\geq k + 1$, alors elle doit intersecter l'orthogonal de l'image de P, c'est-à-dire ker P. Mais pour $v \in \mathrm{Im}(P') \cap \ker(P)$ nous avons $(P - P')v = -v$ donc $\|(P - P')v\| = \|v\|$ qui contredit l'hypothèse que $\|P - P'\| < 1$. Ainsi rang$(P') \leq k =$ rang(P). En particulier, P' est de rang fini et on trouve l'autre inégalité en inversant P et P'. $\qquad \square$

Le lemme permet de déduire de proche en proche que rang $P(\varepsilon) =$ rang $P(0)$ pour tout $\varepsilon \in] - \varepsilon_0, \varepsilon_0[$, puisque l'application $\varepsilon \mapsto P(\varepsilon)$ est continue sur cet intervalle. Ceci conclut la preuve de (ii).

Nous savons par le théorème spectral que $\sigma(A + \varepsilon B) \cap [a, b]$ est constitué de valeurs propres dont la somme des multiplicités est finie et vaut k, si et seulement si le rang de $P(\varepsilon)$ vaut k. Comme le rang de $P(\varepsilon)$ est constant, ceci prouve (iii).

Lorsque $k = 1$ nous en déduisons que $A + \varepsilon B$ possède exactement une valeur propre simple pour tout $\varepsilon \in] - \varepsilon_0, \varepsilon_0[$ lorsque c'est le cas pour A. Soit ε_1 un réel quelconque de $]-\varepsilon_0, \varepsilon_0[$ et v_1 un vecteur propre normalisé pour l'opérateur $A + \varepsilon_1 B$. Alors $\varepsilon \mapsto \langle v_1, P(\varepsilon)v_1 \rangle$ est une fonction analytique réelle qui vaut 1 en $\varepsilon = \varepsilon_1$

par continuité de P. Une adaptation de la preuve de (ii) fournit que l'opérateur $\varepsilon \mapsto (A + \varepsilon B)P(\varepsilon) = \lambda(\varepsilon)P(\varepsilon)$ est aussi analytique réel sur $]-\varepsilon_0, \varepsilon_0[$. Ainsi,

$$\lambda(\varepsilon) = \frac{\langle v_1, (A + \varepsilon B)P(\varepsilon)v_1 \rangle}{\langle v_1, P(\varepsilon)v_1 \rangle}$$

est analytique réelle sur le voisinage de ε_1 défini par la condition que $\langle v_1, P(\varepsilon)v_1 \rangle \neq 0$. Ceci montre que $\lambda(\varepsilon)$ est analytique réelle sur tout l'intervalle $]-\varepsilon_0, \varepsilon_0[$, ce qui conclut la preuve du théorème 5.6 dans le cas où B est A-borné.

Lorsque A est minoré et que B est seulement A-borné au sens des formes quadratiques, il faut utiliser la même décomposition que dans (5.13) pour $A + \varepsilon B - z$ et du coup estimer la norme de l'opérateur b_n de (5.16) par

$$\|b_n\| \leq \frac{1}{2\pi} \oint_{\mathscr{C}} \left\| |A - z|^{-\frac{1}{2}} \right\|^2 \left\| |A - z|^{-\frac{1}{2}} B |A - z|^{-\frac{1}{2}} \right\|^n |\mathrm{d}z|.$$

Le lecteur pourra ensuite vérifier qu'on peut utiliser les mêmes inégalités que précédemment, en prenant des racines partout. □

5.2 Spectre ponctuel, continu, essentiel, discret

5.2.1 (In)stabilité

Nous avons déjà introduit le concept de *valeur propre* qui correspond aux éléments λ du spectre tels que $\ker(A - \lambda) \neq \{0\}$.

Définition 5.8 (Spectre ponctuel, spectre continu)   Soit $(A, D(A))$ un opérateur auto-adjoint. On appelle *spectre ponctuel* et on note

$$\sigma_{\text{ponc}}(A) := \left\{ \lambda \in \sigma(A) \ : \ \ker(A - \lambda) \neq \{0\} \right\}$$

l'ensemble des *valeurs propres* de A. On appelle *spectre continu* et on note $\sigma_{\text{cont}}(A)$ son complémentaire dans $\sigma(A)$.

Par le théorème spectral, un $\lambda \in \sigma(A)$ appartient au spectre ponctuel lorsque

$$\mu\big(\{\lambda\} \times \mathbb{N}\big) = \sum_{n \geq 0} \mu(\{(\lambda, n)\}) > 0,$$

dans la représentation où A devient l'opérateur de multiplication par la fonction $a(s, n) = s$ sur $L^2(\sigma(A) \times \mathbb{N}, \mathrm{d}\mu)$. Ceci correspond à demander que μ charge certains des points (λ, n), $n \in \mathbb{N}$.

La séparation du spectre entre ponctuel et continu n'est pas une très bonne notion car elle est **instable par petites perturbations,** comme illustré dans l'exemple suivant.

Exemple 5.9 Considérons l'opérateur $A = 0$ sur $\mathfrak{H} = L^2(]0, 1[)$ et l'opérateur B de multiplication par la fonction $f(x) = x$. Alors $\sigma(A) = \{0\}$ avec $\ker(A) = \mathfrak{H}$, c'est-à-dire n'y a que du spectre ponctuel. Par contre, $\sigma(A + \varepsilon B) = \sigma(\varepsilon B) = [0, \varepsilon]$ sans aucune valeur propre, d'après le théorème 4.3.

Au théorème 5.6 (iii) nous avons vu que, par contre, l'ensemble des valeurs propres isolées et de multiplicité finie était **stable par petites perturbations.** Ceci nous amène à considérer une meilleure classification du spectre.

Définition 5.10 (Spectre discret, spectre essentiel) Soit $(A, D(A))$ un opérateur auto-adjoint. On appelle *spectre discret* et on note $\sigma_{\text{disc}}(A)$ l'ensemble des *valeurs propres isolées de multiplicité finie*. On appelle *spectre essentiel* et on note $\sigma_{\text{ess}}(A)$ son complémentaire dans $\sigma(A)$.

Rappelons qu'un point $\lambda \in \sigma(A)$ du spectre est dit isolé lorsqu'il existe $\varepsilon > 0$ tel que $[\lambda - \varepsilon, \lambda + \varepsilon] \cap \sigma(A) = \{\lambda\}$. La suite du chapitre sera consacrée à l'étude des spectres discret et essentiel.

5.2.2 Caractérisation de Weyl du spectre essentiel

Nous donnons ici une caractérisation du spectre essentiel $\sigma_{\text{ess}}(A)$ à l'aide des suites de Weyl. Rappelons que $\lambda \in \sigma(A)$ si et seulement s'il existe une suite $(v_n) \in D(A)^{\mathbb{N}}$ telle que $\|v_n\| = 1$ et $(A - \lambda)v_n \to 0$ (théorème 2.30).

Théorème 5.11 (Caractérisation de Weyl du spectre essentiel) *Soit A un opérateur auto-adjoint sur son domaine $D(A) \subset \mathfrak{H}$. Alors on a $\lambda \in \sigma_{\text{ess}}(A)$ si et seulement s'il existe une suite $(v_n) \in D(A)^{\mathbb{N}}$ telle que*

- $\|v_n\| = 1$;
- $(A - \lambda)v_n \to 0$;
- $v_n \rightharpoonup 0$ *faiblement dans $\mathfrak{H}$.*

Une telle suite est parfois appelée *suite de Weyl singulière*. Il suit de la preuve ci-dessous qu'on peut même supposer que (v_n) est un système orthonormé.

Preuve Par le théorème spectral (voir aussi le corollaire 4.7), nous avons

$$\lambda \in \sigma_{\text{disc}}(A) \iff \dim L^2([\lambda - \varepsilon, \lambda + \varepsilon] \times \mathbb{N}, d\mu) < \infty$$

pour un $\varepsilon > 0$, dans la représentation où A devient l'opérateur de multiplication par la fonction $a(s, n) = s$. Ainsi,

$$\lambda \in \sigma_{\text{ess}}(A) \iff \dim L^2([\lambda - \varepsilon, \lambda + \varepsilon] \times \mathbb{N}, d\mu) = \infty, \quad \forall \varepsilon > 0.$$

Commençons par montrer l'implication directe du théorème. Si $\lambda \in \sigma_{\mathrm{ess}}(A)$, nous construisons une suite normalisée v_n par récurrence en prenant $v_n \in L^2([\lambda - 1/n, \lambda + 1/n] \times \mathbb{N}, \mathrm{d}\mu)$ avec l'hypothèse supplémentaire que $v_n \in \mathrm{vect}(v_1, \ldots, v_{n-1})^\perp$. Comme $L^2([\lambda - 1/n, \lambda + 1/n] \times \mathbb{N}, \mathrm{d}\mu)$ est de dimension infinie, nous pouvons toujours trouver un tel vecteur. Alors $v_n \rightharpoonup 0$ par construction et par ailleurs

$$\|(A - \lambda)v_n\|^2 = \int_{\sigma(A) \times \mathbb{N}} |s - \lambda|^2 |v_n(s, j)|^2 \, \mathrm{d}\mu(s, j) \leq \frac{\|v_n\|^2}{n^2} = \frac{1}{n^2} \xrightarrow[n \to \infty]{} 0$$

comme nous voulions. Réciproquement, si $\lambda \in \sigma_{\mathrm{disc}}(A)$, alors nous avons par le théorème spectral $\|\mathbb{1}_{\mathbb{R} \setminus \{\lambda\}}(A)(A - \lambda)v\| \geq \delta \|\mathbb{1}_{\mathbb{R} \setminus \{\lambda\}}(A)v\|$ pour tout $v \in D(A)$ où $\delta := \mathrm{d}(\lambda, \sigma(A) \setminus \{\lambda\}) > 0$ est la distance de λ au reste du spectre. Prenons alors une suite de Weyl (v_n) telle que $\|v_n\| = 1$ et $(A - \lambda)v_n \to 0$. À sous suite près, nous pouvons supposer que $v_n \rightharpoonup v$ faiblement dans $\mathfrak{H}$ et allons montrer que la convergence est en fait forte. En écrivant $(A - \lambda)v_n = \mathbb{1}_{\mathbb{R} \setminus \{\lambda\}}(A)(A - \lambda)v_n$ nous trouvons par le calcul fonctionnel

$$\|(A - \lambda)v_n\|^2 \geq \delta^2 \|\mathbb{1}_{\mathbb{R} \setminus \{\lambda\}}(A)v_n\|^2,$$

ce qui implique que $\mathbb{1}_{\mathbb{R} \setminus \{\lambda\}}v_n \to 0$ fortement dans $\mathfrak{H}$. Ceci montre que la suite

$$v_n = \mathbb{1}_{\{\lambda\}}(A)v_n + \mathbb{1}_{\mathbb{R} \setminus \{\lambda\}}(A)v_n = \mathbb{1}_{\{\lambda\}}(A)v_n + o(1)$$

est compacte car le projecteur spectral $\mathbb{1}_{\{\lambda\}}(A)$ est de rang fini donc compact (voir la section 5.3 pour des rappels sur les opérateurs compacts). Ceci implique $\mathbb{1}_{\{\lambda\}}(A)v_n \to \mathbb{1}_{\{\lambda\}}(A)v$. Plus précisément, en introduisant une base orthonormée $(e_1, \ldots, e_k)$ de $\ker(A - \lambda)$, nous pouvons calculer la projection de v_n sur $\ker(A - \lambda)$ sous la forme

$$\mathbb{1}_{\{\lambda\}}(A)v_n = \sum_{j=1}^{k} \langle e_j, v_n \rangle e_j \xrightarrow[n \to \infty]{} \sum_{j=1}^{k} \langle e_j, v \rangle e_j$$

d'après la convergence faible de v_n vers v. Ainsi, v_n converge fortement vers v, ce qui termine la preuve. $\square$

Lemme 5.12 ($\sigma_{\mathrm{ess}}(A)$ **est fermé**) *Le spectre essentiel d'un opérateur auto-adjoint est fermé.*

Preuve Soit $(\lambda_n)_{n \geq 1}$ une suite d'éléments de $\sigma_{\mathrm{ess}}(A)$ qui converge vers λ. On sait déjà que $\lambda \in \sigma(A)$ car le spectre est fermé. Par le théorème 5.11, il existe pour chaque n une suite $(v_k^n)_{k \geq 1} \subset D(A)$ telle que $\|v_k^n\| = 1$, $v_k^n \rightharpoonup 0$ et $\|(A - \lambda_n)v_k^n\| \to 0$ quand $k \to \infty$. Grâce à la convergence faible vers 0, on peut construire par récurrence une nouvelle suite $w_n = v_{\varphi(n)}^n$ (où φ est une extraction croissante) telle que

$$\|(A - \lambda_n)w_n\| \leq \frac{1}{n}, \qquad \sum_{k=1,\ldots,n-1} |\langle w_n, e_j \rangle|^2 \leq \frac{1}{n^2}$$

où (e_j) est une base orthonormée de $\mathfrak{H}$, fixée à l'avance. La seconde condition implique que $w_n \rightharpoonup 0$, car pour tout vecteur $u \in \mathfrak{H}$, on a par l'inégalité de Cauchy-Schwarz

$$|\langle w_n, u \rangle| \leq \|u\| \left(\sum_{j=1}^{n-1} |\langle w_n, e_j \rangle|^2 \right)^{\frac{1}{2}} + \|w_n\| \left(\sum_{j \geq n} |\langle u, e_j \rangle|^2 \right)^{\frac{1}{2}}$$

$$\leq \frac{\|u\|}{n} + \left(\sum_{j \geq n} |\langle u, e_j \rangle|^2 \right)^{\frac{1}{2}} \underset{n \to \infty}{\longrightarrow} 0.$$

On conclut en remarquant alors que $\|(A - \lambda)w_n\| \leq \|(A - \lambda_n)w_n\| + |\lambda - \lambda_n|$, qui tend vers 0. $\qquad\square$

Le tableau 5.1 fournit un résumé de la caractérisation des éléments du spectre à l'aide des suites de Weyl.

Remarque 5.13 (Critère de Weyl pour les opérateurs non auto-adjoints) Il n'y a pas de définition univoque du spectre essentiel et du spectre discret pour un opérateur non auto-adjoint [RS78, Sec. XIII.4]. Par exemple, dans le cas non auto-adjoint, un point isolé du spectre n'est pas toujours une valeur propre. Cependant, la théorie fonctionne de façon très similaire si on ajoute l'hypothèse que l'opérateur est diagonalisable, c'est-à-dire unitairement équivalent à un opérateur de multiplication par une fonction localement bornée.

Si A est un opérateur auto-adjoint, considérons par exemple la résolvante $(A - z)^{-1}$ avec $z \in \rho(A)$. C'est un opérateur borné mais qui n'est pas auto-adjoint quand $z \in \mathbb{C} \setminus \mathbb{R}$. Il est cependant unitairement équivalent à un opérateur de multiplication,

Table 5.1 Caractérisation des éléments du spectre d'un opérateur auto-adjoint à l'aide des suites de Weyl

$\lambda \in \sigma(A)$	Il existe une suite $(v_n) \in D(A)^{\mathbb{N}}$ telle que $\|v_n\| = 1$ et $(A - \lambda)v_n \to 0$ fortement (suite de Weyl)
$\lambda \in \sigma_{\mathrm{ess}}(A)$	Il existe une suite de Weyl telle que $v_n \rightharpoonup 0$ faiblement
$\lambda \in \sigma_{\mathrm{disc}}(A)$	Toutes les suites de Weyl ont des sous-suites fortement convergentes dans $\mathfrak{H}$
$\lambda \in \sigma_{\mathrm{cont}}(A)$	Toutes les suites de Weyl (v_n) vérifient $v_n \rightharpoonup 0$ faiblement
$\lambda \in \sigma_{\mathrm{ponc}}(A)$	Il existe une suite de Weyl qui admet une limite faible différente de 0. De façon équivalente, $\ker(A - \lambda) \neq \{0\}$.

par le théorème spectral appliqué à A. Alors ses valeurs propres isolées (dans $\mathbb{C}$) et de multiplicité finie sont exactement données par

$$\sigma_{\mathrm{disc}}\big((A-z)^{-1}\big) = \Big\{(\lambda-z)^{-1}, \ \lambda \in \sigma_{\mathrm{disc}}(A)\Big\},$$

car la fonction $x \mapsto (x-z)^{-1}$ est bijective et continue sur un voisinage de $\sigma(A)$. Relire aussi le lemme 2.11. Le spectre essentiel est alors égal à

$$\sigma_{\mathrm{ess}}\big((A-z)^{-1}\big) = \Big\{(\lambda-z)^{-1}, \ \lambda \in \sigma_{\mathrm{ess}}(A)\Big\} \cup \begin{cases} \emptyset & \text{si } A \text{ est borné,} \\ \{0\} & \text{si } A \text{ est non borné.} \end{cases}$$

Le spectre essentiel $\sigma_{\mathrm{ess}}\big((A-z)^{-1}\big)$ est caractérisé par les suites de Weyl exactement comme au théorème 5.11, avec une preuve similaire.

Il existe une formule basée sur les suites de Weyl, fournissant le bas du spectre essentiel sous l'hypothèse supplémentaire que l'opérateur est borné inférieurement.

Théorème 5.14 (Formule pour $\min \sigma_{\mathrm{ess}}(A)$**)** *Soit A un opérateur auto-adjoint borné inférieurement sur son domaine $D(A) \subset \mathfrak{H}$. Alors on a*

$$\min \sigma_{\mathrm{ess}}(A) = \min_{\substack{(v_n) \in D(A)^{\mathbb{N}} \\ \|v_n\|=1 \\ v_n \rightharpoonup 0}} \liminf_{n \to \infty} \langle v_n, A v_n \rangle = \min_{\substack{(v_n) \in Q(A)^{\mathbb{N}} \\ \|v_n\|=1 \\ v_n \rightharpoonup 0}} \liminf_{n \to \infty} q_A(v_n), \quad (5.19)$$

avec la convention que les trois termes valent $+\infty$ lorsque $\sigma_{\mathrm{ess}}(A) = \emptyset$.

Le minimum dans (5.19) est pris sur toutes les suites (v_n) dans l'espace indiqué. La convergence faible $v_n \rightharpoonup 0$ est supposée dans $\mathfrak{H}$ seulement (pas dans $Q(A)$ ou dans $D(A)$). Dans la suite nous utiliserons la notation

$$\boxed{\Sigma(A) := \begin{cases} \min \sigma_{\mathrm{ess}}(A) & \text{si } \sigma_{\mathrm{ess}}(A) \neq \emptyset, \\ +\infty & \text{si } \sigma_{\mathrm{ess}}(A) = \emptyset. \end{cases}} \quad (5.20)$$

Rappelons que $\Sigma(A)$ appartient à $\sigma_{\mathrm{ess}}(A)$ si cet ensemble est non vide, d'après le Lemme 5.12. Lorsque $\Sigma(A) = +\infty$, la formule (5.19) signifie simplement que $q_A(v_n) \to +\infty$ pour toute suite $(v_n) \in Q(A)^{\mathbb{N}}$ telle que $\|v_n\| = 1$ et $v_n \rightharpoonup 0$.

Preuve L'égalité des deux termes à droite de (5.19) suit de la densité de $D(A)$ dans $Q(A)$ pour la norme associée. Supposons d'abord $\sigma_{\mathrm{ess}}(A) \neq \emptyset$. Puisque $\Sigma(A)$ appartient au spectre, il existe une suite de Weyl satisfaisant $\|v_n\| = 1$, $(A - \Sigma(A))v_n \to 0$ et $v_n \rightharpoonup 0$. En prenant le produit scalaire contre v_n on trouve que $\langle v_n, (A - \Sigma(A))v_n \rangle \to 0$, c'est-à-dire $\langle v_n, A v_n \rangle \to \Sigma(A)$. Réciproquement, si $v_n \in D(A)$ est telle que $\liminf_{n \to \infty} q_A(v_n) < \infty$, alors on peut écrire

$$A = A\mathbb{1}_{]-\infty, \Sigma(A)-\varepsilon]}(A) + A\mathbb{1}_{]\Sigma(A)-\varepsilon, +\infty[}(A)$$

où le premier opérateur $R = A\mathbb{1}_{]-\infty,\Sigma(A)-\varepsilon]}(A)$ est de rang fini car le spectre de A est composé d'un nombre fini de valeurs propres de multiplicités finies dans $]-\infty, \Sigma(A) - \varepsilon]$, par définition de $\Sigma(A)$ et puisque A est minoré. En fait on a, plus explicitement,

$$\langle v_n, A\mathbb{1}_{]-\infty,\Sigma(A)-\varepsilon]}(A)v_n \rangle = \sum_{\lambda_j(A) \leq \Sigma(A)-\varepsilon} \lambda_j(A) \left|\langle v_n, e_j \rangle\right|^2 \to 0$$

où les e_j sont des vecteurs propres associés aux valeurs propres $\lambda_j(A)$ situées sous $\Sigma(A) - \varepsilon$ (répétées en cas de multiplicité). Par le théorème spectral on a l'inégalité

$$q_{A\mathbb{1}_{]\Sigma(A)-\varepsilon,+\infty[}(A)}(v) \geq (\Sigma(A) - \varepsilon) \left\|\mathbb{1}_{]\Sigma(A)-\varepsilon,+\infty[}(A)v\right\|^2$$

$$= (\Sigma(A) - \varepsilon)\left(\|v\|^2 - \left\|\mathbb{1}_{]-\infty,\Sigma(A)-\varepsilon]}(A)v\right\|^2\right)$$

qui implique

$$\liminf_{n\to\infty} q_A(v_n) = \liminf_{n\to\infty} q_{A\mathbb{1}_{]\Sigma(A)-\varepsilon,+\infty[}(A)}(v_n) \geq \Sigma(A) - \varepsilon$$

puisque nous avons vu que $\lim_{n\to\infty}\left\|\mathbb{1}_{]-\infty,\Sigma(A)-\varepsilon[}(A)v\right\| = 0$. Le résultat suit en prenant $\varepsilon \to 0$. La preuve est exactement similaire si $\sigma_{\text{ess}}(A) = \emptyset$, en utilisant cette fois la décomposition $A = A\mathbb{1}_{]-\infty,M]}(A) + A\mathbb{1}_{]M,+\infty[}(A)$ et en prenant $M \to \infty$ à la fin. $\qquad\square$

5.3 Opérateurs compacts

Rappelons qu'un opérateur K est dit compact lorsque l'image de la boule unité est compacte ou, dit autrement, lorsque $Kv_n \to 0$ fortement pour toute suite $v_n \rightharpoonup 0$ faiblement. Les opérateurs compacts forment un idéal bilatère $\mathcal{K}(\mathfrak{H})$ fermé de l'algèbre $\mathcal{B}(\mathfrak{H})$ des opérateurs bornés, dans lequel les opérateurs de rang fini sont denses. La fermeture de $\mathcal{K}(\mathfrak{H})$ signifie que si $\|K_n - B\| \to 0$ où tous les K_n sont compacts, alors B est automatiquement compact. Dire que c'est un idéal bilatère signifie que BK et KB appartiennent à $\mathcal{K}(\mathfrak{H})$ pour tout $K \in \mathcal{K}(\mathfrak{H})$ et tout $B \in \mathcal{B}(\mathfrak{H})$. Un opérateur de rang fini est sous la forme

$$R = \sum_{j=1}^{J} |w_j\rangle\langle v_j|,$$

une notation avec les 'ket' et les 'bra' qui signifie $Rv = \sum_{j=1}^{J}\langle v_j, v\rangle w_j$ où les v_j, w_j sont des vecteurs de $\mathfrak{H}$. On écrit aussi parfois $R = \sum_{j=1}^{J} w_j(v_j)^*$. En diagonalisant l'opérateur auto-adjoint R^*R on peut aussi se ramener au cas où les

v_j forment un système orthonormé, auquel cas on obtient $w_j = Rv_j$, qui sont orthogonaux deux à deux car $\langle Rv_j, Rv_k \rangle = \langle v_j, R^*Rv_k \rangle$.

5.3.1 Diagonalisation

Voici une conséquence du théorème 5.11.

Corollaire 5.15 (Opérateurs compacts) *Supposons* $\dim(\mathfrak{H}) = +\infty$. *Un opérateur auto-adjoint borné A est compact si et seulement si $\sigma_{\mathrm{ess}}(A) = \{0\}$. En particulier, A est alors diagonalisable dans une base orthonormée, avec des valeurs propres λ_j, qui tendent vers 0. Les valeurs propres non nulles sont toutes de multiplicité finie.*

On obtient que tout opérateur auto-adjoint compact se décompose sous la forme $A = \sum_j \lambda_j |e_j\rangle\langle e_j|$ où les e_j sont les vecteurs propres associés aux λ_j. Si A n'est pas auto-adjoint, on peut appliquer le résultat qui précède à A^*A, dont les valeurs propres sont notées μ_j. En introduisant $\lambda_j := \sqrt{\mu_j}$ qui sont appelées les *valeurs singulières de A*, on trouve que $A = \sum_j \lambda_j |f_j\rangle\langle e_j|$ où les e_j sont les vecteurs propres de A^*A et $f_j := Ae_j/\|Ae_j\| = Ae_j/\lambda_j$ forme aussi un système orthonormé. C'est le mieux qu'on puisse faire pour un opérateur compact non auto-adjoint.

Preuve Si A est compact et $\lambda \in \sigma_{\mathrm{ess}}(A)$, alors il existe une suite de Weyl (v_n) normalisée telle que $(A - \lambda)v_n \to 0$ et $v_n \rightharpoonup 0$. Alors $Av_n \to 0$, ce qui implique $\lambda v_n \to 0$ et n'est possible que si $\lambda = 0$, car $\|v_n\| = 1$ par hypothèse. Donc $\sigma_{\mathrm{ess}}(A) \subset \{0\}$. Mais pour un opérateur borné on ne peut avoir $\sigma_{\mathrm{ess}}(A) = \emptyset$ en dimension infinie. En effet, tout point d'accumulation de valeurs propres appartient à $\sigma_{\mathrm{ess}}(A)$ donc l'hypothèse $\sigma_{\mathrm{ess}}(A) = \emptyset$ implique pour un opérateur borné que le spectre de A n'est composé que d'un nombre fini de valeurs propres de multiplicité finie. Mais alors $\dim(\mathfrak{H}) < \infty$ par le théorème spectral. Donc $\sigma_{\mathrm{ess}}(A) \neq \emptyset$ et finalement $\sigma_{\mathrm{ess}}(A) = \{0\}$.

Réciproquement, si $\sigma_{\mathrm{ess}}(A) = \{0\}$, nous pouvons écrire $A = A\mathbb{1}_{[-\varepsilon,\varepsilon]}(A) + A\mathbb{1}_{\mathbb{R}\setminus[-\varepsilon,\varepsilon]}(A)$. Comme A est borné, son spectre est aussi borné et l'hypothèse $\sigma_{\mathrm{ess}}(A) = \{0\}$ implique alors que $\sigma(A) \cap (\mathbb{R} \setminus [-\varepsilon, \varepsilon])$ est composé d'un nombre fini de valeurs propres de multiplicités finies. En particulier, l'opérateur $A\mathbb{1}_{\mathbb{R}\setminus[-\varepsilon,\varepsilon]}(A)$ est de rang fini. Comme $\|A\mathbb{1}_{[-\varepsilon,\varepsilon]}(A)\| \leq \varepsilon$ nous voyons que A est une limite en norme d'une suite d'opérateurs de rang fini, et il est donc compact. $\square$

Dans les sections suivantes nous donnons plusieurs exemples d'opérateurs compacts.

5.3.2 Opérateurs Hilbert-Schmidt

On se place sur $\mathfrak{H} = L^2(B, \mathrm{d}\mu)$ pour un ensemble mesurable $B \subset \mathbb{R}^d$ quelconque et μ une mesure borélienne localement finie (par exemple $B = \mathbb{R}^d$ et μ la mesure de Lebesgue).

Définition 5.16 (Hilbert-Schmidt)   Un opérateur A sur $L^2(B, \mathrm{d}\mu)$ est appelé *Hilbert-Schmidt* lorsqu'il est donné par un noyau intégral $a \in L^2(B \times B, \mathrm{d}\mu \otimes \mu)$, c'est-à-dire par la formule

$$(Au)(x) := \int_B a(x, y)\, u(y)\, \mathrm{d}\mu(y). \tag{5.21}$$

Nous n'avons pas spécifié le domaine de définition de A car un opérateur Hilbert-Schmidt est toujours borné donc défini sur tout $\mathfrak{H}$. En effet, par l'inégalité de Cauchy-Schwarz, on a

$$|(Au)(x)|^2 \leq \|u\|^2_{L^2(B,\mathrm{d}\mu)} \int_B |a(x, y)|^2\, \mathrm{d}\mu(y) \tag{5.22}$$

qui implique bien, en intégrant par rapport à x, que A est borné avec

$$\|A\| \leq \|a\|_{L^2(B \times B, \mathrm{d}\mu \otimes \mu)}.$$

Il est facile de vérifier que l'adjoint de A est aussi Hilbert-Schmidt, avec le noyau intégral $\overline{a(y, x)}$. Ainsi, A est auto-adjoint si et seulement si la fonction a vérifie $\overline{a(y, x)} = a(x, y)$ presque partout. On doit penser que la fonction $a(x, y)$ est l'équivalent continu des coefficients M_{ij} d'une matrice en dimension finie. La formule (5.21) est alors l'équivalent continu de la formule $(Mv)_i = \sum_j M_{ij} v_j$ où la somme a été remplacée par une intégrale.

Proposition 5.17 (Compacité)   *Un opérateur Hilbert-Schmidt est compact.*

Preuve   Par le théorème de Fubini, la fonction $y \mapsto a(x, y)$ appartient à $L^2(B, \mathrm{d}\mu)$ pour presque tout x. Ainsi, si $u_n \rightharpoonup 0$ faiblement dans $L^2(B, \mathrm{d}\mu)$, on a

$$(Au_n)(x) = \int_B a(x, y)\, u_n(y)\, \mathrm{d}\mu(y) \to 0$$

pour presque tout x, par définition de la convergence faible de u_n dans la variable y. Donc $Au_n \to 0$ presque partout. Par ailleurs, l'estimée (5.22) fournit une domination indépendante de n car (u_n) est bornée dans $L^2(B, \mathrm{d}\mu)$. Par convergence dominée on a alors $\|Au_n\|_{L^2(B,\mathrm{d}\mu)} \to 0$. $\qquad\square$

Un opérateur de rang fini est toujours Hilbert-Schmidt. En utilisant les notations précédentes, on trouve que l'opérateur $A = |v\rangle\langle w|$ a le noyau $a(x, y) = v(x)\overline{w(y)}$. Il est possible de caractériser les opérateurs Hilbert-Schmidt parmi les opérateurs compacts sur $\mathfrak{H} = L^2(B, \mathrm{d}\mu)$, à partir de leurs valeurs singulières, c'est-à-dire les valeurs propres de A^*A.

Théorème 5.18 (Caractérisation des opérateurs Hilbert-Schmidt) *Soit A un opérateur compact sur $\mathfrak{H} = L^2(B, \mathrm{d}\mu)$, avec B et μ comme précédemment. Alors A est Hilbert-Schmidt si et seulement si ses valeurs singulières $\mu_j(A) := \sqrt{\lambda_j(A^*A)}$ forment une suite de carré sommable, et on a dans ce cas*

$$a(x, y) = \sum_j (Au_j)(x)\overline{u_j(y)} \tag{5.23}$$

où la somme est convergente dans $L^2(B \times B, \mathrm{d}\mu \otimes \mu)$ et où (u_j) est une base orthonormée de vecteur propre pour l'opérateur auto-adjoint borné A^*A. De plus,

$$\sum_j \mu_j(A)^2 = \int_B \int_B |a(x, y)|^2 \, \mathrm{d}\mu(x) \, \mathrm{d}\mu(y).$$

Preuve Soit A un opérateur compact. Après diagonalisation de A^*A, on peut écrire $A = \sum_j |Au_j\rangle\langle u_j|$ où la somme $\sum_j |Au_j\rangle\langle u_j|$ est convergente en norme d'opérateur. Comme nous l'avons mentionné, chacun des opérateurs $|Au_j\rangle\langle u_j|$ est Hilbert-Schmidt, avec le noyau intégral $F_j(x, y) := (Au_j)(x)\overline{u_j(y)}$. On remarquera que les F_j sont orthogonaux deux à deux dans $L^2(B \times B, \mathrm{d}\mu \otimes \mu)$ car les u_j le sont, et que $\|F_j\|^2_{L^2(B \times B)} = \|Au_j\|^2_{L^2(B)} = \mu_j(A)^2$.

Si $\sum_j \mu_j(A)^2 = \sum_j \|F_j\|^2 < \infty$, la fonction $a(x, y) := \sum_j F_j(x, y)$ est bien définie dans $L^2(B \times B, \mathrm{d}\mu \otimes \mu)$. Ceci définit donc un opérateur Hilbert-Schmidt $\tilde{A}$ de noyau a. Un calcul montre que $\tilde{A}$ coïncide avec A sur la base des u_j, et ils doivent donc être égaux partout. En particulier, A est Hilbert-Schmidt. Réciproquement, si A est Hilbert-Schmidt on peut écrire par l'inégalité de Cauchy-Schwarz

$$\left\|\sum_{j=1}^J F_j\right\|^2_{L^2(B \times B)} = \sum_{j=1}^J \mu_j(A)^2 = \sum_{j=1}^J \langle Au_j, Au_j\rangle$$

$$= \sum_{j=1}^J \int_B \int_B \overline{(Au_j)(x)} a(x, y) u_j(y) \, \mathrm{d}\mu(x) \, \mathrm{d}\mu(y)$$

$$= \int_{B \times B} \overline{\sum_{j=1}^J F_j(x, y)} a(x, y) \, \mathrm{d}\mu \otimes \mu(x, y)$$

$$\leq \|a\|_{L^2(B \times B)} \left\|\sum_{j=1}^J F_j\right\|_{L^2(B \times B)}.$$

Donc

$$\sum_{j=1}^{J} \mu_j(A)^2 = \left\| \sum_{j=1}^{J} F_j \right\|_{L^2(B \times B)}^2 \leq \|a\|_{L^2(B \times B)}^2$$

et la somme converge. □

L'ensemble des opérateurs Hilbert-Schmidt sur l'espace $L^2(B, \mathrm{d}\mu)$ est noté $\mathfrak{S}^2(B, \mathrm{d}\mu)$. C'est un espace de Hilbert qui est isométrique à $L^2(B \times B, \mathrm{d}\mu \otimes \mu)$ lorsqu'il est muni de la norme $\|A\|_{\mathfrak{S}^2(B,\mathrm{d}\mu)} := \|a\|_{L^2(B \times B, \mathrm{d}\mu \otimes \mu)}$ où a est le noyau intégral de A. On fera attention que $\mathfrak{S}^2(B, \mathrm{d}\mu)$ n'est pas fermé pour la norme d'opérateur. En fait, $\mathfrak{S}^2(B, \mathrm{d}\mu)$ contient tous les opérateurs de rang fini, donc sa fermeture est tout $\mathcal{K}(\mathfrak{H})$. Il se trouve que $\mathfrak{S}^2(B, \mathrm{d}\mu)$ est aussi un idéal bilatère de $\mathcal{B}(\mathfrak{H})$, c'est-à-dire que $AM \in \mathfrak{S}^2(B, \mathrm{d}\mu)$ pour tout opérateur borné M, lorsque $A \in \mathfrak{S}^2(B, \mathrm{d}\mu)$.

Exercice 5.19 ($\mathfrak{S}^2(B, \mathrm{d}\mu)$ **est un idéal bilatère**) Soit A un opérateur borné sur $\mathfrak{H} = L^2(B, \mathrm{d}\mu)$. Soient (e_n) et (f_n) deux bases orthonormées quelconques de $\mathfrak{H}$. Montrer l'égalité

$$\sum_{n \geq 1} \|Ae_n\|^2 = \sum_{n,m \geq 1} |\langle f_m, Ae_n \rangle|^2 = \sum_{m \geq 1} \|A^* f_m\|^2, \tag{5.24}$$

où les termes peuvent être finis ou infinis. En déduire que A est un opérateur Hilbert-Schmidt si et seulement si ces séries sont toutes convergentes, avec

$$\|A\|_{\mathfrak{S}^2(B,\mathrm{d}\mu)}^2 := \sum_{n \geq 1} \|Ae_n\|^2$$

pour toute base orthonormée. Montrer de cette manière que AM et MA sont Hilbert-Schmidt lorsque A l'est et M est un opérateur borné quelconque.

Voici un exemple particulièrement important d'opérateur Hilbert-Schmidt.

Proposition 5.20 *Lorsque $f, g \in L^2(\mathbb{R}^d)$, les opérateurs*

$$A_1 = f(x)g(-i\nabla), \qquad A_2 = g(-i\nabla)f(x) \tag{5.25}$$

définis préalablement sur $C_c^\infty(\mathbb{R}^d)$ sont fermables et leurs fermetures sont Hilbert-Schmidt sur tout $\mathfrak{H} = L^2(\mathbb{R}^d)$, avec

$$\|\overline{A_1}\|_{\mathfrak{S}^2} = \|\overline{A_2}\|_{\mathfrak{S}^2} = (2\pi)^{-\frac{d}{2}} \|f\|_{L^2(\mathbb{R}^d)} \|g\|_{L^2(\mathbb{R}^d)} \tag{5.26}$$

et les noyaux intégraux correspondants

$$a_1(x, y) = (2\pi)^{-\frac{d}{2}} f(x)\check{g}(x - y), \qquad a_2(x, y) = (2\pi)^{-\frac{d}{2}} \check{g}(x - y)f(y).$$

On rappelle que $g(-i\nabla)$ est l'opérateur de multiplication par la fonction $g(k)$ en Fourier, ce qui correspond bien à la convolution par la fonction $(2\pi)^{-d/2}\check{g}$ en espace direct. Dans (5.25) nous interprétons $f(x)$ comme l'opérateur M_f de multiplication par la fonction f. Les opérateurs A_1 et A_2 ont déjà été considérés à la section 1.5.5.

Comme les opérateurs $f(x)$ et $g(-i\nabla)$ ne sont pas en général bornés, donc pas définis sur tout $L^2(\mathbb{R}^d)$, on doit comme dans l'énoncé commencer par définir A_1 et A_2 sur un sous-espace approprié et ensuite montrer qu'ils admettent une unique extension bornée à tout $L^2(\mathbb{R}^d)$. Nous voyons donc qu'il peut arriver qu'un produit d'opérateurs non bornés soit finalement borné !

En réalité, l'opérateur de multiplication par $f(x)$ est bien défini sur tout $L^2(\mathbb{R}^d)$ mais il prend naturellement ses valeurs dans $L^1(\mathbb{R}^d)$, par l'inégalité de Cauchy-Schwarz. La fonction obtenue a alors une transformée de Fourier bornée, ce qui permet de multiplier par $g(k)$ et ainsi retomber dans $L^2(\mathbb{R}^d)$. Le produit $g(-i\nabla)f(x)$ est donc bien défini sur tout $L^2(\mathbb{R}^d)$ avec cette interprétation. La situation est similaire pour le produit dans l'autre sens. Pour simplifier les notations, nous appellerons donc dans la suite $f(x)g(-i\nabla)$ et $g(-i\nabla)f(x)$ les opérateurs Hilbert-Schmidt définis sur tout $L^2(\mathbb{R}^d)$.

Preuve Pour toute fonction $u \in C_c^\infty(\mathbb{R}^d)$, on a $fu \in L^1(\mathbb{R}^d) \cap L^2(\mathbb{R}^d)$ car $u \in L^2(\mathbb{R}^d) \cap L^\infty(\mathbb{R}^d)$. Sa transformée de Fourier vérifie $\widehat{fu} \in L^2(\mathbb{R}^d) \cap L^\infty(\mathbb{R}^d)$. Ceci garantit que $fu \in D\big(g(-i\nabla)\big)$, c'est-à-dire $g\,\widehat{fu} \in L^2(\mathbb{R}^d)$, puisque $\widehat{fu} \in L^\infty(\mathbb{R}^d)$. Ainsi A_2 est bien défini sur $C_c^\infty(\mathbb{R}^d)$. Un calcul explicite montre ensuite que

$$(A_2 u)(x) = (2\pi)^{-\frac{d}{2}} \int_{\mathbb{R}^d} \check{g}(x-y)f(y)u(y)\,\mathrm{d}y$$

pour tout $u \in C_c^\infty(\mathbb{R}^d)$. Or le noyau intégral $a_2(x,y) = (2\pi)^{d/2}\check{g}(x-y)f(y)$ appartient à $L^2(\mathbb{R}^d \times \mathbb{R}^d)$ et définit un opérateur Hilbert-Schmidt. Comme cet opérateur est borné, par le théorème 5.18, c'est la fermeture de A_2, défini au préalable sur $C_c^\infty(\mathbb{R}^d)$. L'argument est le même pour A_1.   □

5.3.3 Opérateurs $f(x)g(-i\nabla)$ pour $f, g \in L^p(\mathbb{R}^d)$

Nous avons montré que les opérateurs $f(x)g(-i\nabla)$ et $g(-i\nabla)f(x)$ étaient compacts (en fait Hilbert-Schmidt) sur $L^2(\mathbb{R}^d)$ dès lors que $f, g \in L^2(\mathbb{R}^d)$. L'exposant 2 pour f et g n'est pas relié au fait que nous travaillons dans l'espace de Hilbert $L^2(\mathbb{R}^d)$. Il se trouve que ces opérateurs sont bien définis pour tout $f, g \in L^p(\mathbb{R}^d)$ avec $p \in [2, +\infty]$ et qu'ils sont compacts pour $p < +\infty$.

Théorème 5.21 (Opérateurs $f(x)g(-i\nabla)$ et $g(-i\nabla)f(x)$) *Lorsque*

$$f, g \in L^p(\mathbb{R}^d) \quad avec \quad 2 \le p \le \infty,$$

les opérateurs

$$A_1 = f(x)g(-i\nabla) \quad et \quad A_2 = g(-i\nabla)f(x)$$

définis au préalable sur $C_c^\infty(\mathbb{R}^d)$ sont fermables et leurs fermetures sont bornées sur l'espace de Hilbert $L^2(\mathbb{R}^d)$ avec

$$\|\overline{A_1}\| = \|\overline{A_2}\| \le (2\pi)^{-\frac{d}{p}} \|f\|_{L^p(\mathbb{R}^d)} \|g\|_{L^p(\mathbb{R}^d)}. \tag{5.27}$$

De plus, ces opérateurs sont compacts quand $p \in [2, +\infty[$ ou quand $p = +\infty$ et f et g tendent toutes les deux vers 0 à l'infini.

Les opérateurs A_1 et A_2 ont les noyaux intégraux respectifs formels

$$a_1(x, y) = (2\pi)^{-\frac{d}{2}} f(x)\check{g}(x - y), \qquad a_2(x, y) = (2\pi)^{-\frac{d}{2}} \check{g}(x - y)f(y)$$

mais il faut faire attention que $\check{g}$ est en principe une distribution tempérée.

Preuve Soient $u \in C_c^\infty(\mathbb{R}^d)$ et $p \in [2, +\infty]$. Alors, par l'inégalité de Hölder, on a $fu \in L^q(\mathbb{R}^d)$ avec $\|fu\|_{L^q(\mathbb{R}^d)} \le \|f\|_{L^p(\mathbb{R}^d)} \|u\|_{L^2(\mathbb{R}^d)}$ et $1/q = 1/2 + 1/p$. Comme $q = 2p/(p+2) \in [1, 2[$, ceci implique que $\widehat{fu} \in L^{q'}(\mathbb{R}^d)$ où $1/q' + 1/q = 1$. On rappelle en effet que si $\varphi \in L^r(\mathbb{R}^d)$ avec $1 \le r \le 2$, alors $\widehat{\varphi} \in L^{r'}(\mathbb{R}^d)$ où $1/r + 1/r' = 1$ avec

$$\|\widehat{\varphi}\|_{L^{r'}(\mathbb{R}^d)} \le (2\pi)^{-\frac{d(2-r)}{2r}} \|\varphi\|_{L^r(\mathbb{R}^d)} \tag{5.28}$$

(inégalité de Hausdorff-Young). On a donc

$$\|\widehat{fu}\|_{L^{q'}(\mathbb{R}^d)} \le (2\pi)^{-\frac{d}{p}} \|f\|_{L^p(\mathbb{R}^d)} \|u\|_{L^2(\mathbb{R}^d)}$$

car $(2 - q)/2q = 1/p$. Par ailleurs on a aussi $\widehat{fu} \in L^2(\mathbb{R}^d)$ car $fu \in L^p(\mathbb{R}^d) \cap L^q(\mathbb{R}^d) \subset L^2(\mathbb{R}^d)$. Ainsi $fu \in D(g(-i\nabla))$ car, à nouveau par l'inégalité de Hölder,

$$\|g\,\widehat{fu}\|_{L^2(\mathbb{R}^d)} \le \|g\|_{L^p(\mathbb{R}^d)} \|\widehat{fu}\|_{L^{q'}(\mathbb{R}^d)} \le (2\pi)^{-\frac{d}{p}} \|f\|_{L^p(\mathbb{R}^d)} \|g\|_{L^p(\mathbb{R}^d)} \|u\|_{L^2(\mathbb{R}^d)},$$

en notant que $1/2 = 1/p + 1/q'$. En conclusion nous avons montré que A_2 est bien défini sur $C_c^\infty(\mathbb{R}^d)$ et satisfait l'estimée

$$\|A_2 u\|_{L^2(\mathbb{R}^d)} \leq (2\pi)^{-\frac{d}{p}} \|f\|_{L^p(\mathbb{R}^d)} \|g\|_{L^p(\mathbb{R}^d)} \|u\|_{L^2(\mathbb{R}^d)}$$

sur cet espace. Ceci montre que A_2 est fermable et que sa fermeture est un opérateur borné sur tout $L^2(\mathbb{R}^d)$, qui vérifie comme nous voulions

$$\|\overline{A_2}\| \leq (2\pi)^{-\frac{d}{p}} \|f\|_{L^p(\mathbb{R}^d)} \|g\|_{L^p(\mathbb{R}^d)}.$$

L'argument est valable pour tout $2 \leq p \leq \infty$ et il est similaire pour A_1.

Montrons maintenant que $\overline{A_2}$ est compact lorsque $2 \leq p < \infty$ ou si $p = +\infty$ mais qu'on ajoute l'hypothèse supplémentaire que $f, g \to 0$ à l'infini. Pour cela il suffit de remarquer que l'on peut dans tous ces cas approcher f et g par des suites (f_k) et (g_k) de fonctions dans $C_c^\infty(\mathbb{R}^d)$ (resp. $L_c^\infty(\mathbb{R}^d)$ si $p = \infty$) qui convergent vers f et g dans $L^p(\mathbb{R}^d)$. On a alors, par l'argument précédent,

$$\|g(-i\nabla)f(x) - g_k(-i\nabla)f_k(x)\|$$
$$\leq \|(g - g_k)(-i\nabla)f(x)\| + \|g_k(-i\nabla)(f - f_k)(x)\|$$
$$\leq (2\pi)^{-\frac{d}{p}} \left(\|f\|_{L^p(\mathbb{R}^d)} \|g - g_k\|_{L^p(\mathbb{R}^d)} + \|f - f_k\|_{L^p(\mathbb{R}^d)} \|g_k\|_{L^p(\mathbb{R}^d)}\right) \to 0.$$

Or chacun des opérateurs $g_k(-i\nabla)f_k(x)$ est Hilbert-Schmidt donc compact par la proposition 5.20. Ainsi, l'opérateur $g(-i\nabla)f(x)$ est aussi compact, comme limite en norme d'une suite d'opérateurs compacts. Pour A_1 on peut utiliser par exemple que $A_1 = \mathcal{F}^{-1}f(-i\nabla)g(x)\mathcal{F}$ qui est compact car la transformée de Fourier est unitaire. $\square$

Remarque 5.22 Même si la fonction $x \mapsto |x|^{-d/p}$ n'est pas dans $L^p(\mathbb{R}^d)$, il se trouve que l'opérateur $f(x)g(-i\nabla)$ reste compact si on remplace f ou g par $|x|^{-d/p}$. Ceci suit de l'inégalité de Hardy-Littlewood-Sobolev [LL01] qui stipule que

$$\|f * |x|^{-s}\|_{L^p(\mathbb{R}^d)} \leq C \|f\|_{L^q(\mathbb{R}^d)}, \qquad \text{pour} \quad 1 < p, q < \infty, \quad 1 + \frac{1}{p} = \frac{1}{q} + \frac{s}{d}, \tag{5.29}$$

et qui permet de remplacer l'inégalité de Hausdorff-Young utilisée dans notre argument.

5.4 Opérateurs à résolvante compacte

Définition 5.23 (Opérateurs à résolvante compacte) On dit qu'un opérateur auto-adjoint A est à *résolvante compacte* si $(A + i)^{-1}$ est compact.

Pour tout $z \in \rho(A)$, on a

$$(A - z)^{-1} = (A + i)^{-1} \frac{A + i}{A - z} = (A + i)^{-1} \underbrace{\left(1 + (z + i)(A - z)^{-1}\right)}_{\in \mathcal{B}(\mathfrak{H})} \tag{5.30}$$

qui est donc compact lorsque $(A + i)^{-1}$ l'est. Cet argument montre qu'il est équivalent de demander que $(A - z)^{-1}$ soit compact pour tout ou pour un $z \in \rho(A)$. Voici alors un corollaire du même type que pour les opérateurs compacts.

Corollaire 5.24 (Opérateurs à résolvante compacte) *Soit A un opérateur auto-adjoint sur son domaine $D(A) \subset \mathfrak{H}$, avec $\dim(\mathfrak{H}) = +\infty$. Alors A est à résolvante compacte si et seulement si $\sigma_{\text{ess}}(A) = \emptyset$. Dans ce cas, le spectre de A est composé d'une suite (λ_n) de valeurs propres de multiplicité finie qui vérifient*

$$\lim_{n \to \infty} |\lambda_n| = +\infty.$$

En particulier, A est diagonalisable dans une base orthonormée.

Preuve Supposons que $(A + i)^{-1}$ est compact et considérons $\lambda \in \sigma_{\text{ess}}(A)$, avec une suite de Weyl $v_n \rightharpoonup 0$ associée. Alors

$$0 \leftarrow (A - \lambda)v_n = (A + i)v_n - (\lambda + i)v_n$$

de sorte que, par continuité de $(A + i)^{-1}$, on trouve que $v_n - (\lambda + i)(A + i)^{-1}v_n \to 0$ fortement. Or $v_n \rightharpoonup 0$ et la compacité de $(A + i)^{-1}$ implique alors que $(A + i)^{-1}v_n \to 0$ fortement, ce qui implique $v_n \to 0$ et contredit $\|v_n\| = 1$. Ainsi, $\sigma_{\text{ess}}(A) = \emptyset$.

Réciproquement, si $\sigma_{\text{ess}}(A) = \emptyset$ le spectre de A n'est composé que de valeurs propres isolées de multiplicité finie, qui doivent nécessairement s'accumuler en $\pm\infty$ sinon $\mathfrak{H}$ serait de dimension finie par le théorème spectral. Soit dans ce cas $\lambda \in \mathbb{R} \setminus \sigma(A)$. Par le calcul fonctionnel et la remarque 5.13, le spectre de l'opérateur auto-adjoint $(A - \lambda)^{-1}$ est composé d'une suite de valeurs propres de multiplicité finie, qui tendent vers 0. Ceci signifie que $\sigma_{\text{ess}}((A - \lambda)^{-1}) = \{0\}$ et donc, d'après le corollaire 5.15, que $(A - \lambda)^{-1}$ est compact. $\qquad\square$

Application : Laplacien(s) sur]0, 1[

Rappelons que le Laplacien A_V sur $]0, 1[$ a été construit à la section 2.8.3, pour tout $V \subset \mathbb{C}^4$ sous-espace isotrope de la matrice (2.27). Il est défini par $A_V v = -v''$ sur le domaine

$$D(A_V) = \left\{ v \in H^2(]0, 1[) \ : \ (v(0), v'(0), v(1), v'(1)) \in V \right\}$$

et il est auto-adjoint si et seulement si $\dim(V) = 2$. Plus précisément, dans le cas où $\dim(V) = 2$, nous avons vu au théorème 2.43 que

$$D(A_V) = H_0^2(]0, 1[) + \text{vect}(v_1, v_2) \tag{5.31}$$

où $v_1, v_2 \in H^2(]0, 1[)$ sont tels que $(v_i(0), v_i'(0), v_i(1), v_i'(1))$ forment une base de V.

Théorème 5.25 (Spectre du Laplacien sur $]0, 1[$**)** *On suppose* $\dim(V) = 2$ *de sorte que l'opérateur* A_V *est auto-adjoint sur son domaine. Alors, il est à résolvante compacte et son spectre est composé d'une suite de valeurs propres de multiplicité finie, qui tendent vers* $+\infty$*. De plus,* A_V *a au plus deux valeurs propres strictement négatives (comptées avec multiplicité), c'est-à-dire* $\mathbb{1}_{]-\infty,0[}(A_V)$ *est de rang inférieur ou égal à 2.*

Preuve Considérons une suite $v_n \rightharpoonup 0$ faiblement dans $L^2(]0, 1[)$ et posons $w_n := (A_V + i)^{-1} v_n$ dont nous voulons montrer que $w_n \to 0$ fortement. Comme $(A_V + i)^{-1}$ est un opérateur borné, w_n est bornée et on a même $w_n \rightharpoonup 0$ faiblement. Or $-w_n'' + i w_n = v_n$, ce qui montre que w_n'' est bornée dans $L^2(]0, 1[)$. Par le lemme A.4 de régularité elliptique sur un intervalle, nous en déduisons que w_n est bornée dans $H^2(]0, 1[)$ et, finalement, que $w_n \to 0$ fortement dans $\mathfrak{H} = L^2(]0, 1[)$, d'après la compacité de l'injection $H^2(]0, 1[) \hookrightarrow L^2(]0, 1[)$ (théorème A.18 de Rellich-Kondrachov). Ceci montre bien la compacité de $(A_V + i)^{-1}$.

Montrons finalement que $\mathbb{1}_{]-\infty,0[}(A_V)$ est de rang au plus 2, ce qui impliquera *a fortiori* que A_V est minoré, et donc que les valeurs propres doivent s'accumuler en $+\infty$. Par l'absurde, si $\mathbb{1}_{]-\infty,0[}(A_V)$ est de rang supérieur ou égal à trois, alors il en est de même pour $\mathbb{1}_{]-M,0[}(A_V)$ lorsque M est assez grand. Mais dans ce cas l'image de $\mathbb{1}_{]-M,0[}(A_V)$ (qui est incluse dans $D(A_V)$ car M est fini) doit intersecter $H_0^2(]0, 1[)$ qui est de co-dimension 2 dans $D(A_V)$, d'après (5.31). Soit alors $v \neq 0$ dans cette intersection. Comme $v \in H_0^2(]0, 1[)$ nous avons vu que les termes de bord s'en vont dans l'intégration par parties, de sorte que

$$\langle v, A_V v \rangle = \int_0^1 |v'(t)|^2 \, dt \geq 0.$$

Arcturus

Ceci contredit le fait que $v \in \mathbb{1}_{]-M,0[}(A_V)\mathfrak{H}$ car sur cet espace, on a $\langle v, A_V v \rangle < 0$ pour tout $v \neq 0$. $\qquad\square$

Le comportement des valeurs propres du Laplacien avec condition au bord de Robin (en fonction du paramètre associé θ) est étudié plus bas à l'exercice 5.53.

Application : potentiel confinant

Nous avons un résultat similaire dans le cas d'un potentiel qui tend vers l'infini à l'infini.

Théorème 5.26 (Spectre des opérateurs de Schrödinger avec potentiel confinant) *Soit* $V = V_+ - V_-$ *avec* $V_- \in L^p(\mathbb{R}^d, \mathbb{R}) + L^\infty(\mathbb{R}^d, \mathbb{R})$ *où* p *satisfait*

$$\begin{cases} p = 1 & si\ d = 1, \\ p > 1 & si\ d = 2, \\ p = \frac{d}{2} & si\ d \geq 3 \end{cases} \tag{5.32}$$

et $V_+ \in L^1_{\mathrm{loc}}(\mathbb{R}^d)$ *est tel que*

$$\lim_{|x| \to \infty} V_+(x) = +\infty.$$

Soit $H = -\Delta + V$ *la réalisation auto-adjointe de Friedrichs construite au théorème 3.21. Alors* H *a une résolvante compacte. Son spectre est composé de valeurs propres de multiplicité finie, qui tendent vers* $+\infty$. *En particulier,* H *est diagonalisable dans une base orthonormée.*

Preuve Comme nous avons peu d'information sur le domaine de $-\Delta + V$, nous travaillons plutôt avec la forme quadratique. D'après le lemme 1.10, l'opérateur $-\Delta/2 - V_-$ est minoré. Choisissons donc une constante C de sorte que $-\Delta/2 - V_- \geq -C + 1$. Alors

$$H + C \geq -\frac{\Delta}{2} + V_+ + 1 \geq 1. \tag{5.33}$$

En particulier, $-C \in \rho(H)$. Soit v_n une suite de $L^2(\mathbb{R}^d)$ qui converge faiblement vers 0 et introduisons $w_n = (H+C)^{-1} v_n$ dont nous voulons montrer la convergence forte vers 0. Comme $(H+C)^{-1}$ est un opérateur borné, nous savons déjà que $w_n \rightharpoonup 0$ dans $L^2(\mathbb{R}^d)$. De plus, $w_n \in D(H) \subset H^1(\mathbb{R}^d)$ et $(H + C)w_n = v_n$. En prenant le produit scalaire avec w_n et en utilisant (5.33), nous obtenons

$$\frac{1}{2} \int_{\mathbb{R}^d} |\nabla w_n|^2 + \int_{\mathbb{R}^d} V_+ |w_n|^2 + \int_{\mathbb{R}^d} |w_n|^2 \leq \langle w_n, (H+C) w_n \rangle$$

$$= \int_{\mathbb{R}^d} \overline{w_n} v_n \leq \|w_n\| \, \|v_n\| = O(1).$$

La suite (w_n) est donc bornée dans l'espace d'énergie $\mathcal{V}$ introduit en (3.19). En particulier (w_n) est bornée dans $H^1(\mathbb{R}^d)$ donc converge fortement localement vers 0 par le théorème A.18 de Rellich-Kondrachov. Par ailleurs, $\sqrt{V_+} w_n$ est bornée dans $L^2(\mathbb{R}^d)$. En écrivant

$$\int_{\mathbb{R}^d} |w_n|^2 = \int_{B_R} |w_n|^2 + \int_{(B_R)^c} |w_n|^2 \leq \int_{B_R} |w_n|^2 + \frac{1}{\inf_{(B_R)^c} V_+} \int_{(B_R)^c} V_+ |w_n|^2,$$

nous en déduisons que $w_n \to 0$ fortement. En effet, le premier terme tend vers 0 pour tout R fixé et le second est petit lorsque R est assez grand, puisque $V_+ \to \infty$ par hypothèse.   □

Exemple 5.27 (Diagonalisation de l'oscillateur harmonique) Nous donnons ici quelques pistes permettant de calculer le spectre de l'oscillateur harmonique $H = -\mathrm{d}^2/\mathrm{d}x^2 + x^2$, mais laissons les détails en exercice. Le domaine de H a été déterminé plus haut au théorème 3.22. L'idée est de remarquer que (au moins formellement [RS75, Thm. X.25]),

$$H = -\frac{\mathrm{d}^2}{\mathrm{d}x^2} + x^2 = \left(\frac{\mathrm{d}}{\mathrm{d}x} + x\right)\left(-\frac{\mathrm{d}}{\mathrm{d}x} + x\right) - 1 = \left(-\frac{\mathrm{d}}{\mathrm{d}x} + x\right)\left(\frac{\mathrm{d}}{\mathrm{d}x} + x\right) + 1.$$

Du point de vue de l'énergie, ceci s'écrit

$$q_H(u) = \int_{\mathbb{R}} |u'(x) + x u(x)|^2 \, \mathrm{d}x + \int_{\mathbb{R}} |u(x)|^2 \, \mathrm{d}x \tag{5.34}$$

où chaque terme fait bien sens dans $Q(H)$. Cette formule est l'équivalent, pour l'oscillateur harmonique, de la relation générale (1.62) que nous avons utilisée pour montrer l'unicité de la première fonction propre de $-\Delta + V$ au chapitre 1. Le premier terme de (5.34) s'annule exactement pour les solutions de l'équation $u'(x) + x u(x) = 0$, c'est-à-dire les multiples de

$$f_0(x) = \frac{e^{-\frac{x^2}{2}}}{\sqrt{\pi}}.$$

Ainsi la première valeur propre vaut 1 et elle est non dégénérée. Par ailleurs, un calcul montre que la fonction

$$f_n = 2^{-\frac{n}{2}} \left(-\frac{\mathrm{d}}{\mathrm{d}x} + x \right)^n f_0$$

est un vecteur propre de H de valeur propre $2n + 1$. Il s'avère que $f_n(x) = P_n(x)e^{-x^2/2}/\sqrt{\pi}$ où les P_n sont les polynômes de Hermite, dont on sait qu'ils forment une base orthonormée de $L^2(\mathbb{R}, e^{-x^2}\mathrm{d}x)$, c'est-à-dire les (f_n) forment une base orthonormée de $L^2(\mathbb{R})$. Nous avons donc diagonalisé H avec

$$\boxed{\sigma(H) = 2\mathbb{N} + 1.}$$

En dimension $d \geq 2$, nous obtenons une base de $L^2(\mathbb{R}^d)$ en formant les produits tensoriels des f_n. Plus précisément, $f_{n_1}(x_1) \cdots f_{n_d}(x_d)$ est un vecteur propre associé à la valeur propre $2(n_1 + \cdots + n_d) + d$. Le spectre est donc égal à

$$\boxed{\sigma(H) = 2\mathbb{N} + d.}$$

La multiplicité de la valeur propre $2n+1$ est le nombre de façons que n peut s'écrire comme une somme d'entiers $n = n_1 + \cdots + n_d$, qui vaut $\frac{(n+d-1)!}{n!(d-1)!}$.

Application : Laplacien sur un ouvert borné*

L'argument est similaire pour le Laplacien de Robin sur tout ouvert borné $\Omega \subset \mathbb{R}^d$, introduit à la section 3.3.4.

Théorème 5.28 (Spectre du Laplacien sur $\Omega \subset \mathbb{R}^d$) *Soit Ω un ouvert borné de $\mathbb{R}^d$ dont la frontière est Lipschitzienne par morceaux. Le Laplacien de Robin $(-\Delta)_{\mathrm{Rob},\theta}$ défini à la section 3.3.4 est à résolvante compacte pour tout $\theta \in [0, 1[$ et son spectre est composé d'une suite de valeurs propres de multiplicité finie, qui tend vers $+\infty$.*

Preuve Rappelons que la forme quadratique du Laplacien de Robin est donnée par (3.29). Prenons comme avant $w_n := ((-\Delta)_{\mathrm{Rob},\theta} + C)^{-1} v_n$ où $v_n \rightharpoonup 0$ dans $L^2(\Omega)$ et avec C assez grand. Alors $-\Delta w_n + C w_n = v_n$ ce qui, en prenant le produit scalaire contre $w_n \in H^1(\Omega)$, implique

$$\int_\Omega |\nabla w_n|^2 + \frac{1}{\tan(\pi\theta)} \int_{\partial\Omega} |w_n|^2 + C \int_\Omega |w_n|^2 \leq \|v_n\|\,\|w_n\| = O(1).$$

Grâce à l'inégalité (A.15), ceci prouve que w_n est bornée dans $H^1(\Omega)$. Ceci fournit la compacité attendue d'après le théorème A.18 de Rellich-Kondrachov. $\square$

5.5   Théorie de Weyl sur l'invariance du spectre essentiel

Dans cette section nous étudions à quelle condition sur B on a $\sigma_{\text{ess}}(A + B) = \sigma_{\text{ess}}(A)$.

5.5.1   *Perturbations laissant le spectre essentiel invariant*

Nous avons vu au chapitre 3 la notion de perturbations (infinitésimalement) relativement bornées. Nous introduisons ici une notion plus forte, sous laquelle le spectre essentiel sera inchangé.

Définition 5.29 (Perturbation relativement compactes)   Soit A un opérateur auto-adjoint sur $D(A) \subset \mathfrak{H}$ et B un opérateur symétrique sur $D(A)$. On dit que B est A-*compact* lorsque l'opérateur $B(A + i)^{-1}$ est compact (donc borné) dans $\mathfrak{H}$.

Pour tout $z \in \rho(A)$ on peut écrire d'après (5.30)

$$B(A - z)^{-1} = B(A + i)^{-1} \left(1 + (z + i)(A - \lambda)^{-1} \right)$$

de sorte que B est A-compact si et seulement si $B(A - z)^{-1}$ est compact pour un ou pour tout $z \in \rho(A)$.

Lemme 5.30 (A-compact $\implies$ infinitésimalement A-borné) *Si B est un opérateur symétrique A-compact, alors B est infinitésimalement A-borné, ce qui signifie que pour tout ε, il existe C_ε tel que*

$$\|Bv\| \leq \varepsilon \|Av\| + C_\varepsilon \|v\|, \qquad \forall v \in D(A).$$

Preuve   Nous écrivons

$$B(A + i\mu)^{-1} = B(A + i)^{-1} \frac{A + i}{A + i\mu}.$$

Pour $\mu \geq 1$, nous introduisons $f_\mu(x) = (x + i)/(x + i\mu)$, et remarquons que

$$\forall x \in \mathbb{R}, \qquad \left| f_\mu(x) \right| = \left| \frac{x + i}{x + i\mu} \right| = \left(\frac{x^2 + 1}{x^2 + \mu^2} \right)^{1/2} \leq 1$$

de sorte que, par le calcul fonctionnel (assertion (ii) du théorème 4.8),

$$\| f_\mu(A) \| = \left\| \frac{A + i}{A + i\mu} \right\| \leq 1.$$

Par ailleurs, la fonction $f_\mu(x)$ converge vers 0 pour tout x fixé, quand $\mu \to \infty$. Ceci montre, toujours par le calcul fonctionnel (assertion (v) du théorème 4.8), que

$$\lim_{\mu \to \infty} f_\mu(A)\, v = \lim_{\mu \to \infty} \overline{f_\mu}(A)\, v = 0$$

pour tout $v \in \mathfrak{H}$ fixé. Comme $B(A+i)^{-1}$ est compact, nous pouvons écrire $B(A+i)^{-1} = C + R$ où $\|C\| \le \varepsilon$ et $R = \sum_{j=1}^{J} |w_j\rangle\langle v_j|$ est de rang fini. Alors

$$R f_\mu(A) = \sum_{j=1}^{J} |w_j\rangle\langle \overline{f_\mu}(A) v_j|$$

de sorte que

$$\left\| R \frac{A+i}{A+i\mu} \right\| \le \sum_{j=1}^{J} \|w_j\|\, \|\overline{f_\mu}(A) v_j\|$$

où $\|\overline{f_\mu}(A) v_j\| \to 0$ pour tout $j = 1, \ldots, J$, comme expliqué précédemment. Par ailleurs

$$\left\| C \frac{A+i}{A+i\mu} \right\| \le \|C\| \le \varepsilon.$$

Par un 'argument en $\varepsilon/2$', ceci permet de conclure que

$$\lim_{\mu \to \infty} \left\| B(A+i\mu)^{-1} \right\| = \lim_{\mu \to \infty} \left\| B(A+i)^{-1} \frac{A+i}{A+i\mu} \right\| = 0. \tag{5.35}$$

Comme

$$\|Bv\| = \left\| B(A+i\mu)^{-1}(A+i\mu)v \right\| \le \left\| B(A+i\mu)^{-1} \right\| \left(\|Av\| + \mu\, \|v\| \right),$$

où le coefficient de $\|Av\|$ tend vers 0 quand $\mu \to \infty$, ceci implique le résultat. $\qquad\square$

Voici maintenant un résultat qui fournit l'invariance du spectre essentiel lorsque B est A-compact.

Théorème 5.31 (Weyl) *Soit A un opérateur auto-adjoint sur son domaine $D(A) \subset \mathfrak{H}$ et B un opérateur symétrique qui est A-compact. Alors $A + B$ est auto-adjoint sur $D(A)$ et $\sigma_{\mathrm{ess}}(A+B) = \sigma_{\mathrm{ess}}(A)$.*

Preuve L'auto-adjonction de $A+B$ sur $D(A)$ suit du théorème de Rellich-Kato et du lemme 5.30. Si $\lambda \in \sigma_{\mathrm{ess}}(A)$, il existe une suite $v_n \in D(A)$ telle que $(A-\lambda)v_n \to 0$ et $v_n \rightharpoonup 0$. Alors $(A+B-\lambda)v_n = (A-\lambda)v_n - B(A+i)^{-1}(A+i)v_n$ converge vers 0 fortement car $(A+i)v_n = (A-\lambda)v_n + (\lambda+i)v_n$ tend vers 0 faiblement et $B(A + i)^{-1}$ est compact. Ainsi $\lambda \in \sigma_{\text{ess}}(A + B)$ et nous avons montré que $\sigma_{\text{ess}}(A) \subset \sigma_{\text{ess}}(A + B)$.

L'inclusion inverse suit en échangeant les rôles de A et $A + B$ mais il faut d'abord montrer que $-B$ est $A + B$ compact. Ceci suit de la relation $A + B + i\mu = \left(1 + B(A + i\mu)^{-1}\right)(A + i\mu)$ qui implique que

$$B(A + B + i\mu)^{-1} = B(A + i\mu)^{-1}\left(1 + B(A + i\mu)^{-1}\right)^{-1}$$

est bien compact. L'opérateur à droite est inversible dès que $\|B(A + i\mu)^{-1}\| < 1$, ce qui est le cas pour μ assez grand d'après (5.35). $\qquad\square$

Remarque 5.32 Le caractère auto-adjoint des opérateurs considérés est important pour la stabilité du spectre essentiel. À l'exercice 5.50 nous donnons l'exemple d'un opérateur non auto-adjoint borné, auquel on ajoute un opérateur de rang fini (donc compact), mais qui modifie énormément le spectre essentiel.

Le théorème 5.31 que nous avons présenté est le plus connu et probablement le plus simple, mais il existe plusieurs autres versions du même type. Par exemple, au lieu de la compacité de $B(A + i)^{-1}$, nous pouvons demander celle de $(A + B + i)^{-1} - (A + i)^{-1}$. Comme

$$(A + B + i)^{-1} - (A + i)^{-1} = -(A + B + i)^{-1}B(A + i)^{-1}$$

où $(A + B + i)^{-1}$ est borné, c'est une hypothèse plus faible que précédemment.

Théorème 5.33 (Weyl II) *Soient A et A' deux opérateurs auto-adjoints quelconques sur leur domaines respectifs $D(A)$, $D(A') \subset \mathfrak{H}$. S'il existe $z \in \rho(A) \cap \rho(A')$ tel que $(A - z)^{-1} - (A' - z)^{-1}$ soit compact, alors $\sigma_{\text{ess}}(A) = \sigma_{\text{ess}}(A')$.*

Preuve Le spectre essentiel de $(A - z)^{-1}$ et de $(A' - z)^{-1}$ a été calculé en fonction de ceux de A et A' à la remarque 5.13 et il est caractérisé avec les suites de Weyl comme au théorème 5.11. La preuve est alors la même qu'au théorème 5.31. Si $\lambda \in \sigma_{\text{ess}}(A)$, il existe une suite (v_n) telle que $\|v_n\| = 1$ et $\left((A - z)^{-1} - (\lambda - z)^{-1}\right)v_n \to 0$. La compacité de $(A - z)^{-1} - (A' - z)^{-1}$ implique

$$\left((A' - z)^{-1} - (\lambda - z)^{-1}\right)v_n \to 0,$$

ce qui montre que $(\lambda - z)^{-1} \in \sigma_{\text{ess}}((A' - z)^{-1})$, et donc que $\lambda \in \sigma_{\text{ess}}(A')$. On obtient l'autre inclusion en échangeant les rôles de A et A'. $\qquad\square$

Il existe également une version un peu plus compliquée faisant intervenir uniquement les formes quadratiques.

Théorème 5.34 (Weyl III) *Soit A un opérateur auto-adjoint coercif sur son domaine $D(A) \subset \mathfrak{H}$. Soit b une forme quadratique sur $Q(A)$, telle que*

$$|b(v)| \le \eta\, q_A(v) + \kappa\, \|v\|^2, \qquad \forall v \in Q(A), \tag{5.36}$$

pour un réel $0 \leq \eta < 1$. Soit C l'unique opérateur auto-adjoint associé à la forme quadratique fermée $v \mapsto q_A(v) + b(v)$ sur $Q(A)$ (théorème KLMN 3.18). Si b est continue pour la topologie faible de $Q(A)$, c'est-à-dire

$$\lim_{n \to \infty} b(v_n) = b(v) \qquad (5.37)$$

pour toute suite $v_n \rightharpoonup v$ faiblement dans l'espace de Hilbert $\big(Q(A), \varphi_A\big)$, alors $\sigma_{\mathrm{ess}}(C) = \sigma_{\mathrm{ess}}(A)$.

Preuve Posons $B = C - A$, un opérateur qui est borné de $Q(A)$ dans $Q(A)'$, comme discuté à la fin de la section 4.6. L'opérateur $K = A^{-1/2} B A^{-1/2}$ est bien défini et borné sur $\mathfrak{H}$. L'opérateur $A^{-1/2}$ est borné de $Q(A)'$ dans $\mathfrak{H}$, puisque $Q(A) = D(\sqrt{A})$. Après polarisation, l'hypothèse (5.37) s'écrit $\lim_{n \to \infty} b(v_n', v_n) = 0$ pour toutes suites $v_n, v_n' \rightharpoonup 0$ dans $Q(A)$, où $b(\cdot, \cdot)$ désigne par abus de notation la forme polaire associée à b. Ces suites peuvent justement s'écrire $v_n = A^{-1/2} w_n$ et $v_n' = A^{-1/2} w_n'$ où $w_n, w_n' \rightharpoonup 0$ dans $\mathfrak{H}$. Ainsi, l'hypothèse (5.37) signifie que

$$\lim_{n \to \infty} \langle w_n', K w_n \rangle = \lim_{n \to \infty} \big\langle w_n', A^{-\frac{1}{2}} B A^{-\frac{1}{2}} w_n \big\rangle = 0$$

pour toutes suites $w_n, w_n' \rightharpoonup 0$ dans $\mathfrak{H}$. Comme K est borné nous pouvons prendre $w_n' = K w_n \rightharpoonup 0$, ce qui implique que $\|K w_n\| \to 0$ pour toute suite $w_n \rightharpoonup 0$, donc que K est compact. L'hypothèse (5.37) est donc une reformulation du fait que $K = A^{-1/2} B A^{-1/2}$ est compact. Par ailleurs, nous avons pour α, β assez grands

$$\frac{1}{\beta} \big\| (A + \alpha)^{\frac{1}{2}} v \big\|^2 \leq q_A(v) + b(v) + \alpha \|v\|^2 = \big\| (C + \alpha)^{\frac{1}{2}} v \big\|^2 \leq \beta \big\| (A + \kappa)^{\frac{1}{2}} v \big\|^2,$$

pour tout $v \in Q(A) = Q(A')$, d'après l'hypothèse (5.36). Écrit différemment, cela signifie que $(A + \alpha)^{1/2}(C + \alpha)^{-1/2}$ et $(C + \alpha)^{1/2}(A + \alpha)^{-1/2}$ sont des opérateurs bornés. En conclusion, l'opérateur

$$(C + \alpha)^{-1} - (A + \alpha)^{-1}$$

$$= (A + \alpha)^{-1} B (C + \alpha)^{-1}$$

$$= \underbrace{\frac{\sqrt{A}}{A + \alpha}}_{\in \mathcal{B}(\mathfrak{H})} \underbrace{A^{-\frac{1}{2}} B A^{-\frac{1}{2}}}_{= K \in \mathcal{K}(\mathfrak{H})} \underbrace{\frac{\sqrt{A}}{\sqrt{A + \kappa}}}_{\in \mathcal{B}(\mathfrak{H})} \underbrace{(A + \alpha)^{\frac{1}{2}}(C + \alpha)^{-\frac{1}{2}}}_{\in \mathcal{B}(\mathfrak{H})} \underbrace{(C + \alpha)^{-\frac{1}{2}}}_{\in \mathcal{B}(\mathfrak{H})}$$

est compact, ce qui termine la preuve, par le théorème 5.33. $\qquad \square$

5.5.2 Spectre essentiel des opérateurs de Schrödinger

Nous avons déjà prouvé au lemme 1.10 que tout potentiel $V \in L^p(\mathbb{R}^d, \mathbb{R}) + L_{\varepsilon}^{\infty}(\mathbb{R}^d, \mathbb{R})$ négligeable à l'infini et satisfaisant l'hypothèse

$$\begin{cases} p = 1 & \text{si } d = 1, \\ p > 1 & \text{si } d = 2, \\ p = \frac{d}{2} & \text{si } d \geq 3 \end{cases} \tag{5.38}$$

fournissait une énergie

$$u \in H^1(\mathbb{R}^d) \mapsto \int_{\mathbb{R}^d} V(x)|u(x)|^2 \, \mathrm{d}x$$

faiblement continue pour la norme $H^1(\mathbb{R}^d)$. Par le théorème 5.34, ceci implique immédiatement le résultat suivant.

Corollaire 5.35 (Spectre essentiel des opérateurs de Schrödinger) *Soit* $V \in L^p(\mathbb{R}^d, \mathbb{R}) + L_{\varepsilon}^{\infty}(\mathbb{R}^d, \mathbb{R})$ *négligeable à l'infini avec p satisfaisant l'hypothèse* (5.38). *Soit* $-\Delta + V$ *la réalisation de Friedrichs obtenue au corollaire 3.19. Alors*

$$\boxed{\sigma_{\mathrm{ess}}(-\Delta + V) = [0, +\infty[.}$$

Exemple 5.36 Pour l'atome d'hydrogène, nous obtenons $\sigma_{\mathrm{ess}}(-\Delta/2 - 1/|x|) = [0, +\infty[$ dans $L^2(\mathbb{R}^3)$, comme annoncé au chapitre 1.

5.6 Spectre discret et formule de Courant-Fischer

Après avoir étudié le spectre essentiel nous discutons maintenant de la présence ou de l'absence de spectre discret.

5.6.1 Formule de Courant-Fischer

Nous commençons par la formule de Courant-Fischer [Cou20, Fis05], qui généralise une formule similaire pour les matrices hermitiennes.

Théorème 5.37 (Courant-Fischer) *Soit* A *un opérateur auto-adjoint borné inférieurement sur son domaine* $D(A) \subset \mathfrak{H}$ *et* $\Sigma(A) := \min \sigma_{\text{ess}}(A) \in \mathbb{R} \cup \{+\infty\}$ *le bas de son spectre essentiel. Alors*

$$\mu_k(A) := \inf_{\substack{W \subset D(A) \\ \dim(W)=k}} \max_{\substack{v \in W \\ \|v\|_{\mathfrak{H}}=1}} \langle v, Av \rangle = \inf_{\substack{W \subset Q(A) \\ \dim(W)=k}} \max_{\substack{v \in W \\ \|v\|_{\mathfrak{H}}=1}} q_A(v) \qquad (5.39)$$

est égal à

- *la* k*-ième valeur propre de* A *comptée avec multiplicité si* $\mathbb{1}_{]-\infty,\Sigma(A)[}(A)$ *est de rang au moins égal à* k *;*
- $\Sigma(A)$ *sinon.*

Si $\mu_k(A) < \Sigma(A)$*, l'infimum de* (5.39) *est exactement atteint pour les espaces* W *qui sont engendrés par* k *vecteurs propres de* A*, dont les valeurs propres associées sont toutes inférieures ou égales à* $\mu_k(A)$*. Une autre formule pour* $\mu_k(A)$ *est donnée par*

$$\mu_k(A) = \sup_{\substack{W \subset D(A) \\ \dim(W^\perp)=k-1}} \inf_{\substack{v \in W \\ \|v\|_{\mathfrak{H}}=1}} \langle v, Av \rangle = \sup_{\substack{W \subset Q(A) \\ \dim(W^\perp)=k-1}} \inf_{\substack{v \in W \\ \|v\|_{\mathfrak{H}}=1}} q_A(v). \qquad (5.40)$$

La formule de Courant-Fischer est souvent appelée *Rayleigh-Ritz* [Str71, Rit09] en physique et *Hylleraas-Undheim-McDonald (HUM)* [HU30, Mac33] en chimie quantique, du nom de ceux qui l'ont utilisée les premiers pour calculer une approximation des valeurs propres d'un opérateur auto-adjoint. Divers autres auteurs ont en fait utilisé des formules similaires auparavant, comme Weber [Web69] et Poincaré [Poi90] au XIXe siècle. La formule implique que

$$\mu_k(A) \leq \inf_{\substack{W \subset \mathcal{D} \\ \dim(W)=k}} \max_{\substack{v \in W \\ \|v\|_{\mathfrak{H}}=1}} q_A(v) \qquad (5.41)$$

pour tout espace $\mathcal{D} \subset Q(A)$ de dimension $d \geq k$. En prenant une base $(e_1, \ldots, e_d)$ de $\mathcal{D}$, on voit que le terme à droite de (5.41) n'est autre que la k-ième valeur propre $\lambda_k(M_{\mathcal{D}})$ de la matrice $d \times d$

$$(M_{\mathcal{D}})_{ij} := \varphi_A(e_i, e_j).$$

L'inégalité (5.41) assure donc que cette dernière sera toujours une borne supérieure pour la véritable k-ième valeur propre de A. En pratique on cherche à augmenter l'espace $\mathcal{D}$ de sorte que cette valeur propre converge vers celle de A. En autorisant l'espace à $\mathcal{D}$ à varier on peut aussi exprimer $\mu_k(A)$ sous la forme

$$\mu_k(A) = \inf_{\substack{\mathcal{D} \subset Q(A) \\ \dim(\mathcal{D}) \geq k}} \lambda_k(M_{\mathcal{D}}). \qquad (5.42)$$

Exercice 5.38 (Principe variationnel pour la somme des valeurs propres)
Justifier la formule (5.42) puis montrer que

$$\sum_{j=1}^{k} \mu_j(A) = \inf_{\substack{\mathcal{D} \subset Q(A) \\ \dim(\mathcal{D})=k}} \mathrm{tr}\left(M_{\mathcal{D}}\right). \tag{5.43}$$

Ceci fournit une caractérisation de la somme des k premières valeurs propres d'un
opérateur (lorsqu'elles existent), qui est très utile pour les particules fermioniques,
comme nous le verrons plus tard au chapitre 6. La formule (5.43) est généralement
attribuée à Fan [Fan49].

La preuve du théorème 5.37 repose essentiellement sur la propriété fondamentale
que tout espace de dimension k doit intersecter l'orthogonal d'un espace de
dimension $< k$.

Preuve L'égalité des deux formules à droite de (5.39) se montre en utilisant la
densité de $D(A)$ dans $Q(A)$ pour la norme associée. Les nombres $\mu_k(A)$ ainsi
définis forment une suite croissante : $\mu_1(A) \leq \mu_2(A) \leq \cdots$. Notons $\lambda_k(A)$ la k-
ième valeur propre de A sous $\Sigma(A)$, comptée avec multiplicité, en supposant qu'elle
existe. Soit alors W le sous-espace engendré par k vecteurs propres v_j correspondant
aux valeurs propres $\lambda_j(A)$ avec $j \leq k$. Pour tout v dans W, nous avons

$$\langle v, Av \rangle = \sum_{j=1}^{k} \lambda_j(A)|\langle v, v_j \rangle|^2 \leq \lambda_k(A) \sum_{j=1}^{k} |\langle v, v_j \rangle|^2 = \lambda_k(A)\|v\|^2,$$

de sorte que $\mu_k(A) \leq \lambda_k(A)$. Si A possède moins de k valeurs propres inférieures à
$\Sigma(A)$, nous pouvons utiliser que $\mathbb{1}_{]-\infty, \Sigma(A)+\varepsilon]}(A)$ est de rang infini pour tout $\varepsilon > 0$
(comme vu dans la preuve du théorème 5.11). En prenant W n'importe quel sous-
espace de dimension k dans l'image du projecteur spectral $\mathbb{1}_{]-\infty, \Sigma(A)+\varepsilon]}(A)$, nous
avons par le théorème spectral $\langle v, Av \rangle \leq (\Sigma(A) + \varepsilon)\|v\|^2$ pour tout $v \in W$. En
prenant $\varepsilon \to 0$ nous avons donc montré que $\mu_k(A) \leq \Sigma(A)$ pour tout k.

Il reste à prouver l'inégalité inverse, ce que nous faisons par récurrence sur $k \geq 1$.
Pour $k = 1$,

$$\mu_1(A) = \inf_{\substack{v \in D(A) \\ \|v\|_{\mathfrak{H}}=1}} \langle v, Av \rangle = \min \sigma(A),$$

qui suit du théorème spectral. Le bas du spectre est soit égal à la première valeur
propre quand elle existe (avec égalité si et seulement si v est un vecteur propre
associé), soit égal au bas du spectre essentiel. Supposons ensuite que l'assertion sur
$\mu_k(A)$ a été démontrée et prouvons-la pour $\mu_{k+1}(A)$. Si $\mu_k(A) = \Sigma(A)$, il n'y a rien
à démontrer car la suite $\mu_j(A)$ est croissante et inférieure à $\Sigma(A)$, donc $\mu_{k+1}(A) =
\Sigma(A)$ également. Ainsi, nous pouvons supposer que $\mu_k(A) = \lambda_k(A) < \Sigma(A)$,
ce qui signifie que A a au moins k valeurs propres (comptées avec multiplicité)

strictement inférieures à $\Sigma(A)$. Par ailleurs, si $\lambda_{k+1}(A) = \lambda_k(A)$ (ce qui est possible en cas de dégénérescence) alors bien sûr $\mu_{k+1}(A) \geq \mu_k(A) = \lambda_k(A) = \lambda_{k+1}(A)$. Il nous reste donc à traiter la situation où $\lambda_k(A) < \Sigma(A)$ et $\mathbb{1}_{]-\infty,\lambda_k(A)]}(A)$ est de rang exactement k. Soit V_k l'espace engendré par les k premiers vecteurs propres. Si $W \subset D(A)$ est un sous-espace quelconque de dimension $k+1$, alors il doit intersecter $(V_k)^\perp$. Or pour tout $v \in (V_k)^\perp \cap Q(A) = \mathbb{1}_{]\lambda_k(A),+\infty[}(A)\mathfrak{H} \cap Q(A)$ tel que $\|v\| = 1$, nous avons par le calcul fonctionnel

$$q_A(v) \geq \min \sigma\left(A\mathbb{1}_{]\lambda_k(A),+\infty[}(A)_{|V_k^\perp}\right).$$

Par le même argument que pour $\lambda_1(A)$, le minimum à droite vaut $\lambda_{k+1}(A)$ (la première valeur propre de $A\mathbb{1}_{]\lambda_k,+\infty[}(A)$ sur $(V_k)^\perp$ si elle existe) ou $\Sigma(A)$ (si A n'a que k valeurs propres sous $\Sigma(A)$). Ainsi, nous avons montré la formule (5.39).

Maintenant, si de plus $\lambda_k(A) = \mu_k(A) < \Sigma(A)$, tout sous-espace engendré par k vecteurs propres de valeurs propres $\leq \lambda_k(A)$ réalise l'infimum à droite de (5.39). Soit alors j tel que $\lambda_k(A) = \lambda_{k+j}(A) < \mu_{k+j+1}(A)$ (qui dépend de la multiplicité, finie, de la valeur propre $\lambda_k(A)$). Un sous-espace $W \subset Q(A)$ de dimension k qui intersecte l'image du projecteur spectral $\mathbb{1}_{]\lambda_k(A),+\infty[}(A) = \mathbb{1}_{[\mu_{k+j+1}(A),+\infty[}(A)$ vérifie pour v dans cet espace

$$q_A(v) = q_{A\mathbb{1}_{[\mu_{k+j+1}(A),+\infty[}(A)}(v) \geq \mu_{k+j+1}(A)\|v\|^2$$

de sorte que

$$\max_{\substack{v \in W \\ \|v\|_\mathfrak{H}=1}} \langle v, Av \rangle \geq \mu_{k+j+1}(A) > \lambda_k(A).$$

Ainsi, on ne peut avoir égalité que si W est inclus dans l'image du projecteur spectral $\mathbb{1}_{]-\infty,\lambda_k(A)]}(A)$. La preuve pour (5.40) est similaire et laissée en exercice. □

Une méthode pratique pour montrer que A possède au moins k valeurs propres sous son spectre essentiel suit immédiatement de la formule de Courant-Fischer.

Corollaire 5.39 (Critère d'existence de k valeurs propres sous $\Sigma(A)$) *Soit A un opérateur auto-adjoint borné inférieurement sur son domaine $D(A) \subset \mathfrak{H}$ et $\Sigma(A) := \min \sigma_{\mathrm{ess}}(A) \in \mathbb{R} \cup \{+\infty\}$ le bas de son spectre essentiel. S'il existe un sous-espace $W \subset Q(A)$ de dimension $\dim(W) = k$ tel que*

$$\max_{\substack{v \in W \\ \|v\|=1}} q_A(v) < \Sigma(A)$$

alors A possède au moins k valeurs propres (comptées avec multiplicité) strictement inférieures à $\Sigma(A)$.

La formule de Courant-Fischer permet aussi de comparer les valeurs propres d'opérateurs (sous le spectre essentiel) en comparant leurs formes quadratiques. Le résultat suivant est une conséquence immédiate de la formule de Courant-Fischer.

Corollaire 5.40 (Valeurs propres d'opérateurs ordonnés) *Soient $(A, D(A))$ et $(B, D(B))$ deux opérateurs auto-adjoints bornés inférieurement, tels que $A \leq B$ au sens de la définition 5.3. Alors*

$$\mu_k(A) \leq \mu_k(B) \quad pour\ tout\ k \geq 1,\ et \quad \Sigma(A) \leq \Sigma(B),$$

pour le bas de leur spectre essentiel.

Exemple 5.41 (Valeurs propres de Dirichlet, Neumann et Robin) Soit $\Omega \subset \mathbb{R}^d$ un ouvert borné dont la frontière est Lipschitzienne. Soient $(-\Delta)_{\text{Rob},\theta}$ le Laplacien avec conditions au bord de Robin introduit à la section 3.3.4. Alors les valeurs propres associées, notées $\lambda_k(\theta)$ sont toutes des fonctions décroissantes de $\theta \in]0, 1[$. Ceci suit de la formule de Courant-Fischer, puisque la forme quadratique associée

$$q_{(-\Delta)_{\text{Rob},\theta}}(u) = \int_\Omega |\nabla u(x)|^2 \, dx + \frac{1}{\tan(\pi\theta)} \int_{\partial\Omega} |u(x)|^2 \, dx,$$

$$\text{sur} \quad Q((-\Delta)_{\text{Rob},\theta}) = H^1(\Omega), \qquad (5.44)$$

est une fonction décroissante de θ. Il est possible de montrer que $\theta \in]0, 1[\mapsto \lambda_k(\theta)$ est continue et converge vers la k-ième valeur propre du Laplacien de Dirichlet quand $\theta \to 0^+$. En dimension $d = 1$ c'est l'exercice 5.53.

5.6.2 Spectre discret des opérateurs de Schrödinger

Nous pouvons maintenant discuter de l'existence ou de l'absence de valeurs propres négatives pour les opérateurs de Schrödinger $-\Delta + V$, et de leur régularité par rapport à V. Le premier résultat concerne le caractère Lipschitz des niveaux de Courant-Fischer μ_k définis en (5.39), qui sont les valeurs propres sous le spectre essentiel lorsqu'elles existent.

Théorème 5.42 (Les valeurs propres sont Lipschitz par rapport à V) *Soit $V \in L^p(\mathbb{R}^d, \mathbb{R}) + L^\infty_\varepsilon(\mathbb{R}^d, \mathbb{R})$ avec*

$$\begin{cases} p = 1 & si\ d = 1, \\ p > 1 & si\ d = 2, \\ p = \frac{d}{2} & si\ d \geq 3. \end{cases} \qquad (5.45)$$

On écrit $V = V_p + V_\infty \in L^p(\mathbb{R}^d, \mathbb{R}) + L^\infty(\mathbb{R}^d, \mathbb{R})$. Alors il existe une constante $C = C(V)$ telle que pour tout $V' = V'_p + V'_\infty \in L^p(\mathbb{R}^d, \mathbb{R}) + L^\infty(\mathbb{R}^d, \mathbb{R})$ de sorte que $\|V_p - V'_p\|_{L^p(\mathbb{R}^d)}$ soit assez petit, on ait

$$\left| \mu_k(-\Delta + V) - \mu_k(-\Delta + V') \right| \leq C \left\| V_p - V'_p \right\|_{L^p(\mathbb{R}^d)} + \left\| V_\infty - V'_\infty \right\|_{L^\infty(\mathbb{R}^d)}$$

$$(5.46)$$

pour tout $k \geq 1$, où $-\Delta + V$ et $-\Delta + V'$ sont ici les réalisations auto-adjointes de Friedrichs.

Preuve Nous pouvons écrire, au sens des formes quadratiques,

$$-\Delta + V' = -\Delta + V'_p + V_\infty + V'_\infty - V_\infty$$

$$\geq -\Delta + V'_p + V_\infty - \left\| V'_\infty - V_\infty \right\|_{L^\infty(\mathbb{R}^d)}$$

$$\geq (1 - \varepsilon)(-\Delta + V) + \frac{\varepsilon}{2}(-\Delta + 2V)$$

$$+ \frac{\varepsilon}{2}\left(-\Delta + 2\frac{V'_p - V_p}{\varepsilon} \right) - \left\| V'_\infty - V_\infty \right\|_{L^\infty(\mathbb{R}^d)}.$$

Les termes ont été regroupés de sorte que nous puissions utiliser une partie du Laplacien pour contrôler les erreurs. L'opérateur $-\Delta + 2V$ est minoré sous nos hypothèses sur V. Par ailleurs en dimensions $d \geq 3$ on a d'après la proposition 1.16

$$-\Delta + v \geq 0, \qquad \text{pour } \|v_-\|_{L^{d/2}(\mathbb{R}^d)} \leq (S_d)^{-1}.$$

En dimension $d = 1$, l'inégalité similaire à (A.5) dans $\mathbb{R}$ implique

$$-\Delta + v \geq -\|v_-\|_{L^1(\mathbb{R})} - \|v_-\|^2_{L^1(\mathbb{R})}.$$

En dimension $d = 2$, l'inégalité de Gagliardo-Nirenberg (A.24) implique

$$-\Delta + v \geq -C_p \|v_-\|^{\frac{p}{p-1}}_{L^p(\mathbb{R}^d)}.$$

Dans tous les cas on peut donc prendre ε proportionnel à $\|V'_p - V_p\|_{L^p(\mathbb{R}^d)}$ (avec une constante multiplicative assez grande quand $d \geq 3$), et on trouve l'inégalité entre formes quadratiques

$$-\Delta + V' \geq \left(1 - C \left\| V_p - V'_p \right\|_{L^p(\mathbb{R}^d)} \right)(-\Delta + V)$$

$$- C \left\| V_p - V'_p \right\|_{L^p(\mathbb{R}^d)} - \left\| V_\infty - V'_\infty \right\|_{L^\infty(\mathbb{R}^d)}. \qquad (5.47)$$

Un argument similaire pour la borne supérieure donne

$$-\Delta + V' \le \left(1 + C\left\|V_p - V_p'\right\|_{L^p(\mathbb{R}^d)}\right)(-\Delta + V)$$

$$+ C\left\|V_p - V_p'\right\|_{L^p(\mathbb{R}^d)} + \left\|V_\infty - V_\infty'\right\|_{L^\infty(\mathbb{R}^d)}. \qquad (5.48)$$

Par la formule de Courant-Fischer comme au Corollaire 5.40, on obtient (5.46) en utilisant $\mu_k(-\Delta + V) \le 0$, puisque V est négligeable à l'infini. □

Si V' est négligeable à l'infini et $\mu_k(-\Delta+V) < 0$, le résultat précédent implique donc que $-\Delta + V'$ possède également au moins k valeurs propres strictement négatives, pour $\|V_p - V_p'\|_{L^p(\mathbb{R}^d)}$ et $\|V_\infty - V_\infty'\|_{L^\infty(\mathbb{R}^d)}$ assez petits.

Nous discutons maintenant de l'existence ou de l'absence de valeurs propres sous le spectre essentiel, c'est-à-dire de la négativité stricte de $\mu_k(-\Delta + V)$ ou non. Le premier résultat dans cette direction est une adaptation de la proposition 1.15.

Théorème 5.43 (Infinité de valeurs propres si V décroît lentement à l'infini)
Soit $V \in L^p(\mathbb{R}^d, \mathbb{R}) + L_\varepsilon^\infty(\mathbb{R}^d, \mathbb{R})$ avec p comme dans (5.45) et qui satisfait l'estimée supérieure

$$V(x) \le -c|x|^{-\alpha}$$

pour $|x|$ assez grand avec $c > 0$ et $0 < \alpha < 2$. Alors la réalisation de Friedrichs de l'opérateur de Schrödinger $-\Delta + V$ satisfait

$$\mu_k(-\Delta + V) < \Sigma(-\Delta + V) = 0$$

pour tout $k \ge 1$. Elle possède donc une infinité de valeurs propres strictement négatives, qui tendent vers 0.

Ce résultat, qui s'applique par exemple à l'atome d'hydrogène, signifie que le spectre a la forme représentée à la figure 5.2 dès que le potentiel V est négatif à l'infini et ne tend pas trop vite vers 0. Rappelons que les valeurs propres négatives expliquent le spectre de raies que l'on obtient lors d'une expérience de spectroscopie.

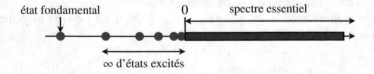

Fig. 5.2 Forme du spectre de la réalisation de Friedrichs de l'opérateur de Schrödinger $-\Delta + V$ lorsque V satisfait les hypothèses du théorème 5.43. © Mathieu Lewin 2021.

Preuve La preuve est essentiellement la même que celle de la proposition 1.15. Considérons un sous-espace W quelconque de $C_c^\infty(B_2 \setminus B_1)$ (les fonctions à support dans la couronne située entre les boules de rayon 1 et 2), avec $\dim(W) = k$. Posons ensuite

$$W_n = \left\{ \chi_n(x) = n^{-\frac{d}{2}} \chi(x/n), \quad \chi \in W \right\} = U_n W \subset C_c^\infty(B_{2n} \setminus B_n)$$

où $U_n v = n^{-d/2} v(\cdot/n)$ est l'unitaire consistant à dilater les fonctions d'un facteur $1/n$. L'espace W_n a donc la même dimension que W. Pour tout $\chi_n = U_n \chi \in W_n$ normalisé dans $L^2(\mathbb{R}^d)$, nous avons pour n assez grand

$$q_{-\Delta+V}(\chi_n) = \frac{1}{n^2} \int_{\mathbb{R}^d} |\nabla \chi(x)|^2 \, dx + \int_{B_2 \setminus B_1} V(nx) |\chi(x)|^2 \, dx$$

$$\leq \frac{1}{n^2} \int_{B_2 \setminus B_1} |\nabla \chi(x)|^2 \, dx - \frac{c}{n^\alpha} \int_{B_2 \setminus B_1} \frac{|\chi(x)|^2}{|x|^\alpha} \, dx$$

$$\leq \frac{1}{n^2} \max_{\substack{\chi \in W \\ \int_{\mathbb{R}^d} |\chi|^2 = 1}} \int_{B_2 \setminus B_1} |\nabla \chi(x)|^2 \, dx - \frac{c}{n^\alpha} \min_{\substack{\chi \in W \\ \int_{\mathbb{R}^d} |\chi|^2 = 1}} \int_{B_2 \setminus B_1} \frac{|\chi(x)|^2}{|x|^\alpha} \, dx.$$

Comme W est de dimension finie, le minimum

$$\min_{\substack{\chi \in W \\ \int_{\mathbb{R}^d} |\chi|^2 = 1}} \int_{B_2 \setminus B_1} \frac{|\chi(x)|^2}{|x|^\alpha} \, dx$$

est atteint, donc strictement positif. La formule (5.39) de Courant-Fischer implique alors

$$\mu_k(-\Delta + V) \leq \max_{\substack{\chi \in W \\ \int_{\mathbb{R}^d} |\chi|^2 = 1}} q_{-\Delta+V}(\chi_n)$$

qui est strictement négatif pour n assez grand, car le terme $n^{-\alpha}$ est dominant. Ainsi, $\mu_k(-\Delta + V) < 0 = \Sigma(-\Delta + V)$ pour tout $k \geq 1$ et $-\Delta + V$ possède une infinité de valeurs propres négatives, qui ne peuvent s'accumuler que en 0 car $\sigma_{\text{ess}}(-\Delta + V) = [0, +\infty[$ par le corollaire 5.35. □

Nous allons maintenant voir que la puissance $\alpha = 2$ est critique, au sens où tout potentiel qui décroît comme $|x|^{-\alpha}$ à l'infini avec $\alpha > 2$ ne peut générer qu'un nombre fini de valeurs propres. Plus précisément, nous avons déjà vu à la proposition 1.16 que si V est petit dans $L^{d/2}(\mathbb{R}^d)$, alors il n'y a aucune valeur propre. Le résultat suivant traite le cas d'un potentiel de taille quelconque.

Théorème 5.44 (Inégalité CLR) *On se place en dimension $d \geq 3$. Si $V \in$*
$L^{d/2}(\mathbb{R}^d) + L^{\infty}_\varepsilon(\mathbb{R}^d)$ *et* $V_- = \max(0, -V) \in L^{d/2}(\mathbb{R}^d)$, *alors la réalisation de*
Friedrichs de l'opérateur de Schrödinger $-\Delta + V$ *satisfait*

$$\mu_k(-\Delta + V) = \Sigma(-\Delta + V) = 0$$

pour k assez grand. Plus précisément, $-\Delta + V$ *n'a qu'un nombre fini de valeurs*
propres négatives ou nulles, c'est-à-dire $\mathbb{1}_{]-\infty,0]}(-\Delta + V)$ *est de rang fini. Il existe*
une constante universelle $C_{\mathrm{CLR}}(d)$ *ne dépendant que de la dimension d telle que*

$$\mathrm{rang}\left(\mathbb{1}_{]-\infty,0]}(-\Delta + V)\right) \leq C_{\mathrm{CLR}}(d) \int_{\mathbb{R}^d} V(x)_-^{\frac{d}{2}} \, \mathrm{d}x. \tag{5.49}$$

Une inégalité comme (5.49) ne peut être valable en dimension $d = 1, 2$, même
avec d'autres normes de V à droite. En effet il est possible de montrer que si
$V < 0$ partout, alors $-\Delta + V$ possède toujours une valeur propre négative [RS78,
Thm. XIII.11], ce qui contredit toute inégalité du type (5.49) que l'on peut imaginer.

L'inégalité (5.49) est due à Cwikel [Cwi77], Lieb [Lie80] et Rozenblum [Roz72].
Sa preuve dépasse le cadre de cet ouvrage et nous ne la fournirons pas ici. Au
problème B.4 nous montrons deux résultats plus faibles. Le premier fournit la
finitude du spectre discret lorsque V est à support compact *en toutes dimensions*
$d \geq 1$. Le second montre le résultat attendu que le spectre discret est fini, avec la
seule hypothèse que $V_- \in L^{d/2}(\mathbb{R}^d)$ en dimension $d \geq 3$, mais avec une estimée
moins bonne que (5.49).

L'inégalité (5.49) appartient à toute une classe très importante d'estimées concernant les valeurs propres négatives des opérateurs de Schrödinger, communément
appelées *inégalités semi-classiques* ou *inégalités de Lieb-Thirring*, du nom de
leurs deux inventeurs [LT75, LT76, LS10b]. Nous y reviendrons plus loin au
théorème 5.49. Le caractère semi-classique provient du fait que le terme à droite
de (5.49) est exact à la limite semi-classique. Plus précisément, nous allons montrer
à la section 5.7 que si on dilate le potentiel $V(x)$ en $V(\varepsilon x)$ avec $\varepsilon \to 0$, de sorte
qu'il varie très lentement (c'est la limite semi-classique), alors

$$\lim_{\varepsilon \to 0} \varepsilon^d \, \mathrm{rang}\left(\mathbb{1}_{]-\infty,0]}\left(-\Delta + V(\varepsilon x)\right)\right) = \frac{|\mathbb{S}^{d-1}|}{d(2\pi)^d} \int_{\mathbb{R}^d} V(x)_-^{\frac{d}{2}} \, \mathrm{d}x. \tag{5.50}$$

Ainsi, pour un potentiel sous la forme $V(\varepsilon x)$, le nombre de valeurs propres se
comporte comme ε^{-d} à la limite $\varepsilon \to 0$.

5.6.3 Le principe de Birman-Schwinger

Une méthode importante pour montrer le théorème 5.44 et de nombreux autres résultats concernant le spectre des opérateurs de Schrödinger est le *principe de Birman-Schwinger* [Bir61, Sch61], que nous décrivons ici de façon un peu informelle et qui est mis en pratique au problème B.4.

Commençons par décrire ce principe en dimension finie. Considérons deux matrices hermitiennes A, B avec A définie positive et B positive. Comme A a son spectre dans $]0, +\infty[$, on se demande quelle taille doit avoir la matrice B pour que $A - B$ ait des valeurs propres négatives. On a que $\lambda = -E < 0$ est une valeur propre de $A - B$ si et seulement s'il existe $v \neq 0$ tel que

$$(A + E)v = Bv.$$

Si $v \in \ker(B)$ alors on trouve $(A + E)v = 0$ ce qui implique $v = 0$ car $A > 0$, et est absurde. Donc $Bv \neq 0$ et $w := \sqrt{B}v \neq 0$ car $\ker(B) = \ker(\sqrt{B})$. En utilisant le fait que $-E \notin \sigma(A)$, on trouve en utilisant la relation $v = (A + E)^{-1}Bv$

$$w = \sqrt{B}v = \sqrt{B}(A + E)^{-1}Bv = \sqrt{B}(A + E)^{-1}\sqrt{B}\, w.$$

Ainsi, w est un vecteur propre de la matrice hermitienne positive

$$K_E := \sqrt{B}(A + E)^{-1}\sqrt{B}$$

pour la valeur propre 1. Réciproquement, si on a un vecteur $w \neq 0$ tel que $K_E w = w$ on peut poser $v = (A + E)^{-1}\sqrt{B}w$ qui est tel que $\sqrt{B}v = w$, donc non nul. En remplaçant w par $\sqrt{B}v$ dans l'expression de v, ceci fournit $v = (A + E)^{-1}Bv$, c'est-à-dire $(A + E - B)v = 0$. Donc $-E$ est une valeur propre de $A - B$. On en déduit le principe de Birman-Schwinger:

> $\lambda = -E < 0$ est une valeur propre négative de $A - B$
>
> $\Longleftrightarrow$ 1 est une valeur propre de $K_E = \sqrt{B}(A + E)^{-1}\sqrt{B}$.

L'argument précédent montre même que $(A + E)^{-1}\sqrt{B}$ est une bijection de $\ker(K_E - 1)$ vers $\ker(A - B + E)$. Les multiplicités sont donc égales.

Comme on a $(A + E_1)^{-1} \leq (A + E_2)^{-1}$ pour $E_1 \geq E_2$, on voit que le spectre de K_E est composé de valeurs propres qui sont décroissantes pour $E \in [0, +\infty[$, par la formule de Courant-Fischer. De plus elles tendent vers 0 quand $E \to +\infty$. Ce sont en fait des fonctions Lipschitziennes. Ainsi, l'image est comme à la figure 5.3: les valeurs propres de $A - B$ correspondent aux $\lambda_j = -E_j$ pour lesquels le spectre de K_E croise 1. En particulier, par monotonie et continuité, **le nombre de valeurs propres négatives de $A - B$ est égal au nombre de valeurs propres supérieures à 1 de** $K_0 = \sqrt{B}A^{-1}\sqrt{B}$ (comptées avec multiplicité). Ce dernier peut s'estimer

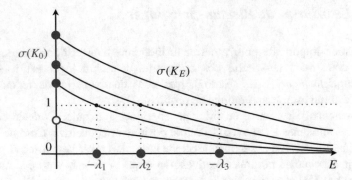

Fig. 5.3 Le principe de Birman-Schwinger.

par exemple par :

$$\text{rang}\left(\mathbb{1}_{\mathbb{R}_-}(A - B)\right) = \text{rang}\left(\mathbb{1}_{[1,+\infty[}(K_0)\right) \leq \text{tr}\,(K_0)^m = \text{tr}\left(A^{-1}B\right)^m \quad (5.51)$$

pour tout entier $m \geq 1$ car

$$\#\{\lambda_n(K_0) \geq 1\} \leq \sum_n \lambda_n(K_0)^m.$$

Cette discussion pour les matrices peut s'étendre aux opérateurs de Schrödinger. C'est-à-dire, on peut montrer que pour un potentiel $0 \leq V \in L^p(\mathbb{R}^d, \mathbb{R}) + L_\varepsilon^\infty(\mathbb{R}^d, \mathbb{R})$ avec p comme dans (5.45), on a que

$$\lambda = -E < 0 \text{ est une valeur propre négative de } -\Delta - V$$
$$\iff 1 \text{ est une valeur propre de } K_E = \sqrt{V}(-\Delta + E)^{-1}\sqrt{V}.$$

Ici l'opérateur K_E est bien défini et borné lorsque $E > 0$ à l'aide du théorème 5.21 et $-\Delta + V$ est la réalisation auto-adjointe de Friedrichs fournie par le corollaire 3.19. La compréhension du nombre de valeurs propres négatives de $-\Delta - V$ se ramène ainsi à l'étude de l'opérateur

$$K_0 = \sqrt{V}(-\Delta)^{-1}\sqrt{V} = \lim_{E \to 0^+} \sqrt{V}(-\Delta + E)^{-1}\sqrt{V}$$

qui est lui plus singulier à cause de l'inverse du Laplacien. En fait l'opérateur K_0 est encore compact en dimensions $d \geq 3$ par la remarque 5.22. La preuve du théorème 5.44 consiste alors à estimer le nombre de ses valeurs propres supérieures ou égales à 1 en fonction de $\|V\|_{L^{d/2}(\mathbb{R}^d)}$. Les détails d'un argument de ce type basé sur l'inégalité (5.51) peuvent être trouvés dans le problème B.4.

En dimensions $d \in \{1, 2\}$, l'opérateur $(-\Delta)^{-1}$ est très singulier car la fonction $k \mapsto |k|^{-2}$ n'est pas intégrable au voisinage de l'origine. On peut alors montrer que K_0 n'est pas borné dès que $V > 0$ et c'est ce qui crée toujours des valeurs propres pour $-\Delta - V$ en dimensions $d \in \{1, 2\}$. Lire à ce sujet [RS78, Thm. XIII.11].

5.7 Un peu d'analyse semi-classique*

L'objectif de cette dernière section est de déterminer plus précisément le comportement des valeurs propres de l'opérateur $-\Delta + V(\varepsilon x)$ à la limite $\varepsilon \to 0$. Après une dilatation de x d'un facteur ε, ceci revient à étudier l'opérateur $-\varepsilon^2 \Delta + V(x)$, c'est-à-dire à faire tendre la constante $\hbar$ vers 0, comme discuté à la section 1.2.1. On parle donc de *limite semi-classique*. Comme nous travaillons dans un système d'unités où $\hbar^2 = 2m$, nous préférons changer l'échelle de variation spatiale ε du potentiel extérieur V, plutôt que la constante physique $\hbar$. Dans la première section nous commençons par le cas où V est constant sur un cube ou sur un domaine borné Ω, ce qui sera ensuite utile pour le cas de tout l'espace $\mathbb{R}^d$ avec un potentiel variable.

5.7.1 Asymptotique de Weyl sur un ouvert borné

Nous avons vu à l'exemple 2.44 et à l'exercice 2.49 que les spectres des Laplaciens de Dirichlet et de Neumann sur le cube unité $\Omega =]0, 1[^d$ valent

$$\sigma\big((-\Delta)_{\text{Dir}}\big) = \pi^2 \left\{ \sum_{j=1}^d k_j^2, \ k_j \in \mathbb{N} \setminus \{0\} \right\}, \qquad \sigma\big((-\Delta)_{\text{Neu}}\big) = \pi^2 \left\{ \sum_{j=1}^d k_j^2, \ k_j \in \mathbb{N} \right\}.$$

Sur un cube quelconque $C \subset \mathbb{R}^d$, le spectre ne dépend pas de la position du cube. Par ailleurs, en effectuant une dilatation on peut toujours se ramener au cas du cube unité et on trouve que le spectre est juste divisé par $|C|^{2/d}$. La différence entre les deux spectres devient négligeable lorsqu'on regarde un grand ensemble de valeurs propres, par exemple si on compte le nombre de valeurs propres inférieures à un niveau E et qu'on prend la limite $E \to +\infty$.

Lemme 5.45 (Asymptotique de Weyl pour un hypercube) *Soit $C \subset \mathbb{R}^d$ un cube arbitraire et $N_{\text{Dir/Neu}}(E, C)$ le nombre de valeurs propres du Laplacien de Dirichlet/Neumann, inférieures strictement à E, comptées avec multiplicité. Alors il existe une constante universelle $K = K(d)$ (ne dépendant que de la dimension), telle que*

$$\left| N_{\text{Dir/Neu}}(E, C) - \frac{|\mathbb{S}^{d-1}|}{d(2\pi)^d} E^{\frac{d}{2}} |C| \right| \leq K(d) \left(1 + |C|^{\frac{d-1}{d}} E^{\frac{d-1}{2}} \right). \tag{5.52}$$

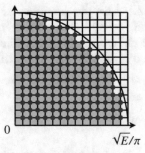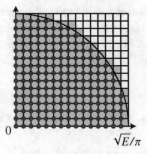

Fig. 5.4 Les $k \in \mathbb{N}^2$ qui fournissent toutes les valeurs propres $|k|^2$ des Laplacien de Dirichlet (gauche) et Neumann (droite) à l'intérieur du disque de rayon E/π^2 et les cubes utilisés dans la preuve du lemme 5.45.

Preuve Après dilatation et translation, il suffit de montrer le résultat pour le cube unité $C =]0, 1[^d$. Le nombre de valeurs propres de Dirichlet strictement inférieures à E est égal au nombre de vecteurs $k = (k_1, \ldots, k_d) \in (\mathbb{N}^*)^d$ tels que $|k|^2 = \sum_{j=1}^d k_j^2 < E\pi^{-2}$. Soit $\prod_{j=1}^d]k_j - 1, k_j[$ le cube dont k est à l'extrémité droite supérieure (en dimension 2). Ces cubes sont tous inclus dans l'intersection de la boule $B_{\sqrt{E}/\pi}$ de rayon $\sqrt{E}/\pi$ avec le quadrant $\{(x_1, \ldots, x_d) \,:\, x_i \geq 0\}$ (Figure 5.4). Comme cette région est de volume

$$2^{-d}|B_{\sqrt{E}/\pi}| = \frac{|\mathbb{S}^{d-1}|}{d(2\pi)^d} E^{d/2},$$

nous avons

$$N_{\mathrm{Dir}}(E, C) \leq \frac{|\mathbb{S}^{d-1}|}{d(2\pi)^d} E^{d/2}. \tag{5.53}$$

De la même façon, pour le Laplacien de Neumann il est naturel d'introduire les cubes $\prod_{j=1}^d]k_j, k_j + 1[$ dont k est à l'autre extrémité, et on trouve par le même argument

$$N_{\mathrm{Neu}}(E, C) \geq \frac{|\mathbb{S}^{d-1}|}{d(2\pi)^d} E^{d/2}.$$

La différence entre le nombre de valeurs propres des deux opérateurs est égale au nombre de $k \in \mathbb{N}^d$ dont au moins une des composantes s'annule, c'est-à-dire

$$N_{\mathrm{Neu}}(E, C) - N_{\mathrm{Dir}}(E, C) = \#\left\{ (k_1, \ldots, k_d) \in \mathbb{N}^d \,:\, \prod_{j=1}^d k_j = 0, \ |k|^2 < \frac{E}{\pi^2} \right\}.$$

D'après l'estimée précédente (5.53) sur le Laplacien de Dirichlet en dimension ℓ au lieu de d, le nombre de vecteurs $k = (k_1, \ldots, k_d)$ qui ont exactement ℓ composantes non nulles est majoré par $K\,E^{\ell/2}$ pour $K = \max_{\ell=1,\ldots,d}\ell^{-1}(2\pi)^{-\ell}|\mathbb{S}^{\ell-1}|$. Donc

$$N_{\mathrm{Neu}}(E, C) - N_{\mathrm{Dir}}(E, C) \le K \sum_{\ell=0}^{d-1} E^{\frac{\ell}{2}} \le dK\left(1 + E^{\frac{d-1}{2}}\right),$$

ce qui termine la preuve. □

Le lemme 5.45 précise que pour tout cube fixé C, le nombre de valeurs propres sous E a un comportement en $E^{d/2}$ à la limite $E \to \infty$. Il se trouve que ce comportement est universel et n'a rien de spécifique aux cubes. Le résultat suivant, dû à Weyl [Wey12], est un premier pas vers la compréhension du spectre des opérateurs de Schrödinger avec des méthodes semi-classiques.

Théorème 5.46 (Asymptotique de Weyl pour un domaine Ω quelconque) *Soit $\Omega \subset \mathbb{R}^d$ un ouvert borné dont la frontière est de mesure nulle, $|\partial\Omega| = 0$. Soit $N_{\mathrm{Dir}}(E, \Omega)$ le nombre de valeurs propres du Laplacien de Dirichlet sur Ω, inférieures strictement à E, comptées avec multiplicité. Alors*

$$\boxed{\lim_{E \to +\infty} \frac{N_{\mathrm{Dir}}(E, \Omega)}{E^{d/2}} = \frac{|\mathbb{S}^{d-1}|}{d(2\pi)^d}|\Omega|.} \tag{5.54}$$

Avec le changement de variables $x' = \ell x$ on peut voir que $N_{\mathrm{Dir}}(E, \ell\Omega) = N_{\mathrm{Dir}}(E\ell^2, \Omega)$. On peut donc reformuler (5.54) sous la forme

$$\boxed{\lim_{\ell \to +\infty} \frac{N_{\mathrm{Dir}}(E, \ell\Omega)}{\ell^d} = \frac{|\mathbb{S}^{d-1}|}{d(2\pi)^d}E^{\frac{d}{2}}|\Omega|.} \tag{5.55}$$

où maintenant E est fixe et Ω est dilaté d'un facteur $\ell \to +\infty$.

Preuve La preuve repose fortement sur le principe de Courant-Fischer et les comparaisons de formes quadratiques de la section 5.6.1. Elle est issue de [CH53, Sec. VI.4] et [RS78, Sec. XIII.15]. Rappelons que le Laplacien de Dirichlet est défini sur un ouvert quelconque par sa forme quadratique $\int_\Omega |\nabla u|^2$ sur $H_0^1(\Omega)$, comme vu à la section 3.3.4. Sans hypothèse supplémentaire sur la régularité de Ω, son domaine est inconnu.

Considérons un pavage de $\mathbb{R}^d$ par des cubes de côté ε, c'est-à-dire

$$\varepsilon C_k = \prod_{j=1}^d [\varepsilon k_j, \varepsilon(k_j + 1)[, \qquad k_j \in \mathbb{Z}.$$

Dans chacun des cubes qui sont strictement à l'intérieur de Ω (Figure 5.5), nous pouvons considérer les vecteurs propres du Laplacien de Dirichlet à l'intérieur de

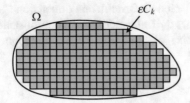
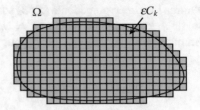

Fig. 5.5 Preuve du théorème 5.46 : on utilise les fonctions propres de tous les petits cubes εC_k inclus dans l'ouvert Ω comme fonctions tests pour le Laplacien de Dirichlet sur Ω, ce qui fournit une borne supérieure sur ses valeurs propres (donc une borne inférieure sur $N_{\mathrm{Dir}}(E, \Omega)$). Puis on utilise toutes les fonctions propres des cubes qui intersectent Ω avec la condition de Neumann, ce qui fournit une borne inférieure sur les valeurs propres dans le domaine Ω (donc une borne supérieure sur $N_{\mathrm{Dir}}(E, \Omega)$). © Mathieu Lewin 2021. All rights reserved

ce petit cube, dont la valeur propre est strictement inférieure à E. Il y a $N_{\mathrm{Dir}}(E, \varepsilon C_0)$ telles valeurs propres (le spectre du Laplacien de Dirichlet est le même dans chacun de ces cubes, par invariance par translation). Chacun des vecteurs propres peut être prolongé par 0 en dehors de son cube et vu comme une fonction de $H_0^1(\Omega)$. Nous considérons ensuite l'espace W engendré par tous les vecteurs dans chacun des cubes, qui est de dimension

$$\dim(W) = N_{\mathrm{Dir}}(E, \varepsilon C_0) \times \#\{k \in \mathbb{Z}^d \ : \ \varepsilon C_k \subset \Omega\}.$$

La restriction de la forme quadratique du Laplacien de Dirichlet sur Ω à l'espace W peut être identifiée à une matrice de taille $\dim(W)$. Cette matrice est diagonale par blocs, car deux vecteurs dans des cubes différents sont orthogonaux, puisqu'à support disjoint. Chaque bloc est juste la matrice de la forme quadratique du cube, dont les valeurs propres sont celles du Laplacien de Dirichlet sur le cube. Nous en déduisons que

$$q_{(-\Delta)}(v) = \int_\Omega |\nabla v|^2 < E \int_\Omega |v|^2, \qquad \forall v \in W.$$

Par la formule de Courant-Fischer (5.39), ceci montre que $\mu_{\dim(W)}(-\Delta) < E$. Le nombre de valeurs propres inférieures à E dans Ω est donc au moins égal à

$$N_{\mathrm{Dir}}(E, \Omega) \geq \dim(W) = N_{\mathrm{Dir}}(E, \varepsilon C_k) \times \#\{k \in \mathbb{Z}^d \ : \ \varepsilon C_k \subset \Omega\}.$$

Les cubes qui intersectent Ω mais ne sont pas à l'intérieur sont au plus à distance $\varepsilon \sqrt{d}$ du bord, de sorte que

$$|\Omega| \geq \varepsilon^d \#\{k \in \mathbb{Z}^d \ : \ \varepsilon C_k \subset \Omega\} \geq |\Omega| - \left|\partial\Omega_{\varepsilon\sqrt{d}}\right|,$$

où nous avons introduit l'ensemble

$$\partial\Omega_r := \left\{ x \in \mathbb{R}^d \; : \; \mathrm{d}(x, \partial\Omega) \leq r \right\}.$$

En utilisant (5.52) nous en déduisons que

$$N_{\mathrm{Dir}}(E, \Omega) \geq \frac{|\mathbb{S}^{d-1}|}{d(2\pi)^d} E^{\frac{d}{2}} \left(|\Omega| - |\partial\Omega_{\varepsilon\sqrt{d}}| \right) + O\left(\varepsilon^{-1} E^{\frac{d-1}{2}} \right). \tag{5.56}$$

Comme Ω est supposé borné, sa frontière $\partial\Omega$ est compacte. Les ensembles $\partial\Omega_{\varepsilon\sqrt{d}}$ sont donc également compacts et décroissent vers $\partial\Omega$ quand $\varepsilon \to 0^+$. On en déduit par convergence dominée que

$$\lim_{\varepsilon \to 0^+} |\partial\Omega_{\varepsilon\sqrt{d}}| = \lim_{\varepsilon \to 0^+} \int_{\mathbb{R}^d} \mathbb{1}\left(\mathrm{d}(x, \partial\Omega) \leq \varepsilon\sqrt{d} \right) \mathrm{d}x = |\partial\Omega| = 0. \tag{5.57}$$

Pour un domaine Ω régulier, ce terme est même d'ordre ε. L'erreur dans (5.56) est alors d'ordre $\varepsilon E^{d/2} + E^{(d-1)/2}\varepsilon^{-1}$ ce qui suggère de prendre $\varepsilon = E^{-1/4}$. Dans le cas général, il n'est pas possible d'exhiber un ε concret, mais nous pouvons toujours faire tendre $\varepsilon \to 0$ très lentement ou, ce qui revient au même, prendre d'abord $E \to \infty$ puis ensuite $\varepsilon \to 0$. Nous trouvons

$$\liminf_{E \to \infty} \frac{N_{\mathrm{Dir}}(E, \Omega)}{E^{d/2}} \geq \frac{|\mathbb{S}^{d-1}|}{d(2\pi)^d} |\Omega|.$$

Pour obtenir l'estimée opposée, nous considérons cette fois l'ensemble de tous les petits cubes εC_k qui intersectent Ω. Comme Ω est borné, il y en a un nombre fini. Dans chacun des εC_k, considérons toutes les fonctions propres du Laplacien de Neumann, dont la valeur propre correspondante est strictement inférieure à E. Ces fonctions sont dans $H^1(\varepsilon C_k)$, donc bien dans $L^2(\mathbb{R}^d)$ mais pas dans $H^1(\Omega)$. De façon similaire à précédemment, l'espace W' engendré par toutes ces fonctions est de dimension

$$\dim(W') = N_{\mathrm{Neu}}(E, \varepsilon C_k) \times \#\{ k \in \mathbb{Z}^d \; : \; \varepsilon C_k \cap \Omega \neq \emptyset\}$$

$$\leq \frac{|\mathbb{S}^{d-1}|}{d(2\pi)^d} E^{\frac{d}{2}} \left(|\Omega| + |\partial\Omega_{\varepsilon\sqrt{d}}| \right) + O\left(\varepsilon^{-d} E^{\frac{d-1}{2}} \right).$$

Maintenant, pour tout $v \in H_0^1(\Omega)$, nous avons

$$\int_\Omega |\nabla v|^2 = \sum_{\varepsilon C_k \cap \Omega \neq \emptyset} \int_{\varepsilon C_k \cap \Omega} |\nabla v|^2.$$

Si v est dans $(W')^{\perp} \cap H_0^1(\Omega)$, nous avons par le théorème spectral

$$\int_{\varepsilon C_k \cap \Omega} |\nabla v|^2 \geq E \int_{\varepsilon C_k \cap \Omega} |v|^2. \tag{5.58}$$

pour tout k, car $v_{|\varepsilon C_k}$ est orthogonal à tous les vecteurs propres du Laplacien de Neumann de valeur propre $< E$, dans εC_k. Ainsi,

$$\int_{\Omega} |\nabla v|^2 \geq E \int_{\Omega} |v|^2, \qquad \forall v \in H_0^1(\Omega) \cap (W')^{\perp}$$

ou encore

$$\inf_{\substack{v \in H_0^1(\Omega) \cap (W')^{\perp} \\ \|v\|=1}} \int_{\Omega} |\nabla v|^2 \geq E.$$

Par la seconde formule de Courant-Fischer (5.40), ceci montre que $\mu_{\dim(W')+1}(-\Delta)$ $\geq E$, car $\left(H_0^1(\Omega) \cap (W')^{\perp}\right)^{\perp} = W'$. Ainsi, $N_{\mathrm{Dir}}(E, \Omega) \leq \dim(W')$, ce qui termine la preuve du théorème. □

De cette preuve on pourra retenir que les conditions de Dirichlet sont très utiles pour obtenir des bornes supérieures sur les valeurs propres, puisque toute fonction dans $H_0^1(A)$ est dans $H_0^1(B)$ quand $A \subset B$. À l'inverse, les conditions de Neumann servent à obtenir des bornes inférieures sur les valeurs propres. L'utilisation de ces deux opérateurs "en tandem", s'appelle en anglais la méthode du *Dirichlet-Neumann bracketing*.

Les hypothèses du théorème 5.46 sont trop fortes. Pour le Laplacien de Dirichlet, le résultat reste vrai avec la seule hypothèse que Ω est de mesure finie ; il n'est pas nécessaire de supposer que Ω est borné, ni que $\partial\Omega$ est de mesure nulle [Cie70, BS70]. Dans le cas du Laplacien de Neumann non traité ici, la limite (5.54) est exactement la même mais des hypothèses de régularité sur Ω sont cette fois inévitables [NS05].

Pour un domaine Ω dont la frontière est régulière (par exemple C^1), le volume de (5.57) sera d'ordre ε, auquel cas la preuve ci-dessus fournit une estimée du reste sous la forme

$$N_{\mathrm{Dir}}(E, \Omega) = \frac{|\mathbb{S}^{d-1}|}{d(2\pi)^d} |\Omega| E^{\frac{d}{2}} + O\left(E^{\frac{d}{2}-\frac{1}{4}}\right).$$

Cette estimée n'est pas optimale. Courant [Cou20] a déjà obtenu un meilleur reste en 1920, d'ordre $O(E^{\frac{d-1}{2}} \log E)$ lorsque Ω est suffisamment lisse. Ceci a finalement été amélioré à $O(E^{\frac{d-1}{2}})$ dans [See80]. En 1913, Weyl [Wey13] a conjecturé que

$$N_{\mathrm{Dir}}(E, \Omega) = \frac{|\mathbb{S}^{d-1}|}{d(2\pi)^d} |\Omega| E^{\frac{d}{2}} - \frac{|\mathbb{S}^{d-2}|}{4(d-1)(2\pi)^{d-1}} \mathrm{Per}(\partial\Omega) \, E^{\frac{d-1}{2}} + o\left(E^{\frac{d-1}{2}}\right), \tag{5.59}$$

où Per$(\partial\Omega)$ désigne la surface de $\partial\Omega$. Cette question a ensuite fait l'objet de multiples travaux de recherche [Ivr16]. Ce développement asymptotique a été finalement démontré avec des hypothèses plus ou moins restrictives sur le domaine Ω. Pour $N_{\mathrm{Neu}}(E, \Omega)$ le développement est le même mais le signe du second terme est renversé.

Remarque 5.47 (Peut-on entendre la forme d'un tambour?) À partir du comportement des hautes valeurs propres du Laplacien de Dirichlet, on peut retrouver le volume $|\Omega|$ du domaine d'après (5.54), voire même la surface de sa frontière avec (5.59). Dans un article [Kac66] devenu célèbre, Mark Kac a demandé en 1966 s'il était possible de retrouver la forme exacte de Ω en connaissant toutes les valeurs propres de son Laplacien de Dirichlet. La réponse à cette question s'est finalement avérée négative, en dimension $d \geq 2$ [GWW92].

5.7.2 Limite semi-classique pour $-\Delta + V$

En utilisant des arguments très similaires à ceux de la preuve du théorème 5.46, nous allons maintenant pouvoir démontrer la limite semi-classique (5.50) annoncée précédemment.

Théorème 5.48 (Limite semi-classique des valeurs propres négatives) *On suppose que $d \geq 1$. Soit $V \in C_c^0(\mathbb{R}^d, \mathbb{R})$ (continue à support compact) et f une fonction continue par morceaux sur $\mathbb{R}$, nulle sur $]0, +\infty[$. Alors on a*

$$\lim_{\varepsilon \to 0^+} \varepsilon^d \sum_j f\left(\lambda_j\left(-\Delta + V(\varepsilon x)\right)\right) = \frac{1}{(2\pi)^d} \iint_{\mathbb{R}^d \times \mathbb{R}^d} f\left(|p|^2 + V(x)\right) dp \, dx,$$

(5.60)

où les $\lambda_j(-\Delta + V(\varepsilon x))$ sont toutes les valeurs propres négatives ou nulles de l'opérateur $-\Delta + V(\varepsilon x)$ auto-adjoint sur $H^2(\mathbb{R}^d)$, classées dans l'ordre croissant et répétées en cas de multiplicité.

L'intégrale à droite de (5.60) est finie car V est bornée et f est bornée localement, de sorte que

$$\iint_{\mathbb{R}^d \times \mathbb{R}^d} \left| f\left(|p|^2 + V(x)\right) \right| dp \, dx \leq C \iint_{\mathbb{R}^d \times \mathbb{R}^d} \mathbb{1}\left(|p|^2 + V(x) \leq 0\right) dp \, dx$$

$$= C \int_{\mathbb{R}^d} \left(\int_{\mathbb{R}^d} \mathbb{1}\left(|p|^2 \leq V(x)_-\right) dp \right) dx$$

$$= C \frac{|\mathbb{S}^{d-1}|}{d} \int_{\mathbb{R}^d} V(x)_-^{\frac{d}{2}} dx,$$

où $C = \sup_{-\|V_-\|_{L^\infty} \leq x \leq 0} |f(x)|$. En particulier, si nous prenons $f(x) = \mathbb{1}_{\mathbb{R}^-}(x)$, nous obtenons exactement la limite (5.50) concernant le nombre de valeurs propres négatives.

La convergence (5.60) exprime le fait que lorsque $\varepsilon \to 0$, les observables quantiques $f(-\Delta + V(\varepsilon x))$ peuvent être approchées par leur équivalent classique $f(|p|^2 + V(\varepsilon x))$ sur l'espace des phases $\mathbb{R}^d \times \mathbb{R}^d$, voir la section 1.5.5. En effet, la somme à gauche de (5.60) est (formellement) égale à la trace de l'opérateur $\varepsilon^d f(-\Delta + V(\varepsilon x))$, de sorte que (5.60) peut se réécrire

$$\mathrm{tr}\left[f\left(-\Delta + V(\varepsilon x)\right)\right] \underset{\varepsilon \to 0}{\sim} \frac{1}{(2\pi)^d} \iint_{\mathbb{R}^d \times \mathbb{R}^d} f\left(|p|^2 + V(\varepsilon x)\right) \mathrm{d}x\,\mathrm{d}p$$

$$= \frac{1}{(2\pi\varepsilon)^d} \iint_{\mathbb{R}^d \times \mathbb{R}^d} f\left(|p|^2 + V(x)\right) \mathrm{d}x\,\mathrm{d}p$$

où $-i\nabla$ a été remplacé par la variable classique p et la trace devient une intégrale sur l'espace des phases, multipliée par $(2\pi)^{-d}$.

La convergence (5.60) est vraie avec des hypothèses plus faibles pour le potentiel V et la fonction f. La condition que V est continue est par exemple bien trop forte. La preuve ci-dessous fonctionne sous lorsque V peut être approchée par le dessous et par le dessus par une suite de fonctions étagées, dans $L^{d/2}(\mathbb{R}^d)$.

L'intuition de la limite (5.60) est la suivante. Le potentiel $V(\varepsilon x)$ est très plat, puisque sa dérivée est d'ordre ε. Il est donc essentiellement constant sur de grands cubes de taille $\ell \gg 1$ à condition que $\varepsilon\ell \ll 1$, par le théorème des accroissements finis. On fait donc une petite erreur contrôlée en remplaçant V par une fonction constante par morceaux sur des cubes de taille $1 \ll \ell \ll 1/\varepsilon$ formant un pavage de $\mathbb{R}^d$. Puis, par l'argument de *Dirichlet-Neumann bracketing* utilisé dans la preuve du théorème 5.46, nous pouvons obtenir une estimée sur les valeurs propres de l'opérateur dans $\mathbb{R}^d$ en fonction du spectre des Laplaciens de Dirichlet et Neumann dans chaque cube. Finalement, comme ces cubes sont très grands, l'asymptotique semi-classique (5.52) mènera au résultat.

Preuve Posons $V_\varepsilon(x) = V(\varepsilon x)$. Nous écrivons la preuve d'abord dans le cas où $f(x) = \mathbb{1}(x < 0)$, auquel cas nous devons prouver que le nombre $N(0, V_\varepsilon)$ de valeurs propres négatives de l'opérateur $-\Delta + V_\varepsilon$ se comporte comme

$$\frac{1}{(2\pi\varepsilon)^d} \iint_{\mathbb{R}^d \times \mathbb{R}^d} \mathbb{1}\left(|p|^2 \leq -V(x)\right) \mathrm{d}p\,\mathrm{d}x = \frac{|\mathbb{S}^{d-1}|}{d(2\pi\varepsilon)^d} \int_{\mathbb{R}^d} V(x)_-^{\frac{d}{2}}\,\mathrm{d}x.$$

Comme la démonstration est exactement la même que celle du théorème 5.46, nous nous contentons d'en donner les idées principales. Considérons un pavage de $\mathbb{R}^d$ avec des cubes $\{\ell C_k\}_{k \in \mathbb{Z}^d}$ de volume ℓ^d, où $C_k = \prod_{j=1}^d [k_j, k_j+1[$ et $1 \ll \ell \ll \varepsilon^{-1}$, par exemple $\ell = \varepsilon^{-1/2}$. Nous allons remplacer $V(\varepsilon x)$ par une fonction constante dans chacun des cubes en prenant soit son maximum sur le cube, soit son minimum.

Considérons tous les cubes ℓC_k inclus dans le support de V_ε (de façon équivalente, $\varepsilon \ell C_k$ est dans le support de V) et prenons l'espace engendré par les fonctions propres du Laplacien de Dirichlet sur chaque cube ℓC_k, dont les valeurs propres sont strictement inférieures à $-\max_{\ell C_k} V_\varepsilon = -\max_{\varepsilon \ell C_k} V$. Ces fonctions forment un espace sur lequel la forme quadratique associée à $-\Delta + V(\varepsilon x)$ est négative. Ceci prouve que le nombre de valeurs propres négatives est au moins égal à

$$\sum_{\varepsilon \ell C_k \subset \mathrm{supp}(V)} N_{\mathrm{Dir}} \left(-\max_{\varepsilon \ell C_k} V, \ell C_k \right)$$

$$\geq \frac{|\mathbb{S}^{d-1}|}{d(2\pi\varepsilon)^d} \sum_{\varepsilon \ell C_k \subset \mathrm{supp}(V)} |\varepsilon \ell C_k| \left(-\max_{\varepsilon \ell C_k} V \right)_+^{\frac{d}{2}} - K \sum_{\varepsilon \ell C_k \subset \mathrm{supp}(V)} \left(1 + \ell^{d-1} \max_{\varepsilon \ell C_k} |V|^{\frac{d-1}{2}} \right).$$

Nous avons utilisé ici l'estimée (5.52) sur $N_{\mathrm{Dir}}(E, C)$. Le premier terme est une somme de Riemann qui converge vers $\int_{\mathbb{R}^d} V_-^{d/2}$ alors que le second est un $O(\varepsilon^{-d}\ell^{-1})$.

Pour avoir une borne dans l'autre sens, on écrit comme dans la preuve du théorème 5.46

$$\int_{\mathbb{R}^d} |\nabla v|^2 + V|v|^2 \geq \sum_{\ell C_k \cap \mathrm{supp}(V_\varepsilon) \neq \emptyset} \int_{\ell C_k} |\nabla v|^2 + V_\varepsilon |v|^2$$

$$\geq \sum_{\ell C_k \cap \mathrm{supp}(V_\varepsilon) \neq \emptyset} \int_{\ell C_k} |\nabla v|^2 - \left(\min_{\varepsilon \ell C_k} V \right)_- \int_{\ell C_k} |v|^2.$$

L'utilisation des fonctions propres avec condition au bord de Neumann sur chacun des cubes ℓC_k, dont les valeurs propres sont inférieures à $\left(\min_{\varepsilon \ell C_k} V \right)_-$ et de l'inégalité (5.52) fournit une borne supérieure sur le nombre de valeurs propres négatives, qui permet de conclure la preuve du théorème pour $f(x) = \mathbb{1}(x < 0)$.

Si on prend maintenant $f(x) = \mathbb{1}(x < a)$ avec $a \leq 0$, il faut estimer le nombre de valeurs propres inférieures à a de $-\Delta + V_\varepsilon$, qui est égal au nombre de valeurs propres négatives de $-\Delta + V_\varepsilon - a$. Le potentiel $V_\varepsilon - a$ ne tend pas vers 0 à l'infini mais on peut adapter la preuve précédente et obtenir que la limite (5.60) est valable pour $f(x) = \mathbb{1}(x < a)$ avec $a \leq 0$.

Par différence, nous obtenons la limite pour $f = \mathbb{1}_{[a,b[}$ où $b \leq 0$. Comme $V \in L^\infty(\mathbb{R}^d)$, l'opérateur $-\Delta + V_\varepsilon$ a son spectre inclus dans $[-\|V\|_{L^\infty(\mathbb{R}^d)}, +\infty[$. Seule la restriction de f à $[-\|V\|_{L^\infty(\mathbb{R}^d)}, 0]$ importe donc pour la limite (5.60). Or, toute fonction continue par morceaux peut être approchée par le dessous et le dessus par des fonctions étagées, pour lesquelles la limite a été démontrée. Un argument par densité permet de conclure la preuve. $\qquad\square$

5.7.3 Inégalités de Lieb-Thirring

La convergence (5.60) dans le cas où $f(x) = x_-$ concerne la somme des valeurs propres négatives :

$$\lim_{\varepsilon \to 0^+} \varepsilon^d \sum_j \left| \lambda_j(-\Delta + V(\varepsilon x)) \right| = \frac{1}{(2\pi)^d} \iint_{\mathbb{R}^d \times \mathbb{R}^d} \left(|p|^2 + V(x) \right)_- \, \mathrm{d}p \, \mathrm{d}x$$

$$= \frac{2|\mathbb{S}^{d-1}|}{(2\pi)^d d(d+2)} \int_{\mathbb{R}^d} V(x)_-^{1+\frac{d}{2}} \, \mathrm{d}x. \qquad (5.61)$$

Pour la seconde égalité nous avons juste calculé l'intégrale en p explicitement. Il semble alors naturel de se demander s'il existe une borne universelle sur la somme des valeurs propres, en fonction de $\int_{\mathbb{R}^d} V(x)_-^{1+d/2} \, \mathrm{d}x$, de la même façon que nous avions la borne universelle (5.49) sur le nombre de valeurs propres. C'est la célèbre inégalité de Lieb-Thirring, qui a joué un rôle fondamental dans la compréhension mathématique du comportement de la matière fermionique dans la limite d'un grand nombre de particules, c'est-à-dire la stabilité de la matière ordinaire [LT75, LT76, Lie90, LS10b, Fra21].

Théorème 5.49 (Inégalités de Lieb-Thirring) *Soit* $V \in L^p(\mathbb{R}^d) + L_\varepsilon^\infty(\mathbb{R}^d)$ *avec* p *comme en* (5.45) *tel que* $V_- = \max(0, -V) \in L^{\gamma+d/2}(\mathbb{R}^d, \mathbb{R})$, *où*

$$\gamma \begin{cases} \geq 1/2 & \text{si } d = 1, \\ > 0 & \text{si } d = 2, \\ \geq 0 & \text{si } d \geq 3. \end{cases}$$

Alors il existe une constante universelle $C_{\mathrm{LT}}(\gamma, d)$ *telle que les valeurs propres négatives ou nulles de l'opérateur* $-\Delta + V$ *(répétées selon leur multiplicité) satisfont l'inégalité*

$$\boxed{\sum_j \left| \lambda_j(-\Delta + V) \right|^\gamma \leq C_{\mathrm{LT}}(\gamma, d) \int_{\mathbb{R}^d} V(x)_-^{\gamma+\frac{d}{2}} \, \mathrm{d}x.} \qquad (5.62)$$

Lieb et Thirring [LT75, LT76] ont en fait seulement traité les cas où $\gamma > 1/2$ en dimension $d = 1$ et $\gamma > 0$ en dimensions $d \geq 2$. Le cas $\gamma = 0$ en dimensions $d \geq 3$ est l'inégalité CLR (5.49) déjà vue au théorème 5.44. Le cas $\gamma = 1/2$ en dimension $d = 1$ a lui été prouvé par Weidl dans [Wei96]. Nous renvoyons à l'article de revue [Fra21] pour de plus amples commentaires sur ces inégalités.

Il se trouve que si on a montré l'inégalité (5.62) pour un γ on en déduit assez facilement l'inégalité pour tout $\gamma' \geq \gamma$. En dimensions $d \geq 3$ le théorème 5.49 suit donc de l'inégalité CLR pour $\gamma = 0$, que nous avons admise au théorème 5.44. Nous expliquons maintenant cet argument.

Preuve *(pour $d \geq 3$ et $\gamma > 0$ à partir du théorème 5.44)* Nous avons pour $\gamma > 0$ et $x \in \mathbb{R}$

$$x_-^{\gamma} = \gamma \int_0^{x_-} \tau^{\gamma-1} \, d\tau = \gamma \int_0^{\infty} \mathbb{1}(x + \tau \leq 0) \, \tau^{\gamma-1} \, d\tau.$$

En utilisant (5.49), ceci implique

$$\sum_j |\lambda_j(-\Delta + V)|^{\gamma} = \gamma \int_0^{\infty} \sum_j \mathbb{1}\big(\lambda_j(-\Delta + V) + \tau \leq 0\big) \, \tau^{\gamma-1} \, d\tau$$

$$= \gamma \int_0^{\infty} \#\{\lambda_j(-\Delta + V) + \tau \leq 0\} \, \tau^{\gamma-1} \, d\tau$$

$$\leq \gamma \int_0^{\infty} \#\{\lambda_j(-\Delta - (V + \tau)_-) \leq 0\} \, \tau^{\gamma-1} \, d\tau$$

$$\leq C_{\mathrm{CLR}}(d)\gamma \int_{\mathbb{R}^d} \int_0^{\infty} (V(x) + \tau)_-^{\frac{d}{2}} \tau^{\gamma-1} \, d\tau \, dx$$

$$= C' \int_{\mathbb{R}^d} V(x)_-^{\gamma + \frac{d}{2}} \, dx,$$

où $C' = C_{\mathrm{CLR}}(d)\gamma \int_0^1 (1 - \tau)^{\frac{d}{2}} \tau^{\gamma-1} \, d\tau$. Pour la première inégalité nous avons utilisé

$$\lambda_j(-\Delta + V) + \tau = \lambda_j(-\Delta + V + \tau) \geq \lambda_j\big(-\Delta - (V + \tau)_-\big)$$

par la formule (5.39) de Courant-Fischer, puisque $V + \tau \geq -(V + \tau)_-$. Ceci implique que le nombre de $\lambda_j(-\Delta + V)$ inférieures ou égales à $-\tau$ est contrôlé par le nombre de valeurs propres négatives ou nulles de $-\Delta - (V + \tau)_-$. On notera que $(V + \tau)_- = (V + \tau)\mathbb{1}(V \leq 0)\mathbb{1}(|V| \geq \tau)$ de sorte que $(V + \tau)_-$ appartient bien à $L^{d/2}(\mathbb{R}^d)$ pour tout $\tau > 0$. $\qquad\square$

Exercices complémentaires

Exercice 5.50 (Laplacien discret) Dans l'espace de Hilbert $\mathfrak{H} = \ell^2(\mathbb{Z}^d)$ des suites $\mathbf{x} = \big(x(k)\big)_{k \in \mathbb{Z}^d}$, on introduit l'opérateur de dérivation discret dans la direction e_j par $(D_j\mathbf{x})(k) = x(k + e_j) - x(k)$. On introduit aussi l'opérateur Laplacien discret défini par $L = \sum_{j=1}^d D_j^* D_j$, c'est-à-dire

$$(L\mathbf{x})(k) = \sum_{j=1}^d 2x(k) - x(k + e_j) - x(k - e_j).$$

1. Montrer que D_j est un opérateur borné sur $\mathfrak{H}$. Quel est son adjoint ?
2. Montrer que L est auto-adjoint et que son spectre est inclus dans $[0, +\infty[$.
3. On considère l'isométrie $U : \mathfrak{H} \to \mathfrak{K} = L^2(]0, 1[^d)$ définie par $U\mathbf{x} = \sum_{k \in \mathbb{Z}^d} x(k)e^{2i\pi k \cdot x}$.
   Calculer $U D_j U^{-1}$ et $U L U^{-1}$ et en déduire le spectre de D_j et L. Ont-ils des valeurs propres ?

On montre maintenant sur un exemple, issu de [RS78, Sec. XIII.4], l'importance de la condition que les opérateurs sont auto-adjoints, dans la théorie de Weyl sur la stabilité du spectre essentiel par perturbations compactes. On se place en dimension $d = 1$ et on note $S = D_1 + 1$ le décalage à gauche. On considère l'opérateur défini par $(B\mathbf{x})_n = \delta_{0n}x_1$, c'est-à-dire $B = |\delta_0\rangle\langle\delta_1|$.

4. Vérifier que B est compact.
5. Montrer que le spectre essentiel de l'opérateur $S - B$ est tout le disque unité fermé.

Exercice 5.51 (Principe de Courant) On se place sur $L^2(\mathbb{R})$, avec un potentiel $V \in C_0^0(\mathbb{R}, \mathbb{R})$ pour simplifier. En utilisant la formule de Courant-Fischer, montrer que toute fonction propre associée à la j-ième valeur propre $\lambda_j < 0$ de $-d^2/dx^2 + V(x)$ (comptée avec multiplicité) s'annule au plus $k - 1$ fois, où $k \geq j$ est l'entier tel que $\lambda_j = \lambda_k < \lambda_{k+1}$. Montrer aussi avec le théorème de Cauchy-Lipschitz que la fonction propre change de signe à chacun de ses points d'annulation.

Exercice 5.52 (Poutres et compression) On considère une poutre horizontale qui est encastrée à une extrémité et peut se déformer un peu dans le plan vertical. On représente la poutre par le segment $[0, 1]$ et on appelle $u(x)$ le déplacement vertical de la poutre au point $x \in [0, 1]$. À cause de la forte rigidité du système, Euler et Bernoulli ont montré que l'énergie de très petits déplacements fait intervenir une dérivée seconde au lieu d'une dérivée première comme pour une corde vibrante. On introduit donc la forme quadratique

$$q(u) := \int_0^1 |u''(x)|^2 \, dx \tag{5.63}$$

définie sur le sous-espace $Q := \{u \in H^2(]0, 1[) : u(0) = u'(0) = 0\}$ où les deux contraintes en 0 sont dues à la fixation de la poutre en 0 [CH53, Sec. V.3.3]. Même si pour une poutre u est à valeurs réelles, on autorise ici u à prendre des valeurs complexes et on travaille dans l'espace de Hilbert $\mathfrak{H} = L^2(]0, 1[, \mathbb{C})$.

1. Montrer que $q + \|\cdot\|^2_{L^2(]0,1[)}$ est fermée sur Q et coercive.
2. Déterminer l'unique opérateur auto-adjoint A associé à q, en particulier les conditions au bord.

Maintenant on considère la situation où on applique une pression P à la poutre en 0 et 1, tout en maintenant ses extrémités. Si P est assez petit, lorsqu'on relâche cette pression la poutre va reprendre sa position d'équilibre horizontal. Mais en cas de trop forte pression, la poutre peut se plier et ne plus retrouver sa forme initiale (figure 5.6). L'énergie est cette fois décrite par la forme quadratique

$$q_P(u) := \int_0^1 |u''(x)|^2 \, dx - P \int_0^1 |u'(x)|^2 \, dx \tag{5.64}$$

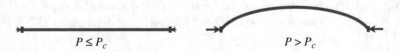

$$P \leq P_c \qquad\qquad\qquad P > P_c$$

Fig. 5.6 On applique une pression P aux extrémités d'une poutre. Si la pression est sous critique la poutre peut revenir à sa position initiale lorsque la pression est relâchée, mais si la pression est trop forte, la poutre est définitivement déformée.

sur l'espace $Q_0 := \{u \in H^2(]0, 1[) \ : \ u(0) = u(1) = 0\}$, voir [CH53, Sec. IV.12.13]. On définit la pression critique

$$P_c := \inf_{\substack{u \in Q_0 \\ u(0)=u(1)=0}} \frac{\int_0^1 |u''(x)|^2 \, dx}{\int_0^1 |u'(x)|^2 \, dx} = \inf_{\substack{u \in Q_0 \\ u(0)=u(1)=0 \\ \int_0^1 |u'(x)|^2 \, dx = 1}} \int_0^1 |u''(x)|^2 \, dx. \tag{5.65}$$

3. Montrer que

$$\inf_{u \in Q_0} q_P(u) = \begin{cases} 0 & \text{si } P \le P_c, \\ -\infty & \text{si } P > P_c. \end{cases}$$

4. Reformuler le problème de minimisation (5.65) en fonction du Laplacien de Dirichlet sur]0, 1[. Calculer P_c ainsi que l'unique minimiseur u de (5.65) à phase près.

Exercice 5.53 (Comportement du Laplacien de Robin sur]0, 1[à la limite $\theta \to 1^-$) On considère la réalisation auto-adjointe du Laplacien $A_{\text{Rob},\theta} u = -u''$ dans l'espace $\mathfrak{H} = L^2(]0, 1[)$, avec la condition au bord de Robin

$$D(A_{\text{Rob},\theta}) = \Big\{ u \in H^2(]0, 1[) \ : \ \cos(\pi\theta)u(1) + \sin(\pi\theta)u'(1) = 0,$$

$$\cos(\pi\theta)u(0) - \sin(\pi\theta)u'(0) = 0 \Big\},$$

étudiée aux sections 2.8.3 et 3.2.4. On appelle $\lambda_1(\theta) \le \lambda_2(\theta) \le \cdots$ les valeurs propres ordonnées de $A_{\text{Rob},\theta}$, répétées en cas de multiplicité.

1. En utilisant la formule de Courant-Fischer, montrer que $\theta \mapsto \lambda_1(\theta)$ est continue et strictement décroissante.
2. Montrer que $\lambda_1(1/2) = 0$ et en déduire que $\lambda_1(\theta) > 0$ pour tout $\theta \in [0, 1/2[$, et que $\lambda_1(\theta) < 0$ pour tout $\theta \in]1/2, 1[$. Énoncer une inégalité de Poincaré pour la forme quadratique de Robin lorsque $\theta \in [0, 1/2[$.
3. Montrer que $\lambda_1(\theta) \to -\infty$ et $\lambda_2(\theta) \to -\infty$ quand $\theta \to 1^-$.
4. Montrer que $\omega^2 \ne 0$ est une valeur propre du Laplacien de Robin $A_{\text{Rob},\theta}$ (de fonction propre $\alpha e^{i\omega x} + \beta e^{-i\omega x}$ avec α, β bien choisis) si et seulement si

$$\Big(\cos(\pi\theta) + i\omega \sin(\pi\theta) \Big)^2 e^{i\omega} = \Big(\cos(\pi\theta) - i\omega \sin(\pi\theta) \Big)^2 e^{-i\omega}.$$

Montrer que 0 est une valeur propre uniquement pour $\theta = 1/2$ et pour $\theta = 1 - \pi^{-1} \arctan(1/2) \simeq 0, 85$. Que se passe-t-il quand $\theta \to 1^-$?

La courbe de la figure 5.7 représente les trois premières valeurs propres en fonction de θ alors que celle de la figure 5.8 représente la troisième fonction propre pour diverses valeurs de θ.

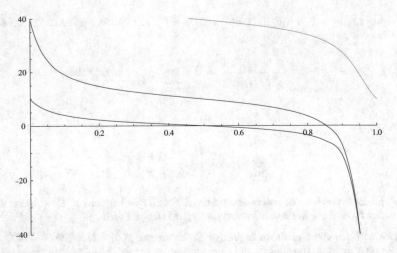

Fig. 5.7 Tracé des trois premières valeurs propres $\lambda_1(\theta) \leq \lambda_2(\theta) \leq \lambda_3(\theta)$ du Laplacien de Robin sur l'intervalle $]0, 1[$, en fonction de $\theta \in [0, 1[$.

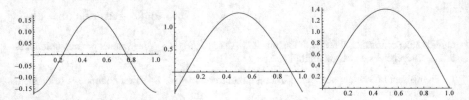

Fig. 5.8 Tracé de la troisième fonction propre du Laplacien de Robin sur l'intervalle $]0, 1[$ pour $\theta = 0.7$, pour $\theta = 0.97$ et à la limite $\theta \to 1^-$.

Chapitre 6
Systèmes à N particules, atomes, molécules

Ce chapitre est une petite excursion dans le monde des opérateurs de Schrödinger décrivant N particules au lieu d'une seule. Il s'agit d'un vaste sujet, très important d'un point de vue physique, où des questions d'apparence très basique peuvent mener à des problèmes mathématiques très difficiles. Nous mentionnons ici quelques résultats de recherche, actuelle ou moins récente, sans toujours fournir toutes les preuves. Nous avons choisi de discuter plus en détail du cas de N électrons dans une molécule dont les noyaux sont des particules classiques, qui est le système principal étudié en chimie quantique.

6.1 Hamiltonien pour N particules, bosons et fermions

Nous considérons un système de N particules *identiques* qui évoluent dans $\mathbb{R}^d$, sont soumises à un potentiel extérieur V et interagissent par paires avec un potentiel w. L'énergie classique d'un tel système (en supposant que la masse vaut $m = 1/2$ pour simplifier) est donnée par

$$E(x_1, p_1, \ldots, x_N, p_N) = \sum_{j=1}^{N} |p_j|^2 + V(x_j) + \sum_{1 \leq j < k \leq N} w(x_j - x_k)$$

où $x_j \in \mathbb{R}^d$ et $p_j \in \mathbb{R}^d$ sont respectivement la position et la quantité de mouvement de la particule n° j. Nous supposons que w est paire. Nous discuterons plus bas du type d'hypothèse que nous voulons pouvoir couvrir pour cette fonction. Le système quantique associé est posé sur l'espace de Hilbert

$$\mathfrak{H} = L^2\left((\mathbb{R}^d)^N, \mathbb{C}\right)$$

© The Author(s), under exclusive license to Springer Nature Switzerland AG 2022
M. Lewin, *Théorie spectrale et mécanique quantique*, Mathématiques et Applications 87, https://doi.org/10.1007/978-3-030-93436-1_6

qui comprend des fonctions d'onde $\Psi(x_1, \ldots, x_N)$ avec l'interprétation que

- $|\Psi(x_1, \ldots, x_N)|^2$ est la densité de probabilité que la particule n° 1 soit en x_1, que la particule n° 2 soit en x_2, etc ;
- $|\widehat{\Psi}(p_1, \ldots, p_N)|^2$ est la densité de probabilité que la particule n° 1 ait une quantité de mouvement p_1, que la particule n° 2 ait une quantité de mouvement p_2, etc.

Comme pour l'atome d'hydrogène au chapitre 1, l'énergie de ce système dans l'état Ψ est donc donnée par la formule

$$
\mathcal{E}^V(\Psi) = \sum_{j=1}^{N} \int_{\mathbb{R}^{dN}} |\nabla_{x_j} \Psi(x_1, \ldots, x_N)|^2 \, dx_1 \cdots dx_N
$$

$$
+ \sum_{j=1}^{N} \int_{\mathbb{R}^{dN}} V(x_j) |\Psi(x_1, \ldots, x_N)|^2 \, dx_1 \cdots dx_N
$$

$$
+ \sum_{1 \leq j < k \leq N} \int_{\mathbb{R}^{dN}} w(x_j - x_k) |\Psi(x_1, \ldots, x_N)|^2 \, dx_1 \cdots dx_N
$$

qui est la forme quadratique associée à l'opérateur Hamiltonien

$$
H^V(N) = \sum_{j=1}^{N} -\Delta_{x_j} + V(x_j) + \sum_{1 \leq j < k \leq N} w(x_j - x_k), \tag{6.1}
$$

la quantification de l'énergie classique E. Dans notre notation $H^V(N)$ nous avons indiqué le potentiel extérieur V car celui-ci peut être varié, par exemple en fonction des expériences physiques réalisées, alors que l'interaction w entre les particules est généralement une caractéristique de ces dernières et reste fixée dans l'étude.

L'interprétation que nous avons donnée de $|\Psi(x_1, \ldots, x_N)|^2$ et $|\widehat{\Psi}(p_1, \ldots, p_N)|^2$ laisse entendre que nous pouvons mettre des étiquettes sur les particules et savoir qui est qui à tout instant. En fait, si nous observons les particules à deux moments différents il est impossible de savoir quelle particule est allée où, puisqu'elles sont exactement identiques. Notre modélisation n'est donc pas adéquate et il faut la modifier légèrement. Plus précisément, notre modèle doit être invariant sous l'action des permutations des numéros que l'on peut attribuer aux particules. Nous devrions donc travailler, non pas dans $(\mathbb{R}^d)^N$, mais plutôt dans le quotient $(\mathbb{R}^d)^N / \mathfrak{S}_N$ sous l'action du groupe symétrique $(x_1, \ldots, x_N) \mapsto (x_{\sigma(1)}, \ldots, x_{\sigma(N)})$ qui permute les indices. Ce quotient a des propriétés topologiques que nous ne mentionnerons pas et qui jouent un rôle important en dimensions $d \in \{1, 2\}$ [LM77]. Nous allons plutôt nous contenter de vérifier que notre modélisation est bien invariante sous l'action du groupe symétrique.

Nous désirons que $|\Psi(x_1, \ldots, x_N)|^2$ et $|\widehat{\Psi}(p_1, \ldots, p_N)|^2$ soient symétriques par rapport aux échanges de leurs variables, afin que la numérotation des particules ne joue pas de rôle. Mais par ailleurs nous devons travailler dans un espace vectoriel, de par le formalisme de la mécanique quantique présenté à la section 1.5. À l'exercice 6.1 nous montrons qu'il existe seulement deux contraintes linéaires possibles sur la fonction Ψ :

- soit on travaille avec l'hypothèse que Ψ est *symétrique* par rapport aux échanges de ses variables, c'est-à-dire

$$\Psi(x_{\sigma(1)}, \ldots, x_{\sigma(N)}) = \Psi(x_1, \ldots, x_N), \qquad \forall \sigma \in \mathfrak{S}_N ; \qquad (6.2)$$

- soit on travaille avec l'hypothèse que Ψ est *anti-symétrique* par rapport aux échanges de ses variables, c'est-à-dire

$$\Psi(x_{\sigma(1)}, \ldots, x_{\sigma(N)}) = \varepsilon(\sigma) \, \Psi(x_1, \ldots, x_N), \qquad \forall \sigma \in \mathfrak{S}_N \qquad (6.3)$$

où $\varepsilon(\sigma)$ est la signature de la permutation σ.

Ces deux contraintes impliquent que $|\Psi|^2$ et $|\widehat{\Psi}|^2$ sont symétriques, comme désiré. Par ailleurs, ce sont des contraintes linéaires qui imposent simplement de travailler dans les sous-espaces fermés correspondants de $L^2((\mathbb{R}^d)^N)$, notés dans la suite

$$L^2_s((\mathbb{R}^d)^N, \mathbb{C}) := \left\{ \Psi \in L^2((\mathbb{R}^d)^N, \mathbb{C}) \text{ vérifiant (6.2) p.p.} \right\} \qquad (6.4)$$

et

$$L^2_a((\mathbb{R}^d)^N, \mathbb{C}) := \left\{ \Psi \in L^2((\mathbb{R}^d)^N, \mathbb{C}) \text{ vérifiant (6.3) p.p.} \right\} \qquad (6.5)$$

et qui seront bien sûr munis de la norme habituelle de $L^2((\mathbb{R}^d)^N, \mathbb{C})$. De façon similaire, on peut définir les espaces de Sobolev $H^k_{a/s}((\mathbb{R}^d)^N, \mathbb{C})$.

Le choix de la condition de symétrie ou d'anti-symétrie dépend du type de particule étudié. Celles qui sont modélisées par des Ψ symétriques s'appellent des *bosons*, alors que celles pour lesquelles Ψ est anti-symétrique s'appellent des *fermions*. Le "modèle standard" de la physique des particules nous apprend que toutes les particules élémentaires composant la matière sont des fermions (exemples : électron, quark), alors que toutes les particules permettant les échanges d'énergie sont des bosons (exemples : photon, gluon, Higgs).

En fonction de l'échelle spatiale à laquelle on travaille, il est souvent commode de décrire des particules *composites* (comprenant plusieurs particules élémentaires) comme une seule entité. Par exemple, lors de notre étude de l'électron dans l'atome d'hydrogène, nous avons supposé que le proton était une particule classique et fixe. Nous pouvons aussi décrire ce dernier de façon quantique, comme à l'exemple 1.21. Cependant, nous oublions ici que le proton contient en fait trois quarks, et également qu'il existe des isotopes de l'hydrogène qui ont des neutrons, eux-mêmes étant composés de trois quarks. Le modèle peut donc être complexifié en fonction de l'échelle à laquelle on étudie le système. Pour une particule composite, la règle est que seul le nombre de fermions compte pour déterminer son type. C'est un boson si le nombre de fermions élémentaires qui le composent est pair, et un fermion sinon. Par exemple, les protons et neutrons, qui sont composés de trois quarks sont des fermions. L'Hélium 4 (2 électrons, 2 protons et 2 neutrons) se comporte comme un boson alors que l'Hélium 3 (2 électrons, 2 protons et 1 neutron), beaucoup plus rare sur terre, se comporte comme un fermion. Cette règle est assez intuitive, puisque si on regroupe les variables d'une fonction d'onde, et qu'on observe le signe qui apparaît lorsqu'on échange ces groupes de variables, on voit immédiatement qu'il dépend seulement de la parité du nombre de variables fermioniques dans chaque groupe.[1]

Le Hamiltonien $H^V(N)$ se comporte souvent de façon très différente à la limite $N \to \infty$ selon s'il est restreint aux sous-espaces des fonctions symétriques ou anti-symétriques. Les systèmes bosoniques peuvent être plus instables que les systèmes fermioniques lorsque le nombre de particules grandit. Pour le cas Coulombien qui nous intéresse tout particulièrement, seuls les systèmes fermioniques sont stables à la limite $N \to \infty$ [LT75, Lie90, LS10b]. Si on tient seulement compte des forces électrostatiques, la matière bosonique est instable [Lie79].

L'explication intuitive est que les bosons sont des particules très sociables qui aiment beaucoup être ensemble, ce qui peut engendrer une trop forte concentration, source d'instabilité. Par exemple, on peut mettre N bosons dans le même état $u \in L^2(\mathbb{R}^d)$ avec $\|u\|_{L^2(\mathbb{R}^d)} = 1$ en prenant

$$\Psi_{\mathrm{BE}}(x_1, \ldots, x_N) = u(x_1) \cdots u(x_N)$$

qui s'appelle un *condensat de Bose-Einstein*. C'est la version quantique des variables aléatoires indépendantes et identiquement distribuées en théorie des probabilités, puisque les probabilités de présence et d'impulsion valent justement

$$|\Psi_{\mathrm{BE}}(x_1, \ldots, x_N)|^2 = \prod_{j=1}^N |u(x_j)|^2, \qquad |\widehat{\Psi_{\mathrm{BE}}}(p_1, \ldots, p_N)|^2 = \prod_{j=1}^N |\widehat{u}(p_j)|^2.$$

Dans ce cas les N bosons font donc tous exactement la même chose, mais sans se préoccuper des autres. Les fermions ne peuvent adopter un tel comportement. L'anti-symétrie de Ψ est souvent appelée *principe de Pauli* et elle implique, par exemple, que deux fermions ne peuvent jamais être au même endroit. En effet, si Ψ est une fonction continue, on a

$$\Psi(x_1, \ldots, x, \ldots, x, \ldots, x_N) = 0.$$

---

[1] Par exemple, un système comprenant quatre fermions est décrit par une fonction d'onde anti-symétrique $\Psi(x_1, x_2, x_3, x_4)$ et comme $\Psi(x_1, x_2, x_3, x_4) = \Psi(x_3, x_4, x_1, x_2)$ on trouve bien que les paires de fermions se comportent comme des bosons.

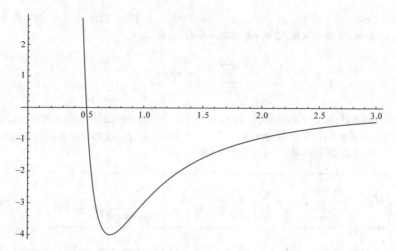

Fig. 6.1 Forme typique de l'interaction empirique w pour des atomes. © Mathieu Lewin 2021.

Cette répulsion naturelle peut servir à stabiliser le système. La question de comprendre l'implication mathématique du principe de Pauli sur la stabilité des systèmes quantiques à la limite $N \to \infty$ a beaucoup occupé les chercheurs en physique mathématique ces dernières décennies.

Discutons maintenant du potentiel d'interaction w. Alors que les électrons interagissent avec le potentiel de Coulomb (en négligeant les forces faibles), les particules composites ont une interaction complexe qui ne peut être déterminée qu'empiriquement, puisqu'elle émane de leur structure interne. Il est fréquent de la décrire par un potentiel d'interaction par paires w comme dans cette section. On suppose souvent dans ce cas que w a la forme présentée à la figure 6.1, avec une assez forte répulsion à l'origine et une faible attraction à l'infini. Pour les atomes l'attraction décroît au plus comme $-1/|x|^6$ qui est le potentiel de Van Der Waals, mais elle peut décroître plus lentement, par exemple si les atomes peuvent se polariser. Il est donc important que la théorie mathématique soit assez flexible du point de vue des hypothèses sur les potentiels V et w, qui ne sont pas toujours connus exactement.

Atomes et molécules Nous étudierons plus en détail le cas des électrons dans les atomes et les molécules à la section 6.5. Dans l'approximation de Born-Oppenheimer, une molécule comprend N électrons quantiques et M noyaux classiques fixes, de charges $z_1, \ldots, z_M$ et situés en $R_1, \ldots, R_M \in \mathbb{R}^3$. Ces M noyaux induisent le potentiel de Coulomb

$$V(x) = -\sum_{m=1}^{M} \frac{z_m}{|x - R_m|}$$

qui est ressenti par les N électrons du système. Par ailleurs, les N électrons interagissent entre eux avec la répulsion Coulombienne

$$\sum_{1 \le j < k \le N} \frac{1}{|x_j - x_k|}$$

qui correspond par conséquent à $w(x) = 1/|x|$. Nous travaillons ici à nouveau dans un système d'unité où $e^2/(4\pi\varepsilon_0) = 2m_e = 1$ où m_e est la masse électronique. Le Hamiltonien décrivant les N électrons est donc

$$H_{\text{mol}} = -\sum_{j=1}^{N} \Delta_{x_j} - \sum_{j=1}^{N}\sum_{m=1}^{M} \frac{z_m}{|x_j - R_m|} + \sum_{1 \le j < k \le N} \frac{1}{|x_j - x_k|} \qquad (6.6)$$

et il doit être étudié sur $L_a^2((\mathbb{R}^3)^N, \mathbb{C})$ puisque les électrons sont des fermions. Ici nous n'avons pas tenu compte de la répulsion Coulombienne entre les noyaux

$$\sum_{1 \le \ell < m \le M} \frac{z_\ell z_m}{|R_\ell - R_m|}$$

car c'est une constante, tant que ces derniers restent fixes. Il faut bien sûr l'ajouter si on fait varier les positions des noyaux et que l'on compare les énergies obtenues. Nous avons par ailleurs à nouveau négligé le spin des électrons pour simplifier l'écriture du modèle.

Il est assez surprenant que l'opérateur (6.6) décrive tous les atomes du tableau périodique et toutes les molécules en allant de petits objets comme la molécule d'eau H_2O (figure 6.2) à des macro-molécules comme l'ADN. C'est l'une des plus grandes réussites de la mécanique quantique. L'opérateur H_{mol} dont la formule tient sur une ligne est supposé décrire les comportements physiques variés et complexes de tous ces objets. Il faut cependant tempérer un enthousiasme trop prononcé, car réaliser des prédictions concrètes et précises avec l'opérateur (6.6) se révèle d'une

Fig. 6.2 Pour la molécule d'eau, on a $z_1 = z_2 = 1$, $z_3 = 8$ et $N = 10$

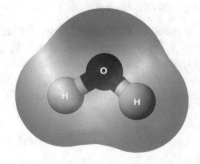

extraordinaire difficulté, à cause de la très grande dimension de l'espace $\mathbb{R}^{3N}$ dans lequel agit cet opérateur.

Exercice 6.1 (Bosons, fermions et représentations du groupe symétrique) Le groupe des permutations $\mathfrak{S}_N$ agit sur l'espace $L^2((\mathbb{R}^d)^N, \mathbb{C})$ en échangeant les variables des fonctions : $(U_\tau \Psi)(x_1, \ldots, x_N) = \Psi(x_{\tau^{-1}(1)}, \ldots, x_{\tau^{-1}(N)})$. Comme les états quantiques sont toujours définis modulo phase (section 1.5 du chapitre 1), on dit qu'une fonction normalisée $\Psi \in L^2((\mathbb{R}^d)^N, \mathbb{C})$ décrit N *particules indiscernables* lorsque Ψ et $U_\tau \Psi$ sont colinéaires pour tout $\tau \in \mathfrak{S}_N$:

$$\forall \tau \in \mathfrak{S}_N, \quad \exists \lambda_\tau \in \mathbb{C} : U_\tau \Psi = \lambda_\tau \Psi.$$

Le choix des numéros des particules n'a alors pas d'influence sur l'état physique du système. Vérifier que les U_τ sont des opérateurs unitaires qui forment un groupe, $U_\tau U_{\tau'} = U_{\tau\tau'}$, avec $U_{\mathrm{Id}} = 1$. En déduire que $\lambda_{\tau\tau'} = \lambda_\tau \lambda_{\tau'}$ pour tous $\tau, \tau' \in \mathfrak{S}_N$, puis que Ψ est soit symétrique ($\lambda_\tau = 1$), soit anti-symétrique ($\lambda_\tau = \varepsilon(\tau)$, la signature de la permutation τ).

6.2 Auto-adjonction

Dans cette section nous allons montrer que l'opérateur $H^V(N)$ défini en (6.1) est auto-adjoint sur $H^2_{a/s}((\mathbb{R}^d)^N, \mathbb{C})$, sous des conditions physiquement très raisonnables sur les potentiels V et w. Nous travaillons en dimension $d \geq 1$ quelconque. Malheureusement nous ne pouvons pas appliquer le théorème 3.4 dans $\mathbb{R}^{dN}$. En effet, le potentiel total

$$\sum_{j=1}^N V(x_j) + \sum_{1 \leq j < k \leq N} w(x_j - x_k)$$

n'est dans aucun $L^p(\mathbb{R}^{dN})$ car il fait intervenir des fonctions qui ne dépendent que d'une ou deux variables à la fois. Par ailleurs, l'utilisation de l'injection de Sobolev en dimension dN nous amènerait naturellement à utiliser l'espace $L^{dN/2}(\mathbb{R}^{dN})$ qui a une très mauvaise dépendance par rapport à N. La forme très spéciale de l'opérateur $H^V(N)$ permet cependant de montrer l'auto-adjonction avec les mêmes hypothèses sur V et w que dans $\mathbb{R}^d$, donc de façon totalement *indépendante du nombre N de particules*.

Rappelons que l'opérateur $H^V(1) = -\Delta + V(x)$ est auto-adjoint sur $D(H^V(1)) = H^2(\mathbb{R}^d)$ lorsque $V \in L^p(\mathbb{R}^d) + L^\infty(\mathbb{R}^d)$, avec

$$\begin{cases} p = 2 & \text{si } d \in \{1, 2, 3\}, \\ p > 2 & \text{si } d = 4, \\ p = \frac{d}{2} & \text{si } d \geq 5, \end{cases} \tag{6.7}$$

(théorème 3.4). Dans ce cas on a l'inégalité

$$\|Vf\|^2_{L^2(\mathbb{R}^d)} \leq \varepsilon \|\Delta f\|^2_{L^2(\mathbb{R}^d)} + C_\varepsilon \|f\|^2_{L^2(\mathbb{R}^d)}, \qquad \forall f \in H^2(\mathbb{R}^d), \ \forall \varepsilon > 0. \tag{6.8}$$

Le résultat suivant signifie que $H^V(N)$ est auto-adjoint sur $H^2_{a/s}((\mathbb{R}^d)^N)$ *pour tout* $N \geq 1$, avec la même condition (6.7).

Théorème 6.2 (Opérateurs à *N* corps : auto-adjonction) *On suppose que V et w sont dans $L^p(\mathbb{R}^d, \mathbb{R}) + L^\infty(\mathbb{R}^d, \mathbb{R})$ avec p satisfaisant l'hypothèse (6.7). On suppose également que w est paire. Alors, pour tout $N \geq 2$, l'opérateur $H^V(N)$ est auto-adjoint sur*

$$D\big(H^V(N)\big) = \begin{cases} H^2((\mathbb{R}^d)^N, \mathbb{C}) \subset L^2((\mathbb{R}^d)^N, \mathbb{C}) & \text{(pas de symétrie)}, \\ H^2_s((\mathbb{R}^d)^N, \mathbb{C}) \subset L^2_s((\mathbb{R}^d)^N, \mathbb{C}) & \text{(bosons)}, \\ H^2_a((\mathbb{R}^d)^N, \mathbb{C}) \subset L^2_a((\mathbb{R}^d)^N, \mathbb{C}) & \text{(fermions)}, \end{cases}$$

et son spectre est minoré dans chacun de ces trois cas.

Preuve L'opérateur $-\Delta = \sum_{j=1}^N -\Delta_{x_j}$ est auto-adjoint sur $H^2((\mathbb{R}^d)^N)$, comme nous l'avons vu au théorème 2.35. Comme les sous-espaces $H^2_s((\mathbb{R}^d)^N)$ et $H^2_a((\mathbb{R}^d)^N)$ sont fermés dans $H^2((\mathbb{R}^d)^N)$ et qu'ils sont invariants par $-\Delta$ au sens de l'exercice 4.43, l'opérateur $-\Delta$ reste auto-adjoint lorsqu'il est restreint à ces deux sous-espaces. Simplement, l'équation $(1 - \Delta)\Psi = \Phi$ qui admet une unique solution Ψ pour tout $\Phi \in L^2((\mathbb{R}^d)^N)$ vérifie $\Psi \in H^2_{s/a}((\mathbb{R}^d)^N)$ dès lors que $\Phi \in L^2_{s/a}((\mathbb{R}^d)^N)$ (l'écrire en Fourier). D'après le théorème 2.28, ceci montre l'auto-adjonction de $-\Delta$ sur les deux sous-espaces $H^2_{s/a}((\mathbb{R}^d)^N)$, avec le même spectre (exercice 6.3). Par le théorème 3.1 de Rellich-Kato il suffit donc de montrer que chacun des termes apparaissant dans la définition du potentiel total est infinitésimalement $(-\Delta)$–borné. La symétrie de la fonction d'onde est conservée grâce à la parité de w. Nous commençons par exemple par la fonction $V(x_1)$ et calculons donc

$$\|V(x_1)\Psi\|_{L^2}^2 = \int_{\mathbb{R}^d} \cdots \left(\int_{\mathbb{R}^d} V(x_1)^2 |\Psi(x_1, \ldots, x_N)|^2 \, dx_1 \right) \cdots dx_N$$

$$\leq \varepsilon \int_{\mathbb{R}^d} \cdots \int_{\mathbb{R}^d} |\Delta_{x_1} \Psi(x_1, \ldots, x_N)|^2 \, dx_1 \cdots dx_N$$

$$+ C_\varepsilon \int_{\mathbb{R}^d} \cdots \int_{\mathbb{R}^d} |\Psi(x_1, \ldots, x_N)|^2 \, dx_1 \cdots dx_N.$$

Nous avons ici utilisé l'inégalité (6.8) dans la variable x_1 en fixant toutes les autres variables $x_2, \ldots, x_N$, ce qui est autorisé par Fubini. Comme

$$\int_{(\mathbb{R}^d)^N} |\Delta_{x_1} \Psi|^2 = \int_{(\mathbb{R}^d)^N} |k_1|^4 |\widehat{\Psi}|^2 \leq \int_{(\mathbb{R}^d)^N} \left(\sum_{j=1}^d |k_j|^2 \right)^2 |\widehat{\Psi}|^2 = \int_{(\mathbb{R}^d)^N} |\Delta\Psi|^2,$$

ceci montre bien que $V(x_1)$ est infinitésimalement $(-\Delta)$–borné. L'argument est évidemment exactement le même pour $V(x_j)$.

Il reste à traiter l'interaction. Nous commençons par remarquer que dans l'inégalité (6.8), le terme de droite est invariant par translations alors que celui de gauche ne l'est pas. En remplaçant f par $f(\cdot + R)$, nous obtenons donc

$$\|V(\cdot - R)f\|_{L^2(\mathbb{R}^d)}^2 \leq \varepsilon \|f\|_{H^2(\mathbb{R}^d)}^2 + C_\varepsilon \|f\|_{L^2(\mathbb{R}^d)}^2,$$

$$\forall f \in H^2(\mathbb{R}^d), \ \forall R \in \mathbb{R}^d, \ \forall \varepsilon > 0. \qquad (6.9)$$

Nous avions utilisé la même astuce dans la preuve de l'inégalité de Kato au corollaire 1.4. Ainsi, nous pouvons maintenant écrire

$$\|w(x_1 - x_2)\Psi\|_{L^2}^2 = \int_{\mathbb{R}^d} \cdots \left(\int_{\mathbb{R}^d} w(x_1 - x_2)^2 |\Psi(x_1, \ldots, x_N)|^2 \, dx_1 \right) \cdots dx_N$$

$$\leq \varepsilon \int_{\mathbb{R}^d} \cdots \int_{\mathbb{R}^d} |\Delta_{x_1} \Psi(x_1, \ldots, x_N)|^2 \, dx_1 \cdots dx_N$$

$$+ C_\varepsilon \int_{\mathbb{R}^d} \cdots \int_{\mathbb{R}^d} |\Psi(x_1, \ldots, x_N)|^2 \, dx_1 \cdots dx_N$$

où nous avons utilisé (6.9) avec $R = x_2$, toujours en fixant $x_2, \ldots, x_N$ par le théorème de Fubini. Ceci montre bien que tous les termes du potentiel sont infinitésimalement $(-\Delta)$–bornés, donc que le potentiel total l'est. Le comportement en N de nos estimées est assez mauvais, mais ceci n'a pas d'importance pour l'auto-adjonction puisqu'on peut prendre ε aussi petit que l'on veut.

Les arguments précédents peuvent être adaptés à $\int_{(\mathbb{R}^d)^N} V(x_j)|\Psi|^2$ et $\int_{(\mathbb{R}^d)^N} w(x_j - x_k)|\Psi|^2$. Comme au théorème 3.4, nous pouvons également obtenir une estimée sur l'énergie totale sous la forme

$$\mathcal{E}^V(\Psi) \geq (1-\varepsilon) \int_{(\mathbb{R}^d)^N} |\nabla\Psi|^2 - C_\varepsilon \int_{(\mathbb{R}^d)^N} |\Psi|^2 \tag{6.10}$$

qui prouve que le spectre est borné inférieurement, par le théorème 2.33. $\square$

Exercice 6.3 (Laplacien : bosons et fermions) Montrer que le spectre de l'opérateur auto-adjoint $-\Delta$ défini sur $H_s^2((\mathbb{R}^d)^N)$ et $H_a^2((\mathbb{R}^d)^N)$ est encore égal à $[0, +\infty[$.

Exercice 6.4 (Atomes et molécules) En utilisant l'inégalité de Kato (1.30), trouver une estimée sur la constante C_ε en fonction de ε, N, M (le nombre de noyaux) et $\max(|z_m|)$ (la charge maximale des noyaux), pour l'opérateur (6.6).

Avec l'hypothèse plus faible $V \in L^p(\mathbb{R}^d, \mathbb{R}) + L^\infty(\mathbb{R}^d, \mathbb{R})$ où

$$\begin{cases} p = 1 & \text{si } d = 1, \\ p > 1 & \text{si } d = 2, \\ p = \frac{d}{2} & \text{si } d \geq 3, \end{cases} \tag{6.11}$$

nous avons pu construire au corollaire 3.19 la *réalisation de Friedrichs* de l'opérateur $H^V(1) = -\Delta + V$, dont le domaine est donné par

$$D(-\Delta + V) = \left\{ u \in H^1(\mathbb{R}^d) \; : \; (-\Delta + V)u \in L^2(\mathbb{R}^d) \right\}.$$

La même preuve que celle du théorème 6.2 précédent permet d'en déduire le résultat suivant.

Théorème 6.5 (Opérateurs à N corps : auto-adjonction II) *On suppose que V et w sont dans $L^p(\mathbb{R}^d, \mathbb{R}) + L^\infty(\mathbb{R}^d, \mathbb{R})$ avec p satisfaisant l'hypothèse (6.11). On suppose également que w est paire. Alors, pour tout $N \geq 2$, l'opérateur $H^V(N)$ est auto-adjoint sur*

$$D\big(H^V(N)\big) = \left\{ \Psi \in Q(H^V(N)) \; : \; H^V(N)\Psi \in L^2((\mathbb{R}^d)^N) \right\}$$

où

$$Q\big(H^V(N)\big) = \begin{cases} H^1((\mathbb{R}^d)^N, \mathbb{C}) \subset L^2((\mathbb{R}^d)^N, \mathbb{C}) & \text{(pas de symétrie)}, \\ H_s^1((\mathbb{R}^d)^N, \mathbb{C}) \subset L_s^2((\mathbb{R}^d)^N, \mathbb{C}) & \text{(bosons)}, \\ H_a^1((\mathbb{R}^d)^N, \mathbb{C}) \subset L_a^2((\mathbb{R}^d)^N, \mathbb{C}) & \text{(fermions)}, \end{cases}$$

et son spectre est minoré dans chacun de ces trois cas.

Il y a bien sûr des résultats similaires pour des potentiels qui divergent à l'infini ou satisfaisant les hypothèses de la section 3.3.

6.3 Spectre essentiel : théorème HVZ

Nous avons vu au corollaire 5.35 que le spectre essentiel d'un opérateur de Schrödinger $-\Delta + V$ valait

$$\sigma_{\text{ess}}(-\Delta + V) = [0, +\infty[$$

lorsque V est négligeable à l'infini. Il correspond aux énergies d'une particule s'étant échappée à l'infini et n'étant donc plus soumise au potentiel V.

La situation est bien plus compliquée pour le spectre essentiel de $H^V(N)$ décrivant N particules. En effet, un nombre quelconque $k \in \{1, \ldots, N\}$ d'entre elles peut maintenant s'échapper à l'infini. De plus, si celles qui partent restent groupées, elles vont continuer d'interagir ensemble. Afin d'énoncer le théorème décrivant cette situation, nous appelons

$$E_{a/s}^V(N) := \min \sigma\Big(H^V(N)\Big), \qquad \Sigma_{a/s}^V(N) := \min \sigma_{\text{ess}}\Big(H^V(N)\Big)$$

le bas du spectre (qui peut être une valeur propre ou pas), et le bas du spectre essentiel, lorsque l'opérateur $H^V(N)$ est considéré sur $L_{a/s}^2((\mathbb{R}^d)^N, \mathbb{C})$.

Théorème 6.6 (HVZ) *Supposons que $V, w \in L^p(\mathbb{R}^d, \mathbb{R}) + L_\varepsilon^\infty(\mathbb{R}^d, \mathbb{R})$, avec p satisfaisant* (6.11) *et que w est paire. Alors le spectre essentiel est une demi-droite*

$$\sigma_{\text{ess}}\Big(H^V(N)\Big) = \Big[\Sigma_{a/s}^V(N), +\infty\Big[\tag{6.12}$$

avec

$$\boxed{\Sigma_{a/s}^V(N) = \min\Big\{E_{a/s}^V(N-k) + E_{a/s}^0(k), \ k = 1, \ldots, N\Big\}.} \tag{6.13}$$

Si $V \equiv 0$, on a

$$E_{a/s}^V(N) = \Sigma_{a/s}^V(N) = \min\Big\{E_{a/s}^V(N-k) + E_{a/s}^0(k), \ k = 1, \ldots, N-1\Big\}. \tag{6.14}$$

Il y a un résultat similaire lorsque $H^V(N)$ est considéré sur tout l'espace $L^2((\mathbb{R}^d)^N)$. En fait, on a dans ce cas $E^V(N) = E_s^V(N)$ et $\Sigma^V(N) = \Sigma_s^V(N)$, c'est-à-dire que le bas du spectre et du spectre essentiel sont les mêmes que dans le cas symétrique.

La formule (6.13) a été prouvée par Zhislin [Zhi60], Van Winter [Van64] et Hunziker [Hun66] dans les années 60 et nous n'en fournirons pas la preuve ici. Elle signifie que le spectre essentiel commence lorsque k particules ont été arrachées du système, alors que $N - k$ restent dans un voisinage du support de V. L'énergie minimale d'un tel système est la somme de celle des $N - k$ particules restantes $E^V(N - k)$ et de l'énergie $E^0(k)$ des particules qui se sont échappées et ne voient plus le potentiel V (ce dernier étant négligeable à l'infini par hypothèse). Il faut ensuite chercher quel est le nombre optimal k de particules à envoyer à l'infini pour que l'énergie obtenue soit la plus petite possible, d'où le minimum sur $k = 1, \ldots, N$. Lorsque $V \equiv 0$, il n'y a jamais de valeur propre et, comme énoncé en (6.14), il faut enlever le cas $k = N$ dans (6.13) car sinon la formule n'apporterait rien.

Si le résultat est assez intuitif, la preuve du théorème 6.6 n'est pas si simple puisque les trois nombres $\Sigma^V_{a/s}(N)$, $E^V_{a/s}(N - k)$ et $E^0_{a/s}(k)$ que l'on doit comparer concernent des opérateurs définis sur des espaces $L^2_{a/s}((\mathbb{R}^d)^N)$, $L^2_{a/s}((\mathbb{R}^d)^{N-k})$ et $L^2_{a/s}((\mathbb{R}^d)^k)$ différents. La structure de produit tensoriel joue alors un rôle fondamental. Par exemple, pour (6.13) l'idée est que toute suite de Weyl (Ψ_n) associée à $\Sigma^V_{a/s}(N)$, c'est-à-dire telle que $\|\Psi_n\| = 1$, $\Psi_n \rightharpoonup 0$ et

$$\left(H^V(N) - \Sigma^V_{a/s}(N) \right) \Psi_n \to 0,$$

doit se comporter comme

$$\Psi_n(x_1, \ldots, x_N) \simeq \Phi(x_1, \ldots, x_{N-k}) \Phi'_n(x_{N-k+1}, \ldots, x_N) \tag{6.15}$$

(qu'il faut aussi symétriser ou anti-symétriser), où Φ est la première fonction propre de $H^V(N-k)$, en supposant qu'elle existe, et $\Phi'_n \rightharpoonup 0$ est une suite de Weyl associée à $E^0_{a/s}(k)$. On notera qu'un tel produit tensoriel (6.15) converge faiblement vers 0, même lorsque Φ est fixe. Dans l'article [Lew11], le théorème 6.6 est démontré à l'aide d'une topologie faible plus fine, capable de détecter une factorisation du type (6.15).

Le cas où $w \geq 0$ est plus simple et c'est celui qui nous concernera le plus lorsque nous étudierons les électrons, pour lesquels $w(x) = 1/|x|$ en dimension $d = 3$.

Corollaire 6.7 (HVZ pour les systèmes répulsifs) *Supposons que $V, w \in L^p(\mathbb{R}^d, \mathbb{R}) + L^\infty_\varepsilon(\mathbb{R}^d, \mathbb{R})$ avec p satisfaisant (6.11) et que $w \geq 0$ est une fonction paire. Alors on a $E^0_{a/s}(N) = 0$ pour tout $N \geq 1$ et*

$$\boxed{\Sigma^V_{a/s}(N) = E^V_{a/s}(N - 1).} \tag{6.16}$$

Preuve Lorsqu'il n'y a pas de confusion possible, nous supprimons l'indice a/s. Lorsque $w \geq 0$, la forme quadratique associée $\mathcal{E}^0$ est positive, donc $E^0(N) \geq 0$. En prenant une fonction test sous la forme $\Psi_n(x_1, \ldots, x_N) = n^{-Nd/2} \Psi(x_1/n, \ldots, x_N/n)$ où $\Psi \in C^\infty_c$, on trouve $\mathcal{E}^0(\Psi_n) \to 0$, ce qui montre donc que $E^0(N) = 0$. Par le théorème HVZ nous avons $E^V(N) \leq \Sigma^V(N) \leq E^V(N-1)$ car $E^0(1) = 0$ donc $N \mapsto E^V(N)$ est décroissante. Ainsi, $E^V(N-k) + E^0(k) = E^V(N-k) \geq E^V(N-1)$ pour tout $k = 1, \ldots, N$ et $\Sigma^V(N) = \min\{E^V(N-k) + E^0(k), \ k = 1, \ldots, N\} = E^V(N-1)$. $\square$

6.4 Particules sans interaction

Avant d'étudier plus en avant les systèmes avec interaction, il est utile de commencer par le cas beaucoup plus simple où

$$\boxed{w \equiv 0.}$$

Nous énonçons ici un résultat pour l'opérateur $-\Delta + V$ qui est en fait général et se démontre de façon similaire pour tout opérateur sous la forme $\sum_{j=1}^{N} A_j$ sur un produit tensoriel symétrique ou anti-symétrique, dans un espace de Hilbert quelconque [RS72, Sec. VIII.10]. Une façon de réaliser ces opérateurs est, par le théorème spectral, de considérer les opérateurs de multiplication sous la forme

$$\sum_{j=1}^{N} a(x_j), \qquad \text{sur} \qquad L^2_{a/s}(B^N, d\mu^{\otimes N}), \tag{6.17}$$

par exemple avec $B = \sigma(A) \times \mathbb{N}$ et $a(s, n) = s$. Nous laisserons en exercice l'extension du résultat suivant à ce cadre plus général.

Théorème 6.8 (Spectre de $H^V(N)$ quand $w \equiv 0$) *On suppose que V satisfait les hypothèses du théorème 6.6 et on appelle $\mu_k(-\Delta + V) \leq 0$ le k-ième niveau de Courant-Fischer de l'opérateur $-\Delta + V$, qui est égal à la k-ième valeur propre comptée avec multiplicité ou à 0 si l'opérateur possède moins de k valeurs propres négatives. Alors pour $w \equiv 0$ on a*

$$\boxed{E^V_s(N) = N\mu_1(-\Delta + V) \quad et \quad \Sigma^V_s(N) = (N-1)\mu_1(-\Delta + V)} \tag{6.18}$$

dans le cas bosonique, et

$$\boxed{E^V_a(N) = \sum_{j=1}^{N} \mu_j(-\Delta + V) \quad et \quad \Sigma^V_a(N) = \sum_{j=1}^{N-1} \mu_j(-\Delta + V)} \tag{6.19}$$

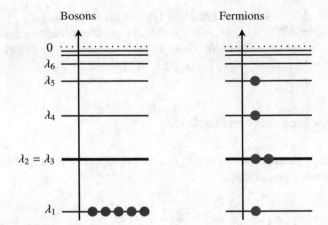

Fig. 6.3 Représentation graphique de la première valeur propre de l'opérateur $H^V(N)$ avec $N = 5$ lorsque $w \equiv 0$, comme énoncé dans le théorème 6.8. Dans le cas bosonique, $E_s^V(N)$ est obtenue en mettant toutes les particules dans le même état, ce qui forme un condensat de Bose-Einstein. Pour les fermions, $E_a^V(N)$ est obtenue en remplissant les énergies en partant des plus basses, sans redondance (sauf en cas de multiplicité).

dans le cas fermionique. De plus, les valeurs propres de $H^V(N)$ sont données par

$$\sigma_{\text{ponc}}\big(H^V(N)\big) = \Big\{ \lambda'_{j_1}(-\Delta + V) + \cdots + \lambda'_{j_N}(-\Delta + V), \quad 1 \le j_1 \le \cdots \le j_N \Big\} \tag{6.20}$$

dans le cas bosonique, et

$$\sigma_{\text{ponc}}\big(H^V(N)\big) = \Big\{ \lambda'_{j_1}(-\Delta + V) + \cdots + \lambda'_{j_N}(-\Delta + V), \quad 1 \le j_1 < \cdots < j_N \Big\} \tag{6.21}$$

dans le cas fermionique, où les $\lambda'_j(-\Delta + V)$ sont toutes *les valeurs propres de l'opérateur $-\Delta + V$ (y compris les valeurs propres positives quand elles existent), répétées en fonction de leur multiplicité.*

Nous voyons ici une différence flagrante entre les bosons et les fermions, comme représenté à la figure 6.3. L'énergie fondamentale d'un système bosonique sans interactions est obtenue en mettant toutes les particules dans le même état de plus basse énergie, c'est-à-dire en prenant le condensat de Bose-Einstein

$$\Psi_{\text{BE}}(x_1, \ldots, x_N) = u_1(x_1) \cdots u_1(x_N) = (u_1)^{\otimes N}(x_1, \ldots, x_N) \tag{6.22}$$

où u_1 est la première fonction propre de $-\Delta + V$, en supposant qu'elle existe (dans ce cas elle est toujours non dégénérée, par le théorème 1.17). À l'inverse, l'anti-symétrie de Ψ implique que deux fermions ne peuvent être dans le même état, ce qui force les fermions à occuper les N plus petites valeurs propres (comptées avec

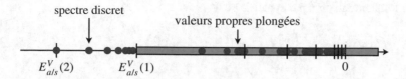

Fig. 6.4 Représentation graphique du spectre de l'opérateur $H^V(2)$ lorsque $w \equiv 0$, comme énoncé dans le théorème 6.8. © Mathieu Lewin 2021.

multiplicité). La fonction propre correspondante est le *déterminant de Slater*

$$\Psi(x_1, \ldots, x_N) = \frac{1}{\sqrt{N!}} \sum_{\sigma \in \mathfrak{S}_N} \varepsilon(\sigma)\, u_1(x_{\sigma(1)}) \cdots u_N(x_{\sigma(N)}) = \frac{\det(u_i(x_j))}{\sqrt{N!}}$$

(6.23)

consistant à anti-symétriser le produit tensoriel $u_1 \otimes \cdots \otimes u_N$. En particulier, on peut avoir $E_a^V(N) \gg E_s^V(N)$ pour N grand, en fonction du comportement des valeurs propres. Le problème fermionique n'a pas de minimiseur si $-\Delta + V$ possède moins de N valeurs propres négatives ou nulles, alors que le problème bosonique a toujours un minimiseur si $-\Delta + V$ en a au moins une.

Notons pour finir que le spectre de $H^V(N)$ contient beaucoup de valeurs propres plongées au milieu du spectre essentiel (figure 6.4). Si l'opérateur $-\Delta + V$ possède une infinité de valeurs propres, alors $H^V(N)$ a des valeurs propres qui ont beaucoup de points d'accumulation. Par exemple si $N = 2$, le spectre contient des valeurs propres qui s'accumulent en tous les $\mu_j(-\Delta + V)$. Ces valeurs propres plongées sont très instable et elles vont "génériquement" toutes disparaître lorsqu'on prend $w \neq 0$ petit.

Preuve *(du théorème 6.8)* Commençons par (6.18). En prenant une fonction $\Psi = u^{\otimes N}$ où $u \in H^2(\mathbb{R}^d)$ est normalisée, on trouve que

$$E_s^V(N) \leq \left\langle \Psi, H^V(N)\Psi \right\rangle = N \left(\int_{\mathbb{R}^d} |\nabla u|^2 + \int_{\mathbb{R}^d} V|u|^2 \right).$$

Par le principe de Courant-Fischer, ceci montre que

$$E_s^V(N) \leq N \inf_{\substack{u \in H^2(\mathbb{R}^d) \\ \|u\|_{L^2}=1}} \langle u, (-\Delta + V)u \rangle = N\mu_1(-\Delta + V) = NE^V(1).$$

Réciproquement, on a par symétrie de Ψ

$$\left\langle \Psi, H^V(N)\Psi \right\rangle = N \int_{\mathbb{R}^{dN}} \left(|\nabla_{x_1}\Psi|^2 + V(x_1)|\Psi|^2 \right)$$

$$= N \int_{(\mathbb{R}^d)^{N-1}} \left(\underbrace{\int_{\mathbb{R}^d} \left(|\nabla_{x_1}\Psi|^2 + V(x_1)|\Psi|^2 \right) dx_1}_{\geq E^V(1) \int_{\mathbb{R}^d} |\Psi(x_1,x_2,\dots)|^2 \, dx_1} \right) dx_2 \cdots dx_N$$

$$\geq N E^V(1)\|\Psi\|^2$$

qui montre bien que $E_s^V(N) = N E^V(1)$. Le reste suit alors du théorème HVZ 6.6.

L'argument est plus difficile pour les fermions. En prenant une fonction sous la forme (6.23) où $u_1, \dots, u_N \in H^2(\mathbb{R}^d)$ forment un système orthonormé dans $L^2(\mathbb{R}^d)$, un calcul fastidieux mais complètement élémentaire donne

$$\|\Psi\| = 1 \quad \text{et} \quad \left\langle \Psi, H^V(N)\Psi \right\rangle = \sum_{j=1}^N \langle u_j, (-\Delta + V)u_j \rangle.$$

En minimisant par rapport aux systèmes orthonormés $u_1, \dots, u_N$ nous en déduisons que

$$E_a^V(N) \leq \mu_1(-\Delta + V) + \cdots + \mu_N(-\Delta + V),$$

par la formule (5.43). La preuve de la borne inférieure est plus élaborée. Nous voulons montrer que

$$\mathcal{E}^V(\Psi) \geq \mu_1(-\Delta + V) + \cdots + \mu_N(-\Delta + V) \qquad (6.24)$$

pour tout $\Psi \in H_a^1((\mathbb{R}^d)^N)$ telle que $\|\Psi\| = 1$. Soit (u_j) une base hilbertienne quelconque de $L^2(\mathbb{R}^d)$, avec $u_j \in D(-\Delta + V)$ pour tout j. Les produits tensoriels anti-symétrisés

$$u_{j_1} \wedge \cdots \wedge u_{j_N}(x_1, \dots, x_N) := \frac{1}{\sqrt{N!}} \sum_{\sigma \in \mathfrak{S}^N} \varepsilon(\sigma)\, u_{j_1}(x_{\sigma(1)}) \cdots u_{j_N}(x_{\sigma(N)}),$$

avec $1 \leq j_1 < \cdots < j_N$ forment une base hilbertienne de $L_a^2((\mathbb{R}^d)^N)$ (le vérifier en exercice). Nous pouvons donc montrer (6.24) pour toute combinaison linéaire finie de ces fonctions, le cas général s'en déduisant par densité. Une façon simple de tronquer la série est de se fixer un entier $K \geq 1$ et de regarder l'espace

$$\mathcal{V}_K := \text{vect}\left(u_{j_1} \wedge \cdots \wedge u_{j_N}\right)_{1 \leq j_1 < \cdots < j_N \leq K},$$

qui est de dimension $\binom{K}{N}$. On peut vérifier que cet espace est inchangé si on choisit une autre base de $\mathrm{vect}(u_1, \ldots, u_K)$. Considérons alors la matrice $K \times K$ donnée par

$$M_{ij} = \langle u_i, (-\Delta + V)u_j \rangle,$$

et qui représente la projection de $-\Delta + V$ sur $\mathrm{vect}(u_1, \ldots, u_K)$. Comme M est une matrice hermitienne, elle est diagonalisable dans une base orthonormée, c'est-à-dire il existe un unitaire $U \in U(K)$ tel que

$$\langle v_i, (-\Delta + V)v_j \rangle = \langle v_i, (-\Delta + V)v_i \rangle \delta_{ij} \quad \text{avec les vecteurs} \quad v_j = \sum_{k=1}^{K} U_{kj} u_k.$$

Toute fonction $\Psi \in \mathcal{V}_K$ peut donc s'écrire sous la forme

$$\Psi = \sum_{1 \le j_1 < \cdots < j_N \le K} c_{j_1, \ldots, j_N} \, v_{j_1} \wedge \cdots \wedge v_{j_N}, \qquad \sum_{1 \le j_1 < \cdots < j_N \le K} |c_{j_1, \ldots, j_N}|^2 = 1.$$

Un autre calcul simple mais fastidieux montre que $H^V(N)$ projeté sur $\mathcal{V}_K$ est diagonal dans la base qui diagonalise la projection de $-\Delta + V$, ce qui fournit

$$\mathcal{E}^V(\Psi) = \sum_{1 \le j_1 < \cdots < j_N \le K} |c_{j_1, \ldots, j_N}|^2 \langle v_{j_1} \wedge \cdots \wedge v_{j_N}, H^V(N) v_{j_1} \wedge \cdots \wedge v_{j_N} \rangle$$

$$= \sum_{1 \le j_1 < \cdots < j_N \le K} |c_{j_1, \ldots, j_N}|^2 \sum_{k=1}^{N} \langle v_{j_k}, (-\Delta + V)v_{j_k} \rangle$$

$$\ge \big(\mu_1(-\Delta + V) + \cdots + \mu_N(-\Delta + V)\big) \underbrace{\sum_{1 \le j_1 < \cdots < j_N \le K} |c_{j_1, \ldots, j_N}|^2}_{=1},$$

à nouveau par la formule (5.43) et termine la preuve de (6.19).

S'il est facile de voir que pour $u_{j_1}, \ldots, u_{j_N}$ des fonctions propres de $-\Delta + V$, $u_{j_1} \otimes_s \cdots \otimes_s u_{j_N}$ et $u_{j_1} \wedge \cdots \wedge u_{j_N}$ sont des fonctions propres de $H^V(N)$, de valeur propre $\lambda_{j_1} + \cdots + \lambda_{j_N}$, il est plus difficile de vérifier que ce sont les seules valeurs propres possibles, comme énoncé en (6.20) et (6.21). Pour cela, il est probablement plus simple d'appliquer le théorème spectral et de le montrer pour les opérateurs sous la forme (6.17). En effet, par récurrence sur N, on a $\mu^{\otimes N}(\{s_1 + \cdots + s_N = \lambda\}) > 0$ si et seulement si $\lambda = \lambda_1 + \cdots + \lambda_N$ avec $\mu(\{\lambda\} \times \mathbb{N}) > 0$. C'est une conséquence de Fubini, puisque

$$\mu^{\otimes N}(\{s_1 + \cdots + s_N = \lambda\})$$

$$= \int_{(\sigma(A) \times \mathbb{N})^N} \mathbb{1}(s_1 + \cdots + s_N = \lambda) d\mu(s_1, n_1) \cdots d\mu(s_N, n_N)$$

$$= \int_{(\sigma(A) \times \mathbb{N})^{N-1}} \underbrace{\left(\int_{\sigma(A) \times \mathbb{N}} \mathbb{1}(s_N = \lambda - s_1 - \cdots - s_{N-1}) d\mu(s_1, n_1) \right)}_{=0 \text{ sauf si } \lambda - s_1 - \cdots - s_{N-1} \in \sigma(A)} \cdots d\mu(s_N, n_N).$$

Ceci conclut la preuve.   □

6.5 Atomes et molécules*

Dans cette section, nous présentons certains résultats concernant le spectre du Hamiltonien $H^V(N)$ décrivant les N électrons quantiques d'une molécule comprenant par ailleurs M noyaux classiques, de charges $z_1, \ldots, z_M \in]0, +\infty[$ et situés en $R_1, \ldots, R_M \in \mathbb{R}^3$. Comme expliqué précédemment, ceci revient à choisir les potentiels

$$\boxed{V(x) = -\sum_{m=1}^{M} \frac{z_m}{|x - R_m|}, \qquad w(x) = \frac{1}{|x|},} \tag{6.25}$$

en dimension $d = 3$. Tous les résultats précédents s'appliquent, puisque $V, w \in L^2(\mathbb{R}^3) + L^\infty(\mathbb{R}^3)$ et $V, w \to 0$ à l'infini. En particulier, nous obtenons le

Corollaire 6.9 (HVZ pour les atomes et molécules) *Pour V, w donnés par* (6.25) *en dimension $d = 3$, on a $\Sigma_{a/s}^V(N) = E_{a/s}^V(N - 1)$.*

Même si les électrons sont des fermions, il est intéressant d'étudier en détail le cas bosonique, pour comprendre les différences avec le cas fermionique.

6.5.1 Existence de valeurs propres, conjecture d'ionisation

Une question importante est celle de l'existence ou de la non existence de valeurs propres sous le spectre essentiel, qui représentent des états stables du système, entre lesquels les électrons peuvent naviguer lorsqu'ils sont excités, et qui expliquent le spectre de raies observé lors d'une expérience de spectroscopie. Intuitivement, les M noyaux ne pourront maintenir près d'eux un nombre trop important d'électrons. Si les électrons sont bien attirés par les noyaux (car le potentiel V est négatif), ils se repoussent aussi entre eux (w est positif), ce qui rend une surpopulation d'électrons défavorable d'un point de vue énergétique. Le théorème suivant fournit une description complète du nombre de valeurs propres sous $\Sigma^V(N)$ en fonction de la charge totale du système.

Théorème 6.10 (Existence ou non de valeurs propres sous $\Sigma^V(N)$) *On suppose que V et w sont donnés par* (6.25) *en dimension $d = 3$, avec $z_m > 0$, et on appelle*

$$Z := \sum_{m=1}^{M} z_m$$

la charge totale des noyaux.

- (Molécules neutres ou chargées positivement [Zhi60, ZS65]). *Si $N < Z + 1$, alors $H^V(N)$ possède une* infinité *de valeurs propres sous son spectre essentiel, c'est-à-dire*

$$\mu_k\big(H^V(N)\big) < \Sigma^V_{a/s}(N),$$

pour tout $k \geq 1$.
- (Molécules chargées négativement [Zhi71, Yaf76, VZ77, Sig82]). *Si $N \geq Z + 1$, alors $H^V(N)$ possède* au plus un nombre fini *de valeurs propres sous son spectre essentiel, c'est-à-dire on a*

$$\mu_k\big(H^V(N)\big) = \Sigma^V_{a/s}(N),$$

pour k assez grand.
- (Non-existence si N est grand [Rus82, Sig82, Sig84]). *Il existe un nombre critique $N_{a/s}(V)$ tel que $H^V(N)$ ne possède* aucune *valeur propre sous son spectre essentiel pour tout $N > N_{a/s}(V)$, c'est-à-dire on a*

$$E^V_{a/s}(N) = E^V_{a/s}(N-1) = \Sigma^V_{a/s}(N).$$

- (Estimée sur $N_{a/s}(V)$ [Lie84]). *On a*

$$N_{a/s}(V) < 2Z + M. \tag{6.26}$$

Le théorème précise que la charge totale du système est le bon critère permettant de déterminer s'il y a une infinité ou non de valeurs propres sous le spectre essentiel : un système neutre ou chargé positivement possède toujours une infinité d'états excités, alors qu'un système chargé négativement n'en a qu'un nombre fini, voire aucun si le nombre d'électrons est trop grand (figure 6.5). Il faut noter que si les z_m sont tous entiers (comme c'est le cas en réalité), alors la condition devient $N \leq Z$ ou $N > Z$. Toutefois, le théorème est valable lorsque les z_m sont des entiers positifs quelconques.

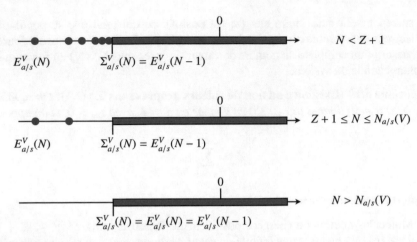

Fig. 6.5 Illustration des résultats du théorème 6.10. © Mathieu Lewin 2021. All rights reserved

L'idée de la preuve de l'existence d'une infinité de valeurs propres sous $\Sigma_{a/s}^V(N)$ est assez simple et elle est très similaire à celle utilisée pour le théorème 5.43. En fait, la première partie du théorème 6.10 est valable en dimension d quelconque si on remplace $1/|x|$ par un potentiel se comportant comme $1/|x|^\alpha$ à l'infini, avec $0 < \alpha < 2$. L'argument consiste à montrer qu'il n'est pas énergétiquement favorable qu'une particule s'échappe à l'infini. Cette dernière serait soumise à un potentiel Coulombien généré par les autres particules, formant un système de charge totale $Z - (N - 1) = Z + 1 - N > 0$, donc attractif.

Une question importante est également de déterminer à partir de quelle valeur de N la molécule devient instable, c'est-à-dire quel est le degré d'ionisation négative maximal d'une molécule. Ceci revient à estimer la constante $N_{a/s}(V)$ du théorème 6.10. Dans la nature on n'observe pas d'atomes très chargés négativement, ce qui laisse supposer que, au moins pour $M = 1$ (atomes), on devrait avoir

$$N_a(V) \le Z + C, \qquad \text{pour } M = 1, \tag{6.27}$$

où C est une constante universelle valant très probablement 1 ou 2. Cette assertion est appelée *conjecture d'ionisation* et c'est un problème célèbre non résolu à ce jour. Pour le cas des molécules, on pourrait penser que l'estimée prend la forme

$$N_a(V) \le Z + CM, \qquad \text{pour } M \ge 1.$$

Pour $M = 1$, la meilleure estimée connue à ce jour est due à Nam [Nam12] :

$$N_a(V) < 1.22Z + 3Z^{1/3}, \qquad \text{pour } M = 1.$$

La plupart des travaux ont été focalisés sur l'existence ou l'absence de valeurs propres sous le spectre essentiel, car ces dernières sont aisément accessibles par la méthode de Courant-Fischer. S'il est raisonnable physiquement d'imaginer que l'absence de valeurs propres sous $\Sigma_a^V(N)$ entraîne l'absence totale de valeur propre dans tout le spectre, ce fait n'est pas connu mathématiquement. En revanche, il a été prouvé dans [LL13] avec une méthode basée sur l'équation de Schrödinger dépendant du temps que $H^V(N)$ ne possède *aucune valeur propre* pour $N \geq 4Z+1$, lorsque $M = 1$.

6.5.2 La limite $N \sim \kappa Z \to \infty$ pour les atomes

Dans cette section nous considérons le cas des atomes ($M = 1$), avec $N \sim \kappa Z \to +\infty$ où $\kappa > 0$ est fixé. Pour $\kappa = 1$ ceci revient à avancer indéfiniment dans le tableau périodique des éléments. Pour comprendre l'influence du principe de Pauli, c'est-à-dire de la contrainte d'anti-symétrie sur la fonction d'onde Ψ, il est intéressant d'examiner le comportement du système si on fait l'hypothèse non physique que les électrons sont des bosons. Nous verrons alors que la conjecture d'ionisation est simplement fausse dans ce cas : les atomes "bosoniques" sont stables même quand il sont ionisés négativement avec $\kappa > 1$. Par ailleurs, nous verrons que le système s'effondre sur lui même. C'est donc bien le principe de Pauli qui assure la stabilité des atomes, en plus d'empêcher leur trop forte ionisation négative.

Pour énoncer le théorème suivant, il est utile d'introduire la densité électronique

$$\rho_\Psi^{(1)}(x) := N \int_{(\mathbb{R}^3)^{N-1}} |\Psi(x, x_2, \ldots, x_N)|^2 \, dx_2 \cdots dx_N. \tag{6.28}$$

qui donne le nombre moyen d'électrons localement. Plus précisément,

$$\int_\Omega \rho_\Psi^{(1)} = \int_{(\mathbb{R}^3)^N} \left(\sum_{j=1}^N \mathbb{1}_\Omega(x_j) \right) |\Psi(x_1, \ldots, x_N)|^2 \, dx_1 \cdots dx_N$$

est le nombre moyen d'électrons dans le domaine $\Omega \subset \mathbb{R}^3$. Le résultat suivant est un résumé de plusieurs travaux de recherche obtenus pendant les années 1980–90. Il a été possible de démontrer que le comportement moyen des électrons d'un atome très lourd est donné par un problème non linéaire dans $\mathbb{R}^3$, ce dernier étant différent pour les bosons et les fermions.

Théorème 6.11 (Atomes avec $N \sim \kappa Z \to \infty$) *On prend $V(x) = -Z/|x|$ et $w(x) = 1/|x|$ en dimension $d = 3$. Soit $\kappa > 0$ fixé.*

- (Bosons [BL83, Sol90, Bac91, BLLS93]). *On a*

$$\lim_{\substack{N\to\infty\\N/Z\to\kappa}} \frac{E_s^V(N)}{N^3} = \inf_{\substack{u\in H^1(\mathbb{R}^3)\\ \int_{\mathbb{R}^3}|u|^2=1}} \left\{ \int_{\mathbb{R}^3} |\nabla u(x)|^2\,\mathrm{d}x - \int_{\mathbb{R}^3} \frac{|u(x)|^2}{\kappa|x|}\,\mathrm{d}x \right.$$

$$\left. + \frac{1}{2}\iint_{\mathbb{R}^3\times\mathbb{R}^3} \frac{|u(x)|^2|u(y)|^2}{|x-y|}\,\mathrm{d}x\,\mathrm{d}y \right\}. \tag{6.29}$$

Le problème à droite admet une unique solution u_κ *à une phase près, lorsque* $\kappa \le \kappa_c \simeq 1.21$, *et aucun minimiseur pour* $\kappa > \kappa_c$. *On a*

$$\boxed{\lim_{Z\to\infty} \frac{N_s(V)}{Z} = \kappa_c \simeq 1.21.} \tag{6.30}$$

Supposons maintenant $0 < \kappa \le \kappa_c$. *La fonction* u_κ *est radiale décroissante et strictement positive. La densité électronique* (6.28) *satisfait*

$$\frac{\rho_{\Psi_N}^{(1)}(x)}{N} - N^3|u_\kappa(Nx)|^2 \to 0 \tag{6.31}$$

fortement dans $L^1(\mathbb{R}^3)\cap L^3(\mathbb{R}^3)$, *pour tout vecteur propre* Ψ_N *associé à la valeur propre* $E_s^V(N)$ *de* $H^V(N)$.

- (Fermions [LS77, Lie81, LSST88]). *On a*

$$\lim_{\substack{N\to\infty\\N/Z\to\kappa}} \frac{E_a^V(N)}{N^{7/3}} = \inf_{\substack{\rho\in L^1\cap L^{\frac{5}{3}}(\mathbb{R}^3,\mathbb{R}^+)\\ \int_{\mathbb{R}^3}\rho=1}} \left\{ \frac{3}{5}c_{\mathrm{TF}} \int_{\mathbb{R}^3} \rho(x)^{\frac{5}{3}}\,\mathrm{d}x - \int_{\mathbb{R}^3} \frac{\rho(x)}{\kappa|x|}\,\mathrm{d}x \right.$$

$$\left. + \frac{1}{2}\iint_{\mathbb{R}^3\times\mathbb{R}^3} \frac{\rho(x)\rho(y)}{|x-y|}\,\mathrm{d}x\,\mathrm{d}y \right\} \tag{6.32}$$

où $c_{\mathrm{TF}} = \pi^{4/3}2^{2/3}3^{2/3}$. *Le problème à droite admet une unique solution* ρ_κ *lorsque* $\kappa \le 1$, *et aucun minimiseur pour* $\kappa > 1$. *On a*

$$\boxed{\lim_{Z\to\infty} \frac{N_a(V)}{Z} = 1.} \tag{6.33}$$

Supposons maintenant $0 < \kappa \le 1$. *La fonction* ρ_κ *est radiale décroissante, à support compact si* $\kappa < 1$ *et strictement positive pour* $\kappa = 1$ *avec*

$$\rho_1(x) \underset{|x|\to\infty}{\sim} \frac{27}{\pi^3|x|^6}. \tag{6.34}$$

La densité électronique satisfait

$$\frac{\rho_{\Psi_N}^{(1)}(x)}{N} - N\rho_\kappa(N^{1/3}x) \to 0 \qquad (6.35)$$

fortement dans $L^1(\mathbb{R}^3) \cap L^{5/3}(\mathbb{R}^3)$, pour tout vecteur propre Ψ_N associé à la valeur propre $E_a^V(N)$ de $H^V(N)$.

Ces résultats montrent qu'un atome fictif où les électrons seraient des bosons aurait un comportement très différent des atomes que nous connaissons.

Dans nos atomes, d'après (6.35) la majorité des électrons est concentrée à l'échelle $1/N^{1/3}$ où la densité est donnée par la solution ρ_κ du problème à droite de (6.32), appelé le modèle de Thomas-Fermi [Tho27, Fer27]. Ce problème de minimisation est non linéaire et il n'a de solution que sous l'hypothèse que $\kappa \leq 1$, où κ est la proportion limite du nombre électrons par rapport à la charge du noyau. C'est cette propriété du modèle non linéaire effectif qui permet de montrer la limite (6.33). Si c'est une indication forte que la conjecture d'ionisation est vraie, il y a cependant encore un long chemin à parcourir entre $N_a(V) = Z + o(Z)$ et $N_a(V) = Z + O(1)$.

La puissance 6 dans le comportement à l'infini (6.34) pour $\kappa = 1$ est exactement celle pour laquelle la densité dilatée $N^2\rho_1(N^{1/3}x)$ reste d'ordre un à une distance finie du noyau, et ne tend donc pas vers 0. Ainsi, si la plupart des électrons sont dans une toute petite boule de rayon $N^{-1/3}$ autour du noyau, il en reste un nombre fini dans les couches externes et ce sont eux qui participent à tous les phénomènes chimiques. Le rayon d'un atome (défini par exemple comme celui de la boule où on trouve $N - 1$ électrons [Sol16]) doit aussi rester d'ordre un à la limite $N \to \infty$. C'est une réalité expérimentale [PA09, Fig. 2] que les atomes du tableau périodique ne grossissent pas tellement avec le nombre d'électrons mais deviennent plutôt très denses. Mentionnons pour finir que la densité croît brutalement lorsqu'on s'approche à une distance d'ordre N^{-1} du noyau, un phénomène appelé correction de Scott qui est dû à la singularité du potentiel de Coulomb [Sco52, SW87, ILS96]. La forme générale de la densité électronique d'un atome lourd est donnée à la figure 6.6.

D'après (6.32), l'énergie des atomes se comporte comme $-CN^{7/3}$ pour $N = Z$ grand. Si on utilise cette valeur grossière pour des atomes réels où $N = Z$ n'est pas tellement grand, l'énergie obtenue n'est que de l'ordre de 15 % inférieure aux prédictions d'autres modèles beaucoup plus évolués comme le modèle de Hartree-Fock [Eng88]. C'est assez étonnant, si l'on prend en compte la simplicité du modèle de Thomas-Fermi. Divers travaux ont été consacrés à la détermination rigoureuse des termes suivants du développement en puissances de N, ou à la prise en compte d'autres effets (par exemple relativistes). Les termes en N^2 et $N^{5/3}$ sont connus explicitement, ce qui permet d'améliorer les prédictions sur l'énergie fondamentale des atomes. Toutefois, un modèle très simple du type de celui de Thomas-Fermi ne peut expliquer la richesse du comportement des atomes du tableau périodique, puisque la chimie a plutôt lieu à l'échelle $O(1)$, ce qui correspond à des processus impliquant les quelques électrons des couches externes.

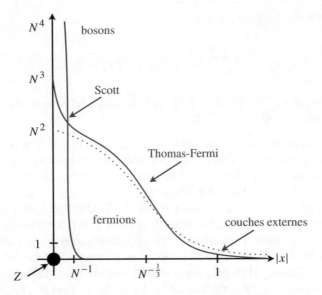

Fig. 6.6 Comportement général de la densité électronique $\rho^{(1)}_{\Psi_N}$ d'un atome neutre à la limite $N \to \infty$, suivant [Lie81, Lie90]. La majorité des électrons se serrent dans une petite boule de rayon $\sim N^{-1/3}$, où la densité est d'ordre N^2 et proche de celle du modèle de Thomas-Fermi indiquée en pointillés (seconde partie du théorème 6.11). Ce comportement change à une distance d'ordre N^{-1} du noyau où la densité est plus élevée, d'ordre N^3. Cette correction due à Scott provient de la singularité du potentiel de Coulomb et engendre une correction d'ordre N^2 dans le développement de l'énergie. À des distances d'ordre un du noyau, la densité est d'ordre 1 et c'est là où a lieu toute la chimie. Si les électrons étaient des bosons, tout le système serait très concentré à l'échelle $\sim N^{-1}$ où la densité serait d'ordre N^4 (première partie du théorème 6.11). © Mathieu Lewin 2021.

Un atome 'bosonique' a un comportement totalement différent. D'après (6.31) il est bien plus concentré, à l'échelle $1/N$, et s'effondre sur lui-même. Son énergie est aussi bien plus basse (d'ordre $-N^3$) que celle des fermions (d'ordre $-N^{7/3}$). Le modèle non linéaire à droite de (6.29) est stable pour un $\kappa_c > 1$ dont on peut donner l'estimation numérique $\kappa_c \simeq 1.21$. Les atomes bosoniques peuvent donc être fortement ionisés négativement, ce qui ne correspond à aucune réalité physique.

Il peut paraître étonnant que la première valeur propre du Hamiltonien $H^V(N)$ se simplifie comme aux limites (6.29) et (6.32), et mène de plus à des problèmes non linéaires, alors que l'équation aux valeurs propres pour $H^V(N)$ est elle linéaire. C'est un phénomène très courant pour les systèmes très denses, où un grand nombre de particules occupe un petit espace. L'idée générale est que, dans un tel système, chaque particule est soumise à un grand nombre de collisions car elle a beaucoup de voisins. Par la loi des grands nombres, l'interaction est alors remplacée par une "interaction moyenne", vue par toutes les particules du système, qui est à l'origine de la non linéarité du problème limite. Ceci s'appelle un régime de "champ moyen".

Il se trouve que les deux résultats du théorème 6.11 (pour, respectivement, les bosons et les fermions) sont des cas particuliers de théorèmes plus généraux concernant la limite de champ moyen avec des potentiels V et w quelconques. Ces derniers peuvent être trouvés dans [LNR14, Rou16, Lew15] pour les bosons et [FLS18] pour les fermions.

Dans cette section nous avons fourni une sélection de quelques résultats concernant un modèle à N particules très particulier (les atomes et molécules), bien sûr très important en physique et en chimie. Il existe de nombreux autres systèmes quantiques qui posent des questions mathématiques intéressantes. Le lecteur intéressé à en savoir plus pourra lire par exemple [RS78, LS10b, LSSY05, CLM06].

Chapitre 7
Opérateurs de Schrödinger périodiques et propriétés électroniques des matériaux

Ce chapitre est une introduction à l'étude des opérateurs de Schrödinger $-\Delta + V$ lorsque V est une fonction périodique sur $\mathbb{R}^d$, qui permettent de décrire des particules quantiques évoluant dans un milieu infini ordonné comme les électrons dans un cristal. Nous présentons la théorie de Bloch-Floquet, qui est l'outil mathématique principal permettant d'expliquer les différences de comportement électrique des solides. Nous passerons sous silence certains détails techniques qui peuvent être trouvés dans [RS78, Sec. XIII.16].

7.1 Auto-adjonction

Dans tout ce chapitre nous considérons un réseau discret de $\mathbb{R}^d$

$$\mathscr{L} := \left\{ \sum_{j=1}^{d} z_j v_j, \qquad z_1, \ldots, z_d \in \mathbb{Z} \right\}$$

où les vecteurs $v_1, \ldots, v_d$ forment une base quelconque de $\mathbb{R}^d$ (pas nécessairement orthonormée). Une *cellule unité de* $\mathscr{L}$ est par définition un ensemble $C \subset \mathbb{R}^d$ ouvert et borné, tel que les $(C + \ell)_{\ell \in \mathscr{L}}$ forment un pavage de $\mathbb{R}^d$ (ils sont disjoints deux à deux et leurs fermetures recouvrent tout l'espace $\mathbb{R}^d$). Nous pouvons prendre par exemple la *cellule de Voronoï*, aussi appelée *cellule de Wigner-Seitz*,

$$C = \left\{ x \in \mathbb{R}^d \ : \ |x - \ell| > |x|, \ \forall \ell \in \mathscr{L} \setminus \{0\} \right\} \tag{7.1}$$

qui contient tous les points x qui sont situés plus proches de l'origine que de n'importe quel autre point du réseau $\mathscr{L}$. Par exemple, pour la base orthonormée canonique de $\mathbb{R}^d$ nous obtenons le réseau cubique $\mathscr{L} = \mathbb{Z}^d$ avec la cellule unité

© The Author(s), under exclusive license to Springer Nature Switzerland AG 2022
M. Lewin, *Théorie spectrale et mécanique quantique*, Mathématiques et Applications 87, https://doi.org/10.1007/978-3-030-93436-1_7

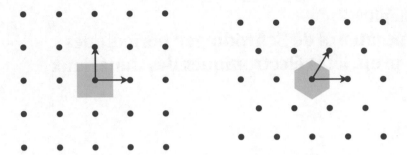

Fig. 7.1 Exemple des réseaux carré (gauche) et triangulaire (droite) dans $\mathbb{R}^2$, avec deux vecteurs v_1, v_2 engendrant le réseau et la cellule unité de Wigner-Seitz C.

$C = (-1/2, 1/2)^d$. En dimension $d = 2$, la base

$$v_1 = \begin{pmatrix} 1 \\ 0 \end{pmatrix}, \qquad v_2 = \frac{1}{\sqrt{2}} \begin{pmatrix} 1 \\ 1 \end{pmatrix}$$

fournit le réseau triangulaire et C est dans ce cas un hexagone (figure 7.1).

Une fonction V est dite $\mathscr{L}$-*périodique* lorsqu'elle vérifie $V(x + \ell) = V(x)$ pour tout $\ell \in \mathscr{L}$ et presque tout $x \in \mathbb{R}^d$. Dans ce cas, V est déterminée presque partout par ses valeurs sur le borné C. Si V appartient à $L^p(C)$ pour un $1 \le p < \infty$ alors elle appartient à $L^p(\Omega)$ pour tout Ω borné, puisque ce dernier peut être recouvert par un nombre fini de copies de C. Si $p = +\infty$ alors $V \in L^\infty(\mathbb{R}^d)$. Nous étudions maintenant les opérateurs sous la forme $-\Delta + V(x)$ où $V(x)$ est une fonction $\mathscr{L}$-périodique, en commençant par l'auto-adjonction. Le résultat suivant est une généralisation des corollaires 3.5 et 3.19 au cadre périodique. Comme $L^\infty(C) \subset L^p(C)$ pour tout $1 \le p \le \infty$ puisque C est borné, nous n'utilisons pas de somme d'espaces L^p et travaillons avec la simple hypothèse que $V \in L^p(C, \mathbb{R})$ avec p le plus petit possible.

Théorème 7.1 (Auto-adjonction des opérateurs périodiques) *Soit V une fonction $\mathscr{L}$–périodique sur $\mathbb{R}^d$ et à valeurs réelles, telle que $V \in L^p(C, \mathbb{R})$ pour*

$$\begin{cases} p = 1 & \text{si } d = 1, \\ p > 1 & \text{si } d = 2, \\ p = \frac{d}{2} & \text{si } d \ge 3. \end{cases} \tag{7.2}$$

Alors la forme quadratique

$$\mathcal{E}^V(u) := \int_{\mathbb{R}^d} |\nabla u(x)|^2 \, \mathrm{d}x + \int_{\mathbb{R}^d} V(x)|u(x)|^2 \, \mathrm{d}x$$

est bien définie sur $H^1(\mathbb{R}^d)$ et bornée inférieurement. Par ailleurs, $\mathcal{E}^V + C\|\cdot\|^2_{L^2(\mathbb{R}^d)}$ est équivalente au carré de la norme de $H^1(\mathbb{R}^d)$ pour une constante C assez grande. La forme quadratique $\mathcal{E}^V$ est associée à un unique opérateur auto-adjoint $H = -\Delta + V$ défini sur

$$D(H) = \left\{ u \in H^1(\mathbb{R}^d) \; : \; (-\Delta + V)u \in L^2(\mathbb{R}^d) \right\}$$

par $Hu := (-\Delta + V)u$. Si de plus

$$\begin{cases} p = 2 & si \; d \in \{1, 2, 3\}, \\ p > 2 & si \; d = 4, \end{cases} \tag{7.3}$$

alors $D(H) = H^2(\mathbb{R}^d)$ et H est la fermeture de l'opérateur minimal $H^{\min} = -\Delta + V$ défini sur $D(H^{\min}) = C_c^\infty(\mathbb{R}^d)$.

Preuve Afin d'appliquer les résultats du chapitre 3, nous devons montrer que V est infinitésimalement $(-\Delta)$-borné au sens des formes sous la condition (7.2) et au sens des opérateurs pour (7.3), c'est-à-dire que pour tout $\varepsilon > 0$ il existe une constante C_ε telle que

$$\left| \int_{\mathbb{R}^d} V(x)|u(x)|^2 \, dx \right| \le \varepsilon \int_{\mathbb{R}^d} |\nabla u(x)|^2 \, dx + C_\varepsilon \int_{\mathbb{R}^d} |u(x)|^2 \, dx, \quad \forall u \in H^1(\mathbb{R}^d) \tag{7.4}$$

et

$$\int_{\mathbb{R}^d} V(x)^2 |u(x)|^2 \, dx \le \varepsilon \int_{\mathbb{R}^d} |\Delta u(x)|^2 \, dx + C_\varepsilon \int_{\mathbb{R}^d} |u(x)|^2 \, dx, \quad \forall u \in H^2(\mathbb{R}^d), \tag{7.5}$$

respectivement. Soit χ une fonction à support compact qui vaut 1 sur $(-1/2, 1/2)^d$ et s'annule en dehors de $(-1, 1)^d$. Nous introduisons le cube $Q_z := z + (-1/2, 1/2)^d$, le cube élargi $Q'_z = z + (-1, 1)^d$, et $\chi_z(x) = \chi(x - z)$ pour $z \in \mathbb{Z}^d$. Même si $\mathscr{L}$ n'est pas un réseau cubique, nous utilisons un tel réseau pour notre preuve. La fonction V est aussi dans $L^p(Q_0)$, puisque Q_0 peut être recouvert par un nombre fini de copies de la cellule unité C du réseau $\mathscr{L}$. En fait Q_z peut être recouvert par un nombre fini de copies de C, ce nombre étant uniformément borné par rapport à $z \in \mathbb{R}^d$. Il en est de même pour Q'_z. En utilisant que $V \mathbb{1}_{Q'_z} \in L^p(Q'_z)$, le lemme 1.10 fournit

$$\int_{Q_z} |V||u|^2 \le \int_{Q'_z} |V||\chi_z u|^2 \le \varepsilon \int_{\mathbb{R}^d} |\nabla(\chi_z u)|^2 + C_\varepsilon \int_{\mathbb{R}^d} \chi_z^2 |u|^2,$$

où la constante C_ε est indépendante de z. En effet, la preuve du lemme 1.10 nous informe que C_ε ne dépend que de M et ε, lorsque M est choisi pour que $\|V\mathbb{1}(|V| \geq M)\|_{L^p(Q'_z)} \leq C\varepsilon$ pour une constante C universelle reliée à l'inégalité de Sobolev ou de Gagliardo-Nirenberg selon la dimension d. Or par périodicité nous avons

$$\|V\mathbb{1}(|V| \geq M)\|_{L^p(Q'_z)} \leq N^{1/p}\|V\mathbb{1}(|V| \geq M)\|_{L^p(C)}$$

où N est le nombre de copies de C nécessaires pour recouvrir Q_z, qui est uniformément borné. Ceci permet de choisir M indépendamment de z. En développant le gradient et en utilisant l'inégalité $|a + b|^2 \leq 2a^2 + 2b^2$, nous obtenons

$$\int_{Q_z} |V||u|^2 \leq 2\varepsilon \int_{Q'_z} |\nabla u|^2 + \left(C_\varepsilon + 2\varepsilon \|\nabla\chi\|_{L^\infty}^2\right) \int_{Q'_z} |u|^2.$$

Il reste à sommer sur z et à utiliser que chaque petit cube Q_z est compté 2^d fois dans la somme des intégrales faisant intervenir le plus grand cube Q'_z, ce qui fournit

$$\int_{\mathbb{R}^d} |V||u|^2 \leq 2^{d+1}\varepsilon \int_{\mathbb{R}^d} |\nabla u|^2 + 2^d \left(C_\varepsilon + 2\varepsilon \|\nabla\chi\|_{L^\infty}^2\right) \int_{\mathbb{R}^d} |u|^2$$

et démontre (7.4). La preuve pour (7.5) est similaire et laissée en exercice. □

7.2 Théorie de Bloch-Floquet

Afin de déterminer le spectre de $-\Delta + V$ lorsque V est $\mathscr{L}$-périodique, nous allons remplacer la transformée de Fourier (qui diagonalise le Laplacien) par un unitaire mieux adapté au réseau $\mathscr{L}$, appelé *transformation de Bloch* ou de *Bloch-Floquet* [Flo83, Blo29]. Pour cela nous avons besoin d'introduire le *réseau dual* $\mathscr{L}^*$ de $\mathscr{L}$. Soit M la matrice $d \times d$ dont les colonnes sont les coordonnées des v_i dans la base canonique de $\mathbb{R}^d$. Alors $\mathscr{L}^*$ est par définition le réseau associé à la base des lignes de la matrice $2\pi M^{-1}$. C'est aussi le plus grand sous-groupe de $\mathbb{R}^d$ tel que

$$k \cdot \ell \in 2\pi\mathbb{Z}, \qquad \forall\ell \in \mathscr{L},\ k \in \mathscr{L}^*. \tag{7.6}$$

Sa cellule unité de Voronoï B définie comme dans (7.1) est appelée *zone de Brillouin*. Par exemple, pour le réseau cubique $\mathscr{L} = \mathbb{Z}^d$ nous avons $\mathscr{L}^* = 2\pi\mathbb{Z}^d$ et $B = (-\pi, \pi)^d$. Le dual $\mathscr{L}^*$ du réseau triangulaire représenté à la figure 7.1 est un réseau triangulaire tourné de 90° et dilaté de $2\pi\sqrt{2}$.

Nous pouvons réécrire la famille des ondes planes $(e^{ip\cdot x})_{p\in\mathbb{R}^d}$ sous la forme d'une famille à deux paramètres

$$\left(e^{i(k+\xi)\cdot x}\right)_{\substack{k\in\mathscr{L}^* \\ \xi\in B}} \tag{7.7}$$

où on notera que $p = k + \xi$ parcourt tout $\mathbb{R}^d$ quand $k \in \mathscr{L}^*$ et $\xi \in \overline{B}$. Toute fonction f de la classe de Schwartz $\mathcal{S}(\mathbb{R}^d)$ se décompose sur cette famille, en partant de la transformée de Fourier habituelle :

$$f(x) = \frac{1}{(2\pi)^{d/2}} \int_{\mathbb{R}^d} \widehat{f}(p) e^{ip \cdot x} \, \mathrm{d}p = \frac{1}{(2\pi)^{d/2}} \sum_{k \in \mathscr{L}^*} \int_B \widehat{f}(k + \xi) e^{i(k+\xi) \cdot x} \, \mathrm{d}\xi.$$

Ceci nous amène à introduire la fonction de deux paramètres

$$f_\xi(x) := \frac{1}{|C|^{1/2}} \sum_{k \in \mathscr{L}^*} \widehat{f}(k + \xi) e^{i(k+\xi) \cdot x} \tag{7.8}$$

qui s'appelle la *transformée de Bloch* de f. La constante

$$\frac{1}{|C|^{1/2}} = \frac{|B|^{1/2}}{(2\pi)^{d/2}} \tag{7.9}$$

est choisie pour que $e^{i(k+\xi) \cdot x} |C|^{-1/2}$ soit normalisée dans $L^2(C)$. La fonction f_ξ définie en (7.8) vérifie la condition de Born-von Kármán

$$f_\xi(x + \ell) = f_\xi(x) e^{i\xi \cdot \ell}, \qquad \forall \ell \in \mathscr{L}, \tag{7.10}$$

par rapport à x (relire à ce sujet la section 2.8.1 pour la dimension $d = 1$ et l'exercice 2.49 pour $d \geq 2$) et est $\mathscr{L}^*$-périodique par rapport à ξ,

$$f_{k+\xi}(x) = f_\xi(x), \qquad \forall k \in \mathscr{L}^*.$$

On peut donc toujours la restreindre à $\xi \in B$ et $x \in C$. On a la formule de reconstruction

$$\boxed{f(x) = \frac{1}{|B|^{1/2}} \int_B f_\xi(x) \, \mathrm{d}\xi}$$

qui est similaire à celle qui donne $f(x)$ en fonction de $\widehat{f}(p) e^{ip \cdot x}$. Alors que la transformée de Fourier permet de décomposer f comme une moyenne d'ondes planes quelconques, celle de Bloch ne fait intervenir que des fonctions $f_\xi(x)$ vérifiant la propriété de Born-von Kármán (7.10) avec un réseau fixe $\mathscr{L}$. Le prix à payer est que $f_\xi(x)$ n'est pas proportionnelle à une fonction simple comme $e^{ip \cdot x}$.

On peut aussi chercher quelle est la fonction dont les coefficients de Fourier valent $|C|^{-1/2} \widehat{f}(k + \xi)$, ce qui fournit une autre expression pour f_ξ, similaire à la formule de Poisson :

$$
f_\xi(x) := \frac{1}{|C|^{1/2}} \sum_{k \in \mathscr{L}^*} \widehat{f}(k + \xi) e^{i(k+\xi)\cdot x} = \frac{1}{|B|^{1/2}} \sum_{\ell \in \mathscr{L}} f(\ell + x) e^{-i\xi\cdot\ell}.
$$

(7.11)

En effet, nous avons

$$
\widehat{f}(k + \xi) = \frac{1}{(2\pi)^{d/2}} \int_{\mathbb{R}^d} f(x) e^{-i(k+\xi)\cdot x} \, dx
$$

$$
= \frac{1}{(2\pi)^{d/2}} \sum_{\ell \in \mathscr{L}} \int_C f(\ell + y) e^{-i(k+\xi)\cdot(\ell+y)} \, dy
$$

$$
= \frac{1}{|B|^{1/2}} \int_C \left(\sum_{\ell \in \mathscr{L}} f(\ell + y) e^{-i\xi\cdot\ell} \right) \frac{e^{-i(k+\xi)\cdot y}}{|C|^{1/2}} \, dy.
$$

Comme pour la transformée de Fourier, nous allons maintenant étendre la transformée de Bloch à tout $L^2(\mathbb{R}^d)$.

Théorème 7.2 (Plancherel) *Pour tout f dans la classe de Schwartz $\mathcal{S}(\mathbb{R}^d)$, on a la formule de Parseval*

$$
\int_{\mathbb{R}^d} |f(x)|^2 \, dx = \int_B \left(\int_C |f_\xi(y)|^2 \, dy \right) d\xi,
$$

(7.12)

qui permet d'étendre la transformée de Bloch en un unique isomorphisme d'espaces de Hilbert

$$
\mathcal{B} : f \in L^2(\mathbb{R}^d) \mapsto f_\xi(x) \in L^2\big(B, L^2(C)\big) = L^2(B \times C).
$$

Preuve Pour $f \in \mathcal{S}(\mathbb{R}^d)$ on écrit

$$
\int_B \left(\int_C |f_\xi(y)|^2 \, dy \right) d\xi = \frac{1}{|B|} \sum_{\ell, \ell' \in \mathscr{L}} \int_B e^{i\xi\cdot(\ell'-\ell)} \, d\xi \int_C \overline{f(\ell' + y)} f(\ell + y) \, dy
$$

$$
= \sum_{\ell \in \mathscr{L}} \int_C |f(\ell + y)|^2 \, dy = \int_{\mathbb{R}^d} |f(x)|^2 \, dx.
$$

L'extension à tout $L^2(\mathbb{R}^d)$ suit.   □

Nous avons mentionné que $f_\xi(x)$ était $\mathscr{L}^*$-périodique en ξ et vérifiait la condition de Born-von Kármán (7.10) en x. Nous verrons qu'il est parfois commode d'inverser les deux propriétés, ce qui est réalisé grâce à la transformation

$$\widetilde{f_\xi}(x) := f_\xi(x)e^{-i\xi \cdot x}.$$

Nous avons alors

$$\boxed{\widetilde{f_\xi}(x) := \frac{1}{|C|^{1/2}} \sum_{k \in \mathscr{L}^*} \widehat{f}(k + \xi)e^{ik \cdot x} = \frac{1}{|B|^{1/2}} \sum_{\ell \in \mathscr{L}} f(\ell + x)e^{-i\xi \cdot (\ell + x)}}$$

et la nouvelle formule de reconstruction

$$f(x) = \frac{1}{|B|^{1/2}} \int_B e^{-i\xi \cdot x} \widetilde{f_\xi}(x) \, d\xi.$$

La fonction $(\xi, x) \mapsto \widetilde{f_\xi}(x)$ est maintenant $\mathscr{L}$-périodique en x et vérifie la condition de Born-von Kármán en ξ. L'isomorphisme correspondant sur $L^2(\mathbb{R}^d)$ sera noté $\widetilde{\mathscr{B}}$. La dénomination "transformation de Bloch" est utilisée indifféremment pour $\mathscr{B}$ ou $\widetilde{\mathscr{B}}$ et il est facile de passer de l'une à l'autre en multipliant par la phase $e^{\pm i\xi \cdot x}$.

Passons maintenant à l'étude de l'action de $\mathscr{B}$ et $\widetilde{\mathscr{B}}$ sur les dérivées spatiales et à l'identification des deux opérateurs auto-adjoints $\mathscr{B}(-\Delta)\mathscr{B}^{-1}$ et $\widetilde{\mathscr{B}}(-\Delta)\widetilde{\mathscr{B}}^{-1}$ dans l'espace de Hilbert $L^2(B \times C)$. Pour tout $f \in \mathcal{S}(\mathbb{R}^d)$, on voit sur la seconde formule de (7.11) que les dérivées spatiales commutent avec la transformée de Bloch $\mathscr{B}$:

$$(\partial^\alpha f)_\xi = \partial_x^\alpha f_\xi.$$

Pour la seconde transformée de Bloch $\widetilde{\mathscr{B}}$, nous obtenons plutôt

$$\widetilde{(\partial^\alpha f)}_\xi = (\partial_x + i\xi)^\alpha \widetilde{f_\xi}.$$

En utilisant la relation de Parseval (7.12), ceci fournit une expression de l'énergie cinétique dans les variables de Bloch :

$$\int_{\mathbb{R}^d} |\nabla f(x)|^2 \, dx = \int_B \int_C |\nabla_x f_\xi(x)|^2 \, dx \, d\xi = \int_B \int_C \left|(-i\nabla_x + \xi)\widetilde{f_\xi}(x)\right|^2 \, dx \, d\xi,$$

$$(7.13)$$

pour tout $f \in \mathcal{S}(\mathbb{R}^d)$. Comme $\mathcal{S}(\mathbb{R}^d)$ est dense dans $H^1(\mathbb{R}^d)$, ceci permet d'identifier l'image de $H^1(\mathbb{R}^d)$ par les deux isomorphismes $\mathscr{B}$ et $\widetilde{\mathscr{B}}$. Nous avons mentionné que f_ξ vérifie la condition de Born-von Kármán (7.10) en x, c'est-à-dire appartient à l'espace $H^1_{\mathrm{per},\xi}(C)$, alors que $\widetilde{f_\xi} \in H^1_{\mathrm{per}}(C)$ est simplement périodique.

Ces propriétés survivent après fermeture et on trouve

$$\mathcal{B}H^1(\mathbb{R}^d) = \left\{ f \in L^2(B \times C) \text{ tels que } f_\xi \in H^1_{\text{per},\xi}(C) \right.$$

$$\left. \text{pour presque tout } \xi \in B \text{ avec } \int_B \|f_\xi\|^2_{H^1(C)} \mathrm{d}\xi < \infty \right\}$$

$$=: L^2\big(B, H^1_{\text{per},\xi}(C)\big).$$

Comme les deux formes quadratiques

$$\int_C \big|(-i\nabla + \xi)u(x)\big|^2 \mathrm{d}x + \int_C |u(x)|^2 \mathrm{d}x \quad \text{et} \quad \int_C |\nabla u(x)|^2 \mathrm{d}x + \int_C |u(x)|^2 \mathrm{d}x$$

sont équivalentes sur $H^1_{\text{per}}(C)$, uniformément par rapport à ξ dans le compact $\overline{B}$, on trouve de même que

$$\widetilde{\mathcal{B}}H^1(\mathbb{R}^d) = \left\{ f \in L^2(B \times C) \text{ tels que } \widetilde{f}_\xi \in H^1_{\text{per}}(C) \right.$$

$$\left. \text{pour presque tout } \xi \in B \text{ avec } \int_B \|\widetilde{f}_\xi\|^2_{H^1(C)} \mathrm{d}\xi < \infty \right\}$$

$$=: L^2\big(B, H^1_{\text{per}}(C)\big).$$

Avec des définitions similaires, nous avons également

$$\mathcal{B}H^2(\mathbb{R}^d) = L^2\big(B, H^2_{\text{per},\xi}(C)\big), \qquad \widetilde{\mathcal{B}}H^2(\mathbb{R}^d) = L^2\big(B, H^2_{\text{per}}(C)\big).$$

Ceci permet d'identifier les deux opérateurs auto-adjoints $\mathcal{B}(-\Delta)\mathcal{B}^{-1}$ et $\widetilde{\mathcal{B}}(-\Delta)\widetilde{\mathcal{B}}^{-1}$ qui valent

$$\begin{cases} \mathcal{B}(-\Delta)\mathcal{B}^{-1} = (-\Delta_{\text{per},\xi})_x, & D\big(\mathcal{B}(-\Delta)\mathcal{B}^{-1}\big) = L^2\big(B, H^2_{\text{per},\xi}(C)\big), \\ \widetilde{\mathcal{B}}(-\Delta)\widetilde{\mathcal{B}}^{-1} = |(P_{\text{per}})_x + \xi|^2, & D\big(\widetilde{\mathcal{B}}(-\Delta)\widetilde{\mathcal{B}}^{-1}\big) = L^2\big(B, H^2_{\text{per}}(C)\big). \end{cases}$$

$$(7.14)$$

Notre notation signifie que les deux opérateurs $-\Delta_{\text{per},\xi}$ et P_{per} agissent sur la variable x pour tout $\xi \in B$. Rappelons que ces opérateurs ont été définis aux sections 2.8.1 et 2.8.3 pour la dimension $d = 1$ et à l'exercice 2.49 en dimension $d \geq 2$. À ξ fixé, les spectres valent

$$\sigma\Big((-\Delta)_{\text{per},\xi}\Big) = \sigma\Big(|P_{\text{per}} + \xi|^2\Big) = \Big\{|k + \xi|^2\Big\}_{k \in \mathscr{L}^*},$$

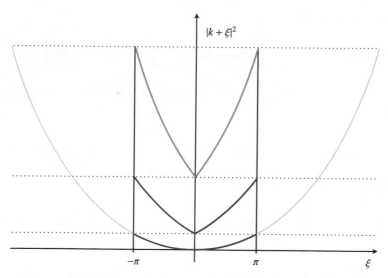

Fig. 7.2 Effet de la transformée de Bloch sur le spectre du Laplacien, en dimension 1 avec le réseau $\mathscr{L} = \mathbb{Z}$. La parabole $p \mapsto |p|^2$ est coupée en morceaux selon $|p|^2 = |k + \xi|^2$ où $\xi \in B = (-\pi, \pi)$ et $k \in \mathscr{L}^* = 2\pi\mathbb{Z}$. Chaque fibre $\{|k + \xi|^2\}_{k \in 2\pi\mathbb{Z}}$ à ξ fixé correspond au spectre du Laplacien avec la condition de Born-von Kármán (7.10) au bord de $C = (-1/2, 1/2)$ ou, de façon équivalente, à l'opérateur $| - i\frac{\mathrm{d}}{\mathrm{d}x} + \xi|^2$ avec condition périodique. © Mathieu Lewin 2021. All rights reserved

avec les fonctions propres correspondantes $e^{i(k+\xi) \cdot x}$ et $e^{ik \cdot x}$. Comme pour les opérateurs de multiplication (théorème 4.3), le spectre total dans $L^2(B \times C)$ est la fermeture de l'union des spectres pour chaque ξ, ce qui fournit bien le spectre $[0, +\infty[$ du Laplacien lorsque (ξ, k) parcourt tout $B \times \mathscr{L}^*$ (figure 7.2).

7.3 Diagonalisation des opérateurs de Schrödinger périodiques

Lorsque V est $\mathscr{L}$–périodique pour un réseau $\mathscr{L}$ donné, il est naturel de faire intervenir la transformée de Bloch associée au réseau $\mathscr{L}$ pour étudier l'opérateur de Schrödinger $-\Delta + V$. La propriété la plus importante est qu'un tel opérateur commute avec cette transformée, c'est-à-dire que l'on a formellement

$$\left((-\Delta + V)f\right)_\xi (x) = -\Delta_x f_\xi(x) + V(x) f_\xi(x). \tag{7.15}$$

Plus précisément, nos opérateurs $\mathcal{B}(-\Delta + V)\mathcal{B}^{-1}$ et $\widetilde{\mathcal{B}}(-\Delta + V)\widetilde{\mathcal{B}}^{-1}$ sont définis par la méthode de Friedrichs à l'aide des deux expressions de la forme quadratique en variables de Bloch

$$
\int_{\mathbb{R}^d} |\nabla f|^2 + V|f|^2 = \int_B \left(\int_C |\nabla_x f_\xi(x)|^2 \, dx + \int_C V(x)|f_\xi(x)|^2 \, dx \right) d\xi
$$
$$
= \int_B \left(\int_C |(-i\nabla_x + \xi)\widetilde{f}_\xi(x)|^2 \, dx + \int_C V(x)|\widetilde{f}_\xi(x)|^2 \, dx \right) d\xi.
$$
(7.16)

Il est plus commode d'utiliser la seconde transformation de Bloch $\widetilde{\mathcal{B}}$, même si l'argument est très similaire pour $\mathcal{B}$. Pour chaque $\xi \in B$, nous considérons donc l'opérateur auto-adjoint sur $L^2(C)$

$$
\widetilde{H}_\xi := |-i\nabla_x + \xi|^2 + V(x), \qquad D\big(\widetilde{H}_\xi\big) = \left\{ f \in H^1_{\text{per}}(C) \ : \ \widetilde{H}_\xi f \in L^2(C) \right\}
$$
(7.17)

obtenu par la méthode de Friedrichs, où $\widetilde{H}_\xi f$ est interprété au sens des distributions sur l'ouvert C. Comme

$$
|-i\nabla_x + \xi|^2 = -\Delta_x - 2i\xi \cdot \nabla_x + |\xi|^2
$$

et que le domaine est par définition inclus dans $H^1_{\text{per}}(C)$, on a toujours $-2i\xi \cdot \nabla f \in L^2(C)$ dans le domaine, de sorte que ce dernier est en fait indépendant de ξ :

$$
D\big(\widetilde{H}_\xi\big) = D\big(\widetilde{H}_0\big) = \left\{ f \in H^1_{\text{per}}(C) \ : \ (-\Delta + V)f \in L^2(C) \right\}.
$$

Pour chaque $\xi \in B$, l'opérateur $\widetilde{H}_\xi$ est à résolvante compacte (section 5.4). Nous appelons $\lambda_n(\xi)$ ses valeurs propres ordonnées de façon croissante et répétées selon leur multiplicité, qui tendent vers $+\infty$. Le théorème suivant précise que le spectre de $-\Delta + V$ est l'union des images de ces valeurs propres, qui sont des fonctions continues en la variable ξ. Le spectre est donc une union dénombrable d'intervalles compacts, appelés *bandes de Bloch*.

Théorème 7.3 (Diagonalisation des opérateurs de Schrödinger périodiques)
Soit V une fonction $\mathscr{L}$–périodique sur $\mathbb{R}^d$ à valeurs réelles, telle que $V \in L^p(C)$ avec p vérifiant (7.2). On appelle $\widetilde{H}_\xi = |-i\nabla_x + \xi|^2 + V(x)$ la réalisation de Friedrichs (7.17) sur $L^2(C)$ avec la condition périodique au bord et $\lambda_n(\xi)$ ses valeurs propres ordonnées dans l'ordre croissant et répétées en fonction de leur multiplicité.

(i) Pour chaque $n \geq 1$, $\xi \mapsto \lambda_n(\xi)$ est une fonction Lipschitzienne sur $\overline{B}$.

(ii) Le spectre de l'opérateur $-\Delta + V(x)$ défini au théorème 7.1 vaut

$$\sigma(-\Delta + V) = \bigcup_{n \geq 1} \lambda_n(\overline{B}), \qquad (7.18)$$

où la bande $\lambda_n(\overline{B}) = [\min_{\overline{B}} \lambda_n , \max_{\overline{B}} \lambda_n]$ est l'image de λ_n sur le compact $\overline{B}$.

(iii) Le spectre de $-\Delta + V(x)$ ne contient aucune valeur propre.

Le spectre de l'opérateur $-\Delta + V$ défini sur tout l'espace $\mathbb{R}^d$ peut ainsi s'obtenir à partir des valeurs propres des opérateurs $\widetilde{H}_\xi = |-i\nabla + \xi|^2 + V(x)$ définis sur l'ouvert borné C avec la condition périodique au bord, en faisant varier ξ dans la zone de Brillouin B. Plus précisément, le spectre est l'union des bandes qui sont les images des valeurs propres $\lambda_n(\xi)$ lorsque ξ varie dans B, comme représenté à la figure 7.3. Ceci fait écho au cas du Laplacien vu à la figure 7.2, sauf que les bandes peuvent maintenant se recouvrir partiellement ou ne pas se toucher du tout, en fonction de la forme du potentiel périodique V.

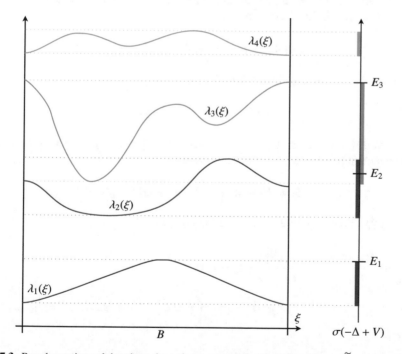

Fig. 7.3 Représentation schématique des valeurs propres $\lambda_n(\xi)$ de l'opérateur $\widetilde{H}_\xi = |-i\nabla_x + \xi|^2 + V(x)$ sur $L^2(C)$ avec la condition de périodicité au bord, et lien avec le spectre de l'opérateur $-\Delta + V$ sur $\mathbb{R}^d$ (à droite) lorsque ξ parcourt la zone de Brillouin B. © Mathieu Lewin 2021. All rights reserved

Preuve La régularité de $\lambda_n(\xi)$ suit des méthodes développées aux sections 5.1.3 et 5.6.2.[1] Comme vu à l'exercice 2.49, il suit du théorème 2.34 que les valeurs propres du Laplacien périodique $-\Delta_{\mathrm{per}}$ sur C valent $\{|k|^2\}_{k \in \mathscr{L}^*}$ et que les fonctions propres sont données par la base de Fourier $(e^{ik \cdot x})_{k \in \mathscr{L}^*}$. On a

$$\frac{|k|^2}{2} - |\xi|^2 \leq |k + \xi|^2 \leq 2|k|^2 + 2|\xi|^2$$

pour tout $k \in \mathscr{L}^*$ et comme B est bornée, ceci implique par le calcul fonctionnel

$$c_1(1 - \Delta_{\mathrm{per}}) \leq |P_{\mathrm{per}} + \xi|^2 + C \leq c_2(1 - \Delta_{\mathrm{per}})$$

pour des constantes $C, c_1, c_2 > 0$ qui peuvent être choisies indépendantes de $\xi \in B$. Avec notre hypothèse (7.2) sur p, le potentiel V est infinitésimalement $(-\Delta_{\mathrm{per}})$-borné au sens des formes quadratiques, et nous avons donc une inégalité similaire

$$c_1(1 - \Delta_{\mathrm{per}}) \leq \widetilde{H}_\xi + C \leq c_2(1 - \Delta_{\mathrm{per}}), \tag{7.19}$$

avec d'autres constantes notées de la même façon. Par un argument de comptage similaire au lemme 5.45 nous avons

$$c_1 \, n^{\frac{2}{d}} \leq \lambda_n\big(-\Delta_{\mathrm{per}}\big) + C \leq c_2 \, n^{\frac{2}{d}}$$

et la formule de Courant-Fischer fournit alors

$$c_1 \, n^{\frac{2}{d}} \leq \lambda_n(\xi) + C \leq c_2 \, n^{\frac{2}{d}} \tag{7.20}$$

pour d'autres constantes $c_1, c_2 > 0$, c'est-à-dire que les λ_n tendent vers l'infini uniformément par rapport à ξ. Enfin, puisque

$$\widetilde{H}_\xi = \widetilde{H}_\zeta - 2i(\xi - \zeta) \cdot \nabla + |\xi|^2 - |\zeta|^2$$

et que $\pm 2\xi \cdot (-i\nabla) \leq |\xi|(1 - \Delta_{\mathrm{per}})$, l'inégalité (7.19) implique

$$\left(1 - \frac{|\zeta - \xi|}{c_2} - \frac{|\zeta^2 - \xi^2|}{c_2}\right)(\widetilde{H}_\xi + C)$$

$$\leq \widetilde{H}_\zeta + C \leq \left(1 + \frac{|\zeta - \xi|}{c_1} + \frac{|\zeta^2 - \xi^2|}{c_1}\right)(\widetilde{H}_\xi + C).$$

---

[1] Tant que les $\lambda_n(\xi)$ ne se croisent pas, ce sont même des fonctions analytiques réelles d'après le théorème 5.6.

Par le théorème 5.5, ceci montre que chaque λ_n est en fait une fonction Lipschitzienne sur $\overline{B}$, comme dans la preuve du théorème 5.42.

Il reste à montrer l'assertion principale *(ii)* du théorème que $\sigma(-\Delta + V) = \cup_{n \geq 1} \lambda_n(\overline{B})$. Nous commençons par l'inclusion $\supset$ et considérons donc $n \geq 1$ et $\xi_0 \in \overline{B}$, et un vecteur propre normalisé $f_{\xi_0} \in H^1_{\text{per}}(C)$ de valeur propre $\lambda_n(\xi_0)$ pour l'opérateur $|-i\nabla + \xi_0|^2 + V$:

$$|-i\nabla + \xi_0|^2 f_{\xi_0}(x) + V(x) f_{\xi_0}(x) = \lambda_n(\xi_0) f_{\xi_0}(x).$$

Cette équation a lieu au sens des distributions sur C. Nous pouvons aussi prolonger f_{ξ_0} en une fonction périodique sur tout $\mathbb{R}^d$ (notée encore f_{ξ_0}) et qui appartient alors à $H^1_{\text{loc}}(\mathbb{R}^d)$. L'équation est dans ce cas valable au sens des distributions sur tout $\mathbb{R}^d$. Introduisons maintenant la fonction test

$$g_\varepsilon(x) = \varepsilon^{d/2} e^{i\xi_0 \cdot x} f_{\xi_0}(x) \chi(\varepsilon x) \in H^1(\mathbb{R}^d)$$

où χ est une fonction C^∞ positive à support compact, telle que $\int_{\mathbb{R}^d} \chi^2 = 1$. La norme de g_ε vaut

$$\int_{\mathbb{R}^d} |g_\varepsilon(x)|^2 \, dx = \varepsilon^d \int_{\mathbb{R}^d} |f_{\xi_0}(x)|^2 |\chi(\varepsilon x)|^2 \, dx.$$

Il est très classique que cette intégrale converge vers

$$\lim_{\varepsilon \to 0} \varepsilon^d \int_{\mathbb{R}^d} |f_{\xi_0}(x)|^2 \chi(\varepsilon x)^2 \, dx = \left(\frac{1}{|C|} \int_C |f_{\xi_0}(x)|^2 \, dx \right) \left(\int_{\mathbb{R}^d} \chi(x)^2 \, dx \right) = \frac{1}{|C|}.$$

En effet, si g est périodique localement intégrable et $\varphi \in \mathcal{S}(\mathbb{R}^d)$, on a

$$\varepsilon^d \int_{\mathbb{R}^d} g(x) \varphi(\varepsilon x) \, dx = \frac{(2\pi)^{d/2}}{|C|^{1/2}} \sum_{k \in \mathscr{L}^*} c_k(g) \overline{\widehat{\varphi}(k/\varepsilon)}$$

$$\xrightarrow[\varepsilon \to 0]{} \frac{(2\pi)^{d/2}}{|C|^{1/2}} c_0(g) \widehat{\varphi}(0) = \frac{1}{|C|} \left(\int_C g(x) \, dx \right) \left(\int_{\mathbb{R}^d} \varphi(x) \, dx \right), \qquad (7.21)$$

puisque la transformée de Fourier d'une fonction périodique est un peigne de Dirac. Ainsi, modulo un facteur $|C|$, notre fonction g_ε est normalisée à la limite. On peut maintenant calculer, au sens des distributions sur $\mathbb{R}^d$,

$$\left(-\Delta + V - \lambda_n(\xi_0) \right) g_\varepsilon = -2\varepsilon^{1 + \frac{d}{2}} \nabla f_{\xi_0}(x) \cdot \nabla \chi(\varepsilon x) - \varepsilon^{2 + \frac{d}{2}} f_{\xi_0}(x) \Delta \chi(\varepsilon x).$$

Comme $f_{\xi_0} \in H^1_{\text{loc}}(\mathbb{R}^d)$, la fonction de droite appartient à $L^2(\mathbb{R}^d)$ et ceci démontre que g_ε appartient au domaine de $-\Delta + V$. Par ailleurs, nous avons

$$\left\| \left(-\Delta + V - \lambda_n(\xi_0) \right) g_\varepsilon \right\|_{L^2(\mathbb{R}^d)} \leq 2\varepsilon^{1+d/2} \left\| \nabla f_{\xi_0}(x) \cdot \nabla \chi(\varepsilon x) \right\|_{L^2(\mathbb{R}^d)}$$
$$+ \varepsilon^{2+d/2} \left\| f_{\xi_0}(x) \Delta \chi(\varepsilon x) \right\|_{L^2(\mathbb{R}^d)}.$$

Les deux termes sont respectivement d'ordre ε et ε^2 puisque, d'après (7.21),

$$\lim_{\varepsilon \to 0} \left\| \varepsilon^{\frac{d}{2}} \nabla f_{\xi_0} \cdot \nabla \chi(\varepsilon \cdot) \right\|_{L^2(\mathbb{R}^d)}^2 = \frac{1}{|C|} \left(\int_C |\nabla f_{\xi_0}|^2 \right) \left(\int_{\mathbb{R}^d} |\nabla \chi|^2 \right)$$

et

$$\lim_{\varepsilon \to 0} \left\| \varepsilon^{\frac{d}{2}} f_{\xi_0} \Delta \chi(\varepsilon \cdot) \right\|_{L^2(\mathbb{R}^d)}^2 = \frac{1}{|C|} \left(\int_C |f_{\xi_0}|^2 \right) \left(\int_{\mathbb{R}^d} |\Delta \chi|^2 \right).$$

La convergence vers 0 de $\left\| \left(-\Delta + V - \lambda_n(\xi_0) \right) g_\varepsilon \right\|_{L^2(\mathbb{R}^d)}$ et celle de $\|g_\varepsilon\|_{L^2(\mathbb{R}^d)}$ vers $|C|^{-1}$ impliquent que $\lambda_n(\xi_0)$ appartient au spectre de $-\Delta + V$ par la caractérisation de Weyl du théorème 2.30.

Il reste donc à prouver l'inclusion réciproque. Pour cela on peut par exemple utiliser que

$$\|(-\Delta + V - \mu) f\|_{L^2(\mathbb{R}^d)}^2 = \int_B \int_C \left| (|-i\nabla + \xi|^2 + V) \widetilde{f_\xi} - \mu \widetilde{f_\xi} \right|^2 \, \mathrm{d}x \, \mathrm{d}\xi.$$

C'est une formule similaire à l'égalité de Parseval (7.12) dont la preuve (laissée en exercice) est un peu compliquée par le fait que $-\Delta \widetilde{f_\xi}$ et $V \widetilde{f_\xi}$ ne sont pas nécessairement tous les deux dans $L^2(C)$. Si μ n'appartient pas à l'union des $\lambda_n(\overline{B})$, alors il existe un $\eta > 0$ tel que $|\lambda_n(\xi) - \mu| \geq \eta$ pour tout $\xi \in \overline{B}$ et tout $n \geq 1$, car les λ_n sont continus et tendent vers l'infini quand $n \to \infty$ d'après (7.20). Par le théorème spectral, nous avons alors

$$\left\| (|-i\nabla + \xi|^2 + V) f_\xi - \mu f_\xi \right\|_{L^2(C)}^2 \geq \eta^2 \|f_\xi\|_{L^2(C)}^2$$

et on conclut donc que pour $\mu \notin \cup \lambda_n(\overline{B})$, on a

$$\|(-\Delta + V - \mu) f\|_{L^2(\mathbb{R}^d)}^2 \geq \eta^2 \int_B \int_C |\widetilde{f_\xi}(x)|^2 \, \mathrm{d}x \, \mathrm{d}\xi = \eta^2 \|f\|_{L^2(\mathbb{R}^d)}^2.$$

Par le théorème 2.30, ceci montre bien que $\mu \notin \sigma(-\Delta + V)$, ce qui termine la preuve de la formule (7.18) du spectre.

L'absence de valeur propre en *(iii)* suit de la régularité des fonctions $\lambda_n(\xi)$ et c'est un énoncé difficile avec nos hypothèses minimales sur p. Le premier résultat dans ce sens est dû à Thomas [Tho73] dans le cas $p = 2$ en dimension $d = 3$ et il aura fallu attendre la fin des années 90 [BS98, BS99, She01] pour qu'une preuve couvrant l'hypothèse (7.2) soit trouvée. Nous renvoyons à ces références pour la preuve de (*iii*).   □

7.4 Systèmes infinis et propriétés électroniques des matériaux*

En physique de la matière condensée, les opérateurs du type $-\Delta + V$ avec V une fonction périodique décrivent des matériaux cristallins infinis et purs (sans défaut), dans lesquels les électrons peuvent se déplacer. S'il est intéressant d'étudier un seul électron évoluant dans ce paysage, il est souvent plus pertinent physiquement de considérer un système comprenant une **infinité d'électrons**, également répartis périodiquement. Pensons au sel de table qui est un réseau d'atomes de sodium Na^+ (comprenant 10 électrons et un noyau de charge $Z = 11$) et de chlore Cl^- (comprenant 18 électrons et un noyau de charge $Z = 17$). Lorsque les interactions entre les électrons sont négligées, nous verrons dans cette section qu'un tel système infini est naturellement modélisé par le **projecteur spectral**

$$\mathbb{1}_{]-\infty, E]}(-\Delta + V)$$

introduit à la section 4.5 du chapitre 4, où E est déterminé de sorte que le nombre d'électrons par unité de volume soit égal à une constante $\rho > 0$ désirée. C'est ensuite la position de cette constante E dans le spectre de $-\Delta + V$ qui explique certaines propriétés de conduction des matériaux.

7.4.1 Limite thermodynamique, densité d'états

La méthode usuelle pour décrire un système infini consiste à d'abord en considérer un morceau fini, restreint à un domaine borné $\Omega \subset \mathbb{R}^d$. Ensuite, on fait grandir Ω de sorte qu'il recouvre tout l'espace et on étudie la limite des observables importantes du système. On parle de *limite thermodynamique* [Rue99, CLL98]. La plupart de ces observables vont diverger, mais on peut par exemple chercher leur comportement volumique (on divise par le volume de $|\Omega|$) ou alors étudier des différences d'observables bien choisies.

Pour Ω un ouvert borné de $\mathbb{R}^d$, nous notons $(-\Delta + V)_{|\Omega}$ la réalisation de Friedrichs avec condition de Dirichlet au bord de Ω. Comme à la section 3.3.4, c'est l'unique opérateur auto-adjoint dont la forme quadratique vaut $\int_\Omega (|\nabla u|^2 + V|u|^2)$ sur le domaine de forme $H_0^1(\Omega)$. Cette forme quadratique est fermée, car équivalente au carré de la norme de $H^1(\Omega)$ sous nos hypothèses sur V, d'après le théorème 7.1.

Par le même argument qu'à la section 5.4, l'opérateur $(-\Delta + V)_{|\Omega}$ est à résolvante compacte et nous appelons $\lambda_{\Omega,i}$ ses valeurs propres ordonnées (et répétées en cas de multiplicité). Nous notons simplement $-\Delta + V$ la réalisation de Friedrichs sur tout $\mathbb{R}^d$, fournie par le théorème 7.1, et $\lambda_n(\xi)$ ses valeurs propres de Bloch-Floquet comme au théorème 7.3.

Le résultat suivant fournit certaines informations concernant la limite où Ω tend vers tout $\mathbb{R}^d$, qui nous serviront ensuite pour décrire le comportement de notre infinité d'électrons. Bien sûr, on s'attend à ce que l'opérateur $(-\Delta + V)_{|\Omega}$ converge en un certain sens vers $-\Delta + V$, mais la notion exacte de convergence est plus subtile qu'il n'y paraît. Les valeurs propres vont former un ensemble de plus en plus dense qui va tendre "en moyenne" vers le spectre continu de $-\Delta + V$, mais peut aussi comprendre certains points isolés qui ne convergent pas (voir à ce sujet la remarque 7.5).

Théorème 7.4 (Limite thermodynamique pour un opérateur périodique) *Soit $\Omega \subset \mathbb{R}^d$ un ouvert borné contenant* 0, *dont la frontière est de mesure nulle,* $|\partial\Omega| = 0$. *Soit V une fonction $\mathscr{L}$–périodique sur $\mathbb{R}^d$ à valeurs réelles, telle que $V \in L^p(C)$ avec p vérifiant* (7.2). *Alors, pour toute fonction f continue par morceaux et à support inclus dans* $]-\infty, E]$ *pour un $E \in \mathbb{R}$, on a*

$$\lim_{\ell \to \infty} \frac{1}{|\Omega|\ell^d} \sum_i f\left(\lambda_{\ell\Omega,i}\right) = \frac{1}{(2\pi)^d} \sum_{n \geq 1} \int_B f\left(\lambda_n(\xi)\right) d\xi. \qquad (7.22)$$

De plus, pour tout $g \in L^2(\mathbb{R}^d)$, on a la convergence

$$f\left((-\Delta + V)_{|\ell\Omega}\right)\mathbb{1}_{\ell\Omega} g \xrightarrow[\ell \to \infty]{} f(-\Delta + V)g \qquad dans\ L^2(\mathbb{R}^d) \qquad (7.23)$$

où la fonction de gauche est par convention prolongée par 0 en dehors de $\ell\Omega$.

La preuve du théorème 7.4 est fournie plus bas à la section 7.4.3. Nous avons considéré la condition de Dirichlet par souci de simplicité, mais l'énoncé est exactement le même pour la condition au bord de Neumann, lorsque Ω est assez lisse. L'énoncé comprend deux parties. La limite (7.23) est une sorte de convergence du modèle tronqué sur $\ell\Omega$ vers celui sur tout $\mathbb{R}^d$. Cette limite n'est aucunement reliée au fait que V est une fonction périodique. Le lecteur pourra vérifier que la preuve fournie à la section 7.4.3 reste valable pour tout potentiel V raisonnable, en supposant cependant que f est continue si $-\Delta + V$ possède des valeurs propres.

La limite (7.22) est plus spécifique au cas périodique et concerne la façon précise dont les valeurs propres s'accumulent pour former le spectre continu de $-\Delta + V$. La convergence (7.22) signifie qu'il y a toujours de l'ordre de ℓ^d valeurs propres dans un intervalle fini qui intersecte le spectre. En dehors du spectre, c'est-à-dire entre les bandes, il y en a $o(\ell^d)$. Pour $f = \mathbb{1}_{]-\infty,E]}$, nous obtenons que le nombre de valeurs propres par unité de volume situées sous un niveau E converge

$$\lim_{\ell \to \infty} \frac{\#\{\lambda_{\ell\Omega,i} \leq E\}}{\ell^d |\Omega|} = \mathrm{n}(E), \tag{7.24}$$

où la limite vaut

$$\boxed{\mathrm{n}(E) := \frac{1}{(2\pi)^d} \sum_{n \geq 1} \int_B \mathbb{1}_{]-\infty,E]}\big(\lambda_n(\xi)\big)\,\mathrm{d}\xi.} \tag{7.25}$$

C'est une fonction croissante dont la dérivée $\mathrm{n}'(E)$ s'appelle la *densité d'états* car elle fournit la densité moyenne limite de valeurs propres au voisinage d'une énergie E. La fonction $\mathrm{n}(E)$ s'appelle elle la *densité d'états intégrée*. On remarquera que la somme à droite de (7.25) est finie puisque les $\lambda_n(\xi)$ tendent vers l'infini d'après (7.20). En principe la dérivée n' est une mesure positive (puisque n est croissante) mais en fait c'est une fonction localement intégrable car il a été montré dans [BS98, BS99, She01] que les λ_n ne peuvent être constants sur des ensembles de mesure non nulle. On dit que l'opérateur $-\Delta + V$ a un spectre *purement absolument continu*. La limite (7.22) peut aussi se réécrire sous la forme

$$\lim_{\ell \to \infty} \frac{1}{|\Omega|\ell^d} \sum_i f\big(\lambda_{\ell\Omega,i}\big) = \int_{\mathbb{R}} f(E)\,\mathrm{n}'(E)\,\mathrm{d}E$$

ou encore, avec une convergence faible locale au sens des mesures,

$$\boxed{\frac{1}{|\Omega|\ell^d} \sum_i \delta_{\lambda_{\ell\Omega,i}} \xrightarrow[\ell \to \infty]{} \mathrm{n}'.}$$

La somme à gauche s'appelle la *mesure empirique* associée aux valeurs propres. Elle renvoie simplement le nombre local de valeurs propres, divisé par le volume total.

Lorsque $V \equiv 0$ les valeurs propres de la transformée de Bloch-Floquet valent $|k + \xi|^2$ avec $k \in \mathscr{L}^*$ et $\xi \in B$, comme représenté à la figure 7.2. On a alors

$$\mathrm{n}(E) = \frac{1}{(2\pi)^d} \int_{\mathbb{R}^d} \mathbb{1}_{]-\infty,E]}(|p|^2)\,\mathrm{d}p = \frac{|\mathbb{S}^{d-1}|}{d\,(2\pi)^d} E^{\frac{d}{2}}$$

et on retrouve exactement l'asymptotique de Weyl du théorème 5.46 concernant le nombre de valeurs propres du Laplacien de Dirichlet dans un grand domaine.

Remarque 7.5 (Pollution spectrale) La convergence (7.22) n'interdit pas la présence de $o(\ell^d)$ valeurs propres en dehors du spectre de $-\Delta + V$. Ce défaut de convergence du spectre est appelé *pollution spectrale* [DP04, LS10a] et son existence est parfois une conséquence de propriétés topologiques [Gon20, Sec. III].

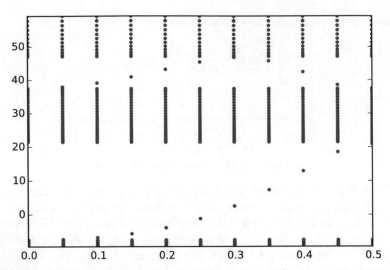

Fig. 7.4 Calcul numérique du bas du spectre de l'opérateur $-\frac{\mathrm{d}^2}{\mathrm{d}x^2} + 30\cos(2\pi x)$, restreint à l'intervalle $\Omega = [t, 30 + t]$ avec condition de Dirichlet au bord, et tracé verticalement pour diverses valeurs de t en abscisse. Comme prédit par le théorème 7.4, les valeurs propres forment un ensemble très dense et on observe ici l'apparition des trois premières bandes de Bloch. Cependant, il existe également une unique valeur propre dans chaque trou spectral (en rouge sur la figure), qui varie fortement avec le paramètre t et persisterait même en augmentant la taille de l'intervalle Ω. On parle de pollution spectrale [DP04, LS10a]. La fonction propre correspondante est localisée au bord de l'intervalle [CEM12] et son existence est imposée par des contraintes topologiques [Gon20, Sec. III]. Pour des calculs similaires voir [BL07, Gon20].

En utilisant le principe de Courant-Fischer, le lecteur pourra montrer en exercice que $\lambda_{\ell\Omega,1}$ converge bien vers le bas du spectre de $-\Delta + V$, de sorte que ce phénomène ne peut intervenir que dans les trous spectraux (entre les bandes de Bloch) et jamais en dessous du spectre. Pour un exemple numérique, voir la figure 7.4.

7.4.2   Mer de Fermi, isolants, conducteurs

Voyons maintenant ce que le théorème 7.4 nous apprend sur notre système infini d'électrons. Fixons-nous une densité moyenne $\rho > 0$ d'électrons par unité de volume et cherchons comment s'agencent les N électrons du système à la limite thermodynamique $N \to \infty$ pour cette densité. On prend donc un ouvert borné Ω suffisamment lisse de volume $|\Omega| = 1$ et on le dilate d'un facteur $\ell = (N/\rho)^{1/d}$

choisi de sorte que le nombre d'électrons par unité de volume soit exactement égal à ρ :

$$\frac{N}{|\ell\Omega|} = \frac{N}{\ell^d} = \rho.$$

Comme nous négligeons les interactions entre les électrons, ces derniers sont décrits par le Hamiltonien à N particules vu au chapitre 6

$$H^V(N) = \sum_{j=1}^{N} -\Delta_{x_j} + V(x_j)$$

dans l'espace anti-symétrique $L^2_a((\ell\Omega)^N)$, avec la condition de Dirichlet au bord de $\ell\Omega$. D'après le théorème 6.8 et sa preuve, nous savons alors que la plus petite valeur propre $\lambda_1(H^V(N))$ est obtenue en plaçant les N électrons dans les N premiers états propres de l'opérateur $(-\Delta + V)_{|\ell\Omega}$ sur $\ell\Omega$. Leur énergie totale vaut donc

$$\lambda_1\big(H^V(N)\big) = \sum_{i=1}^{N} \lambda_{\ell\Omega,i} \tag{7.26}$$

et une fonction propre correspondante est le déterminant de Slater

$$\Psi_N(x_1, \ldots, x_N) = \frac{\det\big(u_{N,i}(x_j)\big)}{\sqrt{N!}}, \tag{7.27}$$

où bien sûr les $u_{N,i}$ sont des fonctions propres associées aux valeurs propres $\lambda_{\ell\Omega,i}$ de l'opérateur $(-\Delta + V)_{|\ell\Omega}$. Nous voulons comprendre le comportement de ces deux objets à la limite $N \to \infty$.

Commençons par l'énergie fondamentale du système, c'est-à-dire la première valeur propre (7.26). Cette dernière n'est pas exactement sous la forme étudiée au théorème 7.4. En effet, si $\lambda_{\ell\Omega,N} < \lambda_{\ell\Omega,N+1}$ on peut bien écrire

$$\sum_{i=1}^{N} \lambda_{\ell\Omega,i} = \sum_{1} f_N\big(\lambda_{\ell\Omega,i}\big)$$

mais $f_N(x) = x\mathbb{1}_{]-\infty,\lambda_N(\ell\Omega)]}(x)$ dépend malheureusement de N. Si $\lambda_{\ell\Omega,N}$ converge vers un nombre réel E, on s'attend à ce que la limite coïncide avec celle où f_N est remplacée par $f(x) = x\mathbb{1}_{]-\infty,E]}(x)$. Même si la convergence de $\lambda_{\ell\Omega,N}$ n'est pas assurée dans tous les cas à cause de la remarque 7.5, les quelques derniers niveaux qui ne convergent pas ne jouent pas de rôle à l'ordre qui nous intéresse et on peut démontrer le résultat suivant.

Corollaire 7.6 (Convergence de l'énergie par particule) *Soit $\rho > 0$ et ε_ρ un réel tel que $\mathrm{n}(\varepsilon_\rho) = \rho$ où n est la densité d'états intégrée définie en* (7.25). *Alors on a*

$$\lim_{N \to \infty} \frac{1}{N} \sum_{i=1}^{N} \lambda_{\ell\Omega,i} = \frac{1}{\rho} \int_{-\infty}^{\varepsilon_\rho} E\, \mathrm{n}'(E)\, \mathrm{d}E$$

$$= \frac{1}{(2\pi)^d \rho} \sum_{n \geq 1} \int_B \lambda_n(\xi) \mathbb{1}_{]-\infty,\varepsilon_\rho]}\big(\lambda_n(\xi)\big)\, \mathrm{d}\xi, \qquad (7.28)$$

où on rappelle que $\ell = (N/\rho)^{1/d}$ et $|\Omega| = 1$.

Le réel ε_ρ s'appelle le *niveau de Fermi*. D'après (7.25), la fonction n est strictement croissante sur le spectre et constante dans les trous spectraux entre les bandes de Bloch. Ainsi, ε_ρ est unique lorsque n prend la valeur ρ sur le spectre. Sinon, ε_ρ peut être pris égal à n'importe quel réel dans le trou spectral sur lequel n est constante égale à ρ. La valeur choisie n'a pas d'importance car les $\lambda_n(\xi)$ ne pénètrent pas dans le trou spectral.

Preuve Nous appelons

$$\varepsilon_\rho^- = \min\{E \,:\, \mathrm{n}(E) = \rho\}, \qquad \varepsilon_\rho^+ = \max\{E \,:\, \mathrm{n}(E) = \rho\}$$

les valeurs minimales et maximales possibles de ε_ρ. Lorsque n prend la valeur ρ sur le spectre de $-\Delta + V$ nous avons simplement $\varepsilon_\rho^- = \varepsilon_\rho^+ = \varepsilon_\rho$. Soit $\eta > 0$. D'après le théorème 7.4, le nombre de valeurs propres sous $\varepsilon_\rho^\pm \pm \eta$ se comporte comme

$$\lim_{\ell \to \infty} \frac{\#\{\lambda_{\ell\Omega,i} \leq \varepsilon_\rho^\pm \pm \eta\}}{\ell^d} = \mathrm{n}(\varepsilon_\rho^\pm \pm \eta).$$

Or, par définition de $\varepsilon_\rho^\pm$, nous avons $\mathrm{n}(\varepsilon_\rho^- - \eta) < \rho$ et $\mathrm{n}(\varepsilon_\rho^+ + \eta) > \rho$. Puisque $\ell^d = N/\rho$, ceci démontre qu'il y a $N\,\mathrm{n}(\varepsilon_\rho^\pm \pm \eta)/\rho + o(N) < N$ valeurs propres sous $\varepsilon_\rho^- - \eta$ et $N\,\mathrm{n}(\varepsilon_\rho^+ + \eta)/\rho + o(N) > N$ valeurs propres sous $\varepsilon_\rho^+ + \eta$. Il y a aussi $N\,(\mathrm{n}(\varepsilon_\rho^+ + \eta) - \mathrm{n}(\varepsilon_\rho^+ + \eta))/\rho + o(N)$ valeurs propres dans l'intervalle $[\varepsilon_\rho^- - \eta, \varepsilon_\rho^+ + \eta]$. Introduisons les fonctions

$$f_\pm(x) = x \mathbb{1}_{]-\infty,\varepsilon_\rho^\pm \pm \eta]}(x), \qquad \varphi(x) = \mathbb{1}_{[\varepsilon_\rho^- - \eta, \varepsilon_\rho^+ + \eta]}(x). \qquad (7.29)$$

Pour N assez grand, nous avons $\varepsilon_\rho^- - \eta < \lambda_{\ell\Omega,N} < \varepsilon_\rho^+ + \eta$ et donc

$$\sum_{i=1}^{N} \lambda_{\ell\Omega,i} \geq \sum_{i \geq 1} f_-\big(\lambda_{\ell\Omega,i}\big) + (\varepsilon_\rho^- - \eta) \sum_{i \geq 1} \varphi\big(\lambda_{\ell\Omega,i}\big).$$

Après passage à la limite, nous trouvons d'après (7.22) au théorème 7.4

$$\liminf_{N \to \infty} \frac{1}{N} \sum_{i=1}^{N} \lambda_{\ell\Omega,i} \geq \frac{1}{\rho} \int_{-\infty}^{\varepsilon_\rho^- - \eta} E \, n'(E) \, dE + \frac{\varepsilon_\rho^- - \eta}{\rho} \left(n(\varepsilon_\rho^+ + \eta) - n(\varepsilon_\rho^- - \eta) \right).$$

Le même argument montre que

$$\limsup_{N \to \infty} \frac{1}{N} \sum_{i=1}^{N} \lambda_{\ell\Omega,i} \leq \frac{1}{\rho} \int_{-\infty}^{\varepsilon_\rho^+ + \eta} E \, n'(E) \, dE + \frac{\varepsilon_\rho^+ + \eta}{\rho} \left(n(\varepsilon_\rho^+ + \eta) - n(\varepsilon_\rho^- - \eta) \right).$$

Le résultat (7.28) suit en prenant $\eta \to 0^+$ et en utilisant que n est une fonction continue, constante égale à ρ sur $[\varepsilon_\rho^-, \varepsilon_\rho^+]$. $\qquad\qquad$ □

Remarque 7.7 (Convergence de la dernière valeur propre) Si $\varepsilon_\rho^+ = \varepsilon_\rho^- = \varepsilon_\rho$, la preuve ci-dessus montre que $\lambda_{\ell\Omega,N}$ converge vers ε_ρ. Si $\varepsilon_\rho^+ > \varepsilon_\rho^-$ on sait juste que les points d'accumulation de $\lambda_{\ell\Omega,N}$ seront tous dans $[\varepsilon_\rho^-, \varepsilon_\rho^+]$ et on ne peut pas espérer mieux d'après la remarque 7.5 et la figure 7.4.

Après avoir identifié la limite de l'énergie, nous désirons maintenant comprendre celle de l'état quantique des électrons, représenté par la fonction d'onde Ψ_N de (7.27). Cette dernière a son nombre de variables qui tend vers l'infini et il n'est pas tellement clair comment étudier sa limite. Heureusement, les déterminants de Slater sont des fonctions très spéciales qu'il est possible de décrire par des objets mathématiques plus simples, ce qui va nous permettre d'avancer.

La propriété cruciale qui nous intéresse est qu'un déterminant de Slater ne dépend en réalité que de l'espace vectoriel engendré par les fonctions orthonormées qui le composent, à une phase près. En effet, une autre base orthonormée $(v_{N,1}, \ldots, v_{N,N})$ de vect$(u_{N,i})$ peut s'écrire $v_{N,i} = \sum_{j=1}^{N} U_{ij} u_{N,j}$ où la matrice $U \in U(N)$ est unitaire. Ceci implique que le nouveau déterminant de Slater $\Psi_N' := \det(v_{N,i}(x_j))/\sqrt{N!}$ vaut juste $\Psi_N' = \det(U) \Psi_N$. Comme $|\det(U)| = 1$ et que deux états quantiques colinéaires décrivent le même état physique (section 1.5), nous en déduisons que l'état du système ne dépend que de l'espace vect$(u_{N,i})$ de dimension N, et pas des fonctions individuelles. Il nous faut donc comprendre la limite de cette suite de sous-espaces vectoriels de $L^2(\mathbb{R}^d)$.

Il est équivalent et plus simple de travailler avec le projecteur orthogonal sur cet espace, que nous notons avec les ket et les bra sous la forme

$$\gamma_N := \sum_{i=1}^{N} |u_{N,i}\rangle \langle u_{N,i}|. \tag{7.30}$$

La donnée de γ_N équivaut à celle de l'espace engendré par les $u_{N,i}$ (son image) qui équivaut elle même à la donnée de Ψ_N à une phase près. Toutes les valeurs moyennes $\langle \Psi_N, A\Psi_N \rangle$ peuvent s'exprimer à l'aide de l'opérateur γ_N (même si les formules explicites peuvent être assez compliquées). Notre état quantique est donc complètement caractérisé par l'opérateur γ_N, qui s'appelle la *matrice densité à un corps* de Ψ_N [BLS94]. Lorsque $\lambda_{\ell\Omega,N} < \lambda_{\ell\Omega,N+1}$, l'opérateur γ_N coïncide avec le projecteur spectral

$$\gamma_N = \mathbb{1}_{]-\infty,\lambda_{\ell\Omega,N}]}\left((-\Delta + V)_{|\ell\Omega}\right).$$

Si $\lambda_{\ell\Omega,N} = \lambda_{\ell\Omega,N+1}$, l'opérateur γ_N n'est pas tout à fait un projecteur spectral, mais le corollaire 7.6 et sa preuve suggèrent que les quelques valeurs propres problématiques du dernier niveau ne vont à nouveau pas affecter la limite.

Corollaire 7.8 (Convergence de γ_N) *Soit $\rho > 0$ et ε_ρ un réel tel que $\mathrm{n}(\varepsilon_\rho) = \rho$ où n est la densité d'états intégrée définie en (7.25). Alors γ_N converge vers le projecteur spectral $\mathbb{1}_{]-\infty,\varepsilon_\rho]}(-\Delta+V)$ fortement, c'est-à-dire pour tout $g \in L^2(\mathbb{R}^d)$ on a*

$$\gamma_N\left(\mathbb{1}_{\ell\Omega}g\right) \to \mathbb{1}_{]-\infty,\varepsilon_\rho]}(-\Delta + V)g \qquad dans\ L^2(\mathbb{R}^d) \tag{7.31}$$

où la fonction de gauche est par convention prolongée par 0 en dehors de $\ell\Omega$.

L'interprétation de ce résultat est que notre système infini d'électrons occupe tous les états d'énergie située en dessous du *niveau de Fermi* ε_ρ, un peu comme à la figure 6.3 mais avec du spectre continu. Ce système infini doit être pensé comme un déterminant de Slater comme en (7.27) mais avec une infinité de fonctions, et il peut être mathématiquement représenté par le projecteur spectral $\mathbb{1}_{]-\infty,\varepsilon_\rho]}(-\Delta + V)$. Ce projecteur s'appelle en physique la *mer de Fermi* car il décrit une infinité d'électrons dont la densité est $\mathscr{L}$–périodique, un peu comme des vagues, et vaut

$$\rho_{\mathrm{per}}^{(1)}(x) = \frac{1}{(2\pi)^d}\sum_{n\geq 1}\int_B \mathbb{1}_{]-\infty,\varepsilon_\rho]}\left(\lambda_n(\xi)\right)|u_{n,\xi}(x)|^2\,\mathrm{d}\xi.$$

On peut montrer que cette dernière fonction est aussi la limite locale de la densité $\rho_{\Psi_N}^{(1)} = \sum_{i=1}^N |u_{N,i}|^2$ de Ψ_N introduite en (6.28).

Preuve La preuve est très similaire à celle du corollaire 7.6. Soit $\eta > 0$. Nous savons que $\varepsilon_\rho^- - \eta < \lambda_{\ell\Omega,N} < \varepsilon_\rho^+ + \eta$ pour tout $\eta > 0$ et N assez grand. Nous pouvons donc écrire

$$\gamma_N = \mathbb{1}_{]-\infty,\varepsilon_\rho^- -\eta]}\left((-\Delta + V)_{|\ell\Omega}\right) + \delta_N$$

où δ_N est le projecteur orthogonal sur l'espace engendré par les $u_{N,i}$ avec $i \leq N$ et $\lambda_{\ell\Omega,i} > \varepsilon_\rho^- - \eta$. Cet opérateur vérifie l'inégalité

$$\delta_N \leq \mathbb{1}_{]\varepsilon_\rho^- -\eta,\varepsilon_\rho^+ +\eta]}\left((-\Delta + V)_{|\ell\Omega}\right).$$

Comme ce sont des projecteurs orthogonaux, ceci implique

$$\left\| \delta_N \mathbb{1}_{\ell\Omega} g \right\| \le \left\| \mathbb{1}_{]\varepsilon_\rho^- - \eta, \varepsilon_\rho^+ + \eta]} \left((-\Delta + V)_{|\ell\Omega} \right) \mathbb{1}_{\ell\Omega} g \right\|$$

et fournit donc

$$\left\| \gamma_N \mathbb{1}_{\ell\Omega} g - \mathbb{1}_{]-\infty, \varepsilon_\rho^-]} (-\Delta + V) g \right\|$$

$$\le \left\| \mathbb{1}_{]-\infty, \varepsilon_\rho^- - \eta]} \left((-\Delta + V)_{|\ell\Omega} \right) \mathbb{1}_{\ell\Omega} g - \mathbb{1}_{]-\infty, \varepsilon_\rho^- - \eta]} (-\Delta + V) g \right\|$$

$$+ \left\| \mathbb{1}_{]\varepsilon_\rho^- - \eta, \varepsilon_\rho^+ + \eta]} \left((-\Delta + V)_{|\ell\Omega} \right) \mathbb{1}_{\ell\Omega} g \right\| + \left\| \mathbb{1}_{]\varepsilon_\rho^- - \eta, \varepsilon_\rho^-]} (-\Delta + V) g \right\|.$$

La limite (7.23) au théorème 7.4 implique

$$\limsup_{N \to \infty} \left\| \gamma_N \left(\mathbb{1}_{\ell\Omega} g \right) - \mathbb{1}_{]-\infty, \varepsilon_\rho]} (-\Delta + V) g \right\|$$

$$\le \left\| \mathbb{1}_{]\varepsilon_\rho^- - \eta, \varepsilon_\rho^+ + \eta]} (-\Delta + V) g \right\| + \left\| \mathbb{1}_{]\varepsilon_\rho^- - \eta, \varepsilon_\rho^-]} (-\Delta + V) g \right\|.$$

D'après la convergence (v) du théorème 4.8 sur le calcul fonctionnel, le terme de droite tend vers 0 quand $\eta \to 0$ puisque $-\Delta + V$ ne possède aucune valeur propre d'après le théorème 7.3. □

En pratique, il y a fréquemment un nombre entier d'électrons $K \in \mathbb{N}$ par cellule unité C du réseau $\mathscr{L}$. La densité ρ n'est alors pas un réel arbitraire et vaut $\rho = K/|C|$. En utilisant (7.9) nous voyons que le niveau de Fermi $E_K := \varepsilon_{K/|C|}$ doit satisfaire

$$K = n(E_K) = \frac{1}{|B|} \int_B \sum_{n \ge 1} \mathbb{1}_{]-\infty, E_K]} \left(\lambda_n(\xi) \right) d\xi.$$

La situation est maintenant comme illustrée à la figure 7.3. Si la K-ième bande de Bloch est complètement en dessous de la $(K + 1)$-ième, c'est-à-dire

$$\max_{\xi \in B} \lambda_K(\xi) < \min_{\xi \in B} \lambda_{K+1}(\xi),$$

alors E_K pourra être pris égal à un nombre quelconque dans l'intervalle entre les deux bandes. Ceci correspond physiquement à un matériau qui est un *isolant*. À la figure 7.3, c'est par exemple le cas de $K = 1$ et $K = 3$ avec les énergies E_1 et E_3. En revanche, si l'image de λ_K intersecte celle de λ_{K+1}, la valeur de E_K tombera au milieu du spectre de $-\Delta + V$, ce qui correspond à un *métal* et est illustré pour $K = 2$ avec l'énergie E_2 à la figure 7.3.

Dans un isolant, les électrons occupent totalement les K premières bandes de Bloch et exciter l'un d'entre eux coûte une énergie au moins égale à la hauteur du trou spectral au dessus de la K-ième bande. Si la hauteur de ce trou spectral est assez grande, les électrons seront donc assez stables et vont avoir peu tendance à circuler dans le système. À l'inverse, dans un métal les électrons occupent partiellement les dernières bandes et ils peuvent accéder aux états non occupés avec une quantité infime d'énergie. Ils sont donc beaucoup plus mobiles et c'est ce qui explique les propriétés de conduction très différentes des métaux comparés aux isolants. Pour les métaux, la forme du spectre au voisinage de E_K joue aussi un rôle important. Le graphène, un matériau en dimension $d = 2$ dont deux bandes ont la forme de deux cônes renversés qui se touchent exactement sur leur pointe au niveau E_K, a des propriétés très différentes des autres matériaux où l'intersection est plus grande (typiquement une courbe en dimension $d = 2$). Le calcul des valeurs propres $\lambda_n(\xi)$ est donc crucial car il permet d'en déduire le comportement macroscopique du système en fonction du nombre K d'électrons par cellule unité.

La distinction entre isolant et métal basée sur le spectre de $-\Delta + V$ est due à Sommerfeld, Bloch et Bethe dans les années 1927–33 [Som28, Blo29, SB33] et elle est bien sûr trop simplifiée. Si la hauteur du trou spectral est faible (de l'ordre de 1 électron-volt), les électrons vont en pratique être facilement excités par des effets de température et on parle alors de *semi-conducteur*. Par ailleurs, un modèle réaliste doit évidemment tenir compte des interactions entre les électrons. Comme une compréhension fine du Hamiltonien à N électrons vu au chapitre 6 est hors de portée pour N trop grand, on utilise des modèles approchés. Dans la théorie de Kohn-Sham, on doit résoudre une équation non linéaire sous la forme

$$\gamma = \mathbb{1}_{]-\infty,\varepsilon_\rho]}(-\Delta + V_\gamma)$$

où le potentiel périodique V_γ dépend du projecteur γ [CLM06, CLL01, CDL08]. Une fois ce potentiel déterminé, l'interprétation est similaire à celle présentée ici.

Les semi-conducteurs jouent un rôle fondamental en électronique. Le plus célèbre est sans conteste le silicium dont la forme du spectre de bandes est fournie à la figure 7.5. Il est possible d'altérer la conductivité des semi-conducteurs par des techniques de *dopage* consistant à introduire des défauts dans le réseau, de façon à diminuer ou augmenter un peu le trou spectral. Les diodes et transistors fonctionnent à partir d'un assemblage de semi-conducteurs dopés différemment, afin de maîtriser la direction dans laquelle les électrons pourront se déplacer.

L'importance physique de l'intersection des bandes de Bloch suscite une question très naturelle : les bandes vont-elles vraiment s'intersecter pour un potentiel V général ? Est-il possible que les bandes soient toutes séparées ? Il a été montré [Sim76, MT76] que, génériquement, les bandes sont toujours toutes séparées pour un potentiel V régulier en dimension $d = 1$. À l'inverse, en dimension $d \geq 2$ il existe toujours au moins deux bandes qui s'intersectent [Kar97, Par08], comme l'avaient conjecturé Bethe et Sommerfeld [SB33].

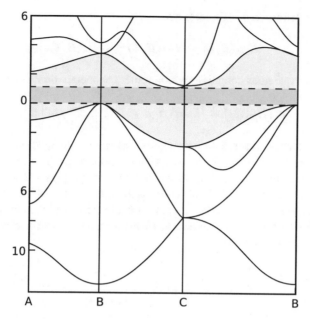

Fig. 7.5 Forme des $\lambda_n(\xi)$ pour le silicium pur, lorsque ξ parcourt un chemin $ABCB$ dans la zone de Brillouin, où A, B, C sont trois points naturels de symétrie. L'énergie est exprimée en électrons-volt, et décalée verticalement de sorte que le niveau de Fermi E_K soit placé en 0. Le trou spectral est indiqué en gris. Adaptation d'une figure issue de [CC74]. © Mathieu Lewin 2021. All rights reserved

7.4.3 Preuve du théorème 7.4

Étape 1: preuve de la limite (7.22). La preuve suit la même stratégie que celle des théorèmes 5.46 et 5.48. Nous n'en donnons que les grandes lignes. Par superposition on peut se contenter de traiter le cas de la fonction de Heaviside $f = \mathbb{1}_{]-\infty, E]}$. Puis, on partitionne le grand domaine $\ell\Omega$ avec un domaine de référence Ω' plus petit et on utilise les conditions de Dirichlet au bord de ces derniers pour la borne supérieure et les conditions de Neumann pour la borne inférieure. Ceci montre qu'il suffit de prouver le théorème pour un domaine de référence Ω' bien choisi.

Dans le cas du Laplacien nous avions choisi pour Ω' un cube car les valeurs propres de Dirichlet et de Neumann sont explicites (lemme 5.45). Afin d'utiliser la structure du réseau $\mathscr{L}$, nous utilisons plutôt la cellule unité C de Wigner-Seitz comme référence. Si $\ell \in \mathbb{N}$, sur $\Omega' = \ell C$ nous pouvons également considérer l'opérateur $-\Delta + V$ avec conditions périodiques au bord, car ℓC est la cellule unité du sous-réseau $\ell\mathscr{L} \subset \mathscr{L}$ et que V est $\ell\mathscr{L}$-périodique. Nous notons $H_{\mathrm{Dir/Neu/per}}(\ell)$ les trois opérateurs $-\Delta + V$ correspondants sur ℓC, et $N_{\mathrm{Dir/Neu/per}}(E, \ell)$ le nombre de leurs valeurs propres inférieures ou égales à E. Comme $H_0^1(\ell C) \subset H_{\mathrm{per}}^1(\ell C) \subset H^1(\ell C)$ et que les formes quadratiques sont toutes égales, nous avons l'inégalité

$$H_{\mathrm{Neu}}(\ell) \leq H_{\mathrm{per}}(\ell) \leq H_{\mathrm{Dir}}(\ell)$$

au sens de la définition 5.3, de sorte que

$$N_{\text{Dir}}(E, \ell) \leq N_{\text{per}}(E, \ell) \leq N_{\text{Neu}}(E, \ell).$$

Or il se trouve que nous connaissons exactement le spectre de $H_{\text{per}}(\ell)$, qui vaut

$$\sigma\left(H_{\text{per}}(\ell)\right) = \left\{\lambda_n(\xi) \,:\, n \geq 1,\ \xi \in \mathscr{L}^*/\ell \cap \overline{B}\right\}.$$

C'est-à-dire nous devons retenir uniquement les valeurs de $\lambda_n(\xi)$ sur le petit réseau $\mathscr{L}^*/\ell$. Pour le voir, il suffit d'utiliser que les fonctions propres de $(-\Delta)_{\text{per},\xi} + V$ sur C sont des solutions de l'équation aux valeurs propres sur tout $\mathbb{R}^d$ au sens des distributions, et sont $\ell\mathscr{L}$–périodiques lorsque $\xi \in \mathscr{L}^*/\ell$, donc sont des fonctions propres de $H_{\text{per}}(\ell)$. Par ailleurs on peut vérifier qu'elles forment une base orthonormée de $L^2(C)$. Nous laissons la vérification de ces affirmations en exercice. Alors, nous avons simplement

$$\lim_{\ell \to \infty} \frac{N_{\text{per}}(E, \ell)}{\ell^d |C|} = \lim_{\ell \to \infty} \frac{1}{\ell^d |C|} \sum_{n \geq 1} \sum_{\xi \in B \cap \frac{\mathscr{L}^*}{\ell}} \mathbb{1}_{]-\infty, E]}\left(\lambda_n(\xi)\right)$$

$$= \frac{1}{|B| \, |C|} \sum_{n \geq 1} \int_B \mathbb{1}_{]-\infty, E]}\left(\lambda_n(\xi)\right) \mathrm{d}\xi$$

car c'est une somme de Riemann et que la cellule unité de $\mathscr{L}^*/\ell$ a le volume $|B|/\ell^d$. La série en n est en fait finie d'après la divergence (7.20) des λ_n à l'infini. La limite utilise aussi le fait que les $\lambda_n(\xi)$ ne peuvent être constants sur des ensembles de mesure non nulle. Ainsi, le théorème est démontré pour $N_{\text{per}}(E, \ell)$ et il reste juste à prouver que $N_{\text{Dir}}(E, \ell)$ et $N_{\text{Neu}}(E, \ell)$ ont le même comportement à l'ordre principal :

$$N_{\text{Dir}}(E, \ell) = N_{\text{Neu}}(E, \ell) + o(\ell^d).$$

Ce résultat assez technique s'obtient en comparant les résolvantes de $H_{\text{Dir}}(\ell)$ et $H_{\text{Neu}}(\ell)$. Nous renvoyons par exemple à [Nak01, DIM01] pour cette estimée.

Étape 2: preuve de la limite (7.23). Notons $h_\ell := (-\Delta + V)_{|\ell\Omega}$ l'opérateur avec les conditions de Dirichlet au bord de $\ell\Omega$, et $h = -\Delta + V$ l'opérateur sur tout $\mathbb{R}^d$. On a

$$h_\ell \geq \frac{(-\Delta)_{|\ell\Omega}}{2} + \frac{1}{2}(-\Delta + 2V)_{|\ell\Omega} \geq \frac{(-\Delta)_{|\ell\Omega}}{2} + \frac{1}{2}\lambda_1\left((-\Delta + 2V)_{|\ell\Omega}\right).$$

Comme les fonctions de $H_0^1(\ell\Omega)$ prolongées par 0 en dehors de $\ell\Omega$ sont dans $H^1(\mathbb{R}^d)$, la formule de Courant-Fischer implique

$$\lambda_1\left((-\Delta + 2V)_{|\ell\Omega}\right) \geq \lambda_1(-\Delta + 2V),$$

où le terme de droite est fini d'après le théorème 7.1. Nous obtenons donc

$$h + C \geq \frac{-\Delta + 1}{2}, \qquad h_\ell + C \geq \frac{(-\Delta)_{|\ell\Omega} + 1}{2} \tag{7.32}$$

sur, respectivement, $L^2(\mathbb{R}^d)$ et $L^2(\ell\Omega)$, avec une constante C appropriée.

Ensuite, nous prouvons la limite (7.23) pour $f(x) = (x-z)^{-1}$ où z est un nombre complexe quelconque de partie imaginaire non nulle. C'est-à-dire nous montrons que

$$u_\ell := (h_\ell - z)^{-1} \mathbb{1}_{\ell\Omega} g \to (h - z)^{-1} g =: u \tag{7.33}$$

pour tout $g \in L^2(\mathbb{R}^d)$. Par convention nous étendons u_ℓ par 0 en dehors de $\ell\Omega$ et nous obtenons alors une fonction de $H^1(\mathbb{R}^d)$, puisque $u_\ell \in H_0^1(\ell\Omega)$. Comme $\|(h_\ell - z)^{-1}\| \leq |\Im(z)|^{-1}$, nous avons

$$\int_{\mathbb{R}^d} |u_\ell|^2 = \int_{\ell\Omega} |u_\ell|^2 \leq \frac{1}{|\Im(z)|^2} \int_{\ell\Omega} |g|^2.$$

Ainsi, (u_ℓ) est une suite bornée dans $L^2(\mathbb{R}^d)$. Nous avons $(h_\ell - z)u_\ell = \mathbb{1}_{\ell\Omega} g$ sur $\ell\Omega$ et, en prenant le produit scalaire contre u_ℓ puis la partie réelle, nous trouvons

$$\int_{\ell\Omega} \left(|\nabla u_\ell|^2 + (V + C)|u_\ell|^2 \right) = (C + \Re(z)) \int_{\ell\Omega} |u_\ell|^2 + \Re \int_{\ell\Omega} \overline{u_\ell} g.$$

Le terme de droite est borné puisque u_ℓ est bornée et le terme de gauche est minoré par (7.32). Nous avons donc prouvé que $\int_{\ell\Omega} |\nabla u_\ell|^2 = \int_{\mathbb{R}^d} |\nabla u_\ell|^2$ est bornée, c'est-à-dire que (u_ℓ) est bornée dans $H^1(\mathbb{R}^d)$. Après extraction d'une sous-suite on peut donc supposer que $u_\ell \rightharpoonup v$ faiblement dans $H^1(\mathbb{R}^d)$. En intégrant l'équation contre une fonction $\varphi \in C_c^\infty(\mathbb{R}^d)$ on trouve également (dès que le support de φ est inclus dans $\ell\Omega$)

$$\int_{\mathbb{R}^d} \overline{u_\ell}(-\Delta\varphi + V\varphi - \bar{z}\varphi) = \int_{\ell\Omega} \overline{u_\ell}\varphi.$$

En passant à la limite $N \to \infty$ on obtient $(-\Delta + V - z)v = g$ au sens des distributions sur $\mathbb{R}^d$. Puisque $v \in H^1(\mathbb{R}^d)$ ceci montre que $v \in D(h)$ et $(h - z)v = g$. Ainsi $v = u = (h - z)^{-1}g$ et nous avons montré la convergence faible $u_\ell \rightharpoonup u$ dans (7.33). Il reste à montrer que la convergence est forte. Pour cela nous prenons une fonction $\eta \in C^\infty(\mathbb{R}^d, [0, 1])$ qui vaut 0 sur la boule unité B_1 et est constante égale à 1 en dehors de la boule B_2 de rayon 2. Nous posons

$\eta_R(x) = \eta(x/R)$ et nous calculons la partie imaginaire

$$0 = \Im\langle \eta_R u_\ell, g - (h_\ell - z)u_\ell\rangle$$

$$= \Im(z)\int_{\ell\Omega}\eta_R|u_\ell|^2 + \Im\int_{\ell\Omega}\eta_R\overline{u_\ell}g - \Im\int_{\ell\Omega}\overline{u_\ell}\nabla\eta_R\cdot\nabla u_\ell$$

où nous avons utilisé que

$$\int_{\ell\Omega}\nabla(\eta_R\overline{u_\ell})\cdot\nabla u_\ell = \underbrace{\int_{\ell\Omega}\eta_R|\nabla u_\ell|^2}_{\in\mathbb{R}} + \int_{\ell\Omega}\overline{u_\ell}\nabla\eta_R\cdot\nabla u_\ell.$$

En divisant par $\Im(z) \neq 0$ et en utilisant l'inégalité de Cauchy-Schwarz, ceci fournit

$$\int_{\ell\Omega}\eta_R|u_\ell|^2 \leq \frac{1}{|\Im(z)|}\left(\|u_\ell\|_{L^2}\|\eta_R g\|_{L^2} + \frac{1}{R}\|u_\ell\|_{L^2}\|\nabla u_\ell\|_{L^2}\|\nabla\eta\|_{L^\infty}\right)$$

$$\leq \frac{C}{|\Im(z)|}\left(\|\eta_R g\|_{L^2} + \frac{1}{R}\right).$$

La norme de u_ℓ en dehors de la boule B_{2R} est donc petite quand R est grand, uniformément par rapport à ℓ. Par ailleurs nous savons que $u_\ell \mathbb{1}_{B_{2R}} \to u\mathbb{1}_{B_{2R}}$ fortement dans $L^2(B_{2R})$ par le théorème A.18 de Rellich-Kondrachov, puisque u_ℓ est bornée dans $H^1(\mathbb{R}^d)$. Par un argument en $\varepsilon/2$, ceci démontre que $u_\ell \to u$ fortement dans $L^2(\mathbb{R}^d)$, comme annoncé dans (7.33).

Maintenant que nous avons montré la limite (7.23) pour $f(x) = (x - z)^{-1}$ avec $\Im(z) \neq 0$, la même convergence suit pour tout $f \in C_0^0(\mathbb{R})$ par densité de l'algèbre des résolvantes dans cet espace, comme vu au chapitre 4 (pour un argument similaire, voir l'exercice 4.45). Puisque les opérateurs considérés sont tous minorés, la convergence suit aussi pour toute fonction continue à support dans un intervalle sous la forme $]-\infty, E]$.

La limite (7.23) pour f continue *par morceaux* utilise le fait que $-\Delta + V$ n'a pas de valeurs propres et nous l'expliquons seulement pour $f(x) = \mathbb{1}_{]-\infty,E]}(x)$. Considérons les deux fonctions continues

$$f_\eta(x) = \mathbb{1}_{]-\infty,E]}(x) + \frac{E + \eta - x}{\eta}\mathbb{1}_{]E,E+\eta]}(x)$$

et

$$\varphi_\eta(x) = \mathbb{1}_{[E,E+\eta]}(x) + \frac{E + 2\eta - x}{\eta}\mathbb{1}_{]E+\eta,E+2\eta]}(x) + \frac{x - E + \eta}{\eta}\mathbb{1}_{[E-\eta,E[}(x),$$

qui sont des régularisations de $\mathbb{1}_{]-\infty,E]}$ et $\mathbb{1}_{[E,E+\eta]}$, respectivement. Alors nous avons

$$\left\|\mathbb{1}_{]-\infty,E]}(h_\ell)(\mathbb{1}_{\ell\Omega}g) - \mathbb{1}_{]-\infty,E]}(h)g\right\|$$

$$\leq \left\|f_\eta(h_\ell)(\mathbb{1}_{\ell\Omega}g) - f_\eta(h)g\right\| + \left\|\mathbb{1}_{[E,E+\eta]}(h_\ell)(\mathbb{1}_{\ell\Omega}g)\right\| + \left\|\mathbb{1}_{[E,E+\eta]}(h)g\right\|$$

$$\leq \left\|f_\eta(h_\ell)(\mathbb{1}_{\ell\Omega}g) - f_\eta(h)g\right\| + \left\|\varphi_\eta(h_\ell)(\mathbb{1}_{\ell\Omega}g)\right\| + \left\|\varphi_\eta(h)g\right\|.$$

À la dernière ligne nous avons utilisé le fait que

$$\left\|\mathbb{1}_{]E,E+\eta]}(A)v\right\|^2 = \left\langle v, \mathbb{1}_{]E,E+\eta]}(A)v\right\rangle \leq \left\langle v, \varphi_\eta(A)^2 v\right\rangle = \left\|\varphi_\eta(A)v\right\|^2$$

pour tout opérateur auto-adjoint A et tout vecteur v, car $\mathbb{1}_{]E,E+\eta]}^2 = \mathbb{1}_{]E,E+\eta]} \leq \varphi_\eta^2$. La limite pour les fonctions continues fournit donc

$$\limsup_{\ell\to\infty} \left\|\mathbb{1}_{]-\infty,E]}(h_\ell)(\mathbb{1}_{\ell\Omega}g) - \mathbb{1}_{]-\infty,E]}(h)g\right\| \leq 2\left\|\varphi_\eta(h)g\right\|$$

pour tout $\eta > 0$. Comme on a la convergence $\varphi_\eta(x) \to_{\eta\to0} \mathbb{1}_{\{E\}}(x)$ et que $\mathbb{1}_{\{E\}}(h) = 0$ car il n'y a pas de valeur propre, nous déduisons du théorème 4.8 (v) que $\varphi_\eta(h)g \to 0$ quand $\eta \to 0$. Ceci montre bien que

$$\lim_{\ell\to\infty} \left\|\mathbb{1}_{]-\infty,E]}(h_\ell)(\mathbb{1}_{\ell\Omega}g) - \mathbb{1}_{]-\infty,E]}(h)g\right\| = 0$$

et conclut la preuve du théorème 7.4. $\qquad\qquad\qquad\qquad\qquad\qquad\qquad\square$

Appendix A
Espaces de Sobolev

Les espaces de Sobolev jouent un rôle essentiel dans l'analyse des équations aux dérivées partielles. Ils permettent de formuler des équations dans un sens "faible" qui est cependant plus restrictif qu'au sens des distributions et est donc plus proche des solutions "fortes". Par ailleurs, comme expliqué au chapitre 2, les espaces de Sobolev apparaissent naturellement comme domaines de fermeture (voire d'auto-adjonction) pour l'impulsion et le Laplacien. Ce sont donc des espaces incontournables en théorie spectrale.

Nous donnons ici les outils principaux sans toujours fournir les preuves et renvoyons aux livres [LL01, Eva10, Bre94, AF03, Gri85] pour plus de détails. Alors que les espaces de Sobolev sur tout l'espace $\mathbb{R}^d$ sont des objets assez simples (grâce à l'utilisation de la transformée de Fourier), le cas des domaines bornés est beaucoup plus technique. La régularité de la frontière joue en effet un rôle important.

A.1 Définition

Soit Ω un ouvert de $\mathbb{R}^d$ et $k \geq 1$ un entier. L'espace de Sobolev $H^k(\Omega)$ est défini par

$$H^k(\Omega) = \Big\{ f \in L^2(\Omega) \text{ tels que } \partial^\alpha f \in L^2(\Omega),$$
$$\text{pour tout multi-indice } \alpha \in \mathbb{N}^d \text{ de longueur } |\alpha| \leq k \Big\}. \quad \text{(A.1)}$$

Pour $\alpha = (\alpha_1, \ldots, \alpha_d) \in \mathbb{N}^d$, rappelons que la dérivée partielle vaut $\partial^\alpha f = \partial_{x_1}^{\alpha_1} \cdots \partial_{x_d}^{\alpha_d} f$ et est interprétée au sens des distributions dans Ω, alors que la longueur du multi-indice α vaut $|\alpha| := \alpha_1 + \cdots + \alpha_d$. Dans la définition de $H^k(\Omega)$ on demande donc que toutes les dérivées de f au sens des distributions, d'ordre inférieur à k, s'identifient à des fonctions de $L^2(\Omega)$. On peut montrer que $H^k(\Omega)$ est un espace

© The Author(s), under exclusive license to Springer Nature Switzerland AG 2022
M. Lewin, *Théorie spectrale et mécanique quantique*, Mathématiques
et Applications 87, https://doi.org/10.1007/978-3-030-93436-1

de Hilbert, lorsqu'il est muni du produit scalaire

$$\langle f, g \rangle_{H^k(\Omega)} := \sum_{|\alpha| \leq k} \langle \partial^\alpha f, \partial^\alpha g \rangle_{L^2(\Omega)}. \tag{A.2}$$

L'espace de Sobolev $W^{k,p}(\Omega)$ est défini de façon similaire en remplaçant $L^2(\Omega)$ par $L^p(\Omega)$ partout. C'est un espace de Banach mais dans ce livre nous utilisons presque exclusivement le cas le plus simple de l'espace de Hilbert $H^k(\Omega)$.

L'espace $H_0^k(\Omega)$ est défini comme la fermeture de $C_c^\infty(\Omega)$ pour la norme de $H^k(\Omega)$. C'est un sous-espace fermé qui est en général différent de $H^k(\Omega)$. Intuitivement, il contient les fonctions qui s'annulent au bord (à un certain ordre dépendant de k), alors que les fonctions de $H^k(\Omega)$ peuvent prendre n'importe quelle valeur au bord. Pour l'instant nous n'avons cependant pas encore discuté du bord de Ω. Le résultat suivant précise que $H^k(\Omega)$ est lui même la fermeture de $C^\infty(\Omega)$ pour sa norme.

Théorème A.1 (Meyers-Serrin) *Soit $\Omega \subset \mathbb{R}^d$ un ouvert. Alors $C^\infty(\Omega)$ est dense dans $H^k(\Omega)$ pour la norme induite par le produit scalaire (A.2).*

La preuve du théorème est difficile lorsque Ω est quelconque, mais plus simple si Ω est suffisamment régulier. Nous la donnerons plus tard pour $\Omega =]0, 1[\subset \mathbb{R}$ et $\Omega = \mathbb{R}^d$.

A.2 Espaces de Sobolev sur l'intervalle]0, 1[

Le cas de la dimension $d = 1$ est plus facile. Considérons une fonction $f \in L^1(]0, 1[)$ dont la dérivée au sens des distributions f' est aussi dans $L^1(]0, 1[)$. Alors la fonction $g(x) := \int_0^x f'(t) \, dt$ est continue sur $[0, 1]$ et vérifie $g' = f'$ au sens des distributions sur $]0, 1[$. Ceci implique que $g - f$ est presque partout constante sur $]0, 1[$. En particulier, f coïncide presque partout avec une fonction continue et nous pouvons supposer pour simplifier que f est elle-même continue. Après évaluation en $x = 0^+$ nous avons donc

$$f(x) = f(0^+) + \int_0^x f'(t) \, dt.$$

Afin d'obtenir une estimée faisant uniquement intervenir les normes L^1 de f et f', nous utilisons que, de façon similaire,

$$f(x) = f(y) + \int_y^x f'(t) \, dt \tag{A.3}$$

pour tous $x, y \in]0, 1[$ et nous intégrons par rapport à y :

$$f(x) = \int_0^1 f(y)\, \mathrm{d}y + \int_0^1 \int_y^x f'(t)\, \mathrm{d}t\, \mathrm{d}y.$$

En majorant simplement $|\int_y^x f'(t)\, \mathrm{d}t| \le \int_0^1 |f'(t)|\, \mathrm{d}t$, ceci fournit l'inégalité

$$\max_{x \in [0,1]} |f(x)| \le \|f\|_{L^1(]0,1[)} + \|f'\|_{L^1(]0,1[)}. \qquad (A.4)$$

Ceci prouve l'injection continue entre les espaces de Banach

$$W^{1,1}(]0, 1[) \hookrightarrow C^0([0, 1]).$$

En particulier l'application de restriction au bord $f \in W^{1,1}(]0, 1[) \mapsto (f(0^+), f(1^-)) \in \mathbb{C}^2$ est continue.

Si $f \in L^2(]0, 1[)$ et $f' \in L^2(]0, 1[)$ alors ces fonctions sont *a fortiori* dans $L^1(]0, 1[)$ et f coïncide donc également presque partout avec une fonction continue sur $[0, 1]$. Mais on peut améliorer l'estimée (A.4) en utilisant le caractère L^2. Écrivons par exemple

$$|f(x)|^2 - |f(y)|^2 = 2\Re \int_y^x \overline{f(t)} f'(t)\, \mathrm{d}t,$$

où la fonction à droite est bien intégrable par l'inégalité de Cauchy-Schwarz, puisque f et f' sont par hypothèse dans $L^2(]0, 1[)$. En intégrant sur $]0, 1[$ par rapport à y, on obtient la relation

$$|f(x)|^2 = 2\Re \int_0^1 \left(\int_y^x \overline{f(t)} f'(t)\, \mathrm{d}t \right) \mathrm{d}y + \int_0^1 |f(y)|^2\, \mathrm{d}y.$$

Puisque

$$\left| \int_0^1 \left(\int_y^x \overline{f(t)} f'(t)\, \mathrm{d}t \right) \mathrm{d}y \right| \le \|f\|_{L^2(]0,1[)} \|f'\|_{L^2(]0,1[)},$$

nous avons prouvé l'inégalité

$$\max_{x \in [0,1]} |f(x)| \le \sqrt{2} \|f\|_{L^2(]0,1[)}^{\frac{1}{2}} \|f'\|_{L^2(]0,1[)}^{\frac{1}{2}} + \|f\|_{L^2(]0,1[)} \qquad (A.5)$$

Comparée à (A.4), la dérivée apparaît ici avec une puissance $1/2$, ce qui est utile dans certaines applications. En fait, f est même Hölderienne d'exposant $1/2$

puisqu'on peut écrire également, en revenant à (A.3),

$$|f(x) - f(y)| \leq \left| \int_y^x f'(t) \, dt \right| \leq |x - y|^{1/2} \| f' \|_{L^2(]0,1[)}.$$

En résumé, nous avons montré que les fonctions de $H^1(]0, 1[)$ sont Hölderiennes d'exposant $1/2$ et continues sur $[0, 1]$. De la même manière, les fonctions $f \in H^2(]0, 1[)$ sont de classe $C^1([0, 1])$ et leur dérivée f' est Hölderienne d'exposant $1/2$. En itérant l'argument, il est possible de montrer le lemme suivant.

Lemme A.2 (Restriction au bord pour $H^k(]0, 1[)$) *Pour $k \geq 1$, on a l'injection continue*

$$H^k(]0, 1[) \hookrightarrow C^{k-1}([0, 1]).$$

L'application de restriction au bord

$$f \in H^k(]0, 1[) \mapsto \big(f(0^+), \ldots, f^{(k-1)}(0^+), f(1^-), \ldots, f^{(k-1)}(1^-) \big) \in \mathbb{C}^{2k} \tag{A.6}$$

est donc continue.

En prenant pour f un polynôme de degré suffisamment élevé, il est clair que l'application de restriction au bord (A.6) est aussi surjective.

Exercice A.3 (Densité des fonctions régulières) On fixe $f \in H^1(]0, 1[)$. Construire une suite $f_n \in C^\infty([0, 1])$ telle que $f_n \to f$ fortement dans $H^1(]0, 1[)$. Si on suppose de plus que $f(0^+) = f(1^-) = 0$, montrer que l'on peut prendre $f_n \in C_c^\infty(]0, 1[)$. Ainsi, nous avons montré que

$$H_0^1(]0, 1[) = \{ f \in H^1(]0, 1[) \; : \; f(0^+) = f(1^-) = 0 \}$$

où il est rappelé que $H_0^1(]0, 1[)$ est par définition la fermeture de $C_c^\infty(]0, 1[)$ dans $H^1(]0, 1[)$. Étendre ces résultats à $H^k(]0, 1[)$ et $H_0^k(]0, 1[)$.

Le théorème de régularité elliptique joue souvent un rôle central. Il stipule qu'il suffit de vérifier que $f \in L^2(]0, 1[)$ et que $f^{(k)} \in L^2(]0, 1[)$ pour en déduire immédiatement que $f \in H^k(]0, 1[)$. Nous l'énonçons ici avec $k = 2$ pour simplifier et laissons le cas de $H^k(]0, 1[)$ en exercice.

Lemme A.4 (Régularité elliptique sur $]0, 1[$) *Soit $f \in L^2(]0, 1[)$ tel que $f'' \in L^2(]0, 1[)$. Alors $f' \in C^0([0, 1])$ avec*

$$\max_{x \in [0,1]} |f'(x)| \leq 6 \| f \|_{L^2(]0,1[)} + 2 \| f'' \|_{L^2(]0,1[)}. \tag{A.7}$$

En particulier, $f' \in L^2(]0, 1[)$ et $f \in H^2(]0, 1[)$.

Preuve Puisque $f'' \in L^1(]0, 1[)$ nous savons qu'il existe une constante C telle que f' coïncide presque partout avec la fonction continue $C + \int_0^x f''(t)\,dt$. En particulier, f' appartient à $L^2(]0, 1[)$. Du coup, f est une fonction C^1. Pour prouver l'inégalité (A.7), nous pouvons par exemple partir de la relation $f'(y) = f'(0^+) + \int_0^y f''(t)\,dt$, et intégrer contre $y(1-y)$, ce qui fournit

$$\int_0^1 y(1-y) \left(\int_0^y f''(t)\,dt \right) dy + \frac{f'(0^+)}{6} = - \int_0^1 (1-2y) f(y)\,dy.$$

En intégrant à nouveau par parties le terme de gauche, ceci peut se réécrire

$$f'(0^+) = -6 \int_0^1 (1-2y) f(y)\,dy + \int_0^1 \left(3y^2 - 2y^3 - 1 \right) f''(y)\,dy.$$

Nous avons donc obtenu la formule

$$f'(y) = \int_0^y f''(t)\,dt - 6 \int_0^1 (1-2y) f(y)\,dy + \int_0^1 \left(3y^2 - 2y^3 - 1 \right) f''(y)\,dy$$

à partir de laquelle l'inégalité de Cauchy-Schwarz fournit

$$\|f'\|_{L^\infty(]0,1[)} \leq 2\|f''\|_{L^1(]0,1[)} + 6\|f\|_{L^1(]0,1[)} \leq 2\|f''\|_{L^2(]0,1[)} + 6\|f\|_{L^2(]0,1[)},$$

comme nous voulions. □

Exercice A.5 (Cas de la demi-droite) Étendre les résultats de cette section au cas de la demi-droite $]0, \infty[$:

1. Montrer que $H^1(]0, \infty[) \hookrightarrow C_0^0([0, \infty[)$ (l'espace des fonctions continues qui tendent vers 0 en $+\infty$), avec la même estimée que (A.5) sur $]0, \infty[$ au lieu de $]0, 1[$.
2. Montrer que les fonctions C^∞ sont denses dans $H^1(]0, \infty[)$ et que $H_0^1(]0, \infty[)$ est l'espace des fonctions $f \in H^1(]0, \infty[)$ telles que $f(0^+) = 0$.
3. Montrer que si $f, f'' \in L^2(]0, \infty[)$ alors $f' \in C_0^0([0, \infty[)$ avec la même estimée que (A.7) sur $]0, \infty[$ au lieu de $]0, 1[$.

A.3 Espaces de Sobolev sur $\mathbb{R}^d$

Comme on a

$$\widehat{\partial^\alpha f}(p) = (ip)^\alpha \widehat{f}(p) = i^{|\alpha|} \prod_{j=1}^d p_j^{\alpha_j} \widehat{f}(p),$$

on déduit de la formule de Parseval qu'une fonction f appartient à $H^k(\mathbb{R}^d)$ si et seulement si sa transformée de Fourier $\widehat{f}$ est telle que

$$p^\alpha \widehat{f}(p) \in L^2(\mathbb{R}^d) \qquad \text{pour tout multi-indice } \alpha \in \mathbb{N}^d \text{ de longueur } |\alpha| \le k.$$

Or par l'inégalité de Hölder on peut estimer

$$|p^\alpha| \le \sum_{j=1}^d \frac{\alpha_j}{k}|p_j|^k + 1 - \frac{|\alpha|}{k} \le 1 + \sum_{j=1}^d |p_j|^k \le C_{d,k}(1+|p|^2)^{\frac{k}{2}} \qquad (A.8)$$

avec par exemple $C_{d,k} = \max(d^{1-k/2}, 1)$. Ceci permet d'en déduire les caractérisations (et normes) équivalentes

$$H^k(\mathbb{R}^d) = \left\{ f \in L^2(\mathbb{R}^d) \ : \ \partial_{x_j}^k f \in L^2(\mathbb{R}^d) \text{ pour tout } j = 1, \dots, d \right\}$$

$$= \left\{ f \in L^2(\mathbb{R}^d) \ : \ \int_{\mathbb{R}^d}(1+|p|^2)^k |\widehat{f}(p)|^2 \, \mathrm{d}p < \infty \right\}. \qquad (A.9)$$

En d'autres termes, on peut se restreindre aux dérivées d'ordre le plus élevé. Comme $|p|^2 \widehat{f} = -\widehat{\Delta f}$, lorsque k est pair, on en déduit par le même raisonnement une caractérisation importante que nous énonçons sous la forme d'un lemme.

Lemme A.6 (Régularité elliptique sur $\mathbb{R}^d$) *Pour $k = 2\ell$ un entier pair, nous avons*

$$H^{2\ell}(\mathbb{R}^d) = \left\{ f \in L^2(\mathbb{R}^d) \ : \ \Delta^\ell f \in L^2(\mathbb{R}^d) \right\}. \qquad (A.10)$$

L'avantage de la caractérisation (A.9) de $H^k(\mathbb{R}^d)$ est qu'elle s'étend aisément au cas d'un exposant non entier. Nous posons donc

$$\boxed{H^s(\mathbb{R}^d) = \left\{ f \in L^2(\mathbb{R}^d) \ : \ \int_{\mathbb{R}^d}(1+|p|^2)^s |\widehat{f}(p)|^2 \, \mathrm{d}p < \infty \right\}} \qquad (A.11)$$

pour tout $s > 0$. Alors que la norme de Sobolev s'exprime facilement en variables d'espace lorsque $s = k$ est entier, il ne semble pas évident d'écrire celle de $H^s(\mathbb{R}^d)$ en fonction de $f(x)$ lorsque s n'est pas entier. Le théorème suivant est alors utile.

Théorème A.7 (Définition de $H^s(\mathbb{R}^d)$ en variables d'espace pour $0 < s < 1$) *Soit $0 < s < 1$ et $f \in H^s(\mathbb{R})$ une fonction quelconque. Alors on a*

$$\int_{\mathbb{R}^d}|p|^{2s}|\widehat{f}(p)|^2 \, \mathrm{d}p = C_{d,s} \int_{\mathbb{R}^d} \int_{\mathbb{R}^d} \frac{|f(x)-f(y)|^2}{|x-y|^{d+2s}} \, \mathrm{d}x \, \mathrm{d}y \qquad (A.12)$$

où $C_{d,s} = \frac{2^{2s-1}s\Gamma(s)}{\pi^{d/2}\Gamma(1-s)}$.

Lorsque $0 < s < 1$, $f \in H^s(\mathbb{R}^d)$ si et seulement $f \in L^2(\mathbb{R}^d)$ et l'intégrale à droite de (A.12) converge. Si $f \in H^s(\mathbb{R}^d)$ avec $s \geq 1$, on commence par écrire $s = k + \sigma$ avec $\sigma \in]0, 1[$ et on utilise la caractérisation ci-dessus pour toutes les dérivées d'ordre k de f, qui doivent appartenir à $H^\sigma(\mathbb{R}^d)$.

Preuve On utilise la formule intégrale suivante

$$|p|^{2s} = \frac{s}{\Gamma(1-s)} \int_0^\infty \left(1 - e^{-t|p|^2}\right) \frac{dt}{t^{1+s}}$$

qui s'obtient par un changement de variable. Notons que l'intégrale de droite converge pour $0 < s < 1$ puisque $1 - e^{-t|p|^2} = t|p|^2 + O(t^2)$ en 0, ce qui permet de réduire la singularité à t^{-s} en 0, qui est intégrable puisque $s < 1$. L'intégrabilité à l'infini suit de la condition que $s > 0$. La valeur de la constante provient de l'égalité

$$\int_0^\infty \left(1 - e^{-t}\right) \frac{dt}{t^{1+s}} = \frac{1}{s} \int_0^\infty e^{-t} \frac{dt}{t^s} = \frac{\Gamma(1-s)}{s}.$$

On obtient donc

$$\int_{\mathbb{R}^d} |p|^{2s} |\widehat{f}(p)|^2 \, dp = \frac{s}{\Gamma(1-s)} \int_0^\infty \left(\int_{\mathbb{R}^d} \left(1 - e^{-t|p|^2}\right) |\widehat{f}(p)|^2 \, dp \right) \frac{dt}{t^{1+s}}.$$

L'échange des intégrations est justifié par le fait que tout est positif. On peut aisément exprimer l'intégrale de droite en espace en utilisant la transformée de Fourier inverse de $e^{-t|p|^2}$ qui vaut $(2t)^{-d/2} e^{-|x|^2/(4t)}$, et le fait que la transformée de Fourier d'un produit est une convolution. On trouve

$$\int_{\mathbb{R}^d} \left(1 - e^{-t|p|^2}\right) |\widehat{f}(p)|^2 \, dp = \frac{1}{2} (4\pi t)^{-d/2} \iint_{\mathbb{R}^d \times \mathbb{R}^d} e^{-\frac{|x-y|^2}{4t}} |f(x) - f(y)|^2 \, dx \, dy$$

puisque $(4\pi t)^{-d/2} \int_{\mathbb{R}^d} e^{-\frac{|x|^2}{4t}} \, dx = 1$. Nous avons donc prouvé que

$$\int_{\mathbb{R}^d} |p|^{2s} |\widehat{f}(p)|^2 \, dp$$

$$= \frac{s(4\pi)^{-\frac{d}{2}}}{2\Gamma(1-s)} \iint_{\mathbb{R}^d \times \mathbb{R}^d} \left(\int_0^\infty e^{-\frac{|x-y|^2}{4t}} \frac{dt}{t^{1+s+\frac{d}{2}}} \right) |f(x) - f(y)|^2 \, dx \, dy,$$

et comme

$$\int_0^\infty e^{-\frac{|x-y|^2}{4t}} \frac{dt}{t^{1+s+\frac{d}{2}}} = \frac{1}{|x-y|^{d+2s}} \int_0^\infty e^{-\frac{1}{4t}} \frac{dt}{t^{1+s+\frac{d}{2}}} = \frac{2^{d+2s} \Gamma(s)}{|x-y|^{d+2s}},$$

nous obtenons le résultat. $\qquad\square$

Le théorème suivant indique que $H_0^s(\mathbb{R}^d) = H^s(\mathbb{R}^d)$ pour tout $s > 0$, c'est-à-dire que $C_c^\infty(\mathbb{R}^d)$ est dense dans $H^s(\mathbb{R}^d)$ pour la norme associée.

Théorème A.8 (Densité de $C_c^\infty(\mathbb{R}^d)$) *L'espace $C_c^\infty(\mathbb{R}^d)$ est dense dans $H^s(\mathbb{R}^d)$ pour tout $s > 0$.*

Preuve Nous raisonnons en deux étapes. D'abord nous montrons la densité des fonctions C^∞ (pas nécessairement à support compact) par régularisation, avant d'en déduire celle des fonctions C^∞ à support compact en tronquant de façon lisse. Soit donc $f \in H^s(\mathbb{R}^d)$ et $\chi \in C_c^\infty(\mathbb{R}^d)$ telle que $\int_{\mathbb{R}^d} \chi(x)\, dx = 1$. Définissons la convolution $f_n = f * \chi_n$ où $\chi_n(x) = n^d \chi(nx)$. La fonction f_n est C^∞ sur $\mathbb{R}^d$ car on peut placer toutes les dérivées sur χ_n dans la convolution. Il reste à montrer que $f_n \to f$ dans $H^s(\mathbb{R}^d)$. On calcule en Fourier

$$\|f_n - f\|_{H^s(\mathbb{R}^d)}^2 = \int_{\mathbb{R}^d} (1 + |p|^{2s})|\widehat{f}(p)|^2 \left(1 - (2\pi)^{\frac{d}{2}}\widehat{\chi}(p/n)\right)^2 dp$$

qui tend vers 0 par convergence dominée, car $(2\pi)^{\frac{d}{2}}\widehat{\chi}(p/n) \to (2\pi)^{\frac{d}{2}}\widehat{\chi}(0) = \int_{\mathbb{R}^d} \chi = 1$ pour tout $p \in \mathbb{R}^d$ et

$$\left|(2\pi)^{\frac{d}{2}}\widehat{\chi}(p/n)\right| \leq (2\pi)^{\frac{d}{2}} \|\widehat{\chi}\|_{L^\infty(\mathbb{R}^d)} \leq \|\chi\|_{L^1(\mathbb{R}^d)}.$$

Ainsi, les fonctions C^∞ sont denses dans $H^s(\mathbb{R}^d)$ pour tout $s > 0$. On notera que la fonction $f * \chi_n$ appartient aussi à tous les $H^{s'}(\mathbb{R}^d)$ pour $s' > 0$, puisque $|k|^\alpha \widehat{\chi}(k/n)$ est uniformément bornée pour tout $\alpha > 0$. Donc nous avons aussi montré que $H^{s'}(\mathbb{R}^d)$ est dense dans $H^s(\mathbb{R}^d)$ pour tout $s' \geq s$.

Nous pouvons maintenant prendre $f \in H^{s'}(\mathbb{R}^d) \cap C^\infty(\mathbb{R}^d)$ pour n'importe quel $s' > s$ et l'approcher dans $H^s(\mathbb{R}^d)$ par une suite de fonctions à support compact. Nous prenons simplement $s' = m$, un entier quelconque supérieur ou égal à s. Comme la norme de $H^m(\mathbb{R}^d)$ contrôle celle de $H^s(\mathbb{R}^d)$, nous pouvons même montrer la convergence dans $H^m(\mathbb{R}^d)$. Ceci permet d'utiliser la caractérisation de $H^m(\mathbb{R}^d)$ avec les dérivées en espace plutôt qu'en Fourier. Pour simplifier la présentation nous allons d'abord supposer que $m = 1$, c'est-à-dire nous prenons $f \in H^1(\mathbb{R}^d) \cap C^\infty(\mathbb{R}^d)$ que nous approchons par une suite de fonctions de $C_c^\infty(\mathbb{R}^d)$ dans $H^1(\mathbb{R}^d)$. Soit $\chi \in C_c^\infty(\mathbb{R}^d)$ telle que, cette fois, $\chi(0) = 1$. On introduit la fonction C^∞ à support compact $f_n(x) := f(x)\chi(x/n)$. On a alors

$$\|f - f_n\|_{L^2(\mathbb{R}^d)}^2 = \int_{\mathbb{R}^d} |f(x)|^2 (1 - \chi(x/n))^2\, dx \longrightarrow 0$$

par convergence dominée. Par ailleurs on a au sens des distributions

$$\nabla f_n = \chi(x/n)\nabla f(x) + \frac{1}{n} f(x)\nabla\chi(x/n).$$

Ceci montre par l'inégalité triangulaire que

$$\|\nabla f - \nabla f_n\|_{L^2(\mathbb{R}^d)} \le \|\nabla f - \chi(\cdot/n)\nabla f\|_{L^2(\mathbb{R}^d)} + \frac{\|\nabla \chi\|_{L^\infty(\mathbb{R}^d)}\,\|f\|_{L^2(\mathbb{R}^d)}}{n}$$

qui tend vers 0 par l'argument précédent. Pour $m > 1$ on calcule de façon similaire $\partial^\alpha f_n$ par la formule de Leibniz. Ceci fournit l'estimée

$$\left\|\partial^\alpha f - \partial^\alpha f_n\right\|_{L^2(\mathbb{R}^d)} \le \left\|\partial^\alpha f - \chi(\cdot/n)\partial^\alpha f\right\|_{L^2(\mathbb{R}^d)} + \frac{C}{n}$$

qui tend à nouveau vers 0 pour tout multi-indice α de longueur $|\alpha| \le m$.   □

A.4   Trace, relèvement, prolongement sur un ouvert borné

Nous avons déjà vu qu'il était possible de définir la trace d'une fonction $f \in H^1(]0, 1[)$ au bord de l'intervalle $]0, 1[$, cette trace étant juste le vecteur composé des deux valeurs $f(0^+)$ et $f(1^-)$ de la fonction continue f. En dimension supérieure, la situation est un peu plus délicate. Il est possible de définir la trace $f_{|\partial\Omega}$ au bord d'un domaine Ω, mais c'est un objet défini presque partout car les fonctions $f \in H^1(\Omega)$ ne sont pas toutes des fonctions continues.

Commençons par rapidement discuter du demi-espace

$$\Omega = \big\{x = (x_1, \ldots, x_d) \in \mathbb{R}^d \,:\, x_d > 0\big\},$$

qui peut se ramener au cas unidimensionnel étudié à la section A.2 et sert de base pour un domaine quelconque. Si une fonction f appartient à $H^1(\Omega)$, alors nous avons par Fubini

$$\int_{\mathbb{R}^{d-1}} \left(\int_0^\infty |f(x_1, \ldots, x_d)|^2 \,\mathrm{d}x_d + \int_0^\infty |\partial_{x_d} f(x_1, \ldots, x_d)|^2 \,\mathrm{d}x_d\right) \mathrm{d}x_1 \cdots \mathrm{d}x_{d-1} < \infty.$$

Pour presque tout $x_1, \ldots, x_{d-1}$ la fonction $y \mapsto f(x_1, \ldots, x_{d-1}, y)$ appartient à l'espace de Sobolev $H^1(]0, \infty[)$, donc coïncide presque partout avec une fonction continue d'après l'exercice A.5. Son évaluation en $x_d = 0$ est notée simplement $f(x_1, \ldots, x_{d-1}, 0)$ ou $f_{|\partial\Omega}(x_1, \ldots, x_{d-1})$, pour $x_1, \ldots, x_{d-1}$ dans l'ensemble de mesure totale dans $\mathbb{R}^{d-1}$ considéré. Elle vérifie

$$|f(x_1, \ldots, x_{d-1}, 0)|^2 = -2\Re \int_0^\infty \overline{f(x_1, \ldots, x_{d-1}, y)}\partial_{x_d} f(x_1, \ldots, x_{d-1}, y) \,\mathrm{d}y.$$

La fonction à droite est intégrable sur $\mathbb{R}^{d-1}$, donc il en est de même du terme de gauche, avec

$$\int_{\mathbb{R}^{d-1}} |f(x_1, \ldots, x_{d-1}, 0)|^2 \mathrm{d}x_1 \cdots \mathrm{d}x_{d-1} = -2\Re \int_{\Omega} \overline{f(x)} \partial_{x_d} f(x) \, \mathrm{d}x.$$

La restriction au bord de Ω ainsi définie appartient donc à $L^2(\mathbb{R}^{d-1})$ avec l'estimée

$$\left\| f_{|\partial\Omega} \right\|^2_{L^2(\mathbb{R}^{d-1})} \leq 2 \left\| f \right\|_{L^2(\Omega)} \left\| \partial_{x_d} f \right\|_{L^2(\Omega)}. \tag{A.13}$$

Notons que seule la dérivée ∂_{x_d} dans la direction normale à la frontière de Ω est nécessaire pour contrôler la restriction de f au bord.

En utilisant le cas du demi-espace comme modèle, on peut définir la restriction d'une fonction $f \in H^1(\Omega)$ au bord d'un ouvert quelconque Ω assez lisse, restriction qui appartient alors à $L^2(\partial\Omega)$. L'idée est de se ramener à des petits voisinages de la frontière en utilisant une partition de l'unité, et d'utiliser des cartes locales pour "aplatir le bord". La preuve n'est pas très difficile quand la frontière de Ω est une hypersurface suffisamment régulière. Nous allons maintenant énoncer sans preuve des résultats valables avec des hypothèses assez faibles sur la régularité de Ω.

Nous disons qu'un ouvert $\Omega \subset \mathbb{R}^d$ possède une *frontière Lipschitzienne* lorsque $\partial\Omega$ est, au voisinage de tout point, une hypersurface qui est le graphe d'une fonction Lipschitzienne φ de constante de Lipschitz inférieure ou égale à M, où M est indépendant du point choisi. Nous dirons que Ω a une *frontière de classe $C^{k,\alpha}$* si l'application φ est de classe C^k avec ses $k$ème dérivées α–Hölderiennes, et des estimées uniformes similaires à précédemment. Finalement, nous dirons que Ω a une *frontière Lipschitzienne (resp. $C^{k,\alpha}$) par morceaux* lorsqu'elle est l'union d'un nombre fini d'hypersurfaces Lipschitziennes (resp. $C^{k,\alpha}$). Malheureusement, les domaines irréguliers interviennent fréquemment en pratique. L'exemple le plus simple est le cube $]0, 1[^d$ qui est composé de faces plates, donc possède une frontière C^k par morceaux pour tout $k \geq 1$. Notons que la cellule unité d'un réseau périodique de $\mathbb{R}^d$ (chapitre 7) est toujours un polyèdre.

Une frontière $\partial\Omega$ Lipschitzienne par morceaux peut être munie d'une mesure surfacique sur chacune des hypersurfaces qui la composent, qui est juste la déformation de la mesure de Lebesgue sur $\mathbb{R}^{d-1}$. Ceci permet de définir l'espace $L^2(\partial\Omega)$. Le théorème principal est le suivant.

Théorème A.9 (Trace) *Soit Ω un ouvert borné de $\mathbb{R}^d$ dont la frontière est Lipschitzienne par morceaux. Alors il existe une unique application continue*

$$\begin{aligned} H^1(\Omega) &\to L^2(\partial\Omega) \\ f &\mapsto f_{|\partial\Omega} \end{aligned} \tag{A.14}$$

qui coïncide avec la restriction au bord lorsque $f \in H^1(\Omega) \cap C^0(\overline{\Omega})$. *De plus, on a*

$$\|f\|^2_{L^2(\partial\Omega)} \le C \|f\|_{L^2(\Omega)} \|f\|_{H^1(\Omega)} \tag{A.15}$$

où la constante C *ne dépend que de* Ω. *Si* Ω *est de classe* $C^{k-1,1}$ *avec* $k \ge 2$, *il existe une unique application continue*

$$\begin{aligned} H^k(\Omega) &\to & L^2(\partial\Omega)^k \\ f &\mapsto & \left(f_{|\partial\Omega}, \cdots, \partial_n^{k-1} f_{|\partial\Omega}\right) \end{aligned} \tag{A.16}$$

qui coincide avec la restriction au bord lorsque $f \in H^k(\Omega) \cap C^k(\overline{\Omega})$, *où* $\partial_n = n \cdot \nabla$ *désigne la dérivée dans la direction de la normale sortante* n *sur* $\partial\Omega$, *avec*

$$\sum_{j=0}^{k-1} \left\| \partial_n^j f_{|\partial\Omega} \right\|_{L^2(\partial\Omega)} \le C \|f\|_{H^{k-1}(\Omega)} \|f\|_{H^k(\Omega)}.$$

On a $f \in H_0^k(\Omega)$ *(la fermeture de* $C_c^\infty(\Omega)$ *dans* $H^k(\Omega)$) *si et seulement si* $f \in H^k(\Omega)$ *et toutes ses traces s'annulent :* $f_{|\partial\Omega} = \cdots = \partial_n^{k-1} f_{|\partial\Omega} = 0$.

Si Ω est de classe $C^{k-1,1}$ *par morceaux*, la seconde partie du résultat est la même mais il faut calculer les dérivées en dehors des "arêtes" délimitant les diverses hypersurfaces composant la frontière. L'inégalité (A.15) est la généralisation de la même estimée (A.13) pour le demi-espace. Voir par exemple [Gri85, Thm. 1.5.1.10] pour la preuve.

Il est légitime de se demander quel espace parcourt $f_{|\partial\Omega}$ lorsque f parcourt $H^k(\Omega)$, et il se trouve que ce dernier est toujours plus petit que $L^2(\partial\Omega)$ (en dimension $d \ge 2$). Dit autrement, l'application de trace (A.14) n'est *pas* surjective sur $L^2(\partial\Omega)$. Cependant, son image est dense car on peut "relever" n'importe quelle condition au bord suffisamment lisse donnée à l'avance.

Théorème A.10 (Relèvement lisse) *Soit* $k \ge 1$. *Si* Ω *est de classe* $C^{k-1,1}$ *et* $g_j \in C^{k-1-j}(\partial\Omega)$ *pour* $j = 0, \ldots, k-1$, *alors il existe une fonction* $f \in H^k(\Omega)$ *telle que* $\partial_n^j f_{|\Omega} = g_j$.

Le résultat est le même si $\partial\Omega$ est $C^{k-1,1}$ par morceaux, mais il faut alors supposer que le support des g_j n'intersecte pas les arêtes.

L'idée de la construction est assez simple. On utilise d'abord des partitions de l'unité de façon à se ramener au cas où les g_j ont un petit support. Alors, sur ce support la frontière $\partial\Omega$ est presque plate. Par exemple si $k = 2$ et $\Omega \subset \mathbb{R}^d$ est exactement égal au demi espace $\{x_d > 0\}$ au voisinage du support de g_0 et g_1, alors on peut simplement prendre

$$f(x_1, \ldots, x_d) = \Big(g_0(x_1, \ldots, x_{d-1}) - x_d g_1(x_1, \ldots, x_{d-1})\Big)\eta(x_1, \ldots, x_d)$$

où η est une fonction C^∞ à support compact, qui localise au voisinage de la frontière. Le cas général s'en déduit par l'utilisation de cartes locales.

Il est en fait possible d'identifier précisément l'image de la restriction au bord. Par comparaison avec la formule obtenue dans tout l'espace au théorème A.7, on définit l'espace de Sobolev fractionnaire sur un domaine Ω par sa norme

$$\|f\|^2_{H^s(\Omega)} = \iint_{\Omega \times \Omega} \frac{|f(x) - f(y)|^2}{|x - y|^{2s+2d}} \, dx \, dy$$

pour $0 < s < 1$. Si $s > 1$ on demande bien sûr que les dérivées d'ordre $[s]$ appartiennent toutes à $H^{s-[s]}$. On peut alors montrer que $\partial_n^j f_{|\partial\Omega}$ décrit tout $H^{k-j-1/2}(\partial\Omega)$ quand f décrit $H^k(\Omega)$ et que Ω est de classe $C^{k-1,1}$ (voir par exemple [Gri85, Thm 1.5.1.2]). Bien sûr, l'application ne peut pas être injective car on peut changer la fonction f à l'intérieur de Ω à sa guise sans changer ses valeurs au bord. Cependant, il est possible de construire un relèvement qui est continu pour les normes en question.

Théorème A.11 (Relèvement) *Soit Ω un ouvert de classe $C^{k-1,1}$ avec $k \geq 1$. Il existe une application continue*

$$R : (g_0, \ldots, g_{k-1}) \in \prod_{j=0}^{k-1} H^{k-j-\frac{1}{2}}(\partial\Omega) \mapsto f \in H^k(\Omega)$$

telle que $\partial_n^j f = g_j$ et

$$\|f\|_{H^k(\Omega)} \leq C \sum_{j=0}^{k-1} \|g_j\|_{H^{k-j-\frac{1}{2}}(\partial\Omega)}. \tag{A.17}$$

La fonction f peut être construite de sorte qu'elle soit à support aussi proche que l'on veut du bord, mais la constante C explose lorsque la distance voulue décroît.

Il est possible d'utiliser le théorème A.11 pour étendre une fonction de $H^k(\Omega)$ en une fonction de $H^k(\mathbb{R}^d)$: on applique le résultat sur le complémentaire $\mathbb{R}^d \setminus \Omega$ (ou un voisinage de $\partial\Omega$ dans ce complémentaire), de sorte que les restrictions au bord de la fonction sur $\mathbb{R}^d \setminus \Omega$ coïncident toutes avec celles de f. En utilisant la formule de Green, on peut alors vérifier que la compatibilité de toutes les restrictions est suffisante pour que la fonction ainsi construite soit dans $H^k(\mathbb{R}^d)$. Cependant, cette construction basée sur la continuité des traces et le prolongement hors de Ω nécessite des hypothèses fortes sur le domaine Ω, puisqu'il est nécessaire de connaître les espaces exacts dans lesquels vivent les traces de f. Il est en fait possible d'étendre une fonction de $H^k(\Omega)$ sans utiliser les traces, ce qui requiert alors une très faible régularité pour Ω (voir par exemple [Gri85, Thm 1.4.3.1]).

Théorème A.12 (Prolongement)   *Soit $\Omega \subset \mathbb{R}^d$ un ouvert borné, dont la frontière est Lipschitzienne et $k \geq 1$ un entier. Alors il existe une application linéaire continue*

$$f \in H^k(\Omega) \mapsto \tilde{f} \in H^k(\mathbb{R}^d)$$

telle que $\tilde{f}\mathbb{1}_\Omega = f$ et

$$\|\tilde{f}\|_{H^k(\mathbb{R}^d)} \leq C\|f\|_{H^k(\Omega)} \tag{A.18}$$

Ce résultat est très important pour pouvoir étendre facilement à un domaine borné des propriétés prouvées dans $\mathbb{R}^d$. Nous en verrons un exemple à la section suivante. Une fois de plus, on peut demander que l'extension soit à support aussi proche que l'on veut de la frontière de Ω, mais la constante C diverge lorsque la distance tend vers 0.

A.5   Injections de Sobolev et compacité de Rellich-Kondrachov

Nous arrivons maintenant aux injections de Sobolev, qui précisent que les fonctions de $H^k(\Omega)$ sont en fait dans certains espaces $L^p(\Omega)$ avec $p > 2$, l'injection étant compacte lorsque Ω est borné. Mais commençons plutôt par le cas de tout l'espace.

Théorème A.13 (Inégalité de Sobolev)   *Soit $d \geq 1$ et $0 < s < d/2$. Il existe une constante $S_{d,s}$ telle que, pour toute fonction mesurable $f \in L^1_{\mathrm{loc}}(\mathbb{R}^d) \cap S'$ de sorte que l'ensemble $\{x \; : \; |f(x)| > M\}$ soit de mesure finie pour tout $M > 0$, on ait*

$$\|f\|^2_{L^{p^*}(\mathbb{R}^d)} \leq S_{d,s} \int_{\mathbb{R}^d} |\xi|^{2s} |\widehat{f}(\xi)|^2 \, d\xi \tag{A.19}$$

avec $p^* = \frac{2d}{d-2s}$.

La valeur de p^* est imposée par l'invariance des deux termes de l'inégalité sous l'action des dilatations d'espace (le vérifier en exercice).

Remarque A.14 Nous avons supposé que f est une distribution tempérée pour pouvoir écrire sa transformée de Fourier. En utilisant la formule (A.12) on peut énoncer un théorème en supposant seulement $f \in L^1_{\mathrm{loc}}(\mathbb{R}^d)$. En pratique nous avons souvent $f \in L^2(\mathbb{R}^d)$, ce qui implique immédiatement que $f \in S'$ et que les ensembles $\{|f| > M\}$ sont de mesure finie pour tout $M > 0$. Cependant, comme l'inégalité ne fait pas intervenir la norme L^2 de f, il n'est pas très naturel d'énoncer un théorème avec cette hypothèse. Évidemment, l'inégalité (A.19) est vide si l'intégrale à droite diverge, c'est-à-dire si $|\xi|^s \widehat{f}(\xi)$ n'est pas dans $L^2(\mathbb{R}^d)$.

Si $f \in H^s(\mathbb{R}^d)$ alors $f \in L^2(\mathbb{R}^d)$ et on peut utiliser l'inégalité de Hölder, pour en déduire immédiatement que $f \in L^p(\mathbb{R}^d)$ pour tout $2 \leq p \leq p^*$, et satisfait *l'inégalité de Gagliardo-Nirenberg* :

$$\|f\|_{L^p(\mathbb{R}^d)} \leq \|f\|_{L^2(\mathbb{R}^d)}^{\theta} \|f\|_{L^{p^*}(\mathbb{R}^d)}^{1-\theta} \leq C \|f\|_{L^2(\mathbb{R}^d)}^{\theta} \left(\int_{\mathbb{R}^d} |\xi|^{2s} |\widehat{f}(\xi)|^2 \, d\xi \right)^{\frac{1-\theta}{2}}$$

$$\leq C \left(\int_{\mathbb{R}^d} (1 + |\xi|^2)^s |\widehat{f}(\xi)|^2 \, d\xi \right)^{\frac{1}{2}} = C \|f\|_{H^s(\mathbb{R}^d)}, \qquad (A.20)$$

où $\frac{1}{p} = \frac{\theta}{2} + \frac{1-\theta}{p^*}$. Nous fournissons une preuve assez simple de l'inégalité de Sobolev (A.19) issue de [CX97].

Preuve Soit $f \in C_c^{\infty}(\mathbb{R}^d)$ et $K := \||\xi|^s \widehat{f}\|_{L^2(\mathbb{R}^d)}$. On écrit d'abord

$$\int_{\mathbb{R}^d} |f(x)|^{\frac{2d}{d-2s}} \, dx = \frac{d-2s}{d+2s} \int_{\mathbb{R}^d} \int_0^{\infty} \lambda^{\frac{2d}{d-2s}-1} \mathbb{1}(|f(x)| \geq \lambda) \, d\lambda \, dx$$

$$= \frac{d-2s}{d+2s} \int_0^{\infty} \lambda^{\frac{2d}{d-2s}-1} |\{x \, : \, |f(x)| \geq \lambda\}| \, d\lambda. \qquad (A.21)$$

Il faut maintenant estimer $|\{x \, : \, |f(x)| \geq \lambda\}|$ pour tout λ. On écrit $f = v + w$ avec $\widehat{v}(\xi) = \widehat{f}(\xi)\chi(|\xi|/a)$, où a est un paramètre dépendant de λ qui sera fixé ultérieurement et $0 \leq \chi \leq 1$ une fonction à support compact telle que $\chi_{|[0,1]} \equiv 1$ et $\chi_{|[2,\infty)} \equiv 0$. On utilise alors que

$$|\{|f(x)| \geq \lambda\}| \leq |\{|v(x)| \geq \lambda/2\}| + |\{|w(x)| \geq \lambda/2\}|$$

et on choisit a de sorte que $\|v\|_{L^\infty} \leq \lambda/2$, ce qui donne $|\{|v(x)| \geq \lambda/2\}| = 0$. En fait, on a

$$\|v\|_{L^\infty} \leq (2\pi)^{-d} \int_{|\xi| \leq a} |\widehat{f}(\xi)| \, d\xi$$

$$\leq (2\pi)^{-d} \left(\int_{|\xi| \leq a} \frac{d\xi}{|\xi|^{2s}} \right)^{1/2} \left(\int_{|\xi| \leq a} |\xi|^{2s} |\widehat{f}(\xi)|^2 d\xi \right)^{1/2} \leq C K a^{\frac{d-2s}{2}},$$
$$\qquad (A.22)$$

qui suggère de prendre $a^{\frac{d-2s}{2}} = \lambda/(2CK)$, c'est-à-dire $a = C'(\lambda/K)^{\frac{2}{d-2s}}$. Il reste à estimer le terme impliquant w, pour lequel nous écrivons

$$|\{|w(x)| \geq \lambda/2\}| \leq \frac{4}{\lambda^2} \int_{\mathbb{R}^d} |w|^2 \leq \frac{4}{\lambda^2} \int_{|\xi| \geq a} |\widehat{f}(\xi)|^2 \, d\xi.$$

En insérant dans (A.21), on obtient

$$\int_{\mathbb{R}^d} |f(x)|^{\frac{2d}{d-2s}}\, dx \leq C \int_0^\infty \lambda^{\frac{2d}{d-2s}-1} \frac{1}{\lambda^2} \int_{|\xi|\geq a} |\widehat{f}(\xi)|^2\, d\xi\, d\lambda$$

$$\leq C \int_0^\infty \lambda^{\frac{6s-d}{d-2s}} \int_{|\xi|\geq C'(\lambda/K)^{\frac{2}{d-2s}}} |\widehat{f}(\xi)|^2\, d\xi\, d\lambda$$

$$= C K^{\frac{4s}{d-2s}} \int |\xi|^{2s} |\widehat{f}(\xi)|^2\, d\xi = C K^{\frac{2d}{d-2s}}.$$

Nous avons prouvé l'inégalité pour $f \in C_c^\infty(\mathbb{R}^d)$. Le cas général suit par densité mais nous n'en dirons pas plus. $\qquad\square$

En dimension 1 on peut utiliser la formule $|f(x)|^2 = 2\Re \int_{-\infty}^x \overline{f} f'$ comme à la section A.2. Ceci permet de montrer que $H^1(\mathbb{R}) \hookrightarrow C_0^0(\mathbb{R})$, l'espace des fonctions continues qui tendent vers 0 à l'infini. En particulier, on a $H^1(\mathbb{R}) \hookrightarrow L^p(\mathbb{R})$ pour tout $2 \leq p \leq \infty$ par l'inégalité de Hölder. En dimension deux, on n'a pas d'injection continue de $H^1(\mathbb{R}^2)$ dans $L^\infty(\mathbb{R}^2)$, mais par contre l'injection continue dans $L^p(\mathbb{R}^2)$ est vraie pour tout $2 \leq p < \infty$. Le théorème général est le suivant.

Théorème A.15 (Injections de Sobolev dans $\mathbb{R}^d$)
- *Si $0 < s < d/2$, on a l'injection continue*

$$H^s(\mathbb{R}^d) \hookrightarrow L^p(\mathbb{R}^d), \qquad \forall 2 \leq p \leq \frac{2d}{d-2s}. \tag{A.23}$$

- *Si $s = d/2$, on a*

$$H^s(\mathbb{R}^d) \hookrightarrow L^p(\mathbb{R}^d), \qquad \forall 2 \leq p < \infty. \tag{A.24}$$

- *Si $s > d/2$, on a*

$$H^s(\mathbb{R}^d) \hookrightarrow C_0^{\ell,\theta}(\mathbb{R}^d) \tag{A.25}$$

où ℓ est l'unique entier tel que $0 \leq \ell < s - d/2 < \ell + 1$ et $\theta = s - \ell - d/2$.

Ici, $C_0^{\ell,\theta}(\mathbb{R}^d)$ est l'espace des fonctions de classe C^ℓ, qui tendent vers 0 à l'infini ainsi que toutes leurs ℓ premières dérivées, et qui sont telles que les dérivées d'ordre ℓ sont Hölderiennes d'exposant θ. La norme correspondante est donnée par

$$\|f\|_{C_0^{\ell,\theta}(\mathbb{R}^d)} := \sum_{|\alpha|\leq\ell} \max_{x\in\mathbb{R}^d} |\partial^\alpha f(x)| + \sum_{|\alpha|=\ell} \sup_{x\neq y\in\mathbb{R}^d} \frac{|\partial^\alpha f(x) - \partial^\alpha f(y)|}{|x-y|^\theta}.$$

Les injections "sous-critiques" du théorème A.15 ne sont pas très difficiles. Expliquons par exemple rapidement comment on peut démontrer l'inégalité de Gagliardo-Nirenberg (A.23) pour $p < 2d/(d-2s)$ et $s < d/2$ directement, sans utiliser l'inégalité de Sobolev (A.19) comme nous l'avons fait en (A.20). D'après la caractérisation avec la transformée de Fourier, une fonction f appartient à $H^s(\mathbb{R}^d)$ si et seulement si elle peut s'écrire en Fourier

$$\widehat{f}(\xi) = \frac{\widehat{g}(\xi)}{(1 + |\xi|^2)^{s/2}}$$

avec $g \in L^2(\mathbb{R}^d)$. De plus la norme L^2 de g est équivalente à la norme H^s de f. En variables d'espace, la formule peut s'écrire

$$f(x) = \int_{\mathbb{R}^d} h_s(x - y)g(y)\,\mathrm{d}y$$

où h_s est la fonction telle que

$$\widehat{h_s}(\xi) = \frac{(2\pi)^{d/2}}{(1 + |\xi|^2)^{s/2}}.$$

Ainsi, nous sommes ramenés à prouver que si $g \in L^2(\mathbb{R}^d)$, alors $h_s * g$ appartient à $L^p(\mathbb{R}^d)$ pour $2 \leq p \leq 2d/(d - 2s)$ si $s < d/2$, et appartient à des espaces de fonctions plus lisses sinon. Dans le cas sous-critique, ceci suit simplement des propriétés élémentaires de la convolution, alors que dans le cas de $p = 2d/(d - 2s)$, c'est l'inégalité de Hardy-Littlewood-Sobolev (5.29) qui est équivalente à l'inégalité de Sobolev [LL01].

Lemme A.16 *La fonction $h_s = (2\pi)^{d/2}\mathcal{F}^{-1}\{(1 + |\xi|^2)^{-s/2}\}$ est positive, radiale, décroissante, appartient à $C^\infty(\mathbb{R}^d \setminus \{0\})$ et vérifie*

$$h_s(x) \underset{|x| \to 0}{\sim} C_{d,s} \begin{cases} \dfrac{1}{|x|^{d-s}} & \text{pour } s < d, \\[2mm] -\log|x| & \text{pour } s = d, \\[2mm] 1 & \text{pour } s > d. \end{cases}$$

De plus elle décroît exponentiellement à l'infini : $h_s(x) \leq e^{-\alpha|x|}$ pour $|x| \geq 1$ et $\alpha > 0$.

Preuve En utilisant la formule intégrale

$$\frac{1}{a^s} = \Gamma(s/2)^{-1} \int_0^\infty e^{-ta} t^{s-1}\,\mathrm{d}t,$$

et la transformée de Fourier des gaussiennes, nous pouvons exprimer h_s sous la forme suivante

$$h_s(x) = \frac{2^{-d/2}}{\Gamma(s/2)} \frac{1}{|x|^{d-s}} \int_0^\infty e^{-t|x|^2 - \frac{1}{4t}} \frac{dt}{t^{1+\frac{d-s}{2}}}. \tag{A.26}$$

Cette formule montre que h_s est positive, radiale, décroissante, appartient à $C^\infty(\mathbb{R}^d \setminus \{0\})$ et que $h_s(x) \sim C|x|^{s-d}$ lorsque $x \to 0$, pour $s < d$. Pour $s = d$ on peut couper l'intégrale en deux, par exemple en écrivant $[0, \infty[= [0, 1] \cup]1, \infty[$ et on trouve le comportement en $-\log|x|$ pour l'intégrale sur $[1, \infty[$ en intégrant par parties. Si $s > d$ alors $\xi \mapsto (1 + |\xi|^2)^{-s/2}$ appartient à $L^1(\mathbb{R}^d)$ et est strictement positive, ce qui implique immédiatement que h_s est continue et bornée, avec $h_s(0) > 0$. Pour $s < d$, en utilisant que $e^{-\frac{1}{4t}} \le 1$ on obtient $h_s(x) \le C(d, s)|x|^{s-d}$ et donc h_s est bornée à l'infini. De façon similaire on peut prouver que $h_s(x) \le |\log x| + C$ si $s = d$. Pour trouver une meilleure estimée à l'infini on peut poser $t = u/|x|$ et on trouve

$$h_s(x) = \frac{2^{-d/2}c(s)}{|x|^{\frac{d-s}{2}}} \int_0^\infty e^{-\left(u + \frac{1}{4u}\right)|x|} \frac{du}{u^{1+\frac{d-s}{2}}}.$$

Comme $u + 1/(4u) \ge 2\sqrt{u/4u} = \sqrt{2}$, on obtient par exemple

$$h_s(x) \le 2^{\frac{s-d}{2}} e^{-|x|/\sqrt{2}} h_s(x/2)$$

qui montre la décroissance exponentielle. $\square$

On déduit du lemme que

$$h_s \in \begin{cases} L^p(\mathbb{R}^d), & 1 \le p < \frac{d}{d-s}, & \text{pour } s < d, \\[2mm] L^p(\mathbb{R}^d), & 1 \le p < \infty, & \text{pour } s = d, \\[2mm] L^1(\mathbb{R}^d) \cap L^\infty(\mathbb{R}^d), & & \text{pour } s > d. \end{cases} \tag{A.27}$$

Il reste alors à utiliser l'inégalité de Young

$$\|f * g\|_{L^r(\mathbb{R}^d)} \le \|f\|_{L^p(\mathbb{R}^d)} \|g\|_{L^q(\mathbb{R}^d)}, \qquad \frac{1}{p} + \frac{1}{q} = 1 + \frac{1}{r}, \tag{A.28}$$

pour conclure la preuve du théorème A.15 dans tous les cas sous-critiques, incluant aussi (A.24) et (A.25). Pour obtenir le caractère $C_b^\ell(\mathbb{R}^d)$ lorsque $s = \ell + \sigma > d$ il faut commencer par prendre ℓ dérivées, ce qui revient à multiplier $(1 + |\xi|^2)^{-s/2}$ par $|\xi|^\ell$ en Fourier et appliquer ce qui précède à $h_{s-\ell}$. Nous ne discuterons pas ici du caractère Hölderien.

Si Ω est un ouvert borné, on peut utiliser le théorème A.12 qui permet d'étendre toute fonction de $H^s(\Omega)$ à $\mathbb{R}^d$ et on en déduit immédiatement un résultat similaire au théorème A.15.

Théorème A.17 (Injections de Sobolev dans Ω) *Soit $\Omega \subset \mathbb{R}^d$ un ouvert borné dont la frontière est Lipschitzienne et k un entier.*
• *Si $2k < d$, on a l'injection continue*

$$H^k(\Omega) \hookrightarrow L^{\frac{2d}{d-2k}}(\Omega).$$

• *Si $2k = d$, on a*

$$H^k(\Omega) \hookrightarrow L^p(\Omega), \qquad \forall 2 \le p < \infty.$$

• *Si $2k > d$, on a*

$$H^k(\Omega) \hookrightarrow C_b^{\ell,\theta}(\overline{\Omega})$$

où ℓ est l'unique entier tel que $0 \le \ell < k - d/2 < \ell + 1$ et $\theta = k - \ell - d/2$.

Dans le cas d'un ouvert borné, l'injection dans $L^2(\Omega)$ est en fait compacte, ce qui est une information importante pour passer à la limite forte localement lorsqu'on a une suite qui converge faiblement dans un espace de Sobolev.

Théorème A.18 (Rellich-Kondrachov) *Soit Ω un ouvert borné. L'injection $H^s(\mathbb{R}^d) \hookrightarrow L^2(\Omega)$ est compacte pour tout $s > 0$.*

Par l'inégalité de Hölder, on déduit immédiatement que les injections $H^s(\mathbb{R}^d) \hookrightarrow L^p(\Omega)$ sont compactes pour $2 \le p < 2d/(d-2s)$ lorsque $0 < s < d/2$ et pour $2 \le p < \infty$ dans les autres cas. De la même façon, on a des injections compactes $H^k(\Omega) \hookrightarrow L^p(\Omega)$ lorsque Ω est borné et k est entier. Nous donnons maintenant la preuve du théorème A.18.

Preuve Soit Ω un ouvert borné et (f_n) une suite de fonctions de $H^s(\mathbb{R}^d)$, qui converge faiblement vers $f \in H^s(\mathbb{R}^d)$, $f_n \rightharpoonup f$. On doit montrer que $\mathbb{1}_\Omega f_n \to \mathbb{1}_\Omega f$ fortement dans $L^2(\Omega)$. D'après la discussion suivant le théorème A.15, on peut écrire $f_n = h_s * g_n$ où (g_n) est une suite bornée dans $L^2(\mathbb{R}^d)$. On a en fait $g_n \rightharpoonup g$ faiblement dans $L^2(\mathbb{R}^d)$ où $\widehat{g}(\xi) = (1+|\xi|^2)^{s/2}\widehat{f}(\xi)$. Nous devons donc finalement montrer que si $g_n \rightharpoonup g$ faiblement dans $L^2(\mathbb{R}^d)$, alors $\mathbb{1}_\Omega(h_s * g_n) \to \mathbb{1}_\Omega(h_s * g)$ fortement dans $L^2(\Omega)$. Une autre façon d'énoncer ce résultat est de dire que l'opérateur $g \mapsto \mathbb{1}_\Omega(h_s * g)$ est compact sur $L^2(\mathbb{R}^d)$. Le résultat est bien plus général et suit immédiatement du lemme suivant puisque $h_s \in L^1(\mathbb{R}^d)$ d'après le lemme A.16. $\square$

Lemme A.19 *Soient $F \in L^\infty(\mathbb{R}^d)$ avec $F \to 0$ à l'infini, et $G \in L^1(\mathbb{R}^d)$. Alors l'opérateur $K_{F,G} : g \mapsto F(G * g)$ est compact sur $L^2(\mathbb{R}^d)$.*

Preuve (du lemme) Par l'inégalité de Young (A.28) on a $\|G * g\|_{L^2} \leq$ $\|G\|_{L^1} \|g\|_{L^2}$. Ainsi $\|K_{F,G} g\|_{L^2} \leq \|F\|_{L^\infty} \|G\|_{L^1} \|g\|_{L^2}$, ce qui signifie que $K_{F,G}$ est contrôlé en norme d'opérateur par $\|K_{F,G}\| \leq \|F\|_{L^\infty} \|G\|_{L^1}$. Si on a des suites $F_n \to F$ dans L^∞ et $G_n \to G$ dans L^1, on déduit par le même type d'inégalité que $\|K_{F_n,G_n} - K_{F,G}\| \to 0$ en norme d'opérateur. Or on sait qu'une limite en norme d'une suite d'opérateurs compacts est toujours compacte. Nous en déduisons donc qu'il suffit de prouver le lemme pour $G \in C_c^\infty(\mathbb{R}^d)$ et $F \in L_c^\infty(\mathbb{R}^d)$ (toute fonction de L^∞ qui tend vers 0 à l'infini peut être approchée par une suite de fonctions bornées à support compact). Or nous avons

$$\int_{\mathbb{R}^d} G(x - y) g_n(y) \, \mathrm{d}y \to \int_{\mathbb{R}^d} G(x - y) g(y) \, \mathrm{d}y$$

pour presque tout x, par la définition de la convergence faible $g_n \rightharpoonup g$, sous la seule condition que $G \in L^2$. Par ailleurs $\|G * g_n\|_{L^\infty} \leq \|G\|_{L^2} \|g_n\|_{L^2}$ par l'inégalité de Cauchy-Schwarz et ainsi $|(G * g_n) F| \leq C |F|$. Cette domination est dans $L^2(\mathbb{R}^d)$ car $F \in L_c^\infty(\mathbb{R}^d)$. Par le théorème de convergence dominée, on en déduit que $(G * g_n) F \to (G * g) F$ fortement dans $L^2(\mathbb{R}^d)$. $\qquad\square$

Ceci termine la preuve du théorème de Rellich-Kondrachov.

Pour un résultat plus général du même type que le lemme A.19, voir le théorème 5.21.

A.6 Régularité elliptique sur un ouvert borné*

Nous avons déjà mentionné le théorème de régularité elliptique sur $\Omega =]0, 1[$ et sur $\Omega = \mathbb{R}^d$, qui stipule que si $f \in L^2(\Omega)$ et $\Delta f \in L^2(\Omega)$ alors $f \in H^2(\Omega)$. Ce résultat joue un rôle important lorsqu'on cherche à identifier le domaine de l'adjoint du Laplacien ou de ses perturbations. Nous voulons discuter ici rapidement du théorème de régularité elliptique sur un domaine quelconque Ω en dimension $d \geq 2$, qui est beaucoup plus difficile et souvent éludé dans les ouvrages sur le sujet.

En fait, sur un domaine Ω non égal à tout $\mathbb{R}^d$ en dimension $d \geq 2$ il est **faux** que si f et Δf sont tous les deux dans $L^2(\Omega)$ alors nécessairement $f \in H^2(\Omega)$. Par exemple, on rappelle que la fonction $f(x) = |x - x_0|^{-1}$ vérifie $-\Delta f = 4\pi \delta_{x_0}$ en dimension $d = 3$. Si $\Omega \neq \mathbb{R}^3$ on peut alors placer x_0 sur la frontière $\partial\Omega$, de sorte que l'on trouve $\Delta f = 0$ au sens des distributions dans Ω (cette notion utilise les fonctions $C_c^\infty(\Omega)$ qui s'annulent au bord et ne voient pas la mesure singulière δ_{x_0}). Ainsi, $\Delta f \in L^2(\Omega)$. Par ailleurs,

$$\int_\Omega |f(x)|^2 \, \mathrm{d}x = \int_\Omega \frac{\mathrm{d}x}{|x - x_0|^2} < \infty$$

si Ω est borné, car la fonction $1/|x|$ est de carré intégrable au voisinage de l'origine en dimension $d = 3$. Mais

$$\nabla f(x) = -\frac{x - x_0}{|x - x_0|^3}$$

n'est pas de carré intégrable au voisinage de x_0. Il suffit alors que Ω contienne un ensemble $A \subset \Omega$ assez gros, tel que $x_0 \in \overline{A}$, avec la propriété que

$$\int_A |\nabla f(x)|^2 \, \mathrm{d}x = \int_A \frac{\mathrm{d}x}{|x - x_0|^4} = +\infty$$

et on en déduit que l'on n'a même pas $f \in H^1(\Omega)$. L'intégrale diverge si A est par exemple un cône de pointe x_0 et d'angle positif et il suffit donc de pouvoir placer un tel cône en au moins un point de la frontière (ce qui est faisable pour tous les ouverts réguliers) pour en déduire que le théorème de régularité elliptique ne peut pas être vrai dans un ouvert en dimension $d = 3$. Cet exemple (généralisable par le même argument en toute dimension $d \geq 2$) montre qu'il est impératif d'avoir des informations sur la valeur de f au bord, afin de pouvoir en déduire que $f \in H^2(\Omega)$. Ceci complique grandement l'étude, puisque qu'il faut donc commencer par donner un sens à la restriction de f au bord, avec les seules informations que f et Δf sont dans $L^2(\Omega)$.

Il se trouve que tout $f \in L^2(\Omega)$ tel que $\Delta f \in L^2(\Omega)$ a des restrictions au bord bien définies, mais qui sont des distributions sur $\partial\Omega$. Par exemple, si Ω a une frontière Lipschitzienne, alors $f_{|\partial\Omega}$ appartient à l'espace $H^{-1/2}(\partial\Omega)$ qui est par définition le dual de $H^{1/2}(\partial\Omega)$ (l'image de l'application de restriction au bord). De même, $\partial_n f_{|\partial\Omega}$ appartient à l'espace $H^{-3/2}(\partial\Omega)$ lorsque Ω est $C^{1,1}$. Ces assertions peuvent être démontrées en se basant sur la formule de Green qui, du coup, fait sens dans ces espaces [LM68] :

$$\int_\Omega g\,(-\Delta\overline{f}) - \int_\Omega \overline{f}(-\Delta g) = {}_{H^{-\frac{1}{2}}(\partial\Omega)}\big\langle f, \partial_n g \big\rangle_{H^{\frac{1}{2}}(\partial\Omega)} - {}_{H^{-\frac{3}{2}}(\partial\Omega)}\big\langle \partial_n f, g \big\rangle_{H^{\frac{3}{2}}(\partial\Omega)},$$
$$(A.29)$$

pour tous $g \in H^2(\Omega)$ et $f \in L^2(\Omega)$ tel que $\Delta f \in L^2(\Omega)$. Lorsque la frontière de Ω est seulement $C^{1,1}$ par morceaux, les traces $f_{|\partial\Omega}$ et $\partial_n f_{|\partial\Omega}$ sont bien définies dans $H^{-1/2}$ et $H^{-3/2}$ sur chacune des hypersurfaces en question [LM68, Gri85].

Le théorème suivant fournit la régularité elliptique voulue pour la condition au bord de Robin, qui demande que la dérivée normale $\partial_n f_{|\partial\Omega}$ au bord soit proportionnelle à la restriction au bord $f_{|\partial\Omega}$.

Théorème A.20 (Régularité elliptique) *Soit Ω un ouvert borné dont la frontière est de classe C^2 par morceaux, tel que Ω soit convexe dans un voisinage des singularités de son bord. Soit également $0 \leq \theta < 1$. Alors, il existe une constante*

$C(\Omega, \theta)$ *(ne dépendant que de Ω et de θ) telle que pour toute fonction $f \in H^2(\Omega)$
satisfaisant*

$$\cos(\pi\theta)\, f_{|\partial\Omega} + \sin(\pi\theta)\, \partial_n f_{|\partial\Omega} = 0, \tag{A.30}$$

presque partout dans $\partial\Omega$, on a l'estimée

$$\|f\|_{H^2(\Omega)} \leq C(\Omega, \theta) \left(\|f\|_{L^2(\Omega)} + \|\Delta f\|_{L^2(\Omega)} \right). \tag{A.31}$$

*Par ailleurs, si $f \in L^2(\Omega)$ est telle que $\Delta f \in L^2(\Omega)$ et satisfait la condition
de Robin (A.30) dans $H^{-3/2}$ sur chacune des hypersurfaces composant $\partial\Omega$, alors
$f \in H^2(\Omega)$ et satisfait l'inégalité (A.31).*

Ce théorème précise que l'information que f, $\Delta f \in L^2(\Omega)$, alliée à la condition
de Robin au sens des distributions, suffit à assurer que $f \in H^2(\Omega)$, c'est-à-dire
à contrôler toutes les autres dérivées $\partial_{x_i} f$ et $\partial_{x_i}\partial_{x_j} f$ avec $i \neq j$. La condition
de Robin contient celle de Dirichlet ($\theta = 0$) et de Neumann ($\theta = 1/2$). Il y
a de nombreuses autres conditions au bord que celle de Robin pour lesquelles le
théorème est vrai, mais nous n'en parlons pas ici et renvoyons le lecteur intéressé
à [LM68].

La preuve du théorème A.20 est longue et technique. Elle est généralement
divisée en deux étapes, la première consistant à obtenir des estimées sur les dérivées
à l'intérieur de Ω (la condition au bord ne joue alors aucun rôle), et la seconde, plus
difficile, dédiée à la régularité à la frontière. Dans la plupart des ouvrages sur le sujet,
la seconde partie du théorème est par ailleurs énoncée pour la condition de Dirichlet,
avec l'hypothèse supplémentaire que $f \in H_0^1(\Omega)$ (voir par exemple [Bre94, Thm.
IX.25]). La preuve complète du théorème A.20 peut être trouvée dans [LM68].

Insistons sur la nouvelle hypothèse que Ω est strictement convexe au voisinage
des singularités de son bord. Sans cette hypothèse la régularité elliptique peut être
fausse. C'est par exemple le cas d'un polygone comprenant un angle rentrant en
dimension $d = 2$ [Gri85, Dau88].

Appendix B
Problèmes

B.1 Inégalités de Hardy, atome d'hydrogène pseudo-relativiste

Partie 1: inégalités entre opérateurs et interpolation

Soient $(A, D(A))$ et $(B, D(B))$ deux opérateurs auto-adjoints positifs sur un espace de Hilbert séparable $\mathfrak{H}$, de domaines de forme $Q(A) = D(A^{1/2})$ et $Q(B) = D(B^{1/2})$. On rappelle (définition 5.3) que $A \leq B$ lorsqu'on a $Q(B) \subset Q(A)$ et $q_A \leq q_B$ sur $Q(B)$. On suppose dans toute la suite de cette partie que $0 \leq A \leq B$.

1. Montrer que $(B + s)^{-1} \leq (A + s)^{-1}$ pour tout $s > 0$. Si $A \geq \alpha$ pour un $\alpha > 0$, en déduire que $B^{-1} \leq A^{-1}$.
2. Montrer la formule

$$x^s = C(s) \int_0^\infty \frac{x \, dt}{(t + x)t^{1-s}}$$

   pour tout $x > 0$ et tout $0 < s < 1$, avec une constante $C(s) > 0$ bien choisie. En déduire que $A^s \leq B^s$ pour tout $0 \leq s \leq 1$.
3. On se place dans $\mathfrak{H} = \mathbb{C}^2$ et on considère les deux matrices

$$A = \begin{pmatrix} 1 & 1 \\ 1 & 1 \end{pmatrix}, \qquad B = \begin{pmatrix} 2 & 1 \\ 1 & 1 \end{pmatrix}.$$

   Montrer que $A \leq B$ mais que $A^2 \nleq B^2$.

Remarque B.1 On dit que $x \in \mathbb{R}_+ \mapsto x^s$ avec $0 < s < 1$ et $x \in \mathbb{R}_+ \mapsto -x^{-1}$ sont *opérateur-monotones* ou *opérateur-croissantes* [Bha97]. La dernière question montre qu'une fonction croissante n'est pas toujours opérateur-croissante.

© The Author(s), under exclusive license to Springer Nature Switzerland AG 2022
M. Lewin, *Théorie spectrale et mécanique quantique*, Mathématiques et Applications 87, https://doi.org/10.1007/978-3-030-93436-1

Partie 2 : inégalités de Hardy et Kato-Herbst

4. Soit $u \in C_c^\infty(\mathbb{R}^d)$, en dimension $d \geq 3$. Développer

$$\int_{\mathbb{R}^d} \left| \nabla u(x) + \alpha \frac{x}{|x|^2} u(x) \right|^2 \, dx$$

et en déduire l'*inégalité de Hardy*

$$\int_{\mathbb{R}^d} \frac{|u(x)|^2}{|x|^2} \, dx \leq \left(\frac{2}{d-2} \right)^2 \int_{\mathbb{R}^d} |\nabla u(x)|^2 \, dx. \tag{B.1}$$

5. Montrer que si $u \in H^1(\mathbb{R}^d)$ avec $d \geq 3$, alors $x \mapsto |x|^{-1} u(x)$ est dans $L^2(\mathbb{R}^d)$ et vérifie (B.1).
6. En utilisant la fonction radiale $u(x) = |x|^{-\alpha} \mathbb{1}(|x| \leq 1) + (2 - |x|) \mathbb{1}(1 \leq |x| \leq 2)$, montrer que la constante $2/(d-2)$ est la meilleure possible dans (B.1).
7. Montrer l'inégalité

$$\int_{\mathbb{R}^d} \frac{|u(x)|^2}{|x|^{2s}} \, dx \leq \left(\frac{4}{(d-2)^2} \right)^s \left\| (-\Delta)^{\frac{s}{2}} u \right\|_{L^2(\mathbb{R}^d)}^2 \tag{B.2}$$

pour tout $u \in H^s(\mathbb{R}^d)$ et tout $0 \leq s \leq 1$, en dimension $d \geq 3$.

Pour $s = 1/2$ la constante $2/(d-2)$ dans l'inégalité (B.2) n'est pas optimale. Par exemple, en dimension $d = 3$, il est possible de montrer l'*inégalité de Kato-Herbst*

$$\int_{\mathbb{R}^3} \frac{|u(x)|^2}{|x|} \, dx \leq \frac{\pi}{2} \left\| (-\Delta)^{\frac{1}{4}} u \right\|_{L^2(\mathbb{R}^3)}^2 \tag{B.3}$$

pour tout $u \in H^{1/2}(\mathbb{R}^3)$, où $\pi/2 < 2$ est maintenant la meilleure constante possible [Her77].

Partie 3 : l'atome d'hydrogène pseudo-relativiste

Dans toute cette partie on se place en dimension $d = 3$. Suivant [Her77], on désire définir et étudier l'*atome d'hydrogène pseudo-relativiste* décrit par l'opérateur

$$\boxed{H_c = \sqrt{-c^2 \Delta + c^4} - c^2 - \frac{1}{|x|}}$$

où c est la vitesse de la lumière. On travaille ici dans le système des unités atomiques $m = \hbar = e^2/(4\pi\varepsilon_0) = 1$ dans lequel la valeur physique de c est $c \simeq 137$. On parle de modèle "pseudo"-relativiste car l'opérateur $\sqrt{-c^2 \Delta + c^4}$ est non local, ce qui contredit les principes de la relativité restreinte. Un meilleur modèle fait intervenir l'*opérateur de Dirac* [Tha92] au lieu de $\sqrt{-c^2 \Delta + c^4}$.

8. En mécanique classique relativiste, l'énergie d'une particule d'impulsion $p \in \mathbb{R}^3$ et de masse $m > 0$ est donnée par la formule

$$E_{m,c}^{\text{kin}}(p) = \sqrt{c^2 |p|^2 + m^2 c^4} - mc^2.$$

a. La vitesse étant définie par $v = \nabla_p E^{\text{kin}}_{m,c}(p)$, vérifier que $|v| < c$.

b. Montrer que $E^{\text{kin}}_{m,c}(p) = \frac{|p|^2}{2m} + O(c^{-2})_{c \to +\infty}$ pour tout $p \in \mathbb{R}^3$ fixé.

Dans toute la suite on prendra $m = 1$ pour simplifier, un choix que l'on peut justifier par un changement d'échelle approprié.

9. Pour $c > 0$, nous introduisons l'opérateur $T_c = \sqrt{-c^2 \Delta + c^4} - c^2$ sur le domaine $D(T_c) = H^1(\mathbb{R}^3)$, qui est l'opérateur de multiplication par la fonction $k \mapsto \sqrt{c^2|k|^2 + c^4} - c^2$ en Fourier.

   a. Montrer que T_c est auto-adjoint. Quel est son spectre ? Quel est son domaine de forme $Q(T_c)$?

   b. Montrer que pour tout $\psi \in H^1(\mathbb{R}^3)$

$$\langle T_c \psi, \psi \rangle \leq \frac{1}{2} \int_{\mathbb{R}^3} |\nabla \psi(x)|^2 \mathrm{d}x, \qquad \lim_{c \to \infty} \langle T_c \psi, \psi \rangle = \frac{1}{2} \int_{\mathbb{R}^3} |\nabla \psi(x)|^2 \mathrm{d}x. \qquad (\text{B.4})$$

10. Nous considérons maintenant l'opérateur $H_c = T_c - \frac{1}{|x|}$ En utilisant l'inégalité de Hardy (B.1), montrer que H_c est bien défini sur le domaine $D(H_c) = H^1(\mathbb{R}^3)$ pour tout $c > 0$ et qu'il est auto-adjoint lorsque $c > 2$.

11. Nous considérons la forme quadratique associée

$$\mathcal{E}_c(\psi) = \left\| (-c^2 \Delta + c^4)^{\frac{1}{4}} \psi \right\|^2 - c^2 \int_{\mathbb{R}^3} |\psi(x)|^2 \, \mathrm{d}x - \int_{\mathbb{R}^3} \frac{|\psi(x)|^2}{|x|} \, \mathrm{d}x.$$

   a. En utilisant l'inégalité de Kato (B.3), montrer que $\mathcal{E}_c$ est bien définie et continue sur $H^{1/2}(\mathbb{R}^3)$ pour tout $c > 0$.

   b. Montrer que

$$\inf_{\substack{\psi \in H^{1/2}(\mathbb{R}^3), \\ \int_{\mathbb{R}^3} |\psi|^2 = 1}} \mathcal{E}_c(\psi) \quad \begin{cases} \geq -c^2 & \text{pour } c \geq \pi/2, \\ = -\infty & \text{pour } c < \pi/2. \end{cases}$$

   c. Comment peut-on définir l'opérateur $T_c - 1/|x|$ lorsque $\pi/2 < c \leq 2$?

12. Nous montrons maintenant quelques propriétés du spectre de $H_c = T_c - 1/|x|$, en supposant pour simplifier que $c > 2$ (qui est le cas physique). On prend donc $D(H_c) = H^1(\mathbb{R}^d)$.

   a. Montrer que $[0, +\infty[\subset \sigma_{\text{ess}}(H_c)$.

   b. Soit $\lambda \in \sigma_{\text{ess}}(H_c)$ et considérons alors une suite $(\psi_n) \subset H^1(\mathbb{R}^3)$ telle que $\|\psi_n\|_{L^2(\mathbb{R}^3)} = 1$, $\psi_n \rightharpoonup 0$ faiblement dans $L^2(\mathbb{R}^3)$ et $(H_c - \lambda)\psi_n \to 0$ fortement dans $L^2(\mathbb{R}^d)$. Montrer que (ψ_n) est bornée dans $H^1(\mathbb{R}^3)$ et en déduire que

$$\lim_{n \to \infty} \int_{\mathbb{R}^3} \frac{|\psi_n(x)|^2}{|x|} \, \mathrm{d}x = 0.$$

   Conclure que $\lambda \geq 0$, de sorte que $\sigma_{\text{ess}}(H_c) = [0, +\infty[$.

   c. Montrer que $T_c - 1/|x|$ possède une infinité de valeurs propres strictement négatives qui s'accumulent en 0.

13. Nous étudions maintenant la limite non relativiste $c \to \infty$ de la première valeur propre λ_1^c de l'opérateur $T_c - 1/|x|$ (un argument similaire permet de traiter les valeurs propres suivantes). Nous appelons $\lambda_1 = -1/2$ la première valeur propre de $-\Delta/2 - 1/|x|$, dont nous rappelons qu'elle est non dégénérée, de fonction propre associée $\psi_0 = \pi^{-1/2} e^{-|x|}$.

a. Montrer que $\lambda_1^c \leq \lambda_1$ pour tout $c > 2$.

b. Soit $\kappa > 0$ fixé. Montrer que l'on a pour c assez grand

$$\sqrt{c^4 + c^2|p|^2} - c^2 \geq \kappa|p| - C_1(\kappa), \qquad \left(\sqrt{c^4 + c^2|p|^2} - c^2\right)^2 \geq \kappa^2|p|^2 - C_2(\kappa)$$

pour tout $p \in \mathbb{R}^3$ avec des constantes $C_j(\kappa)$ indépendantes de c.

c. En déduire que λ_1^c est bornée à la limite $c \to \infty$.

d. Soit (c_n) une suite telle que $2 < c_n \to \infty$ et $(\psi_n) \subset H^1(\mathbb{R}^3)$ telle que $\|\psi_n\| = 1$ et

$$(T_{c_n} - 1/|x|)\psi_n = \lambda_1^{c_n}\psi_n. \tag{B.5}$$

Montrer que (ψ_n) est bornée dans $H^1(\mathbb{R}^3)$. À une sous-suite près on peut donc supposer que $\psi_n \rightharpoonup \psi$ faiblement dans $H^1(\mathbb{R}^3)$ et fortement dans $L^2_{\mathrm{loc}}(\mathbb{R}^3)$, et que $\lambda_1^{c_n} \to \lambda_1'$. Montrer alors que

$$\lim_{n \to \infty} \int_{\mathbb{R}^3} \frac{|\psi_n(x)|^2}{|x|} \, dx = \int_{\mathbb{R}^3} \frac{|\psi(x)|^2}{|x|} \, dx.$$

e. Montrer que

$$\liminf_{n \to \infty} \mathcal{E}_{c_n}(\psi_n) \geq \frac{1}{2} \int_{\mathbb{R}^3} |\nabla\psi(x)|^2 \, dx - \int_{\mathbb{R}^3} \frac{|\psi(x)|^2}{|x|} \, dx.$$

En déduire que $\lambda_1' = \lambda_1$, que $\int_{\mathbb{R}^3} |\psi|^2 = 1$ et que $\psi(x) = e^{i\theta}\psi_0 \in H^2(\mathbb{R}^3)$. Conclure que $\psi_n \to e^{i\theta}\psi_0$ fortement dans $H^1(\mathbb{R}^3)$.

Remarque B.2 Nous avons vu ici que l'atome d'hydrogène (pseudo-)relativiste ne fait pas sens pour $c < \pi/2$, ce qui n'est pas un problème car la valeur physique vaut $c \simeq 137$. Cependant, dans le même modèle pour un atome comprenant N électron et Z protons, le potentiel extérieur $1/|x|$ est remplacé par $Z/|x|$, de sorte que cette théorie est instable (au moins) pour $Z > (2/\pi)c \simeq 87$; elle est incapable de décrire les éléments du tableau périodique au delà de $Z = 87$. Un meilleur modèle relativiste pour $N = 1$ est basé sur l'opérateur de Dirac [Tha92] mais sa généralisation à $N > 1$ est encore mal comprise.

B.2   Le Laplacien radial

Dans ce problème nous étudions la restriction du Laplacien sur $L^2(\mathbb{R}^d)$ au sous-espace des fonctions radiales, un opérateur que nous identifions ensuite à un opérateur différentiel sur $L^2(]0, +\infty[)$.

Partie 1. Restriction d'un opérateur auto-adjoint

Soit $(A, D(A))$ un opérateur auto-adjoint sur un espace de Hilbert séparable $\mathfrak{H}$. On rappelle que $\rho(A) = \mathbb{C} \setminus \sigma(A)$ est son ensemble résolvant.

1. Soit $\mathcal{V}$ un sous-espace fermé de $\mathfrak{H}$, tel que $(A - z)^{-1}\mathcal{V} \subset \mathcal{V}$ pour un $z \in \rho(A) \subset \mathbb{C}$. Montrer que $(A - z')^{-1}\mathcal{V} \subset \mathcal{V}$ pour tout z' appartenant au disque ouvert de centre z et de rayon $r = \|(A - z)^{-1}\|^{-1}$ dans le plan complexe.
2. On suppose qu'il existe $z \in \rho(A)$ tel que $(A - z)^{-1}\mathcal{V} \subset \mathcal{V}$ et $(A - \bar{z})^{-1}\mathcal{V} \subset \mathcal{V}$. Montrer alors que $(A - z')^{-1}\mathcal{V} \subset \mathcal{V}$ pour tout $z' \in \rho(A)$.
3. En déduire l'équivalence des propositions

   (*i*) $(A - z)^{-1}\mathcal{V} \subset \mathcal{V}$ et $(A - \bar{z})^{-1}\mathcal{V} \subset \mathcal{V}$ pour au moins un $z \in \rho(A)$;
   (*ii*) $(A - z)^{-1}\mathcal{V} \subset \mathcal{V}$ pour tout $z \in \rho(A)$;
   (*iii*) $f(A)\mathcal{V} \subset \mathcal{V}$ pour toute fonction f continue bornée sur $\mathbb{R}$.

   On dit que $\mathcal{V}$ est un sous-espace invariant (exercice 4.43).
4. Soit $\mathcal{V}$ un sous-espace fermé de $\mathfrak{H}$ satisfaisant l'une des conditions équivalentes de la question précédente et tel que de plus $D(A) \cap \mathcal{V}$ soit dense dans $\mathcal{V}$. Sur l'espace de Hilbert $\mathcal{V}$, muni du produit scalaire de $\mathfrak{H}$, on pose $D(B) = D(A) \cap \mathcal{V}$ et $Bf = Af$. Montrer que B est à valeurs dans $\mathcal{V}$ et que $(B, D(B))$ est un opérateur auto-adjoint sur $\mathcal{V}$, avec $\sigma(B) \subset \sigma(A)$.

Partie 2. Laplacien radial

Dans toute cette section on se place en dimension $d \geq 2$. On rappelle qu'une fonction mesurable $f : \mathbb{R}^d \to \mathbb{R}$ est *radiale* lorsque pour toute matrice orthogonale $U \in SO(d)$ on a $f(Ux) = f(x)$ pour presque tout x. Ceci implique $f(x) = f(|x|e_1)$ où e_1 est le premier vecteur de la base canonique de $\mathbb{R}^d$, c'est-à-dire f ne dépend que de la norme euclidienne $|x|$ de x. Dans la suite on note $L_r^2(\mathbb{R}^d)$ le sous-espace des fonctions radiales dans $L^2(\mathbb{R}^d)$ et

$$H_r^s(\mathbb{R}^d) = H^s(\mathbb{R}^d) \cap L_r^2(\mathbb{R}^d) = \left\{ f \in L_r^2(\mathbb{R}^d) : \int_{\mathbb{R}^d} (1 + |k|^2)^s |\hat{f}(k)|^2 \, dk < \infty \right\}$$

les espaces de Sobolev correspondants, pour $s \geq 0$. Si $s = 0$, on a simplement $H_r^0(\mathbb{R}^d) = L_r^2(\mathbb{R}^d)$. De façon similaire, on appelle $C_{c,r}^\infty(\mathbb{R}^d)$ l'espace des fonctions radiales C^∞ à support compact.

5. Montrer que $H_r^s(\mathbb{R}^d)$ est un sous-espace fermé de $H^s(\mathbb{R}^d)$, pour tout $s \geq 0$.
6. Montrer que $C_{c,r}^\infty(\mathbb{R}^d)$ est dense dans $H_r^s(\mathbb{R}^d)$, pour tout $s \geq 0$.
7. Pour $U \in SO(d)$ et $f \in L^1(\mathbb{R}^d) \cap L^2(\mathbb{R}^d)$, calculer la transformée de Fourier de $x \mapsto f(Ux)$. En déduire que $\hat{f} \in L_r^2(\mathbb{R}^d)$ si et seulement si $f \in L_r^2(\mathbb{R}^d)$.
8. Montrer que la restriction $-\Delta_r$ de l'opérateur $-\Delta$ à $D(-\Delta_r) = H_r^2(\mathbb{R}^d)$ définit un opérateur auto-adjoint sur l'espace de Hilbert $\mathcal{V} = L_r^2(\mathbb{R}^d)$.
9. On introduit l'opérateur minimal $-\Delta_{r,min}$ défini sur $D(-\Delta_{r,min}) = C_{c,r}^\infty(\mathbb{R}^d) \subset L_r^2(\mathbb{R}^d)$. Montrer que sa fermeture dans $L_r^2(\mathbb{R}^d)$ est $-\Delta_r$, c'est-à-dire que ce dernier est essentiellement auto-adjoint sur $C_{c,r}^\infty(\mathbb{R}^d)$.
10. Montrer que $\sigma(-\Delta_r) = \mathbb{R}_+$.

Partie 3. Laplacien radial 3D comme opérateur sur $L^2(]0, +\infty[)$

On se place maintenant sur $L^2(]0, +\infty[)$ (muni de la mesure de Lebesgue). On rappelle que les fonctions $u \in H^1(]0, +\infty[)$ ont toutes un représentant continu qui admet une limite en 0^+ et qui tend vers 0 à l'infini. On rappelle finalement que si u et u'' (entendu au sens des distributions sur

$]0, +\infty[$) sont toutes les deux dans $L^2(]0, +\infty[)$ alors on a automatiquement $u' \in L^2(]0, +\infty[)$, c'est-à-dire $u \in H^2(]0, +\infty[)$.

On introduit l'opérateur Laplacien sur la demi-droite avec condition de Dirichlet au bord

$$Lu := -u'', \qquad D(L) = \left\{ u \in H^2(]0, +\infty[) \ : \ u(0^+) = 0 \right\}.$$

11. Montrer que L est auto-adjoint sur son domaine $D(L)$.

On étudie maintenant l'opérateur $-\Delta_r$ de la partie B, mais seulement en dimension $d = 3$. On introduit l'opérateur $\mathscr{U} : L^2_r(\mathbb{R}^3) \to L^2(]0, +\infty[)$ défini par $(\mathscr{U}f)(r) = \sqrt{4\pi}\, r\, f(re_1)$.

12. Montrer que $\mathscr{U}$ est un isomorphisme d'espaces de Hilbert.
13. Soit $f \in C^\infty_{c,r}(\mathbb{R}^3)$ et $u = \mathscr{U}f \in L^2(]0, +\infty[)$. Montrer que $\nabla f(0) = 0$, puis que $u \in C^\infty([0, +\infty[)$ et $u(0^+) = u''(0^+) = 0$. Prouver ensuite la relation

$$\Delta f(x) = \frac{u''(|x|)}{|x|\sqrt{4\pi}} \tag{B.6}$$

pour tout $x \in \mathbb{R}^d \setminus \{0\}$ et en déduire que

$$\int_0^\infty |u''(r)|^2 \, dr = \int_{\mathbb{R}^3} |\Delta f(x)|^2 \, dx, \qquad \int_0^\infty \overline{u(r)} u''(r) \, dr = \int_{\mathbb{R}^3} \overline{f(x)}\, \Delta f(x) \, dx. \tag{B.7}$$

14. Montrer que si $f \in H^2_r(\mathbb{R}^3)$ alors $\mathscr{U}f \in D(L)$ et que les formules (B.6) et (B.7) restent vraies.
15. Montrer que $\mathscr{U} H^2_r(\mathbb{R}^3) = D(L)$ et $\mathscr{U}(-\Delta_r)\mathscr{U}^{-1} = L$.
16. Soit V une fonction radiale sous la forme $V(x) = v(|x|)$, avec $v \in C^0_0(\mathbb{R}_+)$.

   a. Montrer que l'opérateur $-\Delta + V$ est auto-adjoint sur $H^2(\mathbb{R}^3)$, que son spectre est minoré et que son spectre essentiel vaut $\sigma_{\text{ess}}(-\Delta + V) = [0, +\infty[$.
   b. On suppose que $-\Delta + V$ possède une plus petite valeur propre $\lambda_1 < 0$. Montrer que λ_1 est non dégénérée et que la fonction propre correspondante f est radiale et strictement positive (à une phase près). En déduire que $u = \sqrt{4\pi}\, r\, f(re_1)$ résout l'équation différentielle

$$\begin{cases} -u''(r) + v(r)u(r) = \lambda_1\, u(r), \\ u(0^+) = 0. \end{cases}$$

B.3   Le potentiel delta

L'ojectif de ce problème est de définir et d'étudier l'opérateur

$$\boxed{H_\alpha := -\Delta + \alpha\delta_0.} \tag{B.8}$$

où δ_0 est la delta de Dirac. Cet opérateur doit coïncider avec le Laplacien $H^{\min} := -\Delta$ défini sur $D(H^{\min}) = C^\infty_c(\mathbb{R}^d \setminus \{0\})$. Il faut donc déterminer quelle extension auto-adjointe de $H^{\min}$ pourrait réprésenter H_α, si elle existe. Pour $\alpha = 0$, nous obtiendrons juste $H_0 = -\Delta$ et $D(H_0) = H^2(\mathbb{R}^d)$, le Laplacien usuel qui est auto-adjoint et dont le spectre vaut $[0, +\infty[$. Nous montrerons que H_α est bien défini en dimension $d = 1$ pour tout $\alpha \in \mathbb{R}$ et, avec plus de travail, en dimensions $d \in \{2, 3\}$ pour $\alpha < 0$. Par contre, H_α n'existe pas en dimension $d \geq 4$, sauf évidemment pour $\alpha = 0$.

Rappelons que les fonctions de l'espace de Sobolev $H^2(\mathbb{R}^d)$ sont toutes continues et tendent vers 0 à l'infini, lorsque $d \in \{1, 2, 3\}$. L'application linéaire $u \in H^2(\mathbb{R}^d) \mapsto u(0) \in \mathbb{C}$ est alors continue. En dimension $d = 1$, les fonctions de $H^2(\mathbb{R})$ sont même C^1 et $u \in H^2(\mathbb{R}) \mapsto u'(0) \in \mathbb{C}$ est aussi continue. Rappelons également que les fonctions de l'espace de Sobolev $H^1(\mathbb{R})$ sont toutes continues et tendent vers 0 à l'infini, ceci n'étant vrai que en dimension $d = 1$. L'espace $C_c^\infty(\mathbb{R}^d)$ est dense dans $H^1(\mathbb{R}^d)$ et dans $H^2(\mathbb{R}^d)$ pour tout $d \geq 1$, d'après le théorème A.8.

Partie 1. H_α n'existe pas pour $\alpha \neq 0$ en dimension $d \geq 4$

Soit $\eta \in C^\infty(\mathbb{R}^d)$ une fonction quelconque telle que $\eta \equiv 1$ en dehors de la boule de rayon 2 et qui s'annule sur la boule de rayon 1. On pose $\eta_\varepsilon(x) = \eta(x/\varepsilon)$.

1. Soit $\varphi \in C_c^\infty(\mathbb{R}^d)$. Calculer le Laplacien de $\eta_\varepsilon \varphi$ et en déduire que $\eta_\varepsilon \varphi \to \varphi$ fortement dans $H^2(\mathbb{R}^d)$ quand $\varepsilon \to 0$, en dimensions $d \geq 5$.
2. Soit $\varphi \in C_c^\infty(\mathbb{R}^4)$, en dimension $d = 4$. Calculer le Laplacien de $|x|^\tau \varphi(x)$ et en déduire que $|x|^\tau \varphi \to \varphi$ fortement dans $H^2(\mathbb{R}^4)$.
3. Montrer que pour $\tau > 0$ fixé, $\eta_\varepsilon |x|^\tau \varphi \to |x|^\tau \varphi$ fortement dans $H^2(\mathbb{R}^4)$.
4. En déduire que $C_c^\infty(\mathbb{R}^d \setminus \{0\})$ est dense dans $H^2(\mathbb{R}^d)$ en dimensions $d \geq 4$.
5. Montrer que la fermeture de $H^{\min}$ est le Laplacien H_0 et conclure que $H^{\min}$ ne possède aucune autre extension auto-adjointe que H_0.

Partie 2. H_α en dimension $d = 1$

Dans toute cette partie on se place en dimension $d = 1$.

6. Montrer que la fermeture de $H^{\min}$ est l'opérateur $H_{0,0} u = -u''$ défini que $D(H_{0,0}) = \{u \in H^2(\mathbb{R}) : u(0) = u'(0) = 0\}$. On pourra utiliser, sans le redémontrer, que $C_c^\infty(\mathbb{R} \setminus \{0\})$ est dense dans l'espace de droite, pour la norme de $H^2(\mathbb{R})$.
7. Montrer que l'adjoint de $H_{0,0}$ est l'opérateur

$$H^{\max} u = -u''_{|]-\infty,0[} - u''_{|]0,+\infty[}$$

défini sur le domaine $D(H^{\max}) = L^2(\mathbb{R}) \cap H^2(]-\infty, 0[) \cap H^2(]0, +\infty[)$ qui contient les fonctions de $L^2(\mathbb{R})$ telles que ses dérivées secondes $u''_{|]-\infty,0[}$ et $u''_{|]0,+\infty[}$ calculées au sens des distributions sur $]-\infty, 0[$ et $]0, +\infty[$, appartiennent respectivement à $L^2(]-\infty, 0[)$ et à $L^2(]0, +\infty[)$.

Les fonctions de $D(H^{\max})$ sont dans $C^1(\mathbb{R} \setminus \{0\})$ et admettent une limite ainsi que leur dérivée à gauche et à droite de 0. Nous notons ces limites $u(0^-)$, $u(0^+)$, $u'(0^-)$ et $u'(0^+)$. Par la formule des sauts, la dérivée au sens des distributions de $u \in D(H^{\max})$ sur tout $\mathbb{R}$ est alors donnée par

$$u'' = u''_{|]-\infty,0[} + u''_{|]0,+\infty[} + \left(u(0^+) - u(0^-)\right)\delta_0' + \left(u'(0^+) - u'(0^-)\right)\delta_0.$$

Ceci suggère de définir l'opérateur H_α sur le domaine

$$D(H_\alpha) = \left\{ u \in L^2(\mathbb{R}) \cap H^2(]-\infty, 0[) \cap H^2(]0, +\infty[) : u(0^+) = u(0^-), \right.$$

$$\left. u'(0^+) - u'(0^-) = \alpha u(0) \right\} \qquad \text{(B.9)}$$

par

$$H_\alpha u = -u'' + \alpha u(0)\delta_0 = -u''_{|]-\infty,0[} - u''_{|]0,+\infty[}.$$

En d'autres termes, les fonctions du domaine sont continues sur tout $\mathbb{R}$ et leur dérivée possède un saut qui est proportionnel à $u(0)$. Ce saut permet d'annuler le terme $\alpha u(0)\delta_0$ de sorte que $H_\alpha u$ (interprété au sens des distributions sur $\mathbb{R}$) soit égal à l'opposé de la dérivée seconde de u sur $\mathbb{R} \setminus \{0\}$.

8. Montrer que l'opérateur H_α ainsi défini est auto-adjoint.
9. Montrer que la forme quadratique de H_α est donnée par

$$\langle u, H_\alpha u \rangle = \int_{\mathbb{R}} |u'(x)|^2 \, \mathrm{d}x + \alpha |u(0)|^2. \tag{B.10}$$

Que vaut le domaine de forme $Q(H_\alpha)$? Comment pourrait-on définir H_α à partir de la forme quadratique (B.10) ?

10. Montrer que le spectre de H_α est inclus dans $[0, +\infty[$ lorsque $\alpha \geq 0$.
11. En construisant une suite de Weyl $u_n \rightharpoonup 0$, montrer que le spectre essentiel de H_α vaut $\sigma_{\mathrm{ess}}(H_\alpha) = [0, +\infty[$ pour tout $\alpha \in \mathbb{R}$, et donc que $\sigma(H_\alpha) = [0, +\infty[$ lorsque $\alpha \geq 0$.
12. Montrer que si $\alpha < 0$, le spectre de H_α vaut

$$\sigma(H_\alpha) = \{\lambda(\alpha)\} \cup [0, +\infty[, \qquad \lambda(\alpha) = -\frac{\alpha^2}{4}$$

avec une valeur propre simple, de vecteur propre correspondant $f_\alpha(x) = e^{-\frac{\alpha}{2}|x|}$.

13. Montrer que $D(H_\alpha) = H^2(\mathbb{R}) \cap H^1_0(\mathbb{R}) + f_\alpha\mathbb{C} = \{u \in H^2(\mathbb{R}) : u(0) = 0\} + f_\alpha\mathbb{C}$ et que pour $u_0 \in H^2(\mathbb{R}) \cap H^1_0(\mathbb{R})$ et $\beta \in \mathbb{C}$,

$$H_\alpha(u_0 + \beta f_\alpha) = -\Delta u_0 - \frac{\alpha^2}{4}\beta f_\alpha. \tag{B.11}$$

Partie 3. H_α en dimensions $d = 2, 3$

Dans toute cette partie on travaille en dimension $d \in \{2, 3\}$. La construction de H_α est plus difficile et décrite dans [FB61, KS95, Sim95, AK00, AGHKH04]. En particulier on ne peut pas se baser sur la forme quadratique (B.10) car $u(0)$ n'est pas bien définie dans $H^1(\mathbb{R}^d)$. Comme en dimension $d = 1$, l'opérateur H_α aura exactement une valeur propre négative, proportionnelle à $-\alpha^2$. Notons que les fonctions de $L^2(\mathbb{R}^d)$ satisfaisant l'équation au sens des distributions $(-\Delta + c\alpha^2)f = b(2\pi)^{d/2}\delta_0$ sont données en Fourier par $\widehat{f}(k) = b(|k|^2 + c\alpha^2)^{-1}$. En dimension $d \geq 2$ elles divergent à l'origine lorsque $b \neq 0$, d'après le lemme A.16. Il est donc impossible de supposer que b est proportionnel à $f(0)$. Nous allons cependant baser notre opérateur H_α sur ces fonctions, par similarité avec la formule (B.11) en dimension $d = 1$.

Dans la suite nous allons paramétrer H_α par sa plus petite valeur propre $\lambda = -E < 0$ plutôt que par α et comme il n'y a pas de confusion nous écrirons H_E. Pour $E > 0$, soit Y_E la fonction dont la transformée de Fourier vaut

$$\widehat{Y_E}(k) = \frac{1}{|k|^2 + E}$$

et qui résout donc l'équation au sens des distributions $-\Delta Y_E + E Y_E = (2\pi)^{d/2}\delta_0$.

14. Montrer que $Y_E \in L^2(\mathbb{R}^d)$ mais que $Y_E \notin H^1(\mathbb{R}^d)$, en dimension $d \in \{2, 3\}$.

15. Montrer que la fermeture de l'opérateur $H^{\min}$ défini sur $D(H^{\min}) = C_c^\infty(\mathbb{R}^d \setminus \{0\})$ est l'opérateur $H_{0,0}u = -\Delta u$ défini sur $D(H_{0,0}) = \{u \in H^2(\mathbb{R}^d) \ : \ u(0) = 0\} = H_0^2(\mathbb{R}^d \setminus \{0\})$. On pourra utiliser, sans le redémontrer, que $C_c^\infty(\mathbb{R}^d \setminus \{0\})$ est dense dans cet espace, pour la norme de $H^2(\mathbb{R}^d)$, en dimension $d \in \{2, 3\}$.

16. Soit $D(H_E) = \{u \in L^2(\mathbb{R}^d) \ : \ \exists \beta \in \mathbb{C}, \ u - \beta Y_E \in D(H_{0,0})\}$. Montrer que si $u \in D(H_E)$, alors β est uniquement déterminé.

17. Soit $u_0 \in D(H_{0,0})$, c'est-à-dire $u_0 \in H^2(\mathbb{R}^d)$ avec $u_0(0) = 0$. Montrer que $-\int_{\mathbb{R}^d} Y_E \Delta u_0 = -E \int_{\mathbb{R}^d} Y_E u_0$.

18. Pour $u = u_0 + \beta Y_E \in D(H_E)$ avec $u_0 \in D(H_{0,0})$ et $\beta \in \mathbb{C}$, on pose maintenant

$$H_E(u_0 + \beta Y_E) := -\Delta u_0 - E\beta Y_E. \tag{B.12}$$

Montrer que H_E est un opérateur symétrique sur $D(H_E)$, et que $-E$ est une valeur propre de H_E, de vecteur propre Y_E.

19. Soit $w \in L^2(\mathbb{R}^d)$ et $C > 0$ une constante quelconque telle que $C \neq E$. En passant en Fourier, montrer qu'il existe $\beta \in \mathbb{C}$ et $u_0 \in D(H_{0,0})$ tels que $(H_E + C)(u_0 + \beta Y_E) = w$. En déduire que H_E est auto-adjoint sur $D(H_E)$.

20. Montrer que $\sigma(H_E) = \{-E\} \cup [0, +\infty[$.

21. On introduit la forme quadratique sur $H^2(\mathbb{R}^d)$ définie par

$$q_{\alpha,\varepsilon}(u) := \varepsilon \int_{\mathbb{R}^d} |\Delta u(x)|^2 \, \mathrm{d}x + \int_{\mathbb{R}^d} |\nabla u(x)|^2 \, \mathrm{d}x + \alpha |u(0)|^2.$$

a. Montrer que $q_{\alpha,\varepsilon}$ est bien définie et coercive sur $H^2(\mathbb{R}^d)$ en dimension $d \in \{2, 3\}$.

b. Montrer que l'unique opérateur auto-adjoint associé $H_{\alpha,\varepsilon}$ admet des valeurs propres négatives seulement pour $\alpha < 0$. Montrer alors que $\sigma(H_{\alpha,\varepsilon}) = \{-E(\alpha, \varepsilon)\} \cup [0, +\infty[$ où $E(\alpha, \varepsilon) > 0$ est l'unique solution de l'équation

$$\alpha \int_{\mathbb{R}^d} \frac{\mathrm{d}k}{\varepsilon |k|^4 + |k|^2 + E(\alpha, \varepsilon)} = -(2\pi)^d,$$

avec l'unique fonction propre associée

$$\widehat{Y_{\alpha,\varepsilon}}(k) = \frac{1}{\varepsilon |k|^4 + |k|^2 + E(\alpha, \varepsilon)}.$$

c. Que se passe-t-il à la limite $\varepsilon \to 0$?

B.4 Sur la finitude du spectre discret

Nous avons vu au théorème 5.44 qu'un opérateur de Schrödinger $-\Delta + V$ avait toujours un nombre fini de valeurs propres négatives en dimension $d \geq 3$ lorsque $V \in L^{d/2}(\mathbb{R}^d)$, nombre qui peut s'estimer en fonction de $\|V\|_{L^{d/2}(\mathbb{R}^d)}^{d/2}$. Au contraire, en dimensions $d \in \{1, 2\}$, l'opérateur $-\Delta + V$ a toujours une valeur propre négative, quelle que soit la taille de V, si par exemple $V < 0$ partout [RS78, Thm. XIII.11]. Nous montrons ici deux résultats sur le nombre de valeurs propres avec des hypothèses supplémentaires sur V ou avec une estimée moins bonne qu'au théorème 5.44.

Partie 1. Cas d'un potentiel à support compact en dimension $d \geq 1$

On se place en dimension $d \geq 1$. Soit $V \in L^p(\mathbb{R}^d, \mathbb{R})$ une fonction à support compact, avec

$$
\begin{cases}
p = 1 & \text{si } d = 1, \\
p > 1 & \text{si } d = 2, \\
p = \frac{d}{2} & \text{si } d \geq 3.
\end{cases}
\tag{B.13}
$$

On considère la réalisation auto-adjointe de Friedrichs de $-\Delta + V$ sur $\mathbb{R}^d$, donnée par le corollaire 3.19. On rappelle que son spectre essentiel vaut

$$\sigma_{\text{ess}}(-\Delta + V) = [0, +\infty[$$

par le corollaire 5.35. Nous allons montrer qu'il y a un nombre fini de valeurs propres négatives. On choisit un nombre $R > 0$ assez grand de sorte que le support de V soit strictement inclus dans la boule B_R de rayon R centrée à l'origine.

1. Montrer que la forme quadratique $\int_{B_R} |\nabla u(x)|^2 \mathrm{d}x + \int_{B_R} V(x)|u(x)|^2 \mathrm{d}x$ est minorée et fermée sur $Q = H^1(B_R)$ dans l'espace de Hilbert $\mathfrak{H} = L^2(B_R)$. En déduire qu'elle est associée à un unique opérateur auto-adjoint H_R et donner son domaine.
2. Montrer que H_R est à résolvante compacte et en déduire qu'il admet un nombre fini de valeurs propres négatives.
3. Déduire de l'inégalité

$$
\int_{\mathbb{R}^d} |\nabla u(x)|^2 \, \mathrm{d}x + \int_{\mathbb{R}^d} V(x)|u(x)|^2 \, \mathrm{d}x \geq \int_{B_R} |\nabla u(x)|^2 \, \mathrm{d}x + \int_{B_R} V(x)|u(x)|^2 \, \mathrm{d}x
$$

qu'il existe un espace $W \subset L^2(\mathbb{R}^d)$ de dimension finie tel que $q_{-\Delta+V}(v) \geq 0$ pour tout $v \in H^1(\mathbb{R}^d) \cap W^\perp$.
4. Conclure que $-\Delta + V$ admet un nombre fini de valeurs propres strictement négatives.

Le résultat de cette partie reste vrai si on suppose que V tend vers 0 assez vite à l'infini, au lieu d'avoir un support compact. Par exemple, il suffit que

$$
V_-(x) =
\begin{cases}
o\left(|x|^{-2}\right) & \text{si } d \neq 2, \\
o\left((|x| \log |x|)^{-2}\right) & \text{si } d = 2.
\end{cases}
$$

Voir à ce sujet [Gla66, Chap. IV]. Il s'agit essentiellement d'utiliser une inégalité de type Hardy, comme au problème B.1 mais sur $\mathbb{R}^d \setminus B_R$ avec la condition de Neumann sur ∂B_R, afin de contrôler la forme quadratique en dehors de B_R.

Partie 2. Cas de $V \in L^{d/2}(\mathbb{R}^d)$ en dimension $d \geq 3$

On suppose maintenant que $V \in L^{d/2}(\mathbb{R}^d)$ et que $d \geq 3$. Nous montrons ici une estimée sur le nombre de valeurs propres négatives de (la réalisation de Friedrichs de) l'opérateur $-\Delta + V$, découverte indépendamment en 1961 par Birman [Bir61] et Schwinger [Sch61] et qui peut également être lue dans [RS78, Thm. XIII.10]. Cette estimée est moins bonne que l'inégalité de Cwikel-Lieb-Rozenblum (CLR) vue au théorème 5.44.

5. En utilisant le principe de Courant-Fischer (5.39), montrer que le nombre de valeurs propres négatives de $-\Delta + V$ ne peut qu'augmenter lorsqu'on remplace $V(x)$ par sa partie négative $-V(x)_-$, où $a_- := \max(-a, 0)$. De cette façon, on peut toujours supposer que $V \leq 0$, ce que nous faisons dans toute la suite.

6. On considère ensuite l'opérateur de Birman-Schwinger comme introduit à la Section 5.6.3

$$K_E = |V(x)|^{\frac{1}{2}} (-\Delta + E)^{-1} |V(x)|^{\frac{1}{2}}$$

En utilisant les mêmes arguments que pour le théorème 5.21, vérifier que K_E est bien défini sur le domaine $D(K_E) = C_c^\infty(\mathbb{R}^d) \subset L^2(\mathbb{R}^d)$, pour tout $E > 0$, et qu'il est symétrique positif.

7. Montrer que K_E possède un noyau intégral $k_E(x, y) \geq 0$, c'est-à-dire tel que $(K_E u)(x) = \int_{\mathbb{R}^d} k_E(x, y) u(y) \, dy$ pour tout $u \in C_c^\infty(\mathbb{R}^d)$ (donner sa formule explicite), et calculer sa limite $k_0 = \lim_{E \to 0^+} k_E$.

8. On admet l'inégalité de Hardy-Littlewood-Sobolev [LL01] qui stipule que

$$\left\| f * |x|^{-s} \right\|_{L^p(\mathbb{R}^d)} \leq C \left\| f \right\|_{L^q(\mathbb{R}^d)} \tag{B.14}$$

lorsque $1 < p, q < \infty$ et $1 + \frac{1}{p} = \frac{1}{q} + \frac{s}{d}$. Cette inégalité se trouve être équivalente à l'inégalité de Sobolev vue au théorème A.13. Montrer que K_E est borné sur $D(K_E) = L_c^\infty(\mathbb{R}^d)$:

$$\forall u \in L_c^\infty(\mathbb{R}^d), \qquad \left\| K_E u \right\|_{L^2(\mathbb{R}^d)} \leq C \left\| u \right\|_{L^2(\mathbb{R}^d)},$$

où en plus C ne dépend pas de $E \in \mathbb{R}^+$. En déduire que K_E est essentiellement auto-adjoint pour tout $E \geq 0$, et que son unique extension, encore notée K_E, est définie sur tout $L^2(\mathbb{R}^d)$. Montrer que l'opérateur auto-adjoint K_E ainsi obtenu est compact et positif sur $L^2(\mathbb{R}^d)$. Dans la suite on note $\lambda_j(E)$ ses valeurs propres (répétées en cas de multiplicité) ordonnées de façon *décroissante*.

9. En utilisant le principe de Courant-Fischer, montrer que les valeurs propres $\lambda_j(E)$ sont toutes continues et décroissantes par rapport à E sur $\mathbb{R}^+$.

10. Montrer que $\lambda \leq 0$ est une valeur propre de la réalisation de Friedrichs de $-\Delta + V$, si et seulement si 1 est une valeur propre de $K_{-\lambda}$, avec les mêmes multiplicités.

11. En déduire que le nombre de valeurs propres négatives de $-\Delta + V$ est inférieur au nombre de valeurs propres ≥ 1 de K_0 : rang $\left(\mathbb{1}_{]-\infty, 0]}(-\Delta + V) \right) \leq$ rang $\left(\mathbb{1}_{[1, +\infty[}(K_0) \right)$.

12. Soit A un opérateur auto-adjoint compact positif sur $L^2(\mathbb{R}^d)$, qui est donné par un noyau intégral positif $k(x, y) \geq 0$ appartenant à $L_{loc}^1(\mathbb{R}^d \times \mathbb{R}^d)$. Montrer que pour tout entier $n \geq 1$,

$$\int_{(\mathbb{R}^d)^n} k(x_1, x_2) k(x_2, x_3) \cdots k(x_n, x_1) \, dx_1 \cdots dx_n = \sum_{j \geq 1} \lambda_j(A)^n \geq \text{rang} \left(\mathbb{1}_{[1; +\infty[}(A) \right).$$

Calculer le terme de gauche pour $k = k_0$ (le noyau de l'opérateur K_E pour $E = 0$).

13. En dimension $d = 3$, vérifier que l'on peut prendre $n = 2$ (l'opérateur K_0 est Hilbert-Schmidt) et obtenir

$$\text{rang} \left(\mathbb{1}_{]-\infty, 0]}(-\Delta + V) \right) \leq C \left\| V_- \right\|_{L^{3/2}(\mathbb{R}^3)}^2 \tag{B.15}$$

à l'aide de (B.14). Dans l'inégalité CLR, la norme à droite est à la puissance 3/2 au lieu de 2.

14. Soit $d \geq 1$, $0 < s < d$ et n un entier tel que $d/(d-s) < n < 2d/(d-s)$. Montrer l'inégalité de Hardy-Littlewood-Sobolev multi-linéaire

$$\iint_{(\mathbb{R}^d)^n} \frac{f(x_1)f(x_2)\cdots f(x_n)}{|x_1-x_2|^s|x_2-x_3|^s\cdots|x_{n-1}-x_n|^s|x_n-x_1|^s}\,dx_1\cdots dx_n$$

$$\leq C\int_{\mathbb{R}^d}\int_{\mathbb{R}^d}\frac{f(x)^{n/2}f(y)^{n/2}}{|x-y|^{ns+(2-n)d}}\,dx\,dy \leq C'\,\|f\|^n_{L^{\frac{d}{d-s}}(\mathbb{R}^d)}, \qquad (B.16)$$

pour tout $f \in L^{\frac{d}{d-s}}(\mathbb{R}^d,\mathbb{R}^+)$. Pour cela, on pourra écrire la fonction intégrée à gauche comme produit de n fonctions sous la forme

$$\frac{\sqrt{f(x_1)f(x_2)}}{|x_2-x_3|^{\frac{s}{n-1}}\cdots|x_{n-1}-x_n|^{\frac{s}{n-1}}|x_n-x_1|^{\frac{s}{n-1}}}\times$$

$$\times\frac{\sqrt{f(x_2)f(x_3)}}{|x_1-x_2|^{\frac{s}{n-1}}|x_3-x_4|^{\frac{s}{n-1}}\cdots|x_{n-1}-x_n|^{\frac{s}{n-1}}|x_n-x_1|^{\frac{s}{n-1}}}\times\cdots$$

$$\cdots\times\frac{\sqrt{f(x_n)f(x_1)}}{|x_1-x_2|^{\frac{s}{n-1}}|x_2-x_3|^{\frac{s}{n-1}}\cdots|x_{n-1}-x_n|^{\frac{s}{n-1}}}$$

et utiliser l'inégalité de Hölder, suivie du fait que

$$\underbrace{\frac{1}{|x|^{\frac{sn}{n-1}}}*\cdots*\frac{1}{|x|^{\frac{sn}{n-1}}}}_{n-1\text{ convolutions}}=\frac{C}{|x|^{ns+(2-n)d}}.$$

On vérifiera bien que les hypothèses sur d, s et n garantissent la convergence de toutes les intégrales.

15. En utilisant l'inégalité (B.16) avec $s = d-2$ et $d \geq 3$, montrer que

$$\mathrm{rang}\left(\mathbb{1}_{]-\infty,0]}(-\Delta+V)\right) \leq C\int_{\mathbb{R}^d}\int_{\mathbb{R}^d}\frac{V(x)^{\frac{n}{2}}V(y)^{\frac{n}{2}}}{|x-y|^{2(d-n)}}\,dx\,dy \leq C'\,\|V\|^n_{L^{\frac{d}{2}}(\mathbb{R}^d)} \qquad (B.17)$$

pour tout entier n strictement compris entre $d/2$ et d. Dans l'inégalité CLR du théorème 5.44, la norme à droite est à la puissance $d/2$ au lieu de n.

B.5 Théorie de Perron-Frobenius et transitions de phases en physique statistique

Nous étudions ici une classe particulière d'opérateurs, qui préservent la positivité des fonctions. Le théorème central de cette théorie, appelé Perron-Frobenius (ou Krein-Rutman dans un cadre plus abstrait) est un outil utilisé dans de multiples branches des mathématiques : en théorie des probabilités (pour l'ergodicité des chaines de Markov), pour les systèmes dynamiques, et bien sûr en théorie spectrale et en physique mathématique en général. Nous en verrons une application célèbre en physique statistique à la partie 3.

Partie 1. Cas des opérateurs bornés

On se place dans un espace de Hilbert sous la forme $\mathfrak{H} = L^2(\Omega)$ où Ω est un ouvert non vide de $\mathbb{R}^d$, $d \geq 1$. On rappelle qu'une fonction $f \in \mathfrak{H}$ est *positive* ($f \geq 0$) si $f(x) \in [0, \infty[$ presque partout et que f est strictement positive ($f > 0$) si f est positive et l'ensemble $\{f \equiv 0\}$ est de mesure nulle.

Soit A un opérateur borné sur $\mathfrak{H}$. On dit que A *préserve la positivité* si on a $Af \geq 0$ pour tout $0 \leq f \in \mathfrak{H}$. On dit que A *améliore la positivité* si on a $Af > 0$ pour tout $0 \leq f \in \mathfrak{H}$ avec $f \neq 0$.

1. Montrer que si A préserve la positivité, alors il commute avec la conjugaison complexe, au sens où $\overline{Af} = A\overline{f}$ pour tout $f \in \mathfrak{H}$.
2. Montrer qu'un opérateur borné A sur $\mathfrak{H} = L^2(\Omega)$ préserve la positivité si et seulement si $\langle f, Ag \rangle \geq 0$ pour tous $0 \leq f, g \in \mathfrak{H}$, puis que A améliore la positivité si et seulement si $\langle f, Ag \rangle > 0$ pour tous $0 \leq f, g \in \mathfrak{H} \setminus \{0\}$. Montrer aussi que A^* préserve ou améliore la positivité comme A.
3. Montrer qu'un opérateur borné A sur $\mathfrak{H} = L^2(\Omega)$ préserve la positivité si et seulement si $|\langle f, Ag \rangle| \leq \langle |f|, A|g| \rangle$ pour tout $f, g \in \mathfrak{H}$ à valeurs complexes, où $|f|$ désigne le module de f. On pourra considérer le produit scalaire $\langle f, (Ag) * \chi_n \rangle$ où $\chi_n(x) = n^d \chi(nx)$ et $\chi \in C_c^\infty(\mathbb{R}^d, \mathbb{R}_+)$ avec $\int_{\mathbb{R}^d} \chi(x)\,dx = 1$.
4. Soit maintenant A un opérateur *auto-adjoint borné* qui préserve la positivité.

   a. Rappeler pourquoi $\{-\|A\|, \|A\|\} \cap \sigma(A) \neq \emptyset$.

   b. On rappelle que
   $$\|A\| = \sup_{\substack{f \in \mathfrak{H} \\ \int_B |f|^2 d\mu = 1}} |\langle f, Af \rangle|, \qquad \max \sigma(A) = \sup_{\substack{f \in \mathfrak{H} \\ \int_B |f|^2 d\mu = 1}} \langle f, Af \rangle,$$
   avec égalité si et seulement si f est une fonction propre correspondante. En déduire que $\|A\| \in \sigma(A)$.

   c. On suppose que f est un vecteur propre réel pour $\|A\|$ ou $-\|A\|$. Montrer alors que $|f|$ est un vecteur propre pour $\|A\|$.

   d. On suppose maintenant que A améliore la positivité. Montrer que $-\|A\|$ ne peut pas être une valeur propre. Si $\|A\|$ est une valeur propre, montrer qu'elle est forcément simple, avec une fonction propre strictement positive.

   e. On suppose que A améliore la positivité et que $\sigma_{\text{ess}}(A) \subset [-\|A\| + \varepsilon, \|A\| - \varepsilon]$ pour un $\varepsilon > 0$. Montrer que pour toutes fonctions positives non nulles $g, h \in \mathfrak{H}$ on a
   $$\log \langle g, A^n h \rangle = n \log \|A\| + \log \langle g, f_0 \rangle + \log \langle f_0, h \rangle + o(1)_{n \to \infty}, \tag{B.18}$$
   où f_0 est l'unique vecteur propre positif associé à la valeur propre $\|A\|$.

Nous avons montré que tout opérateur auto-adjoint qui améliore la positivité a une valeur propre maximale qui est toujours simple, quand elle existe. Le théorème historique a été montré pour les matrices à coefficients positifs par Perron et Frobenius au début du 20ème siècle. Ensuite, Krein et Rutman ont trouvé une généralisation abstraite de ce résultat, sur un espace de Banach quelconque, en remplaçant l'ensemble des fonctions positives par un cône convexe. L'auto-adjonction n'est donc en fait pas nécessaire dans cette théorie. La simplicité de la valeur propre maximale joue un rôle central dans le comportement de A^n à la limite $n \to \infty$, comme nous l'avons vu à la dernière question. En effet, (B.18) signifie que A^n est donné au premier ordre par $\|A\|^n$ multiplié par le projecteur orthogonal P_0 sur le vecteur propre correspondant f_0.

Partie 2. Cas des opérateurs auto-adjoints quelconques

Dans cette partie nous généralisons les définitions précédentes au cas des opérateurs non bornés en examinant la résolvante ou le noyau de la chaleur.

5. Soit A un opérateur auto-adjoint sur son domaine $D(A) \subset \mathfrak{H}$, que l'on suppose borné inférieurement. Montrer l'équivalence

    (i) e^{-tA} préserve la positivité pour tout $t > 0$;

    (ii) $(A + C)^{-1}$ préserve la positivité pour tout $C > -\min \sigma(A)$.

    Dans ce cas on dit que A préserve la positivité.

6. On suppose que $(A + C_0)^{-1}$ préserve la positivité pour un $C_0 > -\min \sigma(A)$. En déduire qu'il en est de même pour $(A + C)^{-1}$ pour tout $C > -\min \sigma(A)$.

7. On suppose que $(A + C_0)^{-1}$ améliore la positivité pour un $C_0 > -\min \sigma(A)$. En déduire que si $\min \sigma(A)$ est une valeur propre, alors elle est forcément simple, de fonction propre associée strictement positive.

8. Soit $V \in L^p(\mathbb{R}^d, \mathbb{R}) + L^\infty(\mathbb{R}^d)$ avec $p = \max(2, d/2)$ en dimensions $d \neq 4$ et $p > 2$ en dimension $d = 4$. On suppose de plus que V est bornée supérieurement. En s'inspirant de la preuve du théorème 1.17 à la section 1.6, montrer que $H = -\Delta + V$ améliore la positivité, ce qui fournit un nouvel éclairage sur ce résultat.

Partie 3. Cas des opérateurs Hilbert-Schmidt

On se place toujours sur l'espace de Hilbert $\mathfrak{H} = L^2(\Omega)$ avec Ω un ouvert non vide de $\mathbb{R}^d$. On se donne une fonction $a \in L^2(\Omega \times \Omega)$ et on définit l'opérateur

$$(Af)(x) := \int_\Omega a(x, y)\, f(y)\, \mathrm{d}y.$$

Nous étudions ici à quelles conditions sur la fonction a l'opérateur A associé préserve ou améliore la positivité. La fonction a s'appelle le noyau intégral de l'opérateur A.

9. Rappeler pourquoi A est un opérateur compact qui satisfait $\|A\| \leq \|a\|_{L^2(\Omega \times \Omega)}$.

10. Montrer que A est auto-adjoint si et seulement si on a $a(x, y) = \overline{a(y, x)}$ presque partout sur $\Omega \times \Omega$.

11. Montrer que A préserve la positivité si et seulement si $a(x, y) \in [0, +\infty[$ presque partout sur $\Omega \times \Omega$.

12. Montrer que si $a(x, y) > 0$ presque partout sur $\Omega \times \Omega$, alors A améliore la positivité.

13. On prend $\Omega =\,]0, 1[\subset \mathbb{R}$ et on définit

$$a(x, y) = \mathbb{1}_D(x - y), \qquad D = \bigcup_{n \geq 1} \left] r_n - \frac{\eta}{2^n}, r_n + \frac{\eta}{2^n} \right[$$

où $\eta > 0$ et $\{r_n\}$ est une énumération de tous les rationnels de $[-1, 1]$.

a. Vérifier que l'on peut choisir η assez petit de sorte que $0 < |D| < 1$, puis que $|D \cap I| > 0$ pour tout intervalle ouvert $I \subset\,]-1, 1[$.

b. Montrer que pour tous boréliens $E, F \subset\,]0, 1[$, on a

$$\int_E \int_F a(x, y)\, \mathrm{d}x\, \mathrm{d}y = \int_D (\mathbb{1}_E * \mathbb{1}_{-F})(x)\, \mathrm{d}x$$

où $-F = \{-x \; : \; x \in F\}$. En déduire que cette intégrale est toujours strictement positive lorque E et F sont tous les deux de mesure non nulle.

c. Conclure que l'opérateur A associé au noyau intégral a améliore la positivité, bien que a ne soit pas strictement positive.

Les opérateurs Hilbert-Schmidt sont ceux qui ressemblent le plus aux matrices car ils sont donnés par un "noyau intégral" $a(x, y)$. Nous avons montré ici qu'ils préservaient la positivité si et seulement si ce noyau était une fonction positive. C'est donc bien l'équivalent des matrices à coefficients positifs considérées par Perron et Frobenius. Toutefois, il est tout à fait possible que l'opérateur A améliore la positivité alors que la fonction a n'est pas strictement positive, ce qui diffère du cas des matrices.

Partie 4. Application : absence de transition de phase en dimension $d = 1$

N'importe quel matériau est soumis à des transitions de phase lorsque la température et la pression varient. Nous sommes par exemple habitués à ce que l'eau se transforme en glace à 0 °C et s'évapore à 100 °C, dans les conditions normales de pression. Ces changements de phase ont lieu pour des valeurs particulières de la température et de la pression, que l'on peut représenter par des courbes dans le plan (T, P), appelé diagramme de phase. En dehors de ces courbes, les observables du système sont toutes des fonctions très lisses de T et P.

Les transitions de phase sont un phénomène typique de la dimension 3 et l'eau ne se transformerait jamais en glace en dimensions $d = 1$ et $d = 2$! Nous allons montrer ici une version simplifiée d'un théorème de 1950 dû à Van Hove [vH50] (voir aussi [Rue99]), qui précise que l'enthalpie libre est une fonction analytique réelle sur tout le quart de plan $\{(T, P) \in]0, \infty[^2\}$, pour un système unidimensionnel classique avec une interaction à support compact. Ainsi, il n'y a pas de transitions de phase usuelles en dimension 1. Un résultat similaire (quoique plus faible) a été démontré par Mermin et Wagner pour la dimension 2 [MW66, FP81, FP86]. Il existe également des résultats du même ordre pour les systèmes quantiques mais la preuve est plus difficile.

Nous considérons un système de N particules classiques dans l'intervalle $C_L = (-L/2, L/2)$, numérotées dans l'ordre croissant

$$-\frac{L}{2} \leq x_1 \leq x_2 \leq \cdots \leq x_N \leq \frac{L}{2}.$$

Nous supposons qu'elles interagissent par paires avec une interaction w, de sorte que le Hamiltonien classique du système vaut

$$E(x_1, p_1, \ldots, x_N, p_N) = \sum_{j=1}^{N} \frac{|p_j|^2}{2} + \sum_{1 \leq j < k \leq N} w(x_j - x_k)$$

comme vu au début du chapitre 6. L'état d'équilibre du système à température $T = \beta^{-1} > 0$ est donné par la probabilité sur l'espace des phases $(C_L \times \mathbb{R})^N$

$$\mu(x_1, p_1 \ldots, x_N, p_N) = \frac{e^{-\beta E(x_1, p_1 \ldots, x_N, p_N)} \mathbb{1}(x_1 \leq \cdots \leq x_N)}{\int_{(C_L \times \mathbb{R})^N} e^{-\beta E} \mathbb{1}(x_1 \leq \cdots \leq x_N)}$$

appelée *mesure de Gibbs*. Lorsque $T = \beta^{-1} \to 0$, cette mesure se concentre sur l'ensemble des minimiseurs de E. L'énergie libre correspondante est la somme de l'énergie $\int E\mu$ et de son entropie $T \int \mu \log \mu$. Elle vaut

$$F_{\text{tot}}(\beta, L, N) = -\beta^{-1} \log \left(\int_{(C_L \times \mathbb{R})^N} e^{-\beta E} \mathbb{1}(x_1 \leq \cdots \leq x_N) \right)$$

$$= -\frac{N}{2\beta} \log \left(\frac{2\pi}{\beta} \right) - \beta^{-1} \log \left(\int_{-\frac{L}{2} \leq x_1 \leq \cdots \leq x_N \leq \frac{L}{2}} e^{-\beta \sum_{1 \leq j < k \leq N} w(x_j - x_k)} dx_1 \cdots dx_N \right).$$

C'est le second terme qui nous intéresse ici. Le premier terme vient de l'intégration des impulsions et nous pouvons l'éliminer sans perte de généralité car il est déjà analytique en β. Il reste à appliquer une pression P sur notre système. En se souvenant que P est la variable duale du volume, ceci revient à considérer $-\beta^{-1} \log \Delta(\beta, P, N)$ où

$$\Delta(\beta, P, N) = \int_0^\infty e^{-PL} \int_{-\frac{L}{2} \leq x_1 \leq \cdots \leq x_N \leq \frac{L}{2}} e^{-\beta \sum_{1 \leq j < k \leq N} w(x_j - x_k)} dx_1 \cdots dx_N \, dL.$$

Le théorème suivant est dû à Van Hove [vH50].

Théorème B.3 (Absence de transition de phase en 1D) *On suppose que w est une fonction paire satisfaisant*

$$w(x) \begin{cases} = +\infty & \text{si } |x| < R_1 \\ \in (-C, C) & \text{si } R_1 \leq |x| \leq R_2 \\ = 0 & \text{si } |x| \geq R_2. \end{cases} \tag{B.19}$$

avec $0 < R_1 < R_2$. Alors la limite thermodynamique $g(\beta, P) = \lim_{N \to \infty} \log \Delta(\beta, P, N)/N$ existe et elle est analytique réelle sur le quart de plan $\{(\beta, P) \in]0, \infty[^2\}$.

L'hypothèse (B.19) signifie que les particules possèdent un "cœur dur" qui les empêche de se rapprocher à une distance inférieure à R_1, et d'un autre côté ne se voient plus du tout lorsqu'elles sont à une distance supérieure à R_2. L'interaction est juste supposée bornée pour les distances intermédiaires. Le même résultat est vrai avec des hypothèses plus faibles sur w mais la preuve est plus difficile, voir par exemple [Dob74, CCO83]. Une décroissance assez rapide à l'infini est cependant nécessaire, des transitions peuvent exister si w décroît moins vite que $1/|x|^2$ à l'infini [Dys69].

Ici nous allons seulement montrer le théorème B.3 dans le cas où R_2 n'est pas trop grand et renvoyons à [vH50] et [Rue99, Thm. 5.6.7] pour le cas général.

14. On suppose que $R_2 < 2R_1$, de sorte que chaque particule n'interagit qu'avec ses plus proches voisins. En introduisant les nouvelles variables $y_1 = x_1 + L/2$, $y_2 = x_2 - x_1, \ldots, y_N = x_N - x_{N-1}$, calculer $\Delta(\beta, P, N)$ et en déduire que

$$g(\beta, P) = \lim_{N \to \infty} \frac{\log \Delta(\beta, P, N)}{N} = \log \left(\int_{R_1}^\infty e^{-\beta w(y) - Py} \, dy \right).$$

Montrer que c'est une fonction analytique réelle sur $\{(\beta, P) \in]0, \infty[^2\}$.

15. On introduit la fonction

$$a_{\beta, P}(x, y) = \exp \left(-\beta w(x + y) - \frac{\beta}{2} w(x) - \frac{\beta}{2} w(y) - \frac{Px}{2} - \frac{Py}{2} \right)$$

et l'opérateur $A_{\beta,P}$ dont le noyau intégral vaut $a_{\beta,P}(x, y)$, sur $\mathcal{H} = L^2(]R_1, \infty[)$. Montrer que $A_{\beta,P}$ est auto-adjoint compact et qu'il améliore la positivité. En déduire que $\|A_{\beta,P}\|$ est une valeur propre simple, de vecteur propre $f_{\beta,P} > 0$.

16. On suppose maintenant que $R_2 < 3R_1$ de sorte que chaque particule n'interagit qu'avec son plus proche voisin et le suivant (à sa droite et sa gauche). On pose également

$$h_{\beta,P}(x) = \exp\left(-\beta\frac{w(x)}{2} - P\frac{x}{2}\right)$$

qui est dans $L^2(R_1, \infty)$. Montrer que

$$\Delta(\beta, P, N) = \frac{1}{P^2}\left\langle h_{\beta,P}, \left(A_{\beta,P}\right)^{N-2} h_{\beta,P}\right\rangle_{L^2(R_1,\infty)}$$

et en déduire que

$$\lim_{N\to\infty} \frac{\log\Delta(\beta, P, N)}{N} = \log\|A_{\beta,P}\|.$$

17. En s'inspirant de la preuve du théorème 5.6, montrer que $g(\beta, P) = \log\|A_{\beta,P}\|$ est analytique réelle sur le quart de plan $\{(\beta, P) \in]0, \infty[^2\}$.

18. On désire finalement déterminer la loi de l'écart entre deux particules dans le cœur du système. On se donne donc un indice $n \in [2, N-1]$, une fonction test $\eta \in C_c^\infty(\mathbb{R}, \mathbb{R}_+)$ et on étudie la moyenne

$$\mathscr{L}_{\beta,P,N,n}(\eta) :=$$

$$\frac{1}{\Delta(\beta, P, N)}\int_0^\infty e^{-PL}\int_{-\frac{L}{2}\leq x_1\leq\cdots\leq x_N\leq\frac{L}{2}} \eta(x_n-x_{n-1})e^{-\beta\sum_{1\leq j<k\leq N} w(x_j-x_k)}\mathrm{d}x_1\cdots\mathrm{d}x_N\,\mathrm{d}L.$$

Exprimer à nouveau $\mathscr{L}_{\beta,P,N,n}(\eta)$ en fonction de $A_{\beta,P}$, $h_{\beta,P}$, η et en déduire que

$$\lim_{\substack{N\to\infty\\n\to\infty\\N-n\to\infty}} \mathscr{L}_{\beta,P,N,n}(\eta) = \int_{\mathbb{R}} \eta(t) f_{\beta,P}(t)^2\,\mathrm{d}t.$$

Ainsi, la loi des écarts au cœur du système vaut simplement $f_{\beta,P}^2$.

Littérature

[AF03] R. A. ADAMS AND J. J. F. FOURNIER, *Sobolev spaces*, vol. 140 of Pure and Applied Mathematics (Amsterdam), Elsevier/Academic Press, Amsterdam, second ed., 2003.

[AG74] W. O. AMREIN AND V. GEORGESCU, *On the characterization of bound states and scattering states in quantum mechanics*, Helv. Phys. Acta, 46 (1973/74), pp. 635–658.

[AGHKH04] S. ALBEVERIO, F. GESZTESY, R. HOEGH-KROHN, AND H. HOLDEN, *Solvable Models in Quantum Mechanics*, American Mathematical Soc., second ed., 2004. with an appendix by P. Exner.

[AK00] S. ALBEVERIO AND P. KURASOV, *Singular Perturbations of Differential Operators: Solvable Schrödinger-type Operators*, Lecture note series / London mathematical society, Cambridge University Press, 2000.

[AS82] M. AIZENMAN AND B. SIMON, *Brownian motion and Harnack inequality for Schrödinger operators*, Commun. Pure Appl. Math., 35 (1982), pp. 209–273.

[Atk73] F. V. ATKINSON, *On some results of Everitt and Giertz*, Proc. R. Soc. Edinb., Sect. A, Math., 71 (1973), pp. 151–158.

[AW15] M. AIZENMAN AND S. WARZEL, *Random operators*, vol. 168 of Graduate Studies in Mathematics, American Mathematical Society, Providence, RI, 2015. Disorder effects on quantum spectra and dynamics.

[Bac91] V. BACH, *Ionization energies of bosonic Coulomb systems*, Lett. Math. Phys., 21 (1991), pp. 139–149.

[Bha97] R. BHATIA, *Matrix analysis*, vol. 169, Springer, 1997.

[BHJ26] M. BORN, W. HEISENBERG, AND P. JORDAN, *Zur Quantenmechanik. II*, Z. Phys., 35 (1926), pp. 557–615.

[Bir61] M. V. BIRMAN, *On the spectrum of singular boundary-value problems*, Mat. Sb. (N.S.), 55 (97) (1961), pp. 125–174.

[BJ25] M. BORN AND P. JORDAN, *Zur Quantenmechanik*, Z. Phys., 34 (1925), pp. 858–888.

[BL83] R. BENGURIA AND E. H. LIEB, *Proof of the stability of highly negative ions in the absence of the Pauli principle*, Phys. Rev. Lett., 50 (1983), pp. 1771–1774.

[BL07] L. BOULTON AND M. LEVITIN, *On approximation of the eigenvalues of perturbed periodic Schrödinger operators*, J. Phys. A, 40 (2007), pp. 9319–9329.

[BLLS93] V. BACH, R. LEWIS, E. H. LIEB, AND H. SIEDENTOP, *On the number of bound states of a bosonic N-particle Coulomb system*, Math. Z., 214 (1993), pp. 441–459.

© The Author(s), under exclusive license to Springer Nature Switzerland AG 2022   317
M. Lewin, *Théorie spectrale et mécanique quantique*, Mathématiques
et Applications 87, https://doi.org/10.1007/978-3-030-93436-1

[Blo29] F. BLOCH, *Über die Quantenmechanik der Elektronen in Kristallgittern*, Z. Phys., 52 (1929), pp. 555–600.

[BLS94] V. BACH, E. H. LIEB, AND J. P. SOLOVEJ, *Generalized Hartree-Fock theory and the Hubbard model*, J. Statist. Phys., 76 (1994), pp. 3–89.

[BO27] M. BORN AND R. OPPENHEIMER, *Quantum theory of molecules*, Ann. Physics, 84 (1927), pp. 457–484.

[Bor26] M. BORN, *Zur Quantenmechanik der Stoßvorgänge. (Vorläufige Mitteilung.)*, Z. Phys., 37 (1926), pp. 863–867.

[BR02a] O. BRATELLI AND D. W. ROBINSON, *Operator Algebras and Quantum Statistical Mechanics. 1: C*– and W*–Algebras. Symmetry Groups. Decomposition of States*, Texts and Monographs in Physics, Springer, 2nd ed., 2002.

[BR02b] _____ , *Operator Algebras and Quantum Statistical Mechanics 2: Equilibrium States. Models in Quantum Statistical Mechanics*, Texts and Monographs in Physics, Springer, 2nd ed., 2002.

[Bre94] H. BREZIS, *Analyse fonctionnelle, Théorie et applications*, Dunod, sciences sup ed., 1994.

[Bre11] _____ , *Functional analysis, Sobolev spaces and partial differential equations*, Universitext, Springer, New York, 2011.

[BS70] M. V. BIRMAN AND M. Z. SOLOMJAK, *The principal term of the spectral asymptotics for "non-smooth" elliptic problems*, Funkcional. Anal. i Priložen., 4 (1970), pp. 1–13. English translation in Functional Anal. Appl. **4** (1970), 265–275.

[BS98] M. S. BIRMAN AND T. A. SUSLINA, *Absolute continuity of a two-dimensional periodic magnetic Hamiltonian with discontinuous vector potential*, Algebra i Analiz, 10 (1998), pp. 1–36.

[BS99] _____ , *A periodic magnetic Hamiltonian with a variable metric. The problem of absolute continuity*, Algebra i Analiz, 11 (1999), pp. 1–40.

[CC74] J. R. CHELIKOWSKY AND M. L. COHEN, *Electronic structure of silicon*, Phys. Rev. B, 10 (1974), pp. 5095–5107.

[CCO83] M. CAMPANINO, D. CAPOCACCIA, AND E. OLIVIERI, *Analyticity for one-dimensional systems with long-range superstable interactions*, J. Stat. Phys., 33 (1983), pp. 437–476.

[CDL08] É. CANCÈS, A. DELEURENCE, AND M. LEWIN, *A new approach to the modelling of local defects in crystals: the reduced Hartree-Fock case*, Commun. Math. Phys., 281 (2008), pp. 129–177.

[CEM12] É. CANCÈS, V. EHRLACHER, AND Y. MADAY, *Periodic schrödinger operators with local defects and spectral pollution*, SIAM J. Numer. Anal., 50 (2012), pp. 3016–3035.

[CH53] R. COURANT AND D. HILBERT, *Methods of mathematical physics. Vol. I*, 1953.

[Cie70] Z. CIESIELSKI, *On the spectrum of the Laplace operator*, Comment. Math. Prace Mat., 14 (1970), pp. 41–50.

[CLL98] I. CATTO, C. LE BRIS, AND P.-L. LIONS, *The mathematical theory of thermodynamic limits: Thomas-Fermi type models*, Oxford Mathematical Monographs, The Clarendon Press Oxford University Press, New York, 1998.

[CLL01] _____ , *On the thermodynamic limit for Hartree-Fock type models*, Ann. Inst. H. Poincaré Anal. Non Linéaire, 18 (2001), pp. 687–760.

[CLM06] É. CANCÈS, C. LE BRIS, AND Y. MADAY, *Méthodes mathématiques en chimie quantique. Une introduction*, vol. 53 of Collection Mathématiques et Applications, Springer, 2006.

[Cou20] R. COURANT, *Über die Eigenwerte bei den Differentialgleichungen der mathematischen Physik*, Math. Z., 7 (1920), pp. 1–57.

[Cwi77] M. CWIKEL, *Weak type estimates for singular values and the number of bound states of Schrödinger operators*, Ann. of Math., 106 (1977), pp. pp. 93–100.

[CX97] J.-Y. CHEMIN AND C.-J. XU, *Inclusions de Sobolev en calcul de Weyl-Hörmander et champs de vecteurs sous-elliptiques*, Ann. Sci. École Norm. Sup. (4), 30 (1997), pp. 719–751.

[Dau88] M. DAUGE, *Elliptic boundary value problems on corner domains*, vol. 1341 of Lecture Notes in Mathematics, Springer-Verlag, Berlin, 1988. Smoothness and asymptotics of solutions.

[Dav83] E. B. DAVIES, *Some norm bounds and quadratic form inequalities for Schrödinger operators*, J. Oper. Theory, 9 (1983), pp. 147–162.

[Dav95] E. B. DAVIES, *Spectral theory and differential operators*, vol. 42 of Cambridge Studies in Advanced Mathematics, Cambridge University Press, Cambridge, 1995.

[Die81] J. DIEUDONNÉ, *History of functional analysis*, vol. 49 of North-Holland Mathematics Studies, North-Holland Publishing Co., Amsterdam-New York, 1981.

[DIM01] S.-I. DOI, A. IWATSUKA, AND T. MINE, *The uniqueness of the integrated density of states for the Schrödinger operators with magnetic fields*, Math. Z., 237 (2001), pp. 335–371.

[Dir27] P. A. M. DIRAC, *The physical interpretation of the quantum dynamics*, Proceedings Royal Soc. London (A), 113 (1927), pp. 621–641.

[DL88] R. DAUTRAY AND J.-L. LIONS, *Évolution : semi-groupe, variationnel*, vol. 8 of Analyse mathématique et calcul numérique pour les sciences et les techniques, Masson, Paris, 1988.

[Dob74] R. L. DOBRUŠIN, *Analyticity of the correlation functions for one-dimensional classical systems with power law decay of the potential*, Mat. Sb. (N.S.), 23 (1974), p. 13.

[DP04] E. DAVIES AND M. PLUM, *Spectral pollution*, IMA J. Numer. Anal., 24 (2004), pp. 417–438.

[Dys69] F. J. DYSON, *Existence of a phase-transition in a one-dimensional Ising ferromagnet*, Comm. Math. Phys., 12 (1969), pp. 91–107.

[EG74] W. N. EVERITT AND M. GIERTZ, *Inequalities and separation for certain ordinary differential operators*, Proc. Lond. Math. Soc. (3), 28 (1974), pp. 352–372.

[EG78] W. N. EVERITT AND M. GIERTZ, *Inequalities and separation for Schrödinger type operators in $L_2(\mathbf{R}^n)$*, Proc. Roy. Soc. Edinburgh Sect. A, 79 (1977/78), pp. 257–265.

[Ehr27] P. EHRENFEST, *Bemerkung über die angenäherte gültigkeit der klassischen mechanik innerhalb der quantenmechanik*, Z. Phys., 45 (1927), pp. 455–457.

[Eng88] B.-G. ENGLERT, *Semiclassical Theory of Atoms*, vol. 300 of Lecture Notes in Physics, Springer Verlag, Berlin, 1988.

[Ens78] V. ENSS, *Asymptotic completeness for quantum mechanical potential scattering. I. Short range potentials*, Commun. Math. Phys., 61 (1978), pp. 285–291.

[Eva10] L. C. EVANS, *Partial differential equations*, vol. 19 of Graduate Studies in Mathematics, American Mathematical Society, Providence, RI, second ed., 2010.

[EZ78] W. D. EVANS AND A. ZETTL, *Dirichlet and separation results for Schrödinger-type operators*, Proc. R. Soc. Edinb., Sect. A, Math., 80 (1978), pp. 151–162.

[Fan49] K. FAN, *On a theorem of weyl concerning eigenvalues of linear transformations. i*, Proc. Nat. Acad. Sci. U. S. A., 35 (1949), pp. 652–655.

[FB61] L. D. FADDEEV AND F. A. BEREZIN, *A remark on schrödinger's equation with a singular potential*, Dokl. Akad. Nauk SSSR, 137 (1961).

[Fer27] E. FERMI, *Un metodo statistico per la determinazione di alcune priorieta dell'atome*, Rend. Accad. Naz. Lincei, 6 (1927), pp. 602–607.

[FGP10] S. FRABBONI, G. C. GAZZADI, AND G. POZZI, *Ion and electron beam nanofabrication of the which-way double-slit experiment in a transmission electron microscope*, Applied Physics Letters, 97 (2010), p. 263101.

[Fis05] E. FISCHER, *Über quadratische Formen mit reellen Koeffizienten*, Monatsh. Math. Phys., 16 (1905), pp. 234–249.

[FLLØ16] S. FOURNAIS, J. LAMPART, M. LEWIN, AND T. ØSTERGAARD SØRENSEN, *Coulomb potentials and Taylor expansions in Time-Dependent Density Functional Theory*, Phys. Rev. A, 93 (2016), p. 062510.

[Flo83] G. FLOQUET, *Sur les équations différentielles linéaires à coefficients périodiques*, Ann. Sci. École Norm. Sup., 2e série, 12 (1883), pp. 47–88.

[FLS18] S. FOURNAIS, M. LEWIN, AND J. P. SOLOVEJ, *The semi-classical limit of large fermionic systems*, Calc. Var. Partial Differ. Equ., (2018), pp. 57–105.

[FP81] J. FRÖHLICH AND C. PFISTER, *On the absence of spontaneous symmetry breaking and of crystalline ordering in two-dimensional systems*, Comm. Math. Phys., 81 (1981), pp. 277–298.

[FP86] J. FRÖHLICH AND C.-E. PFISTER, *Absence of crystalline ordering in two dimensions*, Comm. Math. Phys., 104 (1986), pp. 697–700.

[Fra21] R. L. FRANK, The Lieb-Thirring inequalities: recent results and open problems, in *Nine mathematical challenges–an elucidation*, Proc. Sympos. Pure Math. 104 (2021), pp. 45–86.

[Fri34] K. FRIEDRICHS, *Spektraltheorie halbbeschränkter Operatoren und Anwendung auf die Spektralzerlegung von Differentialoperatoren. I, II*, Math. Ann., 109 (1934), pp. 465–487, 685–713.

[GA98] K. GUSTAFSON AND T. ABE, *The third boundary condition – was it Robin's?*, Math. Intell., 20 (1998), pp. 63–71.

[Gie00] F. GIERES, *Mathematical surprises and Dirac's formalism in quantum mechanics*, Rep. Prog. Phys., 63 (2000), p. 1893.

[GK12] M. J. GANDER AND F. KWOK, *Chladni figures and the Tacoma Bridge: motivating PDE eigenvalue problems via vibrating plates*, SIAM Rev., 54 (2012), pp. 573–596.

[Gla66] I. M. GLAZMAN, *Direct methods of qualitative spectral analysis of singular differential operators*, Israel Program for Scientific Translations, Jerusalem, 1965; Daniel Davey & Co., Inc., New York, 1966. Translated from the Russian by the IPST staff.

[Gon20] D. GONTIER, *Edge states in ordinary differential equations for dislocations*, J. Math. Phys., 61 (2020), pp. 043507, 21.

[Gri85] P. GRISVARD, *Elliptic problems in nonsmooth domains*, vol. 24 of Monographs and Studies in Mathematics, Pitman (Advanced Publishing Program), Boston, MA, 1985.

[GWW92] C. GORDON, D. WEBB, AND S. WOLPERT, *Isospectral plane domains and surfaces via Riemannian orbifolds*, Invent. Math., 110 (1992), pp. 1–22.

[Hal13] B. C. HALL, *Quantum theory for mathematicians*, vol. 267 of Graduate Texts in Mathematics, Springer, New York, 2013.

[Hei25] W. HEISENBERG, *Über quantentheoretische Umdeutung kinematischer und mechanischer Beziehungen*, Z. Phys., 33 (1925), pp. 879–893.

[Her77] I. W. HERBST, *Spectral theory of the operator $(p^2 + m^2)^{1/2} - Ze^2/r$*, Commun. Math. Phys., 53 (1977), pp. 285–294.

[Hil02] D. HILBERT, *Mathematical problems*, Bull. Am. Math. Soc., 8 (1902), pp. 437–479. Lecture delivered before the international congress of mathematicians at Paris in 1900. Translated by *Mary Winston Newson*.

[Hil06] ———, *Grundzüge einer allgemeinen Theorie der linearen Integralgleichungen. Vierte Mitteilung*, Nachr. Ges. Wiss. Göttingen, Math.-Phys. Kl., 1906 (1906), pp. 157–227.

[HÖ12] D. HAHN AND M. ÖZISIK, *Heat Conduction*, Wiley, 2012.

[HU30] E. A. HYLLERAAS AND B. UNDHEIM, *Numerische berechnung der 2 S-terme von ortho- und par- helium*, Z. Phys., 65 (1930), pp. 759–772.

[Hun66] W. HUNZIKER, *On the spectra of Schrödinger multiparticle Hamiltonians*, Helv. Phys. Acta, 39 (1966), pp. 451–462.

[HvN27] D. HILBERT, J. VON NEUMANN, AND L. W. NORDHEIM, *Über die Grundlagen der Quantenmechanik*, Math. Ann., 98 (1927), pp. 1–30.

[ILS96] A. IANTCHENKO, E. H. LIEB, AND H. SIEDENTOP, *Proof of a conjecture about atomic and molecular cores related to Scott's correction*, J. Reine Angew. Math., 472 (1996), pp. 177–195.

[Ivr16] V. IVRII, *100 years of Weyl's law*, Bull. Math. Sci., 6 (2016), pp. 379–452.

[Jor27] P. JORDAN, *Über eine neue Begründung der Quantenmechanik. I*, Z. Phys., 40 (1927), pp. 809–838.

[Kac66] M. KAC, *Can one hear the shape of a drum?*, Amer. Math. Monthly, 73 (1966), pp. 1–23.

[Kar97] Y. E. KARPESHINA, *Perturbation theory for the Schrödinger operator with a periodic potential*, vol. 1663 of Lecture Notes in Mathematics, Springer-Verlag, Berlin, 1997.

[Kat51] T. KATO, *Fundamental properties of Hamiltonian operators of Schrödinger type*, Trans. Amer. Math. Soc., 70 (1951), pp. 195–221.

[KS95] A. KISELEV AND B. SIMON, *Rank one perturbations with infinitesimal coupling*, J. Funct. Anal., 130 (1995), pp. 345–356.

[Lal19] F. LALOË, *Do we really understand quantum mechanics? 2nd revised edition*, Cambridge: Cambridge University Press, 2nd revised edition ed., 2019.

[Lew10] M. LEWIN, *Variational Methods in Quantum Mechanics*. Unpublished lecture notes (University of Cergy-Pontoise), 2010.

[Lew11] ———, *Geometric methods for nonlinear many-body quantum systems*, J. Funct. Anal., 260 (2011), pp. 3535–3595.

[Lew15] ———, *Mean-field limit of Bose systems: rigorous results*, in Proceedings of the International Congress of Mathematical Physics, Santiago de Chile, 2015. ArXiV e-print 1510.04407.

[Lew17] ———, *Éléments de théorie spectrale : le Laplacien sur un ouvert borné*. Notes de cours de Master 2, 2017. HAL e-print cel-01490197.

[Lie76] E. H. LIEB, *The stability of matter*, Rev. Mod. Phys., 48 (1976), pp. 553–569.

[Lie79] ———, *The $n^{5/3}$ law for bosons*, Physics Letters A, 70 (1979), pp. 71–73.

[Lie80] ———, *The number of bound states of one-body Schrödinger operators and the Weyl problem*, in Geometry of the Laplace operator, Proc. Sympos. Pure Math., XXXVI, Amer. Math. Soc., Providence, R.I., 1980, pp. 241–252. (Proc. Sympos. Pure Math., Univ. Hawaii, Honolulu, Hawaii, 1979).

[Lie81] ———, *Thomas-Fermi and related theories of atoms and molecules*, Rev. Mod. Phys., 53 (1981), pp. 603–641.

[Lie84] ———, *Bound on the maximum negative ionization of atoms and molecules*, Phys. Rev. A, 29 (1984), pp. 3018–3028.

[Lie90] ———, *The stability of matter: from atoms to stars*, Bull. Amer. Math. Soc. (N.S.), 22 (1990), pp. 1–49.

[LL01] E. H. LIEB AND M. LOSS, *Analysis*, vol. 14 of Graduate Studies in Mathematics, American Mathematical Society, Providence, RI, 2nd ed., 2001.

[LL13] E. LENZMANN AND M. LEWIN, *Dynamical ionization bounds for atoms*, Analysis & PDE, 6 (2013), pp. 1183–1211.

[LM54] P. D. LAX AND A. N. MILGRAM, *Parabolic equations*, Ann. Math. Stud., 33 (1954), pp. 167–190.

[LM68] J.-L. LIONS AND E. MAGENES, *Problèmes aux limites non homogènes et applications. Vol. 1*, Travaux et Recherches Mathématiques, No. 17, Dunod, Paris, 1968.

[LM77] J. M. LEINAAS AND J. MYRHEIM, *On the theory of identical particles*, Nuovo Cimento B Serie, 37 (1977), pp. 1–23.

[LNR14] M. LEWIN, P. T. NAM, AND N. ROUGERIE, *Derivation of Hartree's theory for generic mean-field Bose systems*, Adv. Math., 254 (2014), pp. 570–621.

[LS77] E. H. LIEB AND B. SIMON, *The Thomas-Fermi theory of atoms, molecules and solids*, Adv. Math., 23 (1977), pp. 22–116.

[LS10a] M. Lewin and É. Séré, *Spectral pollution and how to avoid it (with applications to Dirac and periodic Schrödinger operators)*, Proc. London Math. Soc., 100 (2010), pp. 864–900.

[LS10b] E. H. Lieb and R. Seiringer, *The Stability of Matter in Quantum Mechanics*, Cambridge Univ. Press, 2010.

[LSST88] E. H. Lieb, I. M. Sigal, B. Simon, and W. Thirring, *Approximate neutrality of large-Z ions*, Commun. Math. Phys., 116 (1988), pp. 635–644.

[LSSY05] E. H. Lieb, R. Seiringer, J. P. Solovej, and J. Yngvason, *The mathematics of the Bose gas and its condensation*, Oberwolfach Seminars, Birkhäuser, 2005.

[LT75] E. H. Lieb and W. E. Thirring, *Bound on kinetic energy of fermions which proves stability of matter*, Phys. Rev. Lett., 35 (1975), pp. 687–689.

[LT76] ———, *Inequalities for the moments of the eigenvalues of the Schrödinger hamiltonian and their relation to Sobolev inequalities*, Studies in Mathematical Physics, Princeton University Press, 1976, pp. 269–303.

[Mac33] J. K. L. MacDonald, *Successive approximations by the Rayleigh-Ritz variation method*, Phys. Rev., 43 (1933), pp. 830–833.

[Mac92] N. Macrae, *John von Neumann: The Scientific Genius Who Pioneered the Modern Computer, Game Theory, Nuclear Deterrence, and Much More*, Pantheon Press, 1992.

[MT76] H. P. McKean and E. Trubowitz, *Hill's operator and hyperelliptic function theory in the presence of infinitely many branch points*, Comm. Pure Appl. Math., 29 (1976), pp. 143–226.

[MTWB10] N. T. Maitra, T. N. Todorov, C. Woodward, and K. Burke, *Density-potential mapping in time-dependent density-functional theory*, Phys. Rev. A, 81 (2010), p. 042525.

[MW66] N. D. Mermin and H. Wagner, *Absence of ferromagnetism or antiferromagnetism in one- or two-dimensional isotropic heisenberg models*, Phys. Rev. Lett., 17 (1966), pp. 1133–1136.

[Nak01] S. Nakamura, *A remark on the Dirichlet-Neumann decoupling and the integrated density of states*, J. Funct. Anal., 179 (2001), pp. 136–152.

[Nam12] P. T. Nam, *New bounds on the maximum ionization of atoms*, Commun. Math. Phys., 312 (2012), pp. 427–445.

[NS05] Y. Netrusov and Y. Safarov, *Weyl asymptotic formula for the Laplacian on domains with rough boundaries*, Comm. Math. Phys., 253 (2005), pp. 481–509.

[Oka82] N. Okazawa, *On the perturbation of linear operators in Banach and Hilbert spaces*, J. Math. Soc. Japan, 34 (1982), pp. 677–701.

[PA09] P. Pyykkö and M. Atsumi, *Molecular single-bond covalent radii for elements 1–118*, Chemistry – A European Journal, 15 (2009), pp. 186–197.

[Par08] L. Parnovski, *Bethe-Sommerfeld conjecture*, Ann. Henri Poincaré, 9 (2008), pp. 457–508.

[Poh65] S. I. Pohozaev, *On the eigenfunctions of the equation $\Delta u + \lambda f(u) = 0$*, Dokl. Akad. Nauk SSSR, 165 (1965), pp. 36–39.

[Poi90] H. Poincaré, *Sur les équations aux dérivées partielles de la physique mathématique*, Amer. J. Math., 12 (1890), pp. 211–294.

[Rei70] C. Reid, *Hilbert*, no. IX, Berlin-Heidelberg-New York: Springer-Verlag, 1970. With an appreciation of Hilbert's mathematical work by Hermann Weyl.

[Rel37] F. Rellich, *Störungstheorie der Spektralzerlegung. IV.*, Math. Ann., 116 (1937), pp. 555–570.

[Rie13] F. Riesz, *Les systèmes d'équations linéaires à une infinité d'inconnues*, vol. VI + 182 S. 8° of Collection Borel, Gauthier-Villars, Paris, 1913.

[Rit09] W. Ritz, *Über eine neue methode zur lösung gewisser variationsprobleme der mathematischen physik.*, J. Reine Angew. Math., 135 (1909), pp. 1–61.

[Rou16] N. ROUGERIE, *Théorèmes de de Finetti, limites de champ moyen et condensation de Bose-Einstein*, Spartacus-idh, Paris, 2016. Cours Peccot au Collège de France (2014).

[Roz72] G. V. ROZENBLUM, *Distribution of the discrete spectrum of singular differential operators*, Dokl. Akad. Nauk SSSR, 202 (1972), pp. 1012–1015.

[RS72] M. REED AND B. SIMON, *Methods of Modern Mathematical Physics. I. Functional analysis*, Academic Press, 1972.

[RS75] ――――, *Methods of Modern Mathematical Physics. II. Fourier analysis, self-adjointness*, Academic Press, New York, 1975.

[RS78] ――――, *Methods of Modern Mathematical Physics. IV. Analysis of operators*, Academic Press, New York, 1978.

[RS79] ――――, *Methods of Modern Mathematical Physics. III. Scattering theory*, Academic Press, New York, 1979.

[Rue69] D. RUELLE, *A remark on bound states in potential-scattering theory*, Nuovo Cimento A (10), 61 (1969), pp. 655–662.

[Rue99] ――――, *Statistical mechanics. Rigorous results*, Singapore: World Scientific. London: Imperial College Press, 1999.

[Rus82] M. B. RUSKAI, *Absence of discrete spectrum in highly negative ions: II. Extension to fermions*, Commun. Math. Phys., 85 (1982), pp. 325–327.

[SB33] A. SOMMERFELD AND H. BETHE, *Elektronentheorie der Metalle*, Springer Berlin Heidelberg, Berlin, Heidelberg, 1933, pp. 333–622.

[Sch26] E. SCHRÖDINGER, *Quantisierung als Eigenwertproblem. I*, Ann. der Phys. (4), 79 (1926), pp. 361–374.

[Sch61] J. SCHWINGER, *On the bound states of a given potential*, Proc. Nat. Acad. Sci. U.S.A., 47 (1961), pp. 122–129.

[Sch19] A. SCHIRRMACHER, *Establishing quantum physics in Göttingen. David Hilbert, Max Born, and Peter Debye in context, 1900–1926*, Cham: Springer, 2019.

[Sco52] J. SCOTT, *The binding energy of the thomas-fermi atom*, Lond. Edinb. Dubl. Phil. Mag., 43 (1952), pp. 859–867.

[See80] R. SEELEY, *An estimate near the boundary for the spectral function of the Laplace operator*, Amer. J. Math., 102 (1980), pp. 869–902.

[She01] Z. SHEN, *On absolute continuity of the periodic Schrödinger operators*, Internat. Math. Res. Notices, (2001), pp. 1–31.

[Sig82] I. M. SIGAL, *Geometric methods in the quantum many-body problem. Non existence of very negative ions*, Commun. Math. Phys., 85 (1982), pp. 309–324.

[Sig84] ――――, *How many electrons can a nucleus bind?*, Annals of Physics, 157 (1984), pp. 307–320.

[Sim76] B. SIMON, *On the genericity of nonvanishing instability intervals in Hill's equation*, Ann. Inst. H. Poincaré Sect. A (N.S.), 24 (1976), pp. 91–93.

[Sim95] ――――, *Spectral analysis of rank one perturbations and applications*, in Mathematical Quantum Theory II: Schrödinger Operators, J. Feldman, R. Froese, and L. Rosen, eds., vol. 8, Centre de Recherche Mathématiques, CRM Proceedings and Lecture Notes, 1995, p. 109.

[SM09] T. SAUER AND U. MAJER, eds., *David Hilbert's lectures on the foundations of physics, 1915-1927. Relativity, quantum theory and epistemology. In collaboration with Arne Schirrmacher and Heinz-Jürgen Schmidt*, Berlin: Springer, 2009.

[Sol90] J. P. SOLOVEJ, *Asymptotics for bosonic atoms*, Lett. Math. Phys., 20 (1990), pp. 165–172.

[Sol16] ――――, *A new look at Thomas–Fermi theory*, Mol. Phys., 114 (2016), pp. 1036–1040.

[Som28] A. SOMMERFELD, *Zur Elektronentheorie der Metalle auf Grund der Fermischen Statistik*, Zeitschrift fur Physik, 47 (1928), pp. 1–32.

[Sto29] M. H. STONE, *Linear transformation in Hilbert space. I: Geometrical aspects. II: Analytical aspects*, Proc. Natl. Acad. Sci. USA, 15 (1929).

[Sto30] _____, *Linear transformations in Hilbert space. III: Operational methods and group theory*, Proc. Natl. Acad. Sci. USA, 16 (1930), pp. 172–175.

[Sto32] M. H. STONE, *Linear transformations in Hilbert space and their applications to analysis*, vol. 15, American Mathematical Society (AMS), Providence, RI, 1932.

[Str71] J. STRUTT (LORD RAYLEIGH), *Some general theorems relating to vibrations*, Proc. London Math. Soc., s1-4 (1871), pp. 357–368.

[SW87] H. SIEDENTOP AND R. WEIKARD, *Upper bound on the ground state energy of atoms that proves Scott's conjecture*, Phys. Lett. A, 120 (1987), pp. 341–342.

[TEM+89] A. TONOMURA, J. ENDO, T. MATSUDA, T. KAWASAKI, AND H. EZAWA, *Demonstration of single-electron buildup of an interference pattern*, American Journal of Physics, 57 (1989), pp. 117–120.

[Tes09] G. TESCHL, *Mathematical Methods in Quantum Mechanics; With Applications to Schrödinger Operators*, vol. 99 of Graduate Studies in Mathematics, Amer. Math. Soc, Providence, RI, 2009.

[Tha92] B. THALLER, *The Dirac equation*, Texts and Monographs in Physics, Springer-Verlag, Berlin, 1992.

[Tho27] L. H. THOMAS, *The calculation of atomic fields*, Proc. Camb. Philos. Soc., 23 (1927), pp. 542–548.

[Tho73] L. E. THOMAS, *Time dependent approach to scattering from impurities in a crystal*, Commun. Math. Phys., 33 (1973), pp. 335–343.

[Tru73] N. S. TRUDINGER, *Linear elliptic operators with measurable coefficients*, Ann. Sc. Norm. Super. Pisa, Sci. Fis. Mat., III. Ser., 27 (1973), pp. 265–308.

[Tru77] _____, *Maximum principles for linear, non-uniformly elliptic operators with measurable coefficients*, Math. Z., 156 (1977), pp. 291–301.

[Van64] C. VAN WINTER, *Theory of finite systems of particles. I. The Green function*, Mat.-Fys. Skr. Danske Vid. Selsk., 2 (1964), p. 60 pp.

[vH50] L. VAN HOVE, *Sur l'intégrale de configuration pour les systèmes de particules à une dimension*, Physica, 16 (1950), pp. 137–143.

[von27a] J. VON NEUMANN, *Mathematische Begründung der Quantenmechanik*, Nachr. Ges. Wiss. Göttingen, Math.-Phys. Kl., 1927 (1927), pp. 1–57.

[von27b] _____, *Thermodynamik quantenmechanischer Gesamtheiten*, Nachr. Ges. Wiss. Göttingen, Math.-Phys. Kl., 1927 (1927), pp. 276–291.

[von27c] _____, *Wahrscheinlichkeitstheoretischer Aufbau der Quantenmechanik*, Nachr. Ges. Wiss. Göttingen, Math.-Phys. Kl., 1927 (1927), pp. 245–272.

[von29a] _____, *Zur Algebra der Funktionaloperationen und Theorie der normalen Operatoren*, Math. Ann., 102 (1929), pp. 370–427.

[von29b] _____, *Zur Theorie der unbeschränkten Matrizen*, J. Reine Angew. Math., 161 (1929), pp. 208–236.

[von30] _____, *Allgemeine Eigenwerttheorie Hermitescher Funktionaloperatoren*, Math. Ann., 102 (1930), pp. 49–131.

[von32] _____, *Mathematishe Grundlagen der Quantenmechanik*, Springer Verlag (Berlin), 1932.

[VZ77] S. VUGALTER AND G. M. ZHISLIN, *Finiteness of a discrete spectrum of many-particle hamiltonians in symmetry spaces (coordinate and momentum representations)*, Teoret. Mat. Fiz., 32 (1977), pp. 70–87.

[Web69] H. WEBER, *Über die Integration der partiellen Differentialgleichung $\frac{\partial^2 u}{\partial x^2} + \frac{\partial^2 u}{\partial y^2} + k^2 u = 0$*, Math. Ann., 1 (1869), pp. 1–36.

[Wei96] T. WEIDL, *On the Lieb-Thirring constants $L_{\gamma,1}$ for $\gamma \geq 1/2$*, Comm. Math. Phys., 178 (1996), pp. 135–146.

[Wey12] H. WEYL, *Das asymptotische verteilungsgesetz der eigenwerte linearer partieller differentialgleichungen (mit einer anwendung auf die theorie der hohlraumstrahlung)*, Math. Ann., 71 (1912), pp. 441–479.

[Wey13] _____, *Über die Randwertaufgabe der Strahlungstheorie und asymptotische Spektralgesetze*, J. Reine Angew. Math., 143 (1913), pp. 177–202.

[Yaf76] D. YAFAEV, *On the point spectrum in the quantum-mechanical many-body problem*, Math. USSR Izv., 40 (1976), pp. 861–896.

[Zhi60] G. M. ZHISLIN, *Discussion of the spectrum of Schrödinger operators for systems of many particles. (in Russian)*, Trudy Moskovskogo matematiceskogo obscestva, 9 (1960), pp. 81–120.

[Zhi71] _____, *On the finiteness of the discrete spectrum of the energy operator of negative atomic and molecular ions*, Teoret. Mat. Fiz., 21 (1971), pp. 332–341.

[ZS65] G. M. ZHISLIN AND A. G. SIGALOV, *The spectrum of the energy operator for atoms with fixed nuclei on subspaces corresponding to irreducible representations of the group of permutations*, Izv. Akad. Nauk SSSR Ser. Mat., 29 (1965), pp. 835–860.

Index

Printed in the United States
by Baker & Taylor Publisher Services